高等职业教育（本科）机电类专业系列教材

工 程 力 学

主　编　时彦林　张士宪　赵晓萍

副主编　杨晓彩　齐素慈　郭艳飞

参　编　李　爽　石永亮　刘燕霞　韩立浩

主　审　崔　衡

机 械 工 业 出 版 社

本书共两篇，主要介绍静力学和材料力学的基础知识。第一篇静力学内容包括静力学基础、平面汇交力系、平面力偶系、平面任意力系、物系平衡与平面静定桁架内力、摩擦、空间力系与重心；第二篇材料力学内容包括拉伸与压缩、扭转、弯曲、应力状态与强度理论、组合变形和压杆的稳定性。

本书采用双色印刷，突出了重点内容，并有视频、动画以二维码形式置于相关知识点处，读者通过手机扫描二维码即可观看，便于学习和理解。本书设计了 873 道综合练习题，并配有参考答案和详解过程，供读者参考，还配套有电子课件和大量动画素材，凡使用本书作为教材的教师可登录机械工业出版社教育服务网 www. cmpedu. com 注册后免费下载。咨询电话：010-88379375。

本书可作为普通高等院校、高等职业院校、职工大学、函授学院、成人教育学院相关专业的教材，也可供工程技术人员的参考。

图书在版编目（CIP）数据

工程力学/时彦林，张士宪，赵晓萍主编. —北京：机械工业出版社，2022. 3（2025. 1 重印）
高等职业教育（本科）机电类专业系列教材
ISBN 978-7-111-53922-3

Ⅰ. ①工… Ⅱ. ①时… ②张… ③赵… Ⅲ. ①工程力学-高等职业教育-教材 Ⅳ. ①TB12

中国版本图书馆 CIP 数据核字（2022）第 015547 号

机械工业出版社（北京市百万庄大街 22 号 邮政编码 100037）
策划编辑：刘良超 责任编辑：刘良超
责任校对：潘 蕊 王 延 封面设计：张 静
责任印制：郜 敏
北京中科印刷有限公司印刷
2025 年 1 月第 1 版第 4 次印刷
184mm×260mm · 16. 5 印张 · 404 千字
标准书号：ISBN 978-7-111-53922-3
定价：49. 80 元

电话服务 网络服务
客服电话：010-88361066 机 工 官 网：www. cmpbook. com
010-88379833 机 工 官 博：weibo. com/cmp1952
010-68326294 金 书 网：www. golden-book. com
封底无防伪标均为盗版 机工教育服务网：www. cmpedu. com

工程力学是高等院校许多专业必修的一门重要专业基础课，在人才培养中占有十分重要的地位。本书是在编者多年课程教学改革实践经验基础上，依据人才培养要求及学生特点编写而成的。

本书在编写过程中，遵循了理论教学以“应用”为主，以“必需、够用”为度，加强了实用性内容，突出了理论和实践相结合，使教材内容尽量体现“宽、浅、用、新”，教材结构和叙述方式上，遵循由浅入深、循序渐进的认知规律。

本书将静力学、材料力学主要内容进行精选，优化组合，使工程力学成为一门完整、系统的综合化课程。学习本书后，学生将初步具备机械设计过程中力学分析和工程计算的能力。此外，本书还添加了“力学故事汇”栏目，内容包括中国古代历史文化、文物古迹、力学先驱人物、大国重器、超级工程、绿色发展、双碳目标等，能够激发学生的民族自豪感与自信心，增强学生的使命感，使学生树立绿色发展、创新驱动发展的理念。

本书采用双色印刷，突出了重点内容，并有视频、动画以二维码形式置于相关知识点处，读者通过手机扫描二维码即可观看，便于学习和理解。本书设计了 873 道综合练习题，并配有参考答案和详解过程供读者参考，有效解决了教学过程中的困难，还配套有电子课件和大量动画素材，实现了立体化资源配套。

本书由河北工业职业技术大学时彦林、张士宪、赵晓萍担任主编，杨晓彩、齐素慈、郭艳飞担任副主编。参与本书编写的还有李爽、石永亮、刘燕霞、韩立浩。本书由北京科技大学崔衡教授担任主审。

在本书的编写过程中，编者参考了很多相关资料和书籍，在此向有关资料和书籍的作者表示感谢。

限于编者的水平和经验，书中难免有不足和疏漏之处，恳请广大读者批评指正。

编 者

二维码索引

（续）

资源名称	二维码	页码	资源名称	二维码	页码
9-1　扭转变形状态		92	10-2　纯弯变形几何关系		117
10-1　桥式吊梁受载荷变形		108			

目 录

绪　论

一、工程力学研究的内容

工程力学是研究物体机械运动一般规律及构件承载能力的一门学科。作为工科院校的一门基础课程，工程力学既是解决工程问题的工具，又是学习一系列后续课程的基础。

工程力学的研究内容包括静力学、材料力学和运动力学。本书主要内容包括静力学和材料力学两部分。

静力学主要研究力的基本性质、物体受力分析的基本方法及物体在力系的作用下处于平衡的条件。材料力学主要研究构件的承载能力，即物体在外力作用下的强度（构件在外力作用下抵抗破坏的能力）、刚度（构件在外力作用下抵抗弹性变形的能力）、稳定性（细长杆在压力作用下保持原有直线平衡状态的能力）问题。

在工程设计中，经常用到静力学和材料力学的知识。图 0-1 所示为塔式起重机，塔式起重机由配重、起重小车、桁架结构的梁和立柱等构件组成，承受各构件的自重、载荷重力、地基的支持力等。从工程力学的计算来说，为使起重机能够正常工作，即空载和满载时均不能翻倒，要计算出配重 $\boldsymbol{P}_2$ 的大小和图中距离 x，这是静力学所要研究的问题。在确定了构件的受力及运动情况后，还必须为各构件选用合适的材料，确定合理的截面形状和尺寸，以保证它有足够的强度和刚度，强度和刚度是材料力学所要研究的问题。

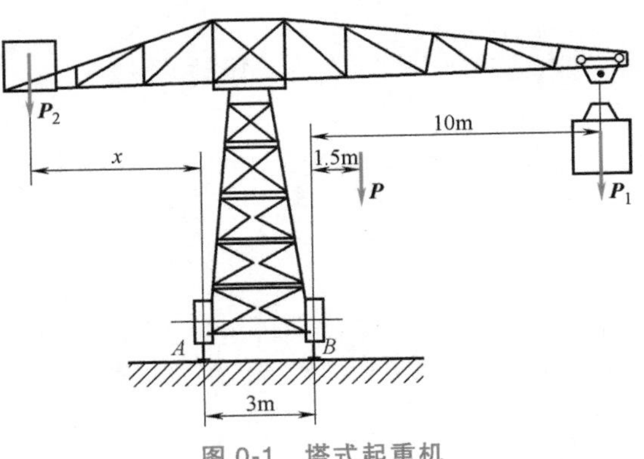

图 0-1　塔式起重机

由此可见，工程结构的设计计算离不开力学的知识。工程力学的任务就在于为各类工程结构的力学计算提供基本的理论和方法。

二、工程力学研究的模型

工程力学研究物体机械运动一般规律及构件承载能力时，必须忽略一些次要因素的影响，对其进行合理简化，抽象出研究模型。

在外力作用下，任何物体均会变形。为了保证机械或构件的正常工作，在工程中通常把各构件的变形限制在很小的范围内，它与构件的原始尺寸相比是微不足道的，所以静力学中，研究物体的平衡时，可以把物体视为不变形的物体，即刚体。但在材料力学中，当研究构件的强度、刚度和稳定性问题时，变形则成为不可忽略的因素，此时则把物体视为变形体，研究物体的变形问题。

三、工程力学的学习方法

工程力学有较强的系统性，各部分之间联系紧密，学习时要循序渐进，并及时解决疑惑之处。

深入体会和掌握基本概念，注意有关概念的来源、含义和用途；掌握公式的推导，还应理解其物理意义；注意各个章节之间在内容和分析问题的方法上的区别与联系。

做习题是运用基本理论解决实际问题的一种基本训练。注意例题的分析方法和解题步骤，从中得到启发。通过做习题，可以较深入地理解和掌握基本概念和基本理论。既要做足够数量的习题，又要重视做习题的质量。

要学会从一般实际问题中抽象出力学问题，进行理论分析。在分析中，要力求做到既能做定性分析，又能做定量计算。

第一篇　静力学

第一章 静力学基础

静力学是研究物体在力系作用下平衡规律的科学。静力学主要解决两类问题：一是将作用在物体上的力系进行简化，即用一个简单的力系等效地替换一个复杂的力系，这类问题称为“力系的简化（或力系的合成）问题”；二是建立物体在各种力系作用下的平衡条件，这类问题称为“力系的平衡问题”。

第一节 静力学基本概念

一、刚体的概念

刚体是指在受力状态下保持其几何形状和尺寸不变的物体。这是一个理想化的力学模型。实际物体在力的作用下，都会产生不同程度的变形。而这些微小的变形，对研究物体的平衡问题不起主要作用，可以略去不计，这样可使问题的研究大为简化。静力学研究的物体只限于刚体，故又称为刚体静力学。

二、力的概念

1. 力的定义

力是物体之间的相互机械作用。力有两种效应，一是力的运动效应，即力使物体的运动状态发生改变；二是力的变形效应，即力使物体的形状发生改变。前者称为力的外效应；后者称为力的内效应。一般来说，这两种效应是同时存在的，静力学主要讨论力的外效应。

2. 力的三要素

实践证明，力对物体的作用效应，取决于力的大小、方向和作用点，这三个因素就称为力的三要素。在这三个要素中，如果改变其中任何一个，也就改变了力对物体的作用效应。

3. 力的表示方法

力是一个既有大小又有方向的矢量，可以用一个带箭头的有向线段来表示力的三要素。如图 1-1 所示，线段 AB 的长度按一定比例代表力的大小，线段的方位和箭头表示力的方向，其起点或终点表示力的作用点。与线段重合的线段称为力的作用线。通常用黑体字 $\boldsymbol{F}$ 代表力矢量，并以同一字母的非黑体字 F 代表该矢量的大小（模）。

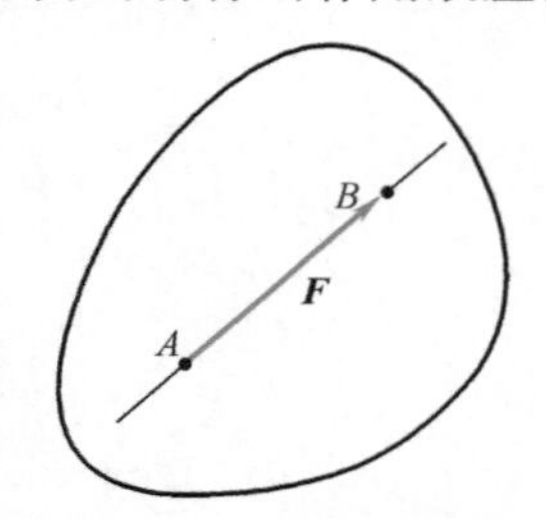

图 1-1 力的表示方法

4. 力的单位

在国际单位制（SI）中，以“N”作为力的单位符号，称为牛。在工程中有时也以“kN”作为力的单位符号，称为千牛。

三、力系的概念

作用于物体上的力的组合称为力系。如果两个力系对同一物体的作用效应完全相同，则称这两个力系互为等效力系。当一个力系与一个力的作用效应完全相同时，把这一个力称为该力系的合力，而该力系中的每一个力称为该合力的分力。

四、平衡的概念

平衡是指物体相对于地面保持静止或匀速直线运动的状态。物体处于平衡状态时，作用于该物体上的力系称为平衡力系。力系平衡所满足的条件称为平衡条件。实际上，物体的平衡总是暂时的、相对的，而永久的、绝对的平衡是不存在的。静力学研究物体的平衡问题，实际上就是研究作用于物体上的力系的平衡条件，并利用这些条件解决工程实际问题。

第二节　静力学公理

静力学公理是人们在长期的生活和生产实践中，发现和总结出来的最基本的力学规律，又经过实践的反复检验，证明是符合客观实际的普遍规律，并把这些规律作为力学研究的基本出发点。静力学公理是静力学的理论基础。

一、二力平衡公理

作用在刚体上的两个力，使刚体保持平衡的必要和充分条件是这两个力的大小相等，方向相反，且在同一直线上（简称等值、反向、共线），如图 1-2 所示，即

$$\boldsymbol{F}_1=-\boldsymbol{F}_2 \tag{1-1}$$

这个公理表明了作用于刚体上的最简单的力系平衡时所必须满足的条件。

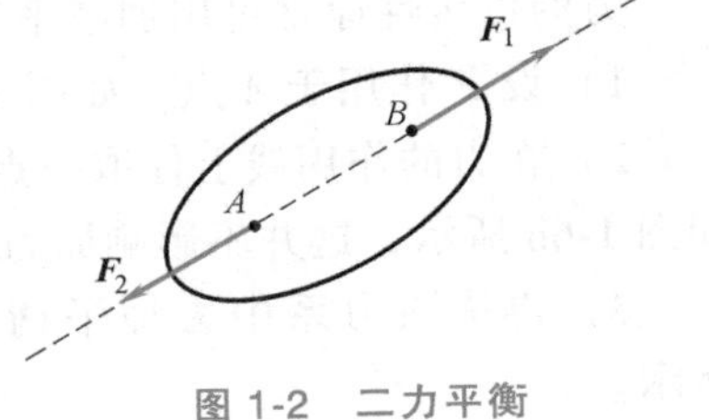

图 1-2　二力平衡

需要强调的是，二力平衡公理只适用于刚体，对于变形体来说，公理给出的条件仅是必要条件但不是充分条件。如图 1-3 所示，欲使绳索处于平衡状态，除满足 $\boldsymbol{F}_1=-\boldsymbol{F}_2$ 外，还必须满足绳索是受拉伸的；否则，绳索虽然受到等值、反向、共线的压力，但绳索并不平衡。

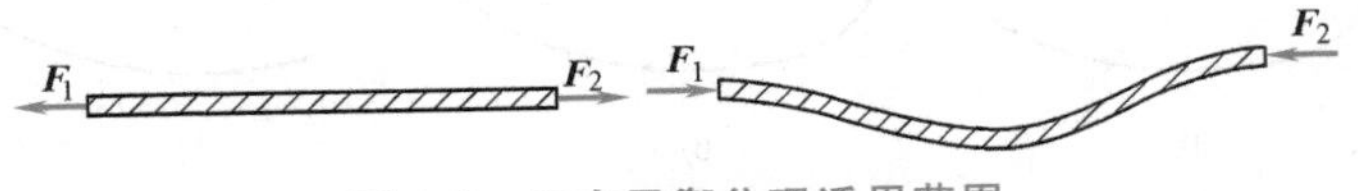

图 1-3　二力平衡公理适用范围

仅受两个力而处于平衡状态的构件称为二力构件或二力杆。

在机械和建筑结构中通常将只受两个力作用而平衡的构件统称为二力构件（或二力

杆），如图 1-4 中的 AB 构件（不考虑自重）。二力构件的受力特点是：两个力的方向必在两个力作用点的连线上。

应用此公理，可以很方便地判定结构中某些构件的受力方向。如图 1-4a 所示的三铰拱中 AB 部分，当车辆不在该部分上且不计杆件自重时，它只可能通过 A、B 两点受力，是一个二力构件，故 A、B 两点的作用力必沿 AB 连线的方向（图 1-4b）。

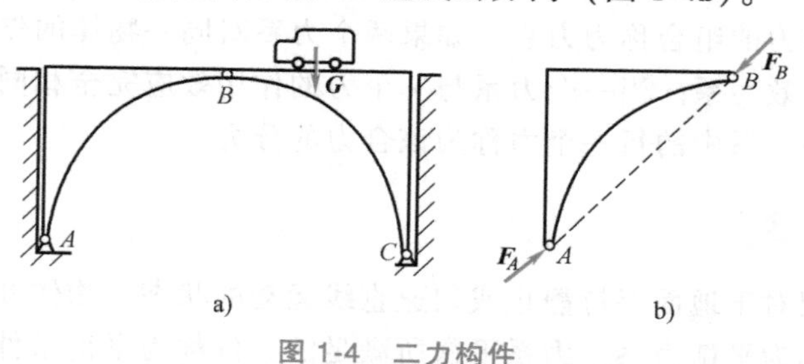

图 1-4　二力构件

二、加减平衡力系公理

在刚体的原有力系中，加上或减去任一平衡力系，不会改变原力系对刚体的作用效应。

这是显而易见的，因为一个平衡力系是不会改变物体的原有状态的。这个公理常被用来简化某一已知力系。

根据加减平衡力系公理可以得到力的可传性定理：作用于刚体上的力可以沿其作用线移至刚体内任一点，而不改变原力对刚体的作用效应。

例如，在图 1-5 所示车后 A 点加一水平力推车，与在车前 B 点加一水平力拉车，其效果是一样的。

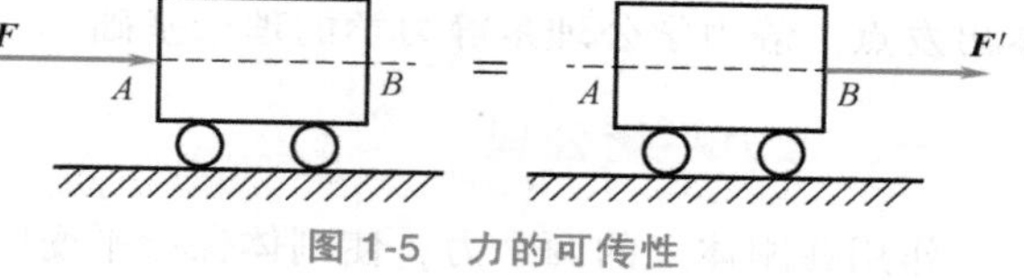

图 1-5　力的可传性

力的可传性原理可用加减平衡力系公理推证如下：

1）设 $\boldsymbol{F}$ 作用于 A 点，如图 1-6a 所示。

2）在力的作用线上任取一点 B，并在 B 点加一平衡力系（$\boldsymbol{F}_1$，$\boldsymbol{F}_2$），使 $\boldsymbol{F}_1=-\boldsymbol{F}_2=-\boldsymbol{F}$，如图 1-6b 所示，这并不影响原力 $\boldsymbol{F}$ 对刚体的作用效应。

3）再从该力系中去掉平衡力系（$\boldsymbol{F}$，$\boldsymbol{F}_1$），则剩下的 $\boldsymbol{F}_2$ 与原力 $\boldsymbol{F}$ 等效，如图 1-6c 所示。

因此，就把原来作用在 A 点的力 $\boldsymbol{F}$ 沿其作用线移到了 B 点。

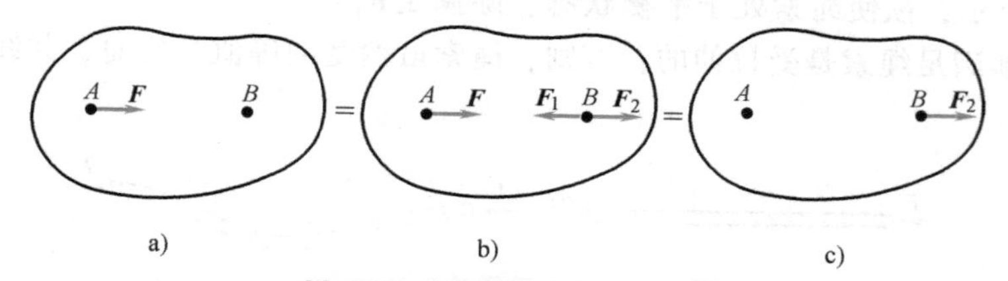

图 1-6　力的可传性原理推证

根据力的可传性原理，力在刚体上的作用点已被它的作用线所代替，所以作用于刚体的力的三要素为力的大小、方向和作用线。

三、力的平行四边形公理

作用于物体同一点的两个力可以合成为一个合力，合力也作用于该点，其大小和方向由以这两个力为邻边所构成的平行四边形的对角线确定，即合力矢等于这两个分力矢的矢量和。如图 1-7 所示，其矢量表达式为

$$\boldsymbol{F}_R=\boldsymbol{F}_1+\boldsymbol{F}_2 \tag{1-2}$$

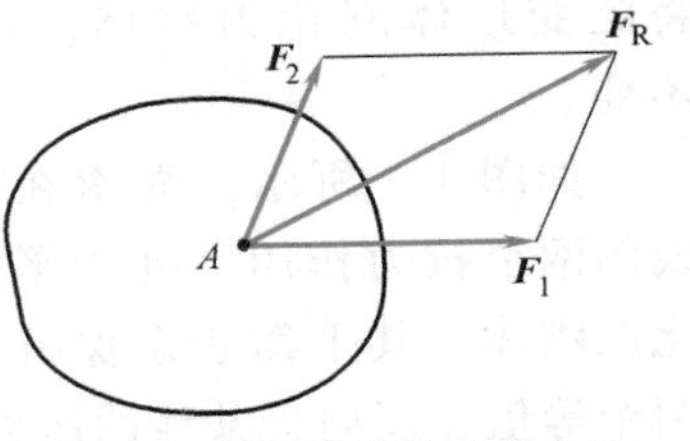

图 1-7　力的平行四边形公理

力的平行四边形公理总结了最简单的力系简化规律，它是较复杂力系合成的主要依据。

从图 1-8 可以看出，在求合力时，也可只作出力的平行四边形的一半，即一个三角形就行。为了使图形清晰简洁，通常把这个三角形画在力所作用的物体之外。其方法是自任意点 O 先画出一力矢量$\boldsymbol{F}_1$，然后再由$\boldsymbol{F}_1$ 的终点画一力矢量$\boldsymbol{F}_2$，最后由 O 点至力矢量$\boldsymbol{F}_2$ 的终点作一矢量$\boldsymbol{F}_R$。它就代表$\boldsymbol{F}_1$、$\boldsymbol{F}_2$ 的合力，如图 1-8a 所示。合力的作用点仍为汇交点 A。此种作图方法称为力的三角形法则。

在作力三角形时，必须遵循这样一个原则，即分力力矢首尾相接，但次序可变（图 1-8b），合力力矢与最后分力矢箭头相接。

根据加减平衡力系公理和力的平行四边形公理可以得到三力平衡汇交原理：刚体在三个力作用下平衡，若其中两个力的作用线汇交于一点，则此三力必在同一平面内，且三个力的作用线汇交于一点。

如图 1-9 所示，设刚体上在三个力$\boldsymbol{F}_1$、$\boldsymbol{F}_2$、$\boldsymbol{F}_3$ 作用下处于平衡，其中$\boldsymbol{F}_1$ 和$\boldsymbol{F}_2$ 作用线汇交于 O 点，将此二力沿其作用线移到汇交点 O 处，并将其合成为合力$\boldsymbol{F}_{12}$，则$\boldsymbol{F}_{12}$ 和$\boldsymbol{F}_3$ 构成二力平衡力系，所以$\boldsymbol{F}_3$ 必通过汇交点 O，且三力必共面。

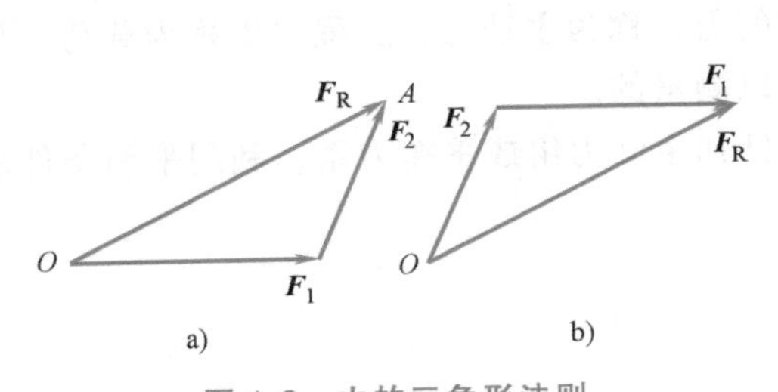

图 1-8　力的三角形法则

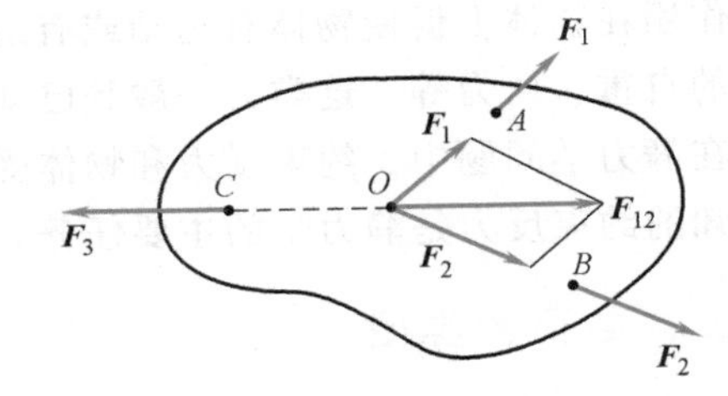

图 1-9　三力平衡汇交定律

工程结构中，常把受三个力而平衡的构件称为三力构件。

四、作用与反作用公理

两物体之间的作用力和反作用力总是同时存在，两力的大小相等、方向相反，沿着同一直线，分别作用在两个相互作用的物体上。

这个公理概括了物体间相互作用的关系，表明作用力和反作用力总是成对出现的。但是必须强调指出，由于作用力与反作用力分别作用在两个物体上，因此不能认为作用力与反作用力相互平衡。作用力与反作用力用（$\boldsymbol{F}$，$\boldsymbol{F}'$）表示，如图 1-10 所示。

五、刚化公理

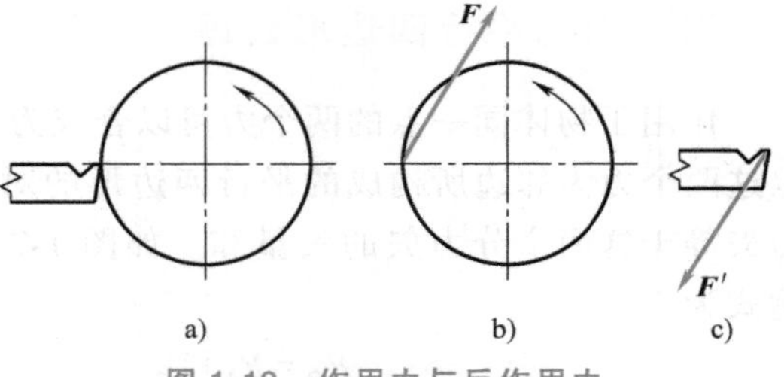

图 1-10　作用力与反作用力

变形体在某一力系作用下处于平衡，如将此变形体刚化为刚体，其平衡状态保持不变。

如图 1-3 所示，绳索在等值、反向、共线的两个拉力作用下处于平衡，若将绳索刚化成刚体，其平衡状态保持不变。而绳索在两个等值、反向、共线的压力作用下并不能平衡，这时绳索就不能刚化为刚体。

由此可见，刚体的平衡条件是变形体平衡的必要条件，而非充分条件。在刚体静力学的基础上，考虑变形体的特性，可进一步研究变形体的平衡问题。

第三节　约束和约束反力

一、约束的概念

一个物体，在空间受力运动而不受任何限制，称为自由体。有的物体运动受到周围物体的某些限制，称为非自由体，如轴受到轴承的限制，只能绕轴线转动；重物由钢索吊住，不能下落等。

对非自由体的某些运动位移起限制作用的周围物体称为约束。

约束阻碍物体的运动，约束对物体的作用就是力，这种力称为约束反力。约束反力的作用点总是作用在约束与被约束物体的接触处，其方向总是与该约束所能限制的运动或运动趋势的方向相反。

作用在物体上促使物体有运动或有运动趋势的力，称为主动力，工程中也称为载荷，如物体的自重、风力等，这类力一般是已知的或可以测量的。

在静力学问题中，约束反力和物体受的其他已知主动力组成平衡力系，利用平衡条件求出未知的约束反力是静力学的主要任务。

二、载荷的类型

1. 集中力

若外力对物体的作用区域很小，可抽象为力作用在一点，称为集中力，以 $\boldsymbol{F}$ 或 $\boldsymbol{P}$ 表示，其单位为 N 或 kN。

2. 表面力

当两个物体接触（或大或小的表面）相互作用时，这种相互作用的力称为表面力。分布在物体表面上的力的大小，通常用单位面积上的力表示，称为分布力集度，单位为 N/m^2，或 kN/m^2。

3. 线分布载荷

当分布力沿轴线作用时，称为线分布载荷，它以单位长度上的力的大小作为载荷集度，以 q 表示，单位为 N/m 或 kN/m。图 1-11a 所示为均布载荷，图 1-11b 所示为三角形线分布载荷。

4. 力偶

如图1-12所示，转向盘上作用着一对大小相等，方向相反，作用线不重合的平行力 $\boldsymbol{F}$ 和 $\boldsymbol{F}'$ 所组成的力系，称为力偶。力偶能使物体改变转动状态，它的转动效应用力偶矩 $\boldsymbol{M}$（或 $\boldsymbol{T}$）度量。表示方法如图1-13a、b所示，力偶的单位为N·m。

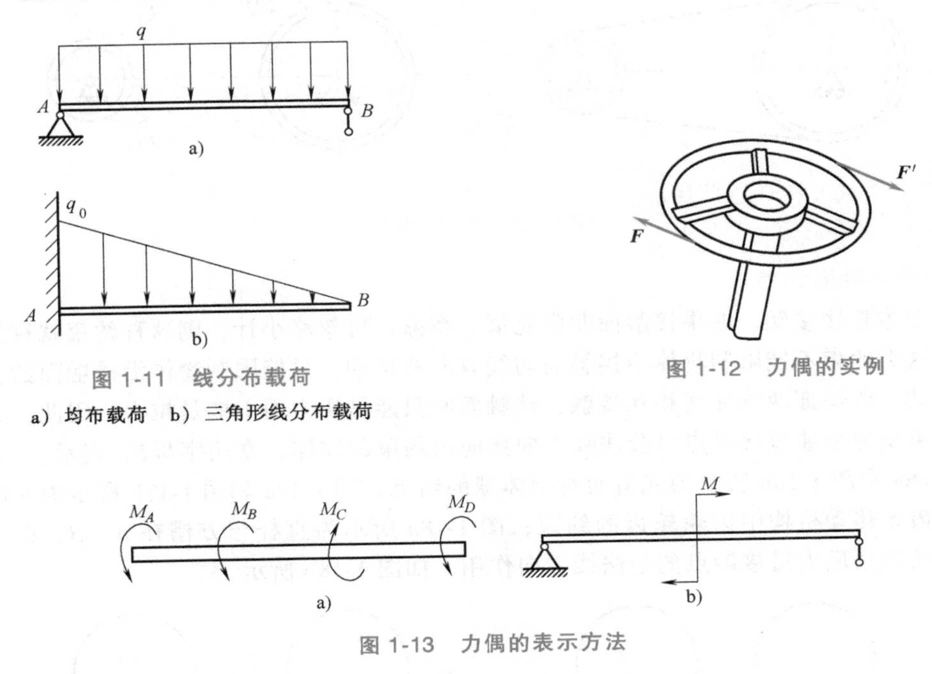

图1-11　线分布载荷

a）均布载荷　b）三角形线分布载荷

图1-12　力偶的实例

图1-13　力偶的表示方法

三、工程上常见的约束类型

1. 柔性约束

由柔软的绳索、传动带、链条等形成的约束称为柔性约束。这类约束的特点是只能承受拉力而不能承受压力。

由于柔性约束只能限制物体沿其中心线伸长方向的运动，所以柔性约束的约束反力一定是通过接触点，沿着柔性约束的中心线作用的拉力，常用 $\boldsymbol{F}_{\mathrm{T}}$ 表示。例如，图1-14a所示的

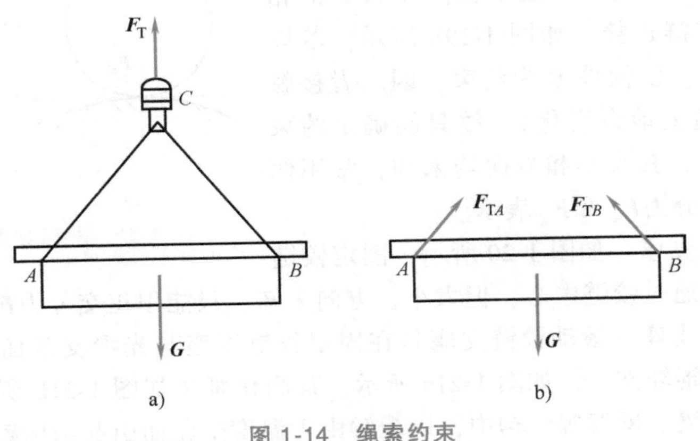

图1-14　绳索约束

用绳索悬挂一重物，绳索对重物的约束反力如图 1-14b 所示。再如，图 1-15a 所示传动带绕过带轮时的情况，传动带给带轮的约束反力沿着轮缘的切线，方向则背离带轮，如图 1-15b 所示。

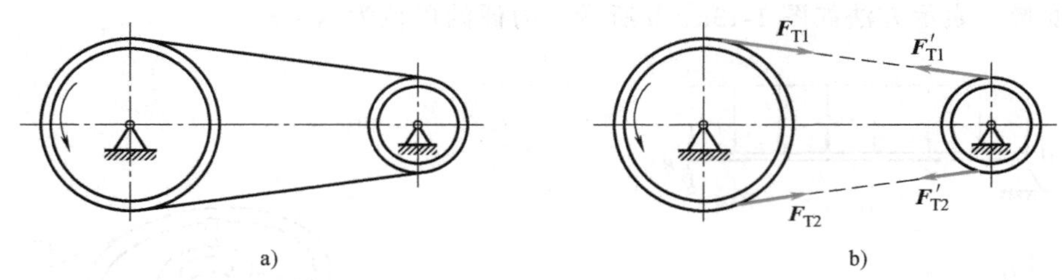

图 1-15　传动带约束

2. 光滑接触面约束

当两物体直接接触，如果接触面非常光滑，摩擦力可忽略小计，则这种约束就称为光滑面约束。这类约束不能限制物体沿接触面切线方向的运动，只能限制物体沿接触面的公法线方向的运动。要保证两物体间相互接触，接触面间只能是压力而不能是拉力。因此，光滑面约束的约束反力是通过接触点沿公法线方向指向被约束的物体，常用字母$\boldsymbol{F}_N$ 表示。

图 1-16a 和图 1-16b 所示为光滑面对刚体球的约束；图 1-17a 和图 1-17b 所示为光滑面对刚体球和齿轮传动机构中齿轮轮齿的约束；图 1-18a 所示为直杆与方槽在 *A*、*B*、*C* 三点接触，三处的约束反力沿接触点的公法线方向作用，如图 1-18b 所示。

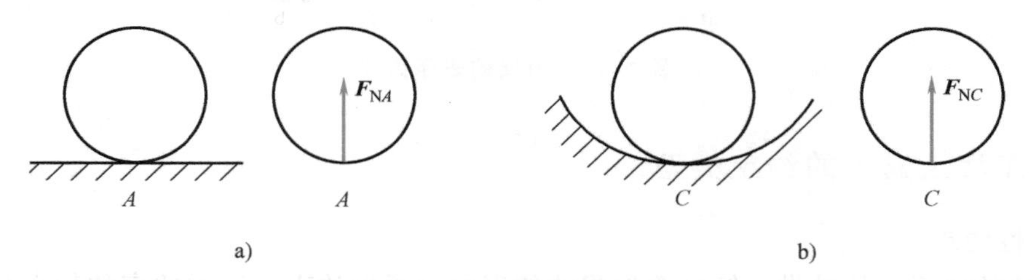

图 1-16　光滑接触面约束（一）

3. 铰链连接约束

如图 1-19a 所示，构件 *A* 和 *B* 通过圆柱销 *C* 连接，*A* 和 *B* 只能相对转动，限制了物体 *A* 和 *B* 的相对移动，称此为铰链连接。如图 1-19b 所示，若以构件 *A* 为研究对象，以构件 *B* 为约束，因二者接触点的位置未定（随主动力变化），故只能确定约束反力通过圆销中心，其大小和方向均未知，常用两个大小未知的正交分力$\boldsymbol{F}_x$ 和$\boldsymbol{F}_y$ 表示。

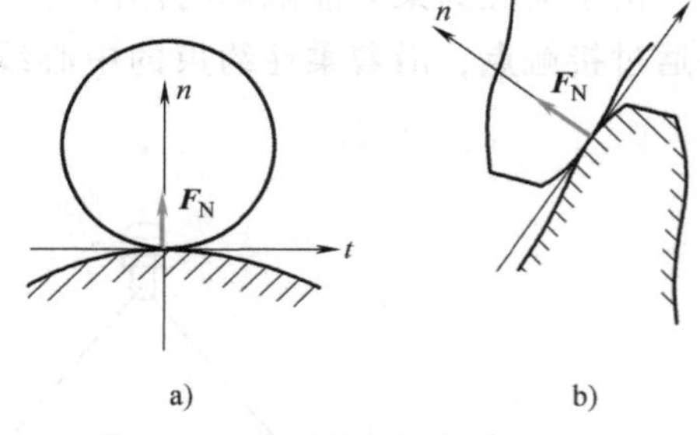

图 1-17　光滑接触面约束（二）

（1）固定铰链支座　如图 1-20 所示，固定铰链支座 *A* 的约束反力通过铰链中心，但大小、方向未知，只能用正交分力$\boldsymbol{F}_{Ax}$ 和$\boldsymbol{F}_{Ay}$ 表示。

（2）滚动铰链支座　滚动铰链支座是在固定铰链支座与光滑支承面之间安装几个辊轴而形成的，又称为辊轴支座，如图 1-21a 所示，其简化画法如图 1-21b 所示。它可以沿支承面移动，常用在桥梁、屋架等结构中，以缓解由于温度变化而引起结构跨度的自由伸长或缩

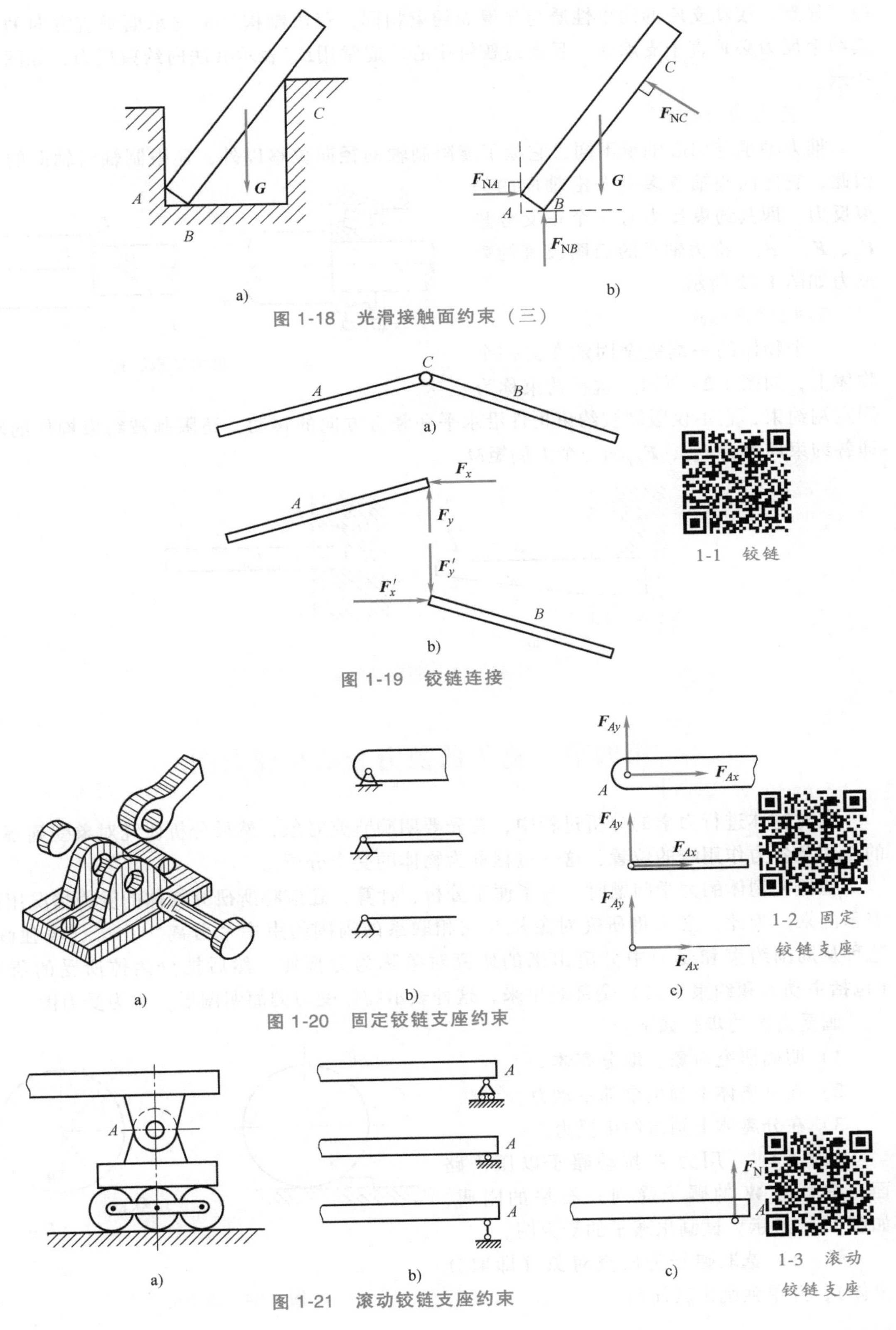

图 1-18　光滑接触面约束（三）

图 1-19　铰链连接

图 1-20　固定铰链支座约束

图 1-21　滚动铰链支座约束

短。显然，滚动支座的约束性质与光滑面约束相同，仅限制构件沿支承面垂直方向的位移，其约束反力必垂直于支承面，且通过铰链中心。通常用$\boldsymbol{F}_N$表示其法向约束反力，如图 1-21c 所示。

4. 推力轴承约束

推力轴承与向心轴承不同，它除了能限制轴的径向位移以外，还限制轴沿轴向的位移。因此，它比向心轴承多一个沿轴向的约束反力，即其约束反力有三个正交分量$\boldsymbol{F}_x$、$\boldsymbol{F}_y$、$\boldsymbol{F}_z$。推力轴承的简图及其约束反力如图 1-22 所示。

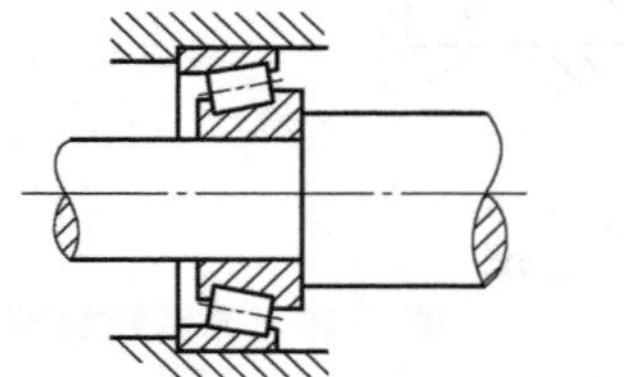

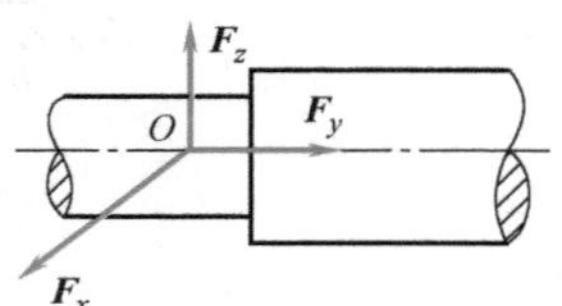

图 1-22 推力轴承约束

5. 固定端约束

一个物体的一端完全固定在另一个物体上，如图 1-23 所示，这种约束称为固定端约束，它不仅限制被约束构件沿水平和竖直方向的移动，还限制被约束构件的转动，即各约束反力为$\boldsymbol{F}_{Ax}$、$\boldsymbol{F}_{Ay}$和一个力偶矩$\boldsymbol{M}_A$。

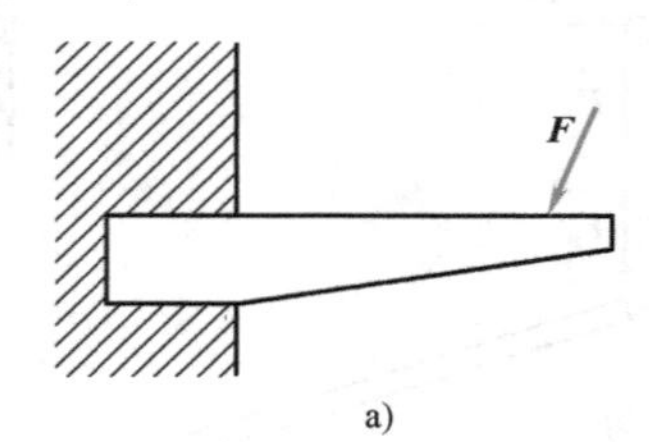

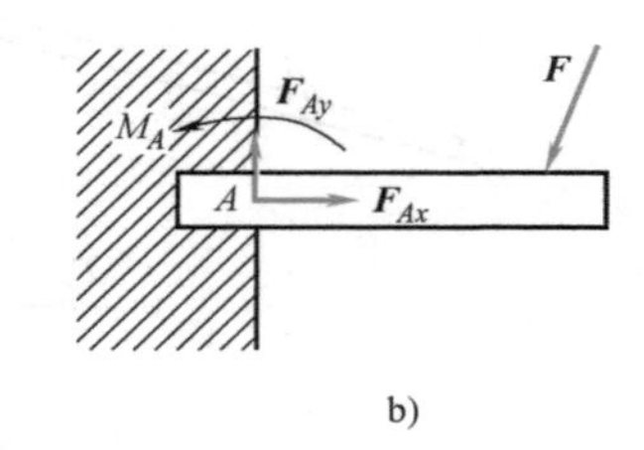

图 1-23 固定端约束

第四节 物体的受力分析和受力图

在对物体进行力学的分析过程中，首先要明确研究对象，然后分析研究对象受到哪些力的作用及各力作用线的位置，这一过程称为物体的受力分析。

在研究物体的力学问题时，为了便于分析、计算，还应将所研究物体的受力情况用图形表示出来。为此，必须将研究对象从与它相联系的周围约束中“分离”出来，单独画出。这种从周围约束和受力中分离出来的研究对象称为分离体。然后把分离体所受的所有力（包括主动力和约束反力）全部画出来，这种表示物体受力的简明图形，称为受力图。

画受力图的步骤如下：

1）明确研究对象，取分离体。

2）在分离体上画出全部主动力。

3）在分离体上画出约束反力。

［例 1-1］ 用力 $\boldsymbol{F}$ 拉动碾子以压平路面，重力为 $\boldsymbol{W}$ 的碾子受到一石块的阻碍，如图 1-4a 所示。试画出碾子的受力图。

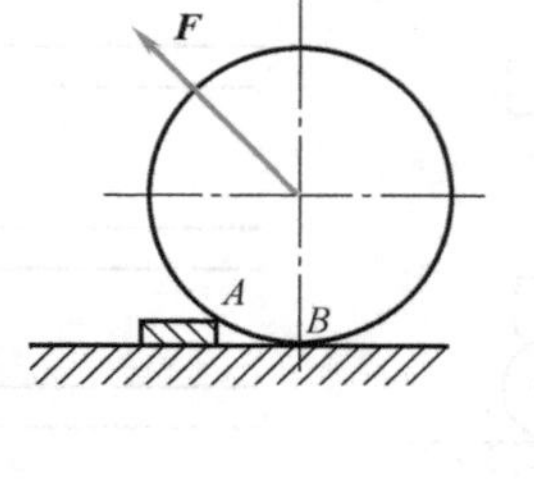

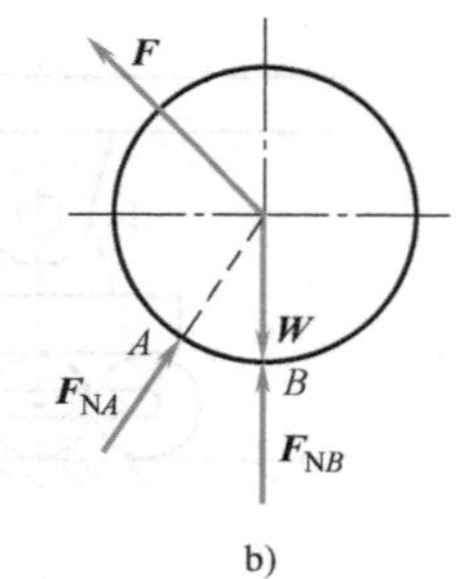

图 1-24 碾子的受力图

解：1）选取碾子为研究对象（即取分离体），并单独画出其简图。

2）画主动力。主动力包括地球的引力 $\boldsymbol{W}$ 和对碾子中心的拉力 $\boldsymbol{F}$。

3）画约束反力。因碾子在 A 和 B 两处受到石块和地面的约束，如不计摩擦，均为光滑表面接触，故在 A 处受石块的法向反力 $\boldsymbol{F}_{NA}$ 的作用，在 B 处受地面的法向反力 $\boldsymbol{F}_{NB}$ 的作用，它们都沿着碾子上接触点的公法线而指向圆心。

碾子的受力图如图 1-24b 所示。

［例 1-2］　重力为 $\boldsymbol{P}$ 的圆球放在板 AC 与墙壁 AB 之间，如图 1-25a 所示。设板 AC 重力不计，试画出板 AC 与球的受力图。

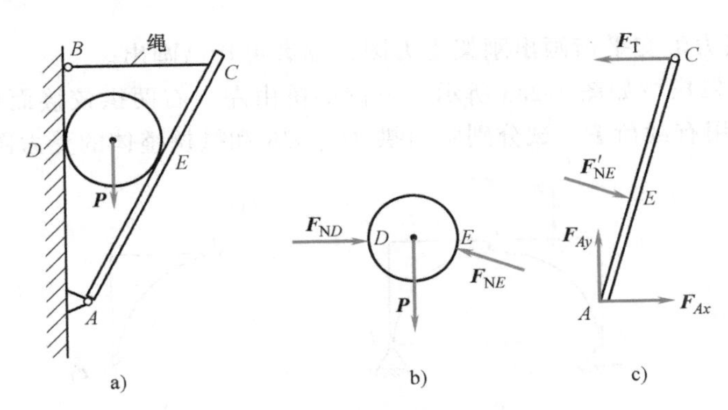

图 1-25　圆球和板的受力图

解：先取球为研究对象，球上主动力 $\boldsymbol{P}$，约束反力 $\boldsymbol{F}_{ND}$ 和 $\boldsymbol{F}_{NE}$，均属光滑面约束的法向反力。故圆球受力图如图 1-25b 所示。

再取板 AC 作研究对象。由于板的自重不计，故只有 A、C、E 处的约束反力。其中 A 处为固定铰支座，其反力可用一对正交分力 $\boldsymbol{F}_{Ax}$、$\boldsymbol{F}_{Ay}$ 表示；C 处为柔性约束，其反力为拉力 $\boldsymbol{F}_{T}$；E 处的反力为法向反力 $\boldsymbol{F}'_{NE}$（该反力与球在该处所受反力 $\boldsymbol{F}_{NE}$ 为作用力与反作用力的关系）。故板 AC 的受力图如图 1-25c 所示。

［例 1-3］　曲柄滑块机构如图 1-26a 所示。机构处于平衡，不计各构件的自重，试画出图中滑块的受力图。

解：取滑块为分离体，画出它们的主动力和约束反力。滑块上作用的主动力 $\boldsymbol{F}$，连杆对滑块作用力 $\boldsymbol{F}_{R}$ 沿连杆 AB 的连线指向滑块，滑道对滑块的约束反力使滑块单面靠紧滑道，故产生一个与约束面相垂直的反力 $\boldsymbol{F}_{N}$，滑块在 $\boldsymbol{F}$、$\boldsymbol{F}_{R}$、$\boldsymbol{F}_{N}$ 三个力作用下处于平衡。根据三力汇交平衡，滑块受力图如图 1-26b 所示。

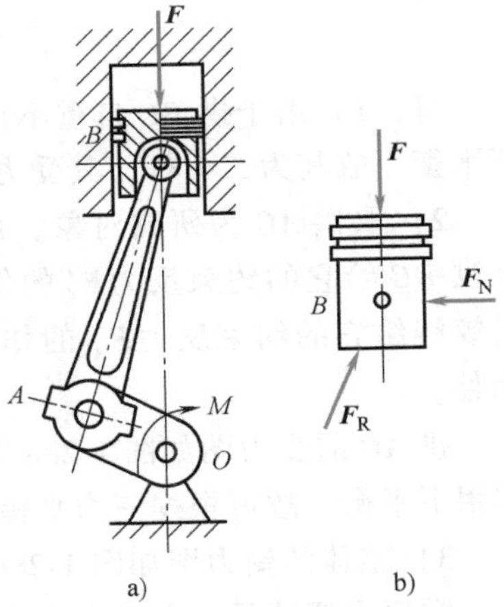

图 1-26　曲柄滑块机构滑块的受力图

［例 1-4］　简支刚架如图 1-27 所示。在点 B 受一水平力 $\boldsymbol{F}$ 作用，刚架的重量忽略不计。试画出刚架的受力图。

解：作用于刚架的主动力为 $\boldsymbol{F}$。点 D 处为活动铰链支座，故约束反力 $\boldsymbol{F}_{D}$ 通过铰链中心 D，垂直于支承面，指向假设向上。点 A 处为固定铰链支座，约束反力以互相垂直的 $\boldsymbol{F}_{Ax}$、$\boldsymbol{F}_{Ay}$ 两个分力表示，它们的指向习惯上均按轴的 x、y 正向假定。刚架的受力图如图 1-27b 所示。

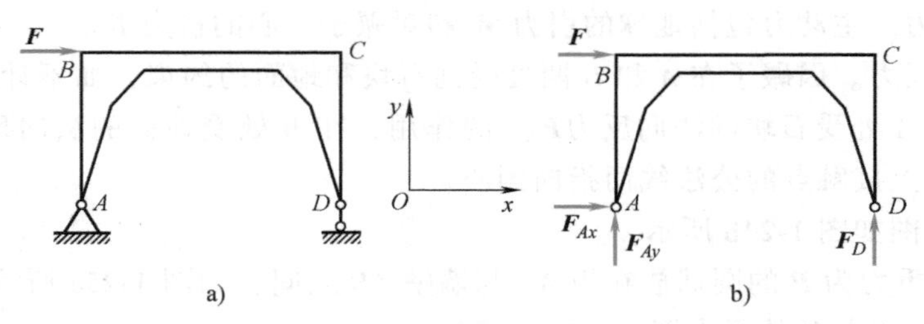

图 1-27　刚架的受力图

也可以根据三力汇交平衡画出刚架受力图，读者可自己画出。

[例 1-5]　三铰拱桥如图 1-28a 所示。三铰拱桥由左、右两拱铰接而成。设各拱自重不计，在拱 AC 上作用有载荷 $\boldsymbol{F}$。试分别画出拱 AC、CB 和拱桥整体的受力图。

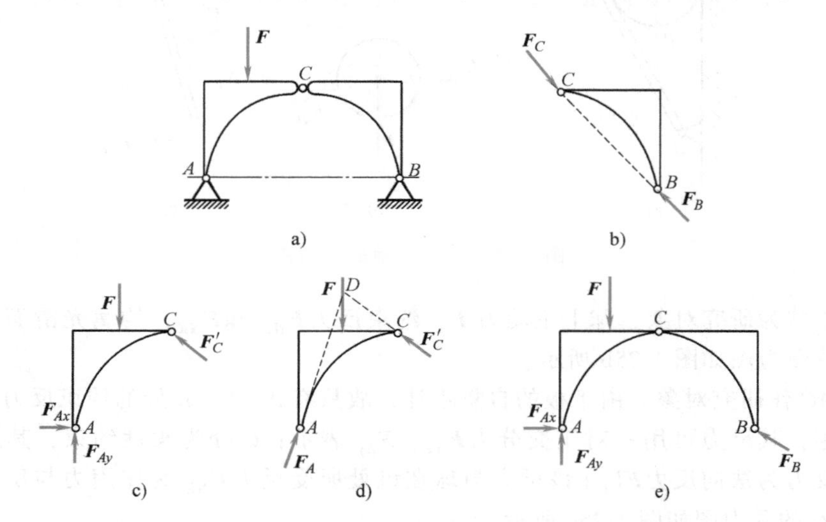

图 1-28　三铰拱桥的受力图

解：1）由于拱 BC 自重不计，且只在 B、C 两处受到铰链约束，所以 BC 拱在二力作用下平衡，故其为二力杆。其受力如图 1-28b 所示。

2）取拱 AC 为研究对象，由于自重不计，因此主动力只有载荷 $\boldsymbol{F}$。拱在铰链 C 处受有拱 BC 给它的约束反力 $\boldsymbol{F}'_C$ 的作用，根据作用和反作用公理，$\boldsymbol{F}'_C=-\boldsymbol{F}_C$。拱在 A 处受有固定铰链给它的约束反力 $\boldsymbol{F}_A$ 的作用，由于方向未定，用两个大小未知的正交分力 $\boldsymbol{F}_{Ax}$、$\boldsymbol{F}_{Ay}$ 代替。

拱 AC 的受力图如图 1-28c 所示。再进一步分析可知，由于拱 AC 在 $\boldsymbol{F}$、$\boldsymbol{F}'_C$ 和 $\boldsymbol{F}_A$ 三个力作用下平衡，故可根据三力平衡汇交定理，确定铰链 A 处约束反力的方向。

3）整体的受力图如图 1-28e 所示。

需要强调的是，在对由几个物体所组成的系统进行受力分析时，必须注意区分内力和外力。系统内部各物体之间的相互作用力是该系统的内力；系统外部物体对系统内物体的作用力是该系统的外力。但是，内力与外力的区分不是绝对的，在一定的条件下，内力与外力是可以相互转化的。例如在图 1–28b、c 中，若分别以杆 AC、BC 为研究对象，则力 $\boldsymbol{F}_C$ 和 $\boldsymbol{F}'_C$ 分别是这两部分的外力。如果将各部分合为一个系统来研究，即以整体为研究对象，则力 $\boldsymbol{F}_C$

和F'_C属于系统内两部分之间的相互作用力，成为该系统的内力。由牛顿第三定律可知，内力总是成对出现的，且彼此等值、反向、共线。对整个系统来说，内力对整体的外效应没有影响。因此，在画系统整体的受力图时，只需画出全部外力，不必画出内力。该结构整体的受力图如图 1-28e 所示。

［例 1-6］　如图 1-29 所示，多跨梁 ACD 由 ABC 和 CD 两个简单的梁组合而成，受集中力 F 及均布载荷 q 的作用。试画出梁 ABC 和 CD 段及全梁的受力图。

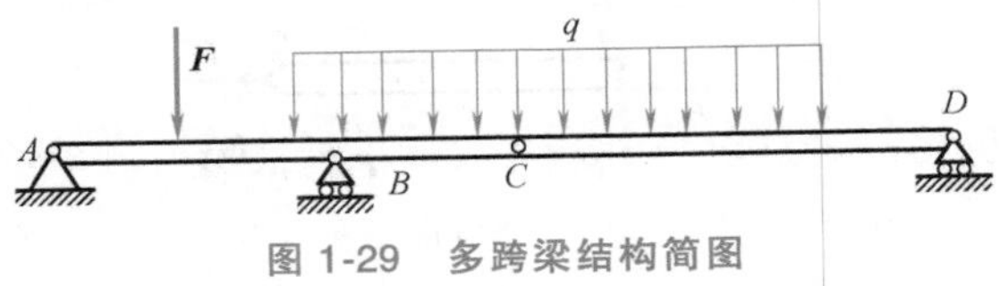

图 1-29　多跨梁结构简图

解：1）取 ABC 为研究对象，解除约束，画出分离体图。主动力有 F 及作用在 BC 部分的均布载荷 q，A 端为固定铰链支座的约束，解除约束后可用两个正交分力F_{Ax}、F_{Ay} 来表示；B 处为滚动铰链支座约束，解除约束后可用铅直分力F_{By} 表示，C 处为中间圆柱铰链的约束，解除约束后可用两个正交分力F_{Cx}、F_{Cy} 来表示。受力图如图 1-30a 所示。

2）取梁 CD 为研究对象，解除约束，画出分离体图。主动力有作用在 CD 部分的均布载荷 q。C 处为中间圆柱铰链的约束，解除约束后可用两个正交分力来表示，这两个正交分力与 ABC 杆 C 处的正交分力F_{Cx}、F_{Cy} 分别为作用力与反作用力，用F'_{Cx}、F'_{Cy}表示，方向如图 1-30b 所示。D 处为滚动铰链支座约束，解除约束后可用铅直分力F_{Dy} 表示，CD 受力图如图 1-30b 所示。

3）取全梁为研究对象，解除约束，画出分离体图。主动力有 F 及均布载荷 q。C 处为系统内部的力，在全梁受力图中不出现，解除 A、B、D 处约束，画法同步骤 1）、2）中 A、B、D 处约束反力的画法。全梁的受力图如图 1-30c 所示。

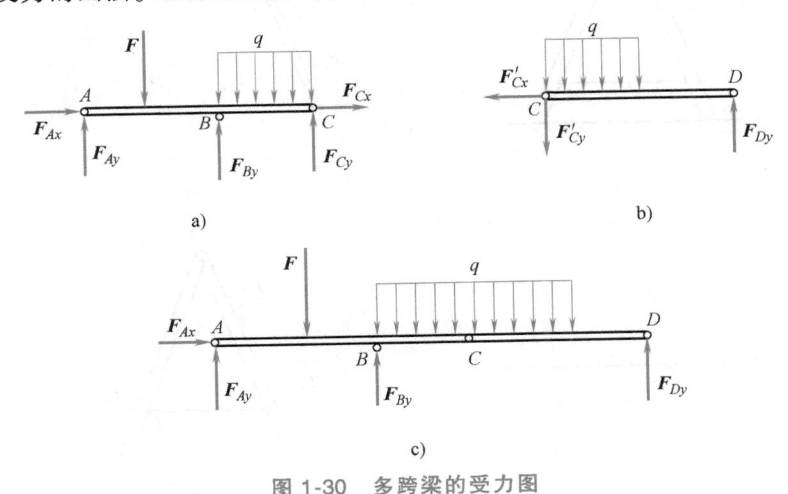

图 1-30　多跨梁的受力图

［例 1-7］　图 1-31a 所示为带中间铰链的双跨静定梁，C 为铰链，载荷为 F。试画出梁 AC 和 CD 段及全梁的受力图。

解：1）取梁 CD 为研究对象，解除约束，画出分离体图。主动力为 F，约束反力有F_D、F_{Cx} 和F_{Cy}。受力图如图 1-31b 所示。

2）取梁 AC 为研究对象，解除约束，画出分离体图。受力图如图 1-31c 所示。其中F'_{Cx}、

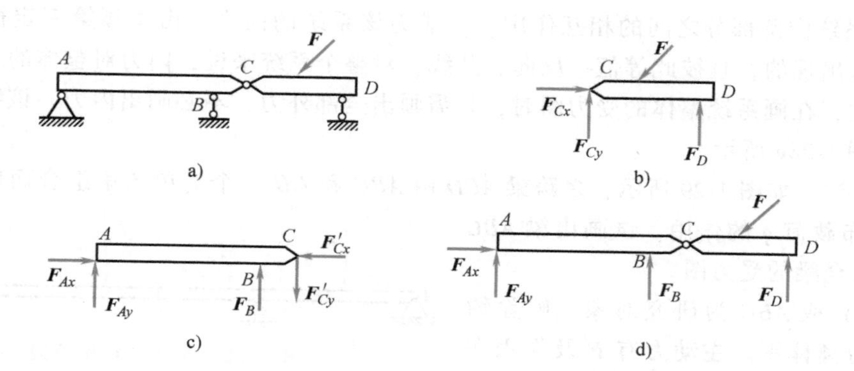

图 1-31　双跨静定梁的受力图

F'_{Cy} 分别是 F_{Cx}、F_{Cy} 的反作用力。

3）取全梁为研究对象，解除约束，画出分离体图。受力图如图 1-31d 所示。作用在全梁的主动力为 F，约束反力为 F_{Ax}、F_{Ay}、F_B、F_D。铰链 C 处因两梁接触而互相作用的力是作用力与反作用的关系，对全梁来讲是内力，不必画出。

［例 1-8］　如图 1-32a 所示，梯子两部分 AB 和 AC 在点 A 铰接，又在 D、E 两点用水平绳连接。梯子放在光滑水平面上，若其自重不计，但在 AB 中点 H 处作用一铅直载荷 F。试分别画出绳子 DE 和梯子 AB、AC 部分以及整个系统的受力图。

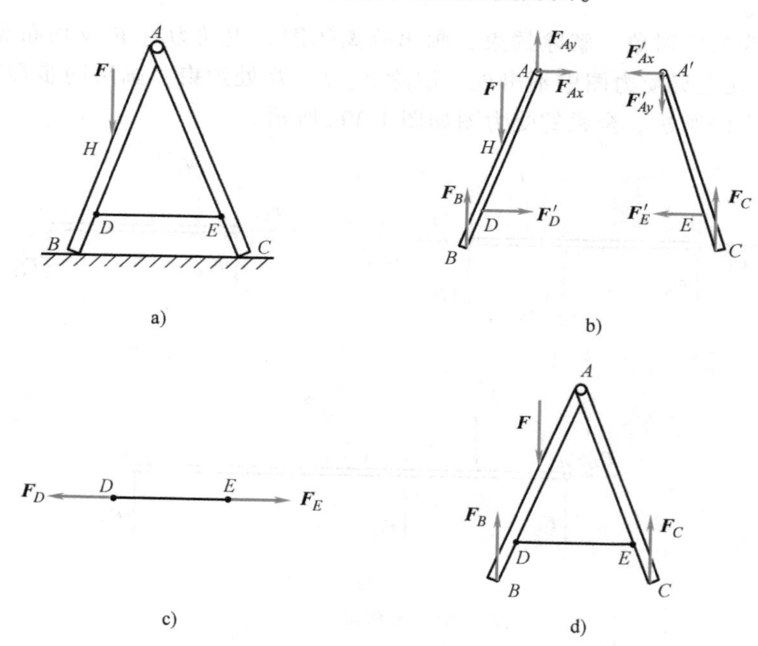

图 1-32　梯子的受力图

解：分别取梯子两部分及绳子为研究对象，按照约束反力表示方法，并应用作用力与反作用力特点，分别画出 AB、AC 及 DE 受力图，如图 1-32b、c 所示。取整体为研究对象时，由于 A 点、D 点及 E 点处的受力为系统的内力，整体受力分析时不表示出来，故整体受力图如图 1-32d 所示。

力学故事汇

我国近代“力学之父”——钱伟长

钱伟长（1912年10月9日—2010年7月30日），江苏无锡人，我国著名科学家、教育家。他参与创建了我国大学里第一个力学专业——北京大学力学系；出版了我国第一本《弹性力学》专著；创建了上海市应用数学与力学研究所；开创了理论力学的研究方向和非线性力学的学术方向。他为我国的机械工业、土木建筑、航空航天和军工事业建立了不朽的功勋，被称为我国近代“力学之父”。

钱伟长生于江苏无锡一个书香家庭。在18岁那年，他以中文和历史两个100分的成绩走进了清华大学。钱伟长属于“偏科生”，物理只考了5分，数学、化学共考了20分，英文因没学过是0分。但正是这样一个在文史上极具禀赋、数理上毫无兴趣的学生，却在进入历史系的第二天做出了一个勇敢的决定：弃文从理。1931年9月18日，日本发动了震惊中外的“九一八事变”，侵犯了东北三省。从收音机里听到了这个新闻后，钱伟长拍案而起，他说：“我不读历史系了，我要学造飞机大炮，祖国的需要，就是我的专业！”起初，物理系主任根本不收他，经他软磨硬泡才勉强批准他试学一段时间。为了能尽早赶上课程，他早起晚睡，极度用功。到毕业时，钱伟长成为物理系最优秀的学生之一。

1940年3月，钱伟长来到加拿大多伦多留学，主攻弹性力学。当他第一次和导师辛格见面时，辛格得知钱伟长正在研究薄板薄壳的统一方程，感到非常高兴，这是当时世界亟待攻克的科学难点。辛格对钱伟长的研究所取得的初步成果表示肯定。辛格说，他正在从宏观上进行这方面的研究，虽然与钱伟长研究的角度不同，但可以将它分为宏观和微观两个部分，合成一篇论文，这样更有价值和意义了。听了辛格的提议，钱伟长高兴地答应了。就这样，钱伟长开始了微观的弹性力学方面的研究。最后，这篇题为《薄板薄壳的内禀理论》论文，由钱伟长写成初稿，辛格修改后，发表在为纪念美国著名科学家冯·卡门60岁寿辰的论文集里。这篇论文，是世界上第一篇有关板壳内禀的理论，具有极高的科学价值，被称为“钱伟长一般方程”和“圆柱壳的钱伟长方程”。爱因斯坦看了钱伟长的论文，曾惊叹道：太伟大了，他解决了一直困扰我的问题。

1946年，钱伟长回国，到清华大学任教，之后参与筹建了中国科学院力学研究所和自动化研究所。钱伟长同钱学森、钱三强一起于1956年共同制定了中国第一次12年科学规划，毛泽东主席戏称他们为“三钱”。20世纪70年代，钱伟长创立了中国力学学会理性力学和力学中的数学方法专业组，1980年又创办了中国最早的学术期刊《应用数学和力学》，促进了力学研究成果的国际学术交流，为我国的力学事业和中国力学学会的发展做出了重要贡献。

从义理到物理，从固体到流体，顺逆交替，委屈不曲，荣辱数变，老而弥坚，这就是他人生的完美力学！无名无利无悔，有情有义有祖国。

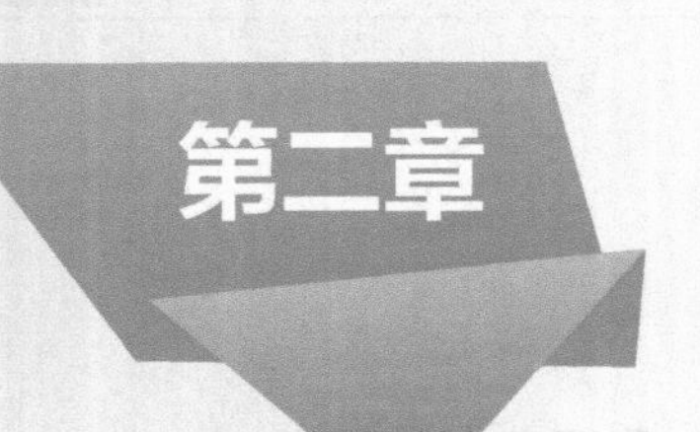

第二章

平面汇交力系

平面汇交力系是指各力的作用线都在同一平面内且汇交于一点的力系。

第一节　平面汇交力系的合成

一、平面汇交力系合成的几何法

平面汇交力系合成的几何法采用力多边形法则。

设一刚体受到平面汇交力系$\boldsymbol{F}_1$、$\boldsymbol{F}_2$、$\boldsymbol{F}_3$、$\boldsymbol{F}_4$的作用，各力作用线汇交于点A，根据刚体内部力的可传性，可将各力沿其作用线移至汇交点A，如图 2-1a 所示。

为合成此力系，可根据力的平行四边形法则，逐步两两合成各力，最后求得一个通过汇交点A的合力$\boldsymbol{F}_R$，还可以用更简便的方法求此合力$\boldsymbol{F}_R$的大小与方向。任取一点a，先作力三角形求出$\boldsymbol{F}_1$与$\boldsymbol{F}_2$的合力$\boldsymbol{F}_{R1}$，再作力三角形合成$\boldsymbol{F}_{R1}$与$\boldsymbol{F}_3$得$\boldsymbol{F}_{R2}$，最后合成$\boldsymbol{F}_{R2}$与$\boldsymbol{F}_4$得$\boldsymbol{F}_R$，如图 2-1b 所示。多边形$abcde$称为此平面汇交力系的力多边形，矢量$\boldsymbol{ae}$称为此力多边形的封闭边。封闭边矢量$\boldsymbol{ae}$即表示此平面汇交力系合力$\boldsymbol{F}_R$的大小与方向（即合力矢），而合力的作用线仍应通过原汇交点A，如图 1-28a 所示的$\boldsymbol{F}_R$。

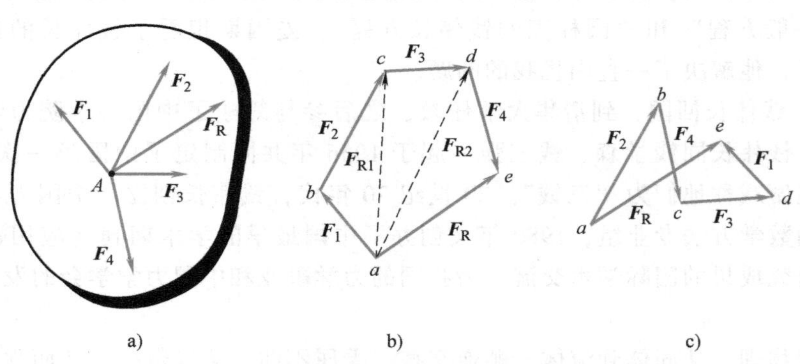

图 2-1　力多边形法则

必须注意，此力多边形的矢序规则为：各分力的矢量沿着环绕力多边形边界的同一方向首尾相接。由此组成的力多边形$abcde$有一缺口，故称为不封闭的力多边形，而合力矢则应沿相反方向连接此缺口，构成力多边形的封闭边。多边形法则是一般矢量相加（几何和）的几何解释。根据矢量相加的交换律，任意变换各分力矢的作图次序，可得形状不同的力多边形，但其合力矢仍然不变，如图 2-1c 所示。

总之，平面汇交力系可简化为一合力，其合力的大小与方向等于各分力的矢量和（几何和），合力的作用线通过汇交点。设平面汇交力系包含 n 个力，以$\boldsymbol{F}_R$ 表示它们的合力矢，则有

$$\boldsymbol{F}_R = \boldsymbol{F}_1 + \boldsymbol{F}_2 + \cdots + \boldsymbol{F}_n = \sum_{i=1}^{n} \boldsymbol{F}_i \tag{2-1}$$

合力$\boldsymbol{F}_R$ 对刚体的作用与原力系对该刚体的作用等效。

二、平面汇交力系合成的解析法

解析法是通过力矢在坐标轴上的投影来分析力系的合成及其平衡条件的一种方法。

1. 力在正交坐标轴系上的投影

如图 2-2 所示，已知力 $\boldsymbol{F}$ 与平面内正交轴 x、y 的夹角分别为 α、β，则力 $\boldsymbol{F}$ 在 x、y 轴上的投影分别为

$$\left.\begin{aligned} F_x &= F\cos\alpha \\ F_y &= F\cos\beta = F\sin\alpha \end{aligned}\right\} \tag{2-2}$$

即力在某轴的投影，等于力的模乘以力与投影轴正向间夹角的余弦。力在轴上的投影为代数量，投影的正负号规定为：由起点到终点的指向与坐标轴正向一致时为正，反之为负。当力矢与投影轴垂直时，投影为零。

[例 2-1]　试求图 2-3 中所示各力在坐标轴的投影。已知$F_1 = F_2 = F_4 = 10\text{kN}$，$F_3 = F_5 = 15\text{kN}$，$F_6 = 20\text{kN}$。各力方向如图 2-2 所示。

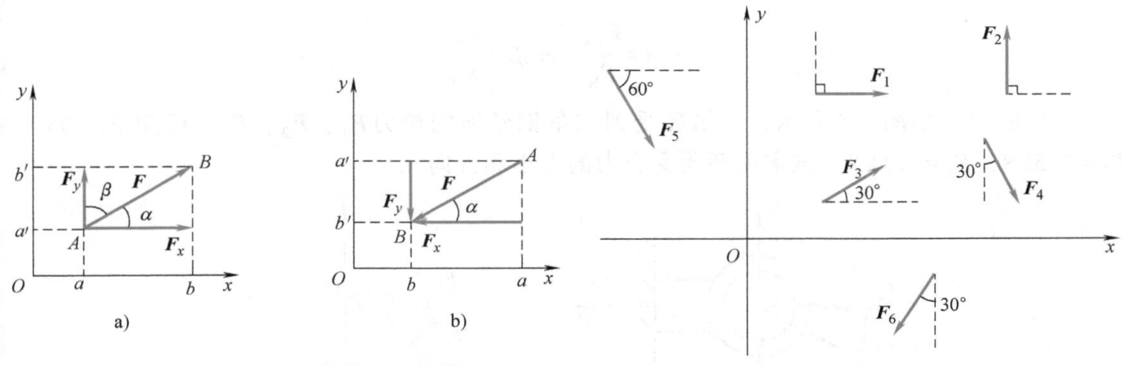

图 2-2　力在正交坐标轴上的投影　　　　图 2-3　力在坐标轴上的投影

解：$F_{1x} = F_1 = 10\text{kN}$，$F_{1y} = 0$

$F_{2x} = 0$，$F_{2y} = F_2 = 10\text{kN}$

$F_{3x} = F_3\cos30° = 12.99\text{kN}$，$F_{3y} = F_3\sin30° = 7.5\text{kN}$

$F_{4x} = F_4\sin30° = 5\text{kN}$，$F_{4y} = -F_4\cos30° = -8.66\text{kN}$

$F_{5x} = F_5\cos60° = 7.5\text{kN}$，$F_{5y} = -F_5\sin60° = -12.99\text{kN}$

$F_{6x} = -F_6\sin30° = -10\text{kN}$，$F_{6y} = -F_6\sin30° = -17.3\text{kN}$

2. 合力投影定理

设由 n 个力组成的平面汇交力系作用于一个刚体上，以汇交点 O 作为坐标原点，建立

直角坐标系 Oxy，如图 2-4a 所示。

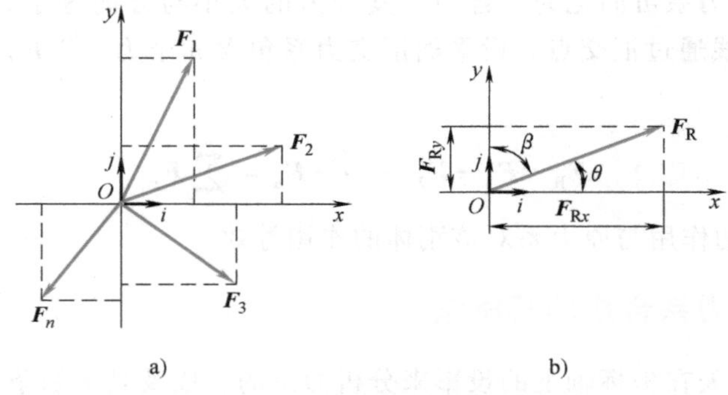

图 2-4 合力投影定理示意图

根据合矢量投影定理，合力在某一轴上的投影等于各分力在同一轴上投影的代数和。

$$F_{Rx}=F_{x1}+F_{x2}+\cdots+F_{xn}=\sum_{i=1}^{n}F_{xi}=\sum F_x$$

$$F_{Ry}=F_{y1}+F_{y2}+\cdots+F_{yn}=\sum_{i=1}^{n}F_{yi}=\sum F_y$$

式中 F_{x1} 和 F_{y1}，F_{x2} 和 F_{y2}，…，F_{xn} 和 F_{yn}——各分力在 x 轴和 y 轴上的投影；

F_{Rx} 和 F_{Ry}——F_R 在 x 轴和 y 轴上的投影。

合力矢的大小和方向为

$$F_R=\sqrt{F_{Rx}^2+F_{Ry}^2}=\sqrt{(\sum F_x)^2+(\sum F_y)^2}$$

$$\cos\theta=\frac{F_{Rx}}{F_R},\ \cos\beta=\frac{F_{Ry}}{F_R}$$

[例 2-2] 如图 2-5 所示，一吊环受到三条钢丝绳的拉力 F_1、F_2、F_3。已知 $F_1=2\text{kN}$，$F_2=2.5\text{kN}$，$F_3=1.5\text{kN}$。试求吊环所受合力的大小和方向。

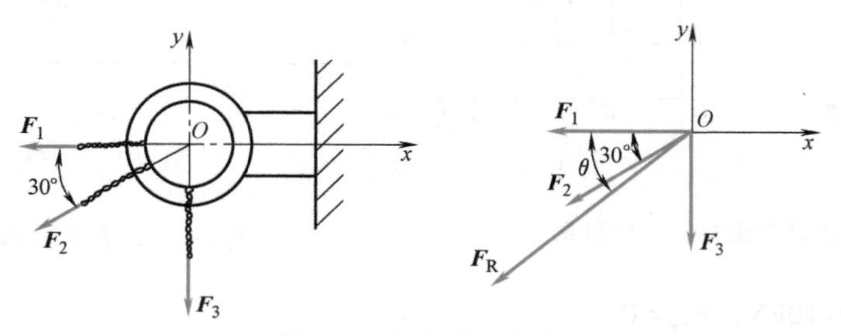

图 2-5 吊环受力分析

解：建立坐标系 Oxy，可得

$$F_{Rx}=F_{x1}+F_{x2}+F_{x3}=-F_1-F_2\cos30°+0=(-2-2.17+0)\text{kN}=-4.17\text{kN}$$

$$F_{Ry}=F_{y1}+F_{y2}+F_{y3}=0-F_2\sin30°-F_3=(0-1.25-1.5)\text{kN}=-2.75\text{kN}$$

F_{Rx} 和 F_{Ry} 都为负值，故合力 F_R 在第三象限。

$$F_R=\sqrt{F_{Rx}^2+F_{Ry}^2}=\sqrt{(-4.17)^2+(-2.75)^2}\text{kN}=4.99\text{kN}$$

$$\theta=\arccos\frac{F_{Rx}}{F_{R}}=\arccos\frac{4.17}{4.99}=33.4^{\circ}$$

第二节　平面汇交力系的平衡

一、平面汇交力系平衡的几何条件

由于平面汇交力系可用其合力来代替，显然，平面汇交力系平衡的必要和充分条件是：该力系的合力等于零。如用矢量等式表示，即

$$\boldsymbol{F}_{R}=0 \text{ 或} \sum \boldsymbol{F}=0$$

几何法中在平衡情形下，力多边形中最后一力的终点与第一力的起点重合，此时的力多边形称为封闭的力多边形，如图 2-6b 所示。所以，平面汇交力系平衡的必要和充分条件是：该力系的力多边形自行封闭。

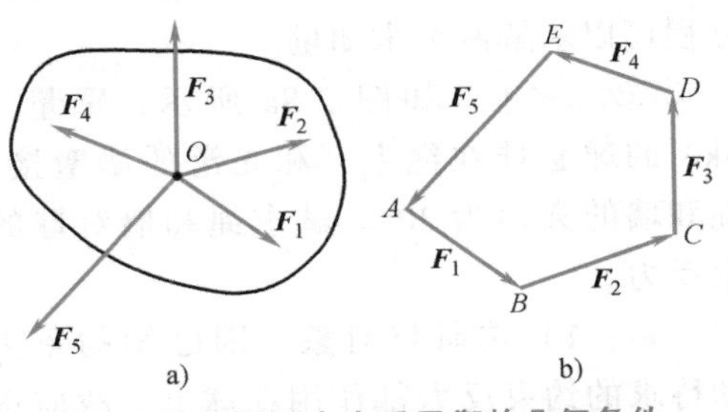

图 2-6　平面汇交力系平衡的几何条件

求解平面汇交力系的平衡问题时可用图解法，即按比例先画出封闭的力多边形，然后，用钢直尺和量角器在图上量得所要求的未知量；也可根据图形的几何关系，用三角公式计算出所要求的未知量，这种解题方法称为几何法。几何法一般用于受力简单的场合。

［例 2-3］　图 2-7a 所示为起重机起吊一钢管而处于平衡状态的情况。已知钢管自重 $P=4\text{kN}$，$\alpha=60^{\circ}$，不计吊钩和吊索的重量。试求铅直吊索和钢丝绳 AB、AC 中的拉力。

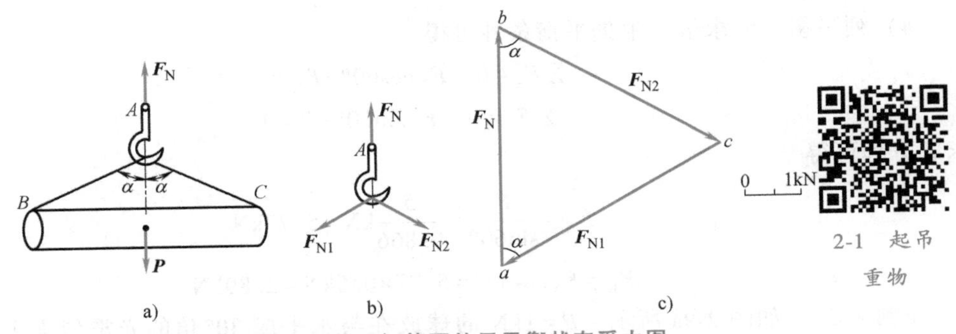

图 2-7　起重机起吊钢管而处于平衡状态受力图

解：1）根据题意，先选整体为研究对象。受力图如图 2-7a 所示。由二力平衡条件，显然 $F_{N}=P=4\text{kN}$。

2）再取吊钩 A 为研究对象。吊钩受铅直吊索的拉力$\boldsymbol{F}_{N}$ 和钢丝绳拉力$\boldsymbol{F}_{N1}$ 和$\boldsymbol{F}_{N2}$ 的作用，其受力图如图 2-7b 所示。根据平面汇交力系平衡的几何条件，这三个力所构成的力三角形应自行封闭。首先选取比例尺（图 2-7c），其次任选一点 a，作矢量 $\boldsymbol{ab}$ 平行且等于$\boldsymbol{F}_{N}$，再从 a 和 b 两点分别作两条直线与$\boldsymbol{F}_{N1}$、$\boldsymbol{F}_{N1}$ 相平行，它们相交于点 c，得到封闭的力三角形 abc。按各力首位相接的次序，标出 bc 和 ca 的指向。则矢量 $\boldsymbol{bc}$ 代表$\boldsymbol{F}_{N2}$，矢量 $\boldsymbol{ca}$ 代表$\boldsymbol{F}_{N1}$

（图 2-7c）。量得 $F_{N1}=F_{N1}=4kN$。

二、平面汇交力系平衡的解析条件

平面汇交力系平衡的必要和充分条件是该力系的合力 F_R 等于零。即

$$F_R=\sqrt{F_{Rx}^2+F_{Ry}^2}=\sqrt{(\sum F_x)^2+(\sum F_y)^2}=0$$

欲使上式成立，必须满足

$$\sum F_x=0 \quad \sum F_y=0$$

于是，平面汇交力系平衡的充要条件是：各力在两个坐标轴上投影的代数和分别等于零。

运用平面汇交力系的平衡方程，用这个方程可以求解两个未知量。

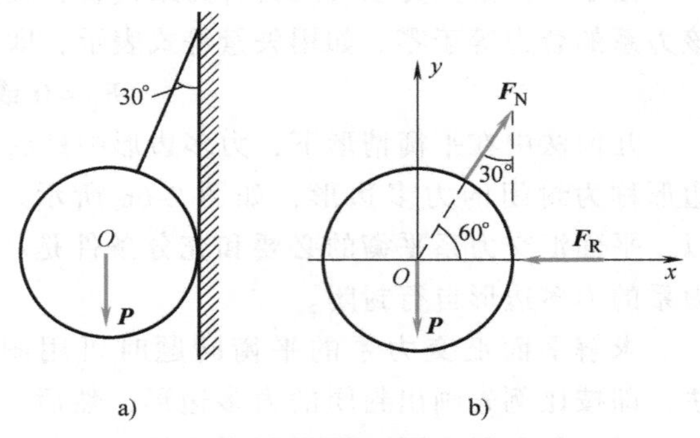

图 2-8 钢球平衡状态受力图

［例 2-4］ 如图 2-8a 所示，重量 $P=5kN$ 的球悬挂在绳上，和光滑的墙壁接触，绳和墙的夹角为 30°。试求绳和墙对球的约束反力。

解：1）选研究对象。因已知的重力 $\boldsymbol{P}$ 和待求的约束反力都作用在球上，故应选球为研究对象。

2）画受力图。图中 $\boldsymbol{F}_R$ 是墙对球的约束反力，$\boldsymbol{F}_N$ 是绳对球的约束反力（图 2-8b）。

3）选坐标系。选定水平方向和铅直方向为坐标轴的方向，则 $\boldsymbol{P}$ 与轴 y 轴重合，$\boldsymbol{F}_N$ 与轴 x 成 60°角。

4）列平衡方程求解。根据平衡条件可得

$$\sum F_x=0 \quad F_N\cos60°-F_R=0$$

$$\sum F_y=0 \quad F_N\sin60°-P=0$$

求解方程可得

$$F_N=\frac{P}{\sin60°}=\frac{5}{0.866}kN=5.77kN$$

$$F_R=F_N\cos60°=5.77\times0.5kN=2.89kN$$

［例 2-5］ 如图 2-9a 所示，$P=1kN$ 的球放在与水平成 30°角的光滑斜面上，并用与斜

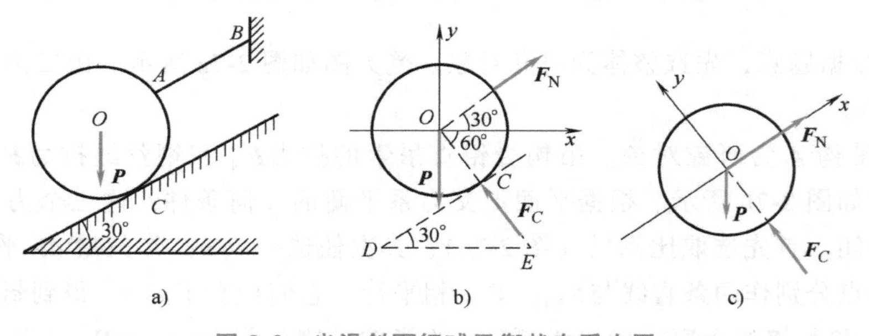

图 2-9 光滑斜面钢球平衡状态受力图

面平行的绳 AB 系住，试求绳 AB 受到的拉力及球对斜面的压力。

解：1）选球为研究对象。

2）画受力图。作用于球上的力有重力 $\boldsymbol{P}$、斜面的约束反力$\boldsymbol{F}_C$ 及绳对球的拉力$\boldsymbol{F}_{\mathrm{N}}$（图 2-9b）。

3）选坐标系 Oxy，如图 2-9b 所示。

4）列平衡方程求解。根据平衡条件可得

$$\sum F_x=0 \quad F_{\mathrm{N}}\cos30°-F_C\cos60°+0=0$$
$$\sum F_y=0 \quad F_{\mathrm{N}}\sin30°+F_C\sin60°-P=0$$

求解方程可得

$$F_C=0.866\mathrm{kN},\ F_{\mathrm{N}}=0.5\mathrm{kN}$$

根据作用与反作用公理知，绳子所受的拉力为 0.5kN；球对斜面的压力为 0.866kN，其指向与图中力$\boldsymbol{F}_C$ 的指向相反。

讨论：如选取坐标系如图 2-9c 所示，则由

$$\sum F_x=0 \quad F_{\mathrm{N}}+0-P\cos60°=0$$
$$\sum F_y=0 \quad 0+F_C-P\sin60°=0$$

可得

$$F_C=\frac{\sqrt{3}}{2}P=0.866\mathrm{kN},\ F_{\mathrm{N}}=\frac{1}{2}P=0.5\mathrm{kN}$$

由此可见，若选取恰当的坐标系，则所得平衡方程较易求解（一个平衡方程中只出现一个未知数）。

[例 2-6] 平面刚架如图 2-10a 所示，力 $\boldsymbol{F}$ 和尺寸 a 均为已知。试求支座 A 和 D 处的约束反力。刚架自重不计。

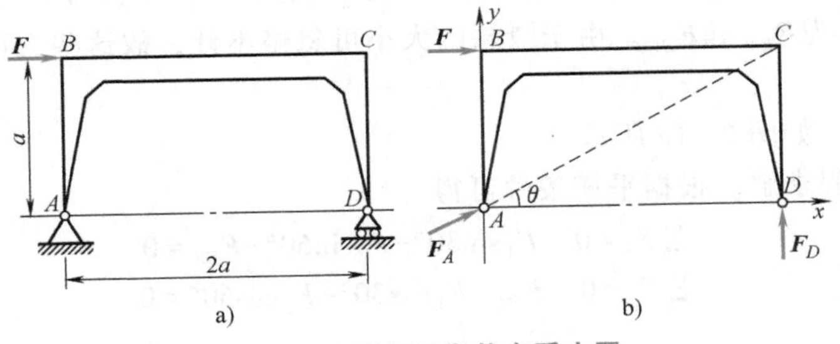

图 2-10 刚架平衡状态受力图

解：1）选刚架为研究对象。

2）画受力图。根据约束性质，D 处为活动铰支座，约束反力$\boldsymbol{F}_D$ 的方向是垂直的；A 处是固定铰支座，约束反力$\boldsymbol{F}_A$ 的方向一般为未知。但在此情况下，三力平衡汇交，可知$\boldsymbol{F}_A$ 的方向必沿线 AC，即 $\theta=\arctan\dfrac{a}{2a}=26.6°$。刚架的受力图如图 2-10b 所示。

3）选坐标系如图 2-10b 所示。

4）列平衡方程求解。根据平衡条件可得

$$\sum F_x=0 \quad F+F_A\cos26.6°=0$$

$$\sum F_y=0 \quad F_D+F_A\sin26.6°=0$$

求解方程可得

$$F_A=-1.12F（负号表示其实际指向与假设指向相反）$$

$$F_D=-0.448F_A=(-0.448)\times(-1.12F)=0.502F$$

[例 2-7]　如图 2-11a 所示，重物 $W=20\text{kN}$，用钢丝绳挂在支架的滑轮 B 上，钢丝绳的另一端缠绕在绞车 D 上。杆 AB 与 BC 铰接，并以铰链 A、C 与墙连接。两杆和滑轮的自重不计，并忽略摩擦和滑轮的大小，试求平衡时杆 AB 与 BC 所受的力。

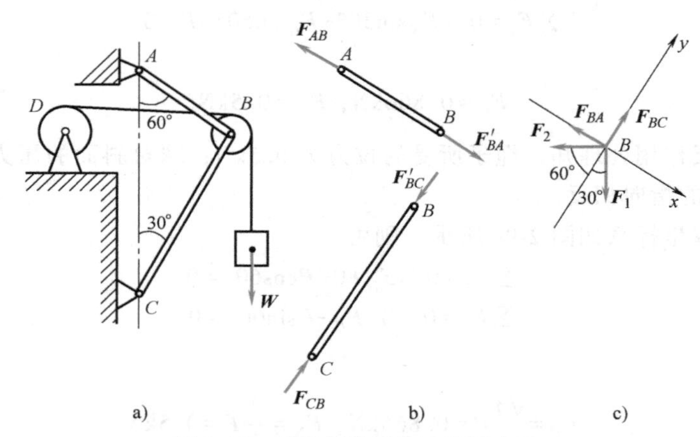

图 2-11　绞车提升重物及其受力图

解：1）选研究对象。由于 AB 和 BC 两杆都是二力杆，假设杆 AB 受拉力、杆 BC 受压力，如图 2-11b 所示。为了求出这两个未知力，可通过求两杆对滑轮的约束反力来解决。因此选取滑轮 B 为研究对象。

2）画受力图。滑轮受到钢丝绳的拉力$\boldsymbol{F}_1$ 和$\boldsymbol{F}_2$（已知 $F_1=F_2=W$）。此外，杆 AB 和 BC 对滑轮的约束反力为$\boldsymbol{F}_{BA}$ 和$\boldsymbol{F}_{BC}$。由于滑轮的大小可忽略不计，故这些力可看作是汇交力系，如图 2-11c 所示。

3）选坐标系，如图 2-11c 所示。

4）列平衡方程求解。根据平衡条件可得

$$\sum F_x=0 \quad F_1\sin30°-F_2\sin60°-F_{BA}=0$$

$$\sum F_y=0 \quad F_{BC}-F_1\cos30°-F_2\cos60°=0$$

求解方程可得

$$F_{BA}=-0.366W=-7.321\text{kN},\ F_{BC}=1.366W=27.32\text{kN}$$

所求结果，$\boldsymbol{F}_{BC}$ 为正值，表示此力的假设方向与实际方向相同，即杆 BC 受压。$\boldsymbol{F}_{BA}$ 为负值，表示此力的假设方向与实际方向相反，即杆 AB 也受压。

力学故事汇

我国古代的力学探索

力学是研究宏观物体机械运动规律的一门科学。在人类研究力学的历史过程中，特别是在古代力学发展过程中，我国的古代科学家做出了杰出的贡献，他们对运动和力等一些力学基本概念做了简单的描述；对静力平衡问题、杠杆原理等一些力学现象做了一定的研究；此外，对惯性、速度及流体等的研究也有所记载。他们对力学的研究是人类探索力学规律活动的一个重要组成部分。

东汉时期成书的《尚书纬·考灵曜》中指出："地恒动不止而不知，譬如人在大舟中，闭牖而坐，舟行而不觉也。"这是对机械运动相对性十分生动和浅显的比喻。其后的哥白尼、伽利略在论述这类问题时，都不谋而合地运用过几乎相同的比喻，但在时间上已经晚了一千四百年之多，这说明我国早在公元二世纪前对运动就有了相当深刻的认识。

墨家最早指出："力，刑之所以奋也。"这里的"刑"同"形"，指物体的运动状态；这里的"奋"字是由静到动、由慢到快的意思，明确含有加速度的意思。所以以上墨家的论点可解释为：力是物体由静到动、由慢到快做加速运动的原因。《墨经》中还记载道："力，重之谓，下、举，重奋也。"意思是物体的重量也就是一种力，物体下坠、上举都是基于重的作用，也就是用力的表现。古代一直把重量单位如"钧""石"等作为力的量度单位，也足以说明这一点。

古时人们曾用头发编成发辫来悬挂重物，结果发现发辫中有的头发被拉断，而有的头发不被拉断，对此墨家进行了细致的观察和深入的研究，终于发现：当这些头发共悬一件重物时，由于头发的松紧程度不同，被拉紧的那一部分头发承受了重物全部的重量，尽管重物的重量可能不是很大，但这些头发往往先被拉断，其他部分的头发也有可能相继被拉断。于是，墨家认为，假如重物的重量能够均匀地分配到每一根头发上，这些头发就有可能一根也不会断。所谓"轻而发绝，不均也。均，其绝也莫绝"就是这个意思。战国后期的名家公孙龙在墨家这个论点的基础上提出了"发引千钧"的设想，即如果头发的松紧程度相同，则能承受很重的物体。

惯性是力学中一个非常重要的基本概念。我们的祖先很早以前就开始注意惯性这一力学现象了，而且在生活和生产实践中，逐步形成了对惯性现象的初步认识。《考工记》中写道："马力既竭，车舟（辕）犹能一取也。"意思是说，马拉车的时候，马虽然停止前进，即不对车施加拉力了，但车辕还能继续往前动一动。这显然是对惯性的一个生动而直观的描述，这也是我国古代力学史上关于惯性最早的记载。

中国作为一个文明古国，在古代科学技术方面曾经在相当长的一段历史时期内相对于西方保持着明显的领先地位，这反映出我国古代人民的聪明才智和科学素养。在倡导科技创新的今天，我们回顾祖国灿烂的古代科技文明，应树立文化自信，一方面为祖先的辉煌成就而骄傲，另一方面以振兴民族科技为己任，为实现中华民族的伟大复兴贡献一分力量。

第三章 平面力偶系

第一节 平面力对点之矩

力对刚体的作用效应使刚体的运动状态发生改变（包括移动与转动），其中力对刚体的移动效应可用力矢来度量；而力对刚体的转动效应可用力对点之矩（简称力矩）来度量，即力矩是度量力对刚体转动效应的物理量。

一、力对点之矩（力矩）

如图 3-1 所示，平面上作用一力 $\boldsymbol{F}$，在同平面内任取一点 O，点 O 称为矩心，点 O 到力的作用线的垂直距离 h 称为力臂，则在平面问题中力对点之矩的定义如下：

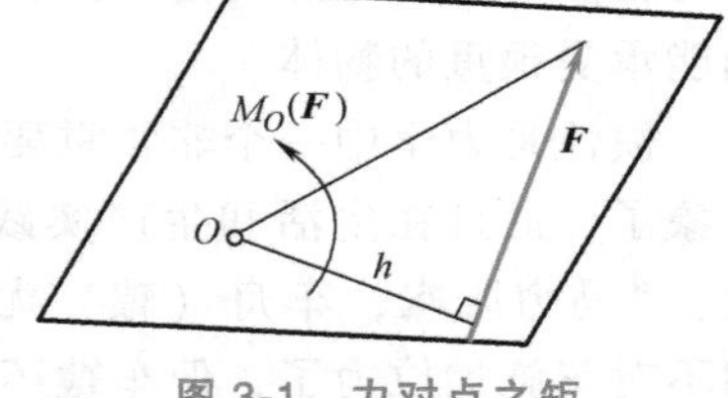

图 3-1 力对点之矩

力对点之矩是一个代数量，它的绝对值等于力的大小与力臂的乘积，它的正负可按以下方法确定：力使物体绕矩心做逆时针方向转动时为正，反之为负。

力 $\boldsymbol{F}$ 对于点 O 的矩以记号 $M_O(\boldsymbol{F})$ 表示，其定义式为

$$M_O(\boldsymbol{F}) = \pm Fh$$

力矩的常用单位为 N · m 或 kN · m。

二、力矩的性质

力矩的性质如下：

1）力 $\boldsymbol{F}$ 对 O 点之矩不仅取决于力的大小，同时还与矩心的位置即力臂 h 有关。

2）力 $\boldsymbol{F}$ 对于任一点之矩，不因该力的作用点沿其作用线移动而改变。

3）力的大小等于零或力的作用线通过矩心，它对矩心的力矩等于零。

三、合力矩定理

合力定理：平面汇交力系的合力对于平面内任一点之矩等于所有各分力对于该点之矩的代数和，即

$$M_O(\boldsymbol{F}_R) = M_O(\boldsymbol{F}_1) + M_O(\boldsymbol{F}_2) + \cdots + M_O(\boldsymbol{F}_n) = \sum M_O(\boldsymbol{F}_i)$$

当力矩的力臂不易求出时，常将力分解为两个易确定力臂的分力（通常是正交分解），然后应用合力矩定理计算力矩。

［例 3-1］　图 3-2a 所示圆柱直齿轮的齿面受一啮合角（$\alpha=20°$）的法向力（$F_n=0.5\text{kN}$）的作用，齿面分度圆直径 $d=120\text{mm}$。试计算力对轴心 O 的力矩。

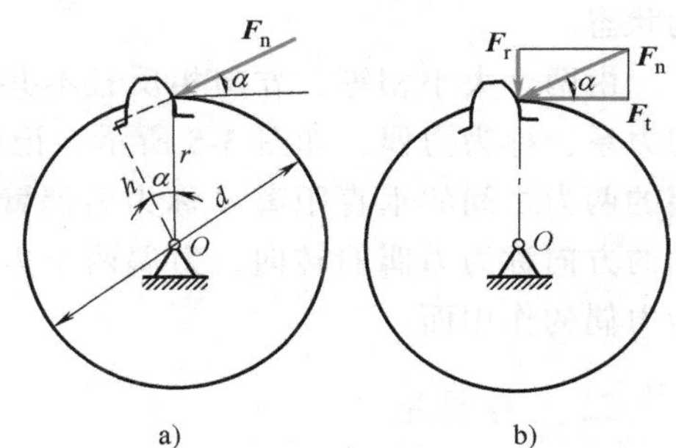

图 3-2　圆柱直齿轮轮齿受力图

解 1：按力对点力矩的定义，有

$$M_O(\boldsymbol{F}_n)=Fh=F\frac{d}{2}\cos\alpha=28.2\text{N}\cdot\text{m}$$

解 2：按合力矩定律，将法向力 $\boldsymbol{F}_n$ 分解为正交的圆周力 $F_t=F_n\cos\alpha$ 和径向力 $F_r=F_n\sin\alpha$，如图 3-2b 所示，可得

$$M_O(\boldsymbol{F}_n)=M_O(\boldsymbol{F}_t)+M_O(\boldsymbol{F}_r)=F_tr+0=F_nr\cos\alpha=28.2\text{N}\cdot\text{m}$$

［例 3-2］　如图 3-3 所示，在 ABO 弯杆上 A 点作用一力 $\boldsymbol{F}$。已知：$a=180\text{mm}$，$b=400\text{mm}$，$\alpha=60°$，$F=200\text{N}$。试求力 $\boldsymbol{F}$ 对 O 点之矩。

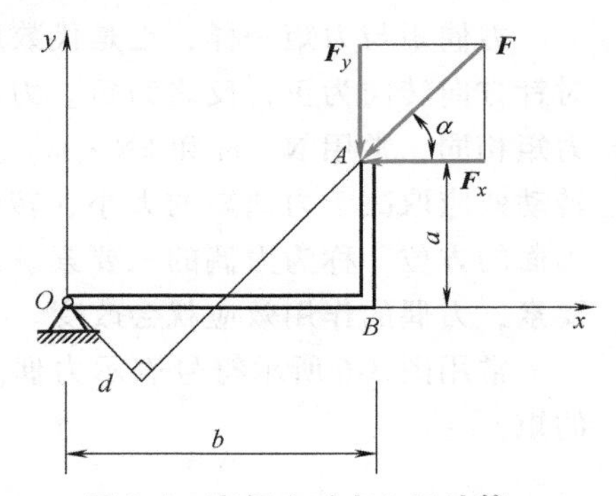

图 3-3　弯杆力对点之矩计算

解：由于力 $\boldsymbol{F}$ 对矩心 O 的力臂不易求出，故将力 $\boldsymbol{F}$ 在 A 点分解为正交的 $\boldsymbol{F}_x$ 和 $\boldsymbol{F}_y$，再用合力矩定理，可得

$M_O(\boldsymbol{F})=M_O(\boldsymbol{F}_x)+M_O(\boldsymbol{F}_y)$

$F_x=F\cos\alpha=200\text{N}\times\cos60°=100\text{N}$

$F_y=F\sin\alpha=200\text{N}\times\sin60°=173.2\text{N}$

$M_O(\boldsymbol{F}_x)=F_xa=100\times0.18\text{N}\cdot\text{m}=18\text{N}\cdot\text{m}$

$M_O(\boldsymbol{F}_y)=-F_yb=-173.2\times0.4\text{N}\cdot\text{m}=-69.2\text{N}\cdot\text{m}$

所以 $M_O(\boldsymbol{F})=(18-69.2)\text{N}\cdot\text{m}=-51.2\text{N}\cdot\text{m}$。

第二节　平面力偶

一、力偶的概念

我们常常见到人用手拧水龙头开关（图 3-4a）、汽车司机用双手转动方向盘（图 3-4b）、钳工双手转动丝锥进行攻螺纹（图 3-4c）等。在水龙头开关、方向盘、丝锥等物体上，都作用了成对的等值、反向且不共线的平行力。等值、反向平行力的矢量和显然等于零，但是

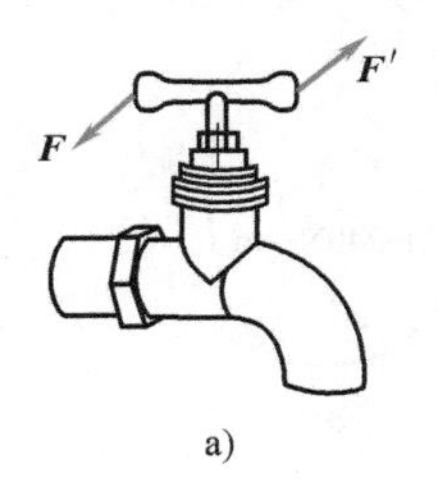

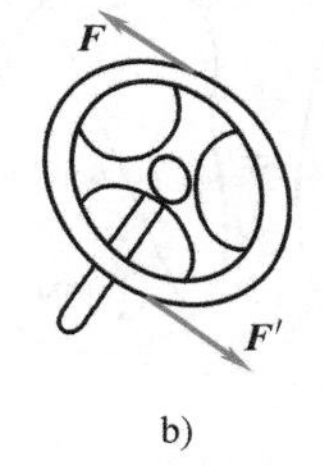

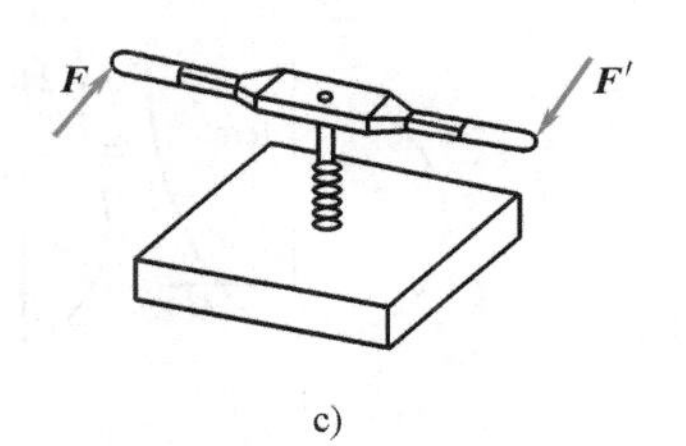

a)　b)　c)

图 3-4　力偶的工程实例

由于它们不共线而不能相互平衡，它们能使物体改变转动状态。

由两个大小相等、方向相反且不共线的平行力组成的力系，称为力偶，如图 3-5 所示，记作（$\boldsymbol{F}$，$\boldsymbol{F}'$）。力偶的两力之间的垂直距离 d 称为力偶臂，力偶使物体转动的方向称为力偶的转向，力偶两个力所决定的平面称为力偶的作用面。

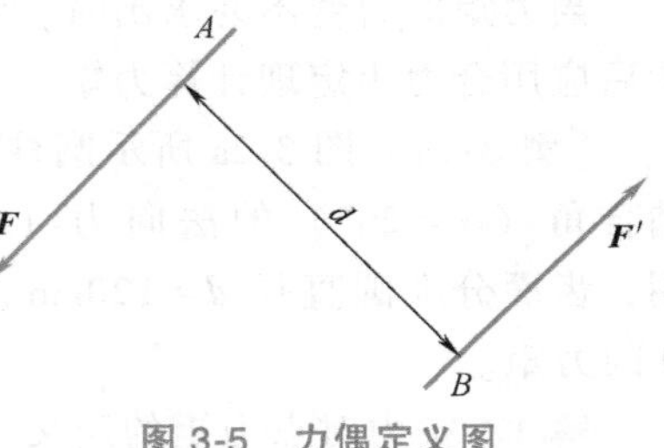

图 3-5 力偶定义图

二、力偶矩

力偶是由两个力组成的特殊力系，它的作用只改变物体的转动状态。力偶使物体产生转动效应与力的大小或力偶臂的大小有关，以 $\boldsymbol{F}$ 的大小与力偶臂 d 的乘积来度量，称为力偶矩，并记作 M（$\boldsymbol{F}$，$\boldsymbol{F}'$）或 M。即

$$M(\boldsymbol{F},\boldsymbol{F}')=M=\pm Fd$$

力偶矩与力矩一样，也是代数量，其正负号表示力偶的转向，规定与力矩相同，即：逆时针方向转向为正，反之为负。力偶的单位也与力矩相同，常用 N · m 和 kN · m。力偶对物体的转动效应取决于力偶矩的大小、转向和力偶的作用面的方位，称为力偶的三要素。改变任何一个要素，力偶的作用效应就会改变。

常用图 3-6 所示符号表示力偶。M 表示力偶的矩。

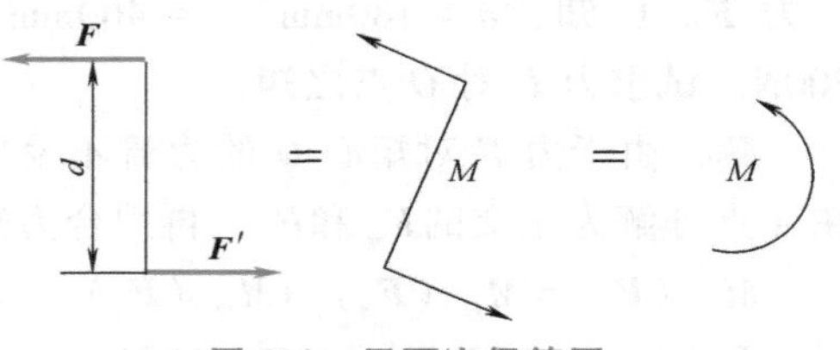

图 3-6 平面力偶简图

三、力偶的性质

力偶对于刚体的效应如下：

1）力偶在任意轴上投影的代数和是零，故力偶无合力，因此力偶只能与力偶等效。

2）力偶中的两力对作用面内任一点的矩的代数和等于力偶矩，而与矩心位置无关。

3）力偶在平面内的转向不同，其作用效应也不相同。

4）力偶在其作用面内，可以任意转移位置，其作用效应和原力偶相同，即力偶对于刚体上任意点的力偶矩值不因移位而改变。

5）力偶在不改变力偶矩大小和转向的条件下，可以同时改变力偶中两反向平行力的大小、方向以及力偶臂的大小，而力偶的作用效应保持不变，即力偶等效，如图 3-7 所示。

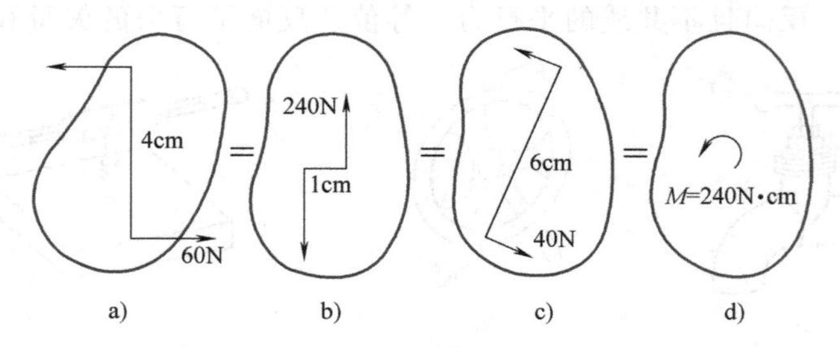

图 3-7 力偶的作用效应

四、力偶的合成与平衡

作用在同一物体上同平面内的若干力偶，称为平面力偶系。同一平面内的任意个力偶可合成为一个合力偶，合力偶矩等于各个力偶矩的代数和，可写为

$$M = M_1 + M_2 + \cdots + M_n = \sum_{i=1}^{n} M_i$$

由合成结果可知，要使力偶系平衡，则合力偶必须等于零，因此平面力偶系平衡的必要充分条件是：力偶系各分力偶矩的代数和等于零。即

$$\sum M_i = 0$$

平面力偶系的独立平衡方程只有一个，故只能求解一个未知数。

[例 3-3]　图 3-8a 所示的工件上有三个力偶。已知 $M_1 = M_2 = 10\text{N}\cdot\text{m}$，$M_3 = 20\text{N}\cdot\text{m}$；两固定光滑螺柱 A 和 B 的距离为 $l = 200\text{mm}$。试求两光滑螺柱所受的水平力。

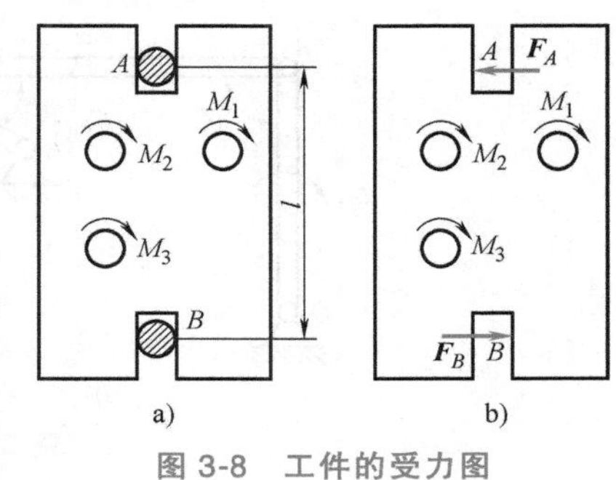

图 3-8　工件的受力图

解：选工件为研究对象。工件在水平面内受三个力偶和两个螺柱的水平反力的作用。根据力偶系的合成定理，三个力偶合成后仍为一力偶，如果工件平衡，必有一反力偶与它相平衡。因此，螺柱 A 和 B 的水平约束反力 $\boldsymbol{F}_A$ 和 $\boldsymbol{F}_B$ 必组成一力偶，它们的方向假设如图 3-8b 所示，则 $F_A = F_B$。由力偶系的平衡条件知

$$\sum M = 0$$

$$F_A l - M_1 - M_2 - M_3 = 0$$

得

$$F_A = \frac{M_1 + M_2 + M_3}{l}$$

代入数值，得

$$F_A = 200\text{N}$$

因为 $\boldsymbol{F}_A$ 是正值，故所假设的方向是正确的，而光滑螺柱 A 和 B 所受的力则应与 $\boldsymbol{F}_A$、$\boldsymbol{F}_B$ 大小相等，方向相反。

[例 3-4]　图 3-9a 所示梁 AB 受 $M_e = 300\text{N}\cdot\text{m}$ 的力偶作用。试求支座 A、B 的约束反力。

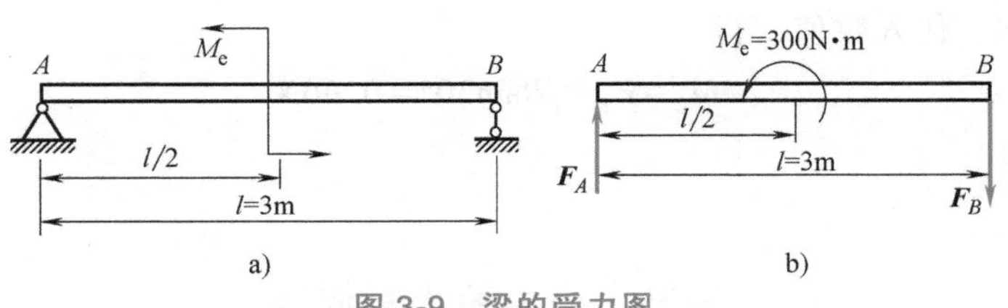

图 3-9　梁的受力图

解：选梁 AB 为研究对象。作用在梁上的力有已知力偶矩 M_e 和支座 A、B 的约束反力。因梁上的载荷为力偶，而力偶只能与力偶平衡，所以 $\boldsymbol{F}_A$ 和 $\boldsymbol{F}_B$ 必组成一力偶，即 $\boldsymbol{F}_A = -\boldsymbol{F}_B$。

F_B 的方位由约束性质确定，F_A 和F_B 的指向假定如图 3-9b 所示。

由力偶系的平衡条件知

$$\sum M=0, M_e-F_A l=0$$

代入数值，得

$$F_A=\frac{M_e}{l}=100\text{N}$$

$$F_B=F_A=100\text{N}$$

所求的F_A 为正值，表示F_A 和F_B 的原假设指向正确。

[例 3-5] 如图 3-10a 所示四连杆机构位置平衡。已知 $OA=120\text{cm}$，$O_1B=80\text{cm}$，作用在杆 OA 上的力偶矩 $M_1=2\text{N}\cdot\text{m}$，不计杆自重。试求力偶矩 M_2 的大小。

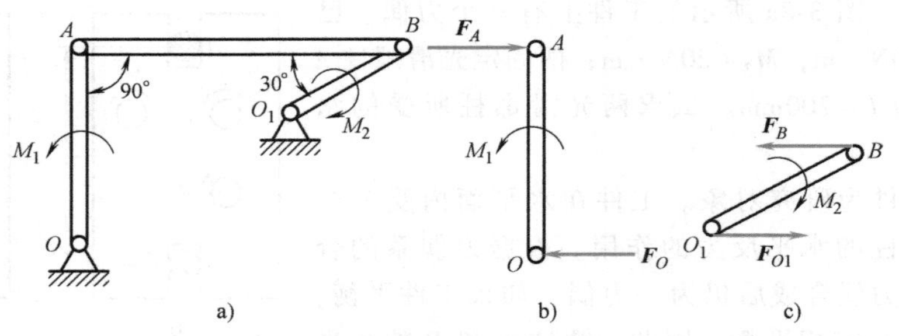

图 3-10 四连杆机构的受力图

解：选杆 OA 为研究对象。作用在杆上的力有已知力偶矩 M_1 和杆两端 O 和 A 的约束反力。根据力偶只能与力偶平衡的性质，所以F_A 和F_O 必组成一力偶，即 $F_A=-F_O$。连杆 AB 为二力杆，所以 F_A 的方向被确定，如图 3-10b 所示。

选杆 O_1B 为研究对象。杆上的力偶矩 M_2 和作用在 O_1、B 的约束反力构成力偶平衡，如图 3-10c 所示。

对于图 3-10b 所示杆 OA 列平衡方程

$$\sum M=0, M_1-F_A OA=0$$

代入数值，得

$$F_A=\frac{M_1}{OA}=1.67\text{N}$$

对于图 3-10c 所示杆 O_1B 列平衡方程

$$\sum M=0, F_B O_1B\sin 30°-M_2=0$$

因 $F_B=F_A=1.67\text{N}$，代入数值，得

$$M_2=F_B O_1B\sin 30°=0.66\text{N}$$

力学故事汇

航天工程中的力学问题

北京时间 2021 年 10 月 16 日 0 时 23 分，搭载神舟十三号载人飞船的长征二号 F 遥十三运载火箭，在酒泉卫星发射中心点火，搭载着进驻中国空间站“天宫”的第二批航天员进

入太空，翟志刚、王亚平、叶光富开始为期 6 个月的太空工作生活，将创造中国航天员太空驻留时长的新纪录。其中，王亚平成为中国首位进驻空间站的女航天员，也是中国首位实施出舱活动的女航天员。神舟十三号载人飞船的成功发射，标志着我国航天事业迈入了一个新的阶段。

我国航天事业从无到有，在经历了无数坎坷与艰辛，战胜了西方发达国家的百般排挤与打击之后，最终开拓出了一条独立自主的登天之路。1956 年 10 月 8 日，钱学森受命组建的中国第一个火箭与导弹研究机构成立。1956 年也被认为是中国导弹梦、航天梦的元年。1970 年，中国用第一枚运载火箭“长征一号”将第一颗人造地球卫星“东方红一号”送入太空，使中国成为世界上第五个用自制火箭发射国产卫星的国家。2003 年，航天员杨利伟穿越大气层，不远万里为浩瀚星空增添了一抹中国红，标志着中国成为世界上第三个将人类送上太空的国家。2013 年，“嫦娥三号”成为中国第一个月球软着陆的无人登月探测器。2021 年 5 月，中国空间站天和核心舱完成在轨测试验证，同年 6 月，中国空间站迎来了聂海胜、刘伯明、汤洪波 3 名航天员，标志着中国人首次进入自己的空间站。

中国航天事业的飞速发展，离不开无数科研人员辛勤的付出。航天工程是一个系统工程，涉及几十门学科，力学就是其中一门非常重要的基础性学科。与力学相关的具体问题有哪些呢？

（1）航天器发射过程中的动力学问题　航天器在发射过程中经历复杂的力学环境，随着航天器向大承载、多级间发展，新的动力学问题也不断出现。发射过程中首先需要面对的便是耦合动力学问题，与大气层的摩擦使航天器处于严酷的热环境中，热固耦合带来的交变激励使航天器结构面临挑战。同时，要携带更多的液体燃料，对航天器发射过程的飞行稳定性也提出了更高要求。

（2）空气动力学　临近空间飞行器一般飞行在 20～100km 空域，马赫数大于 5。临近空间飞行器为获得大航程、高速和高机动性能，需要采用高升阻比气动布局。超高速的运动条件以及稀薄空气影响，使得空气动力学变得十分复杂，对空气动力学发展提出了许多具有挑战性的课题。

（3）航天器在轨工作期间的动力学问题　航天器在轨飞行不可避免地要涉及姿态和轨道动力学问题，而随着载人航天、深空探测在航天领域的发展，对于空间交会对接中的动力学问题，尤其对于深空探测，其长轨道中包含非线性，对轨道及控制的优化提出了新的问题。航天器的构型越来越丰富，其中不乏大型薄膜以及大型挠性结构，这些结构使航天器对挠性振动的控制更加困难。同时，大挠性部件和航天器刚性结构的耦合对航天器姿态控制也提出了更高的要求。对于空间探索、航天器在着陆后运行时的结构展开以及轮壤接触动力学的研究，还有很长的路要走。

力学问题研究与航天技术发展联系紧密，力学专业的发展为我国的火箭、卫星和导弹技术的发展做出了重要贡献。在长期的实践中，我国的力学界积累了许多经验和财富。但是，随着一系列重大航天工程任务的立项，使得航天系统的功能性更强、复杂性更高、力学环境问题也更为突出，这不仅给力学学科提出了新的挑战，也为力学学科发展提供了新的机遇。

平面任意力系

作用在物体上的力的作用线都位于同一平面内，既不全部汇交于一点，又不全部平行的力系称为平面任意力系。在工程实际中，大部分力学问题都可归属于这类力系。

第一节　力的平移定理

作用在刚体上 A 点处的力 $\boldsymbol{F}$，可以平移到刚体内任意点 B，但必须同时附加一个力偶，其力偶矩等于原来的力 $\boldsymbol{F}$ 对新作用点 B 的矩（图 4-1），此即为力的平移定理。

a)　　b)　　c)

图 4-1　力的平移定理

4-1　力的平移定理

证明：根据加减平衡力系公理，在任意点 B 加上一对与 $\boldsymbol{F}$ 等值的平衡力 $\boldsymbol{F}'$、$\boldsymbol{F}''$，如图 4-1b 所示，则 $\boldsymbol{F}'$与 $\boldsymbol{F}''$为一对等值反向不共线的平行力，组成了力偶，其力偶矩等于原力 $\boldsymbol{F}$ 对 B 点的矩，即 $M=M_B=Fd$。于是作用在 A 点的力 $\boldsymbol{F}$ 就与作用于 B 点的平移力 $\boldsymbol{F}'$和附加力偶 M 的联合作用等效，如图 4-1c 所示。

［例 4-1］　削乒乓球、转轴上的齿轮、攻螺纹的力学问题分析。

解：削乒乓球时，如图 4-2 所示，力 $\boldsymbol{F}$ 对球的作用效应，可将力 $\boldsymbol{F}$ 平移至球心，得平移力 $\boldsymbol{F}'$与附加力偶，平移力 $\boldsymbol{F}'$决定球心的轨迹，而附加力偶 M 则使球产生转动。

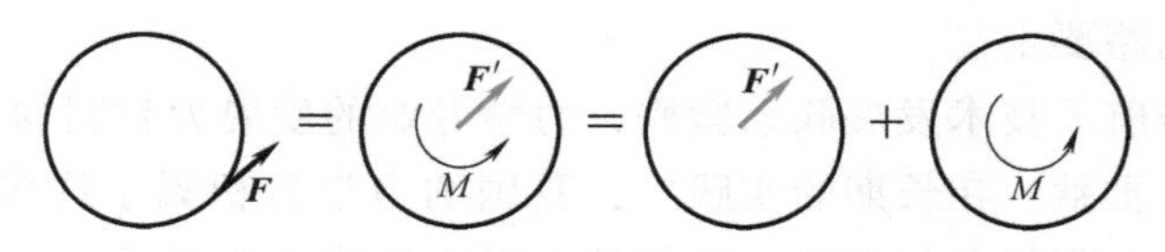

图 4-2　削乒乓球力学分析

又如图 4-3 所示转轴上的齿轮，圆周力 $\boldsymbol{F}$ 作用于转轴的齿轮上，为观察力 $\boldsymbol{F}$ 的作用效应，可将力 $\boldsymbol{F}$ 平移至轴心 O 点，则有平移力 $\boldsymbol{F}'$作用于轴上，同时有附加力偶 M 使齿绕轴旋转。

再如用扳手和丝锥攻螺纹时，如图 4-4 所示，如果只用一只手在扳手的一端 A 加力 $\boldsymbol{F}$，由力的平移定理可知，这等效于在转轴 O 处加一与力 $\boldsymbol{F}$ 等值平行的力 $\boldsymbol{F}'$和一附加力偶 M，附加力偶可以使丝锥转动，但力却使丝锥弯曲，影响攻螺纹的精度，甚至使丝锥折断，因此这样操作是不允许的。

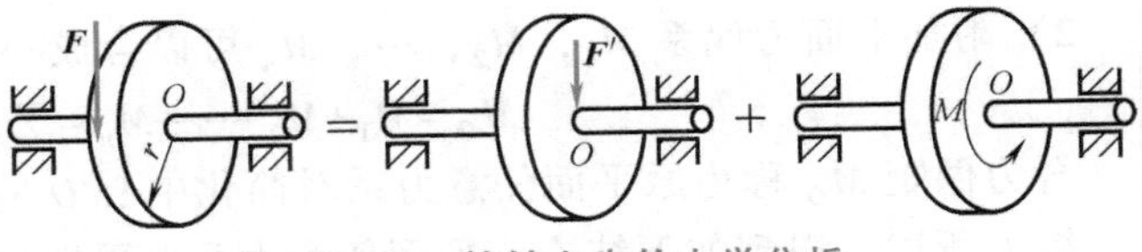

图 4-3　转轴上齿轮力学分析

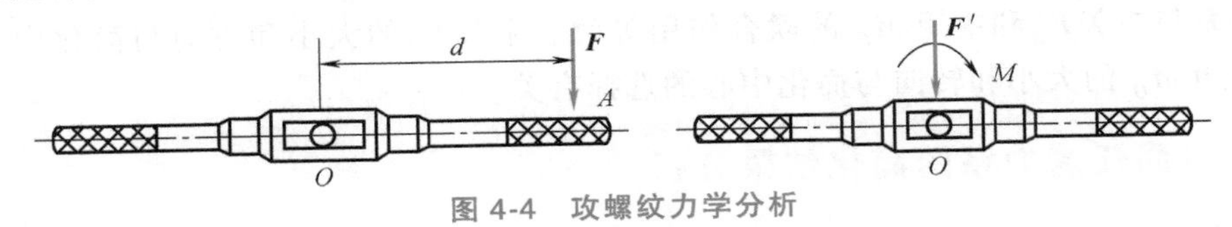

图 4-4　攻螺纹力学分析

第二节　平面任意力系的简化

一、平面任意力系向平面内任一点简化

作用于刚体上有 n 个力$\boldsymbol{F}_1$，$\boldsymbol{F}_1$，…，$\boldsymbol{F}_n$ 组成的平面任意力系，如图 4-5a 所示。在平面内任取一点 O，称为简化中心。根据力的平移定理，把各力都平移到 O 点。这样得到一汇交于点 O 的平面汇交力系 $\boldsymbol{F}'_1$，$\boldsymbol{F}'_2$，…，$\boldsymbol{F}'_3$和一附加平面力偶系 $M_1=M_O(\boldsymbol{F}_1)$，$M_2=M_O(\boldsymbol{F}_2)$，…，$M_n=M_O(\boldsymbol{F}_n)$，如图 4-5b 所示。将平面汇交力系与平面力偶系分别合成，可得到一个力 $\boldsymbol{F}'_R$与一个力偶 M_O，如图 4-5c 所示。

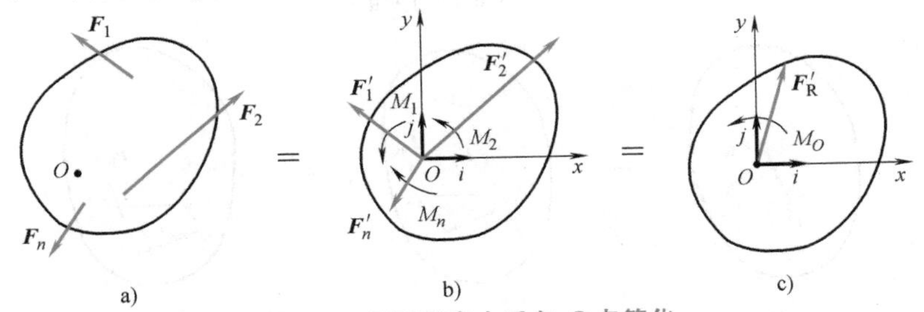

图 4-5　平面任意力系向 O 点简化

1）平面汇交力系各力的矢量和为

$$\boldsymbol{F}'_R=\sum\boldsymbol{F}'=\sum\boldsymbol{F}$$

矢量 $\boldsymbol{F}'_R$称为原平面任意力系的主矢。主矢的大小、方向可利用合力投影定理确定。写出直角坐标系下的投影形式，即

$$F'_{Rx}=F_{1x}+F_{2x}+\cdots+F_{nx}=\sum F_x$$
$$F'_{Ry}=F_{1y}+F_{2y}+\cdots+F_{ny}=\sum F_y$$

因此，主矢 $\boldsymbol{F}'_R$的大小及其与 x 轴正向的夹角分别为

$$F'_R=\sqrt{(F'_{Rx})^2+(F'_{Ry})^2}=\sqrt{(\sum F_x)^2+(\sum F_y)^2}$$
$$\theta=\arctan\left|\frac{F'_{Ry}}{F'_{Rx}}\right|=\arctan\left|\frac{\sum F_y}{\sum F_x}\right|$$

2）附加平面力偶系 M_1，M_2，…，M_n 可以合成一个合力偶矩 M_O，即

$$M_O = M_1 + M_2 + \cdots + M_n = \sum M_O(\boldsymbol{F})$$

合力偶矩 M_O 称为原平面任意力系对简化中心 O 的主矩。

综上所述，得到如下结论：平面任意力系向平向内任一点简化可以得到一个力和一个力偶，这个力等于力系中各力的矢量和，作用于简化中心，称为原平面力系的主矢；这个力偶矩等于原力系中各力对简化中心之矩的代数和，称为原平面力系的主矩。

原力系与主矢$\boldsymbol{F}'_R$和主矩 M_O 的联合作用等效。主矢$\boldsymbol{F}'_R$的大小和方向与简化中心的选择无关。主矩 M_O 的大小和转向与简化中心的选择有关。

二、平面任意力系的简化结果分析

平面任意力系向一点简化后，一般得到一个力$\boldsymbol{F}'_R$（主矢）和一个力偶 M_O（主矩），根据主矢和主矩是否存在，简化结果可能有以下四种情况。

（1）$F'_R=0$，$M_O\neq0$　此时力系无主矢，而最终简化为一个力偶，其力偶矩就等于力系的主矩，此时主矩与简化中心无关。

（2）$F'_R\neq0$，$M_O=0$　此时原力系的简化结果是一个力，而且这个力的作用线恰好通过简化中心，此时，$\boldsymbol{F}'_R$就是原力系的合力 $\boldsymbol{F}_R$。

（3）$F'_R\neq0$，$M_O\neq0$　根据力的平移定理逆过程，这种情况还可以进一步简化，可以把$\boldsymbol{F}'_R$和 M_O 合成一个合力$\boldsymbol{F}_R$。合成过程如图 4-6 所示，合力$\boldsymbol{F}_R$ 的作用线到简化中心 O 的距离为

$$d = \left|\frac{M_O}{F_R}\right| = \left|\frac{M_O}{F'_R}\right|$$

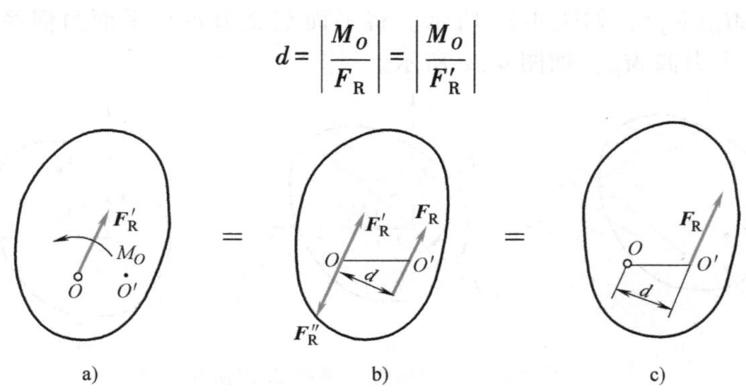

图 4-6　力和力偶合成为力

（4）$F'_R=0$，$M_O=0$　此时表明该力系对刚体总的作用效果为零，即物体在原力系作用下处于平衡状态，即既不转动也不移动。

第三节　平面任意力系的平衡

一、平面任意力系的平衡方程

若平面任意力系的主矢 $\boldsymbol{F}'_R$和主矩 M_O 不同时为零，则该力系最终可合成为一合力或一合力偶，此时物体是不能保持平衡的，因此，欲使物体在平面任意力系作用下保持平衡，则

该力系的主矢 $\boldsymbol{F}'_{\mathrm{R}}$ 和对任意一点的主矩 M_O 必须同时为零；反之，力系的主矢 $\boldsymbol{F}'_{\mathrm{R}}$ 和对任意一点的主矩 M_O 同时为零，则该力系一定处于平衡状态。所以，平面任意力系平衡的必要和充分条件是：力系的主矢 $\boldsymbol{F}'_{\mathrm{R}}$ 和力系对任意点的主矩 M_O 同时为零，即

$$F'_{\mathrm{R}}=\sqrt{(F'_{\mathrm{R}x})^2+(F'_{\mathrm{R}y})^2}=\sqrt{(\sum F_x)^2+(\sum F_y)^2}=0$$
$$M_O=M_1+M_2+\cdots+M_n=\sum M_O(\boldsymbol{F})=0$$

故得平面任意力系的平衡方程为

$$\sum F_x=0$$
$$\sum F_y=0$$
$$\sum M_O(\boldsymbol{F})=0$$

由此可以得出，平面任意力系平衡的解析条件是：所有各力在两个任选的坐标轴上的投影的代数和分别等于零，以及各力对于任意一点的矩的代数和也等于零。这是平面任意力系平衡方程的一般形式，它有两个投影方程和一个力矩方程，所以又称一矩式平衡方程。

平面任意力系的平衡方程还有另外的两种形式，即二矩式和三矩式。

二矩式为

$$\sum F_x=0\text{或}\sum F_y=0$$
$$\sum M_A(\boldsymbol{F})=0$$
$$\sum M_B(\boldsymbol{F})=0$$

附加条件：矩心 A、B 的连线不与 x 轴或 y 轴垂直。

三矩式为

$$\sum M_A(\boldsymbol{F})=0$$
$$\sum M_B(\boldsymbol{F})=0$$
$$\sum M_C(\boldsymbol{F})=0$$

附加条件：矩心 A、B、C 三点不共线。

平面任意力系的三个平衡方程互相独立，可以求解三个未知数。

二、平面任意力系平衡问题的解题步骤

1）选取研究对象，画出其受力图。取有已知力和未知力作用的物体，画出其分离体的受力图。

2）建立直角坐标系。应尽可能使坐标轴与未知力平行（重合）或垂直，尽可能将矩心选在两个未知力的交点，这样可使每一个方程只含一个未知量，少解或不解联立方程，以使解题过程简化。

3）列平衡方程，求解未知量。

[例 4-2]　图 4-7a 所示为一起重机，A、B、C 处均为光滑铰链，水平杆 AB 的重量 $P=4\mathrm{kN}$，载荷 $F=10\mathrm{kN}$，有关尺寸如图所示，杆 BC 自重不计。试求杆 BC 所受的拉力和铰链 A 给杆 AB 的约束反力。

解：1）取杆 AB 为研究对象。

2）画受力图。作用于杆 AB 上的力有重力 $\boldsymbol{P}$、载荷 $\boldsymbol{F}$、杆 BC 的拉力 $\boldsymbol{F}_{\mathrm{N}}$ 和铰链 A 的约束力 $\boldsymbol{F}_A$。二力杆 BC 的拉力 $\boldsymbol{F}_{\mathrm{N}}$ 沿 BC 方向；$\boldsymbol{F}_A$ 的方向未知，分解为两个分力 $\boldsymbol{F}_{Ax}$ 和 $\boldsymbol{F}_{Ay}$，未知力的指向假设如图 4-7b 所示。

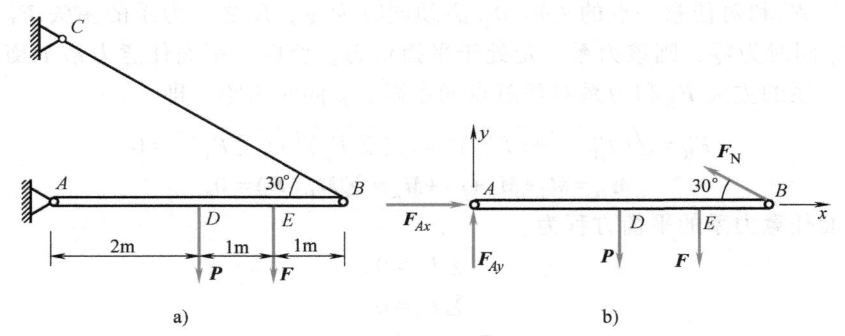

图 4-7 起重机及其受力图

3）列平衡方程，求未知数。

$$\sum F_x=0,\ F_{Ax}-F_{\mathrm{N}}\cos30°=0$$

$$\sum F_y=0,\ F_{Ay}+F_{\mathrm{N}}\sin30°-P-F=0$$

$$\sum M_A(\boldsymbol{F})=0,F_{\mathrm{N}}\times4\sin30°-P\times2-F\times3=0$$

解方程得

$$F_{\mathrm{N}}=19\mathrm{kN}$$

$$F_{Ax}=16.5\mathrm{kN},F_{Ay}=4.5\mathrm{kN}$$

铰链 A 给杆 AB 的约束反力 $F_A=\sqrt{F_{Ax}^2+F_{Ay}^2}=17.1\mathrm{kN}$，它与 x 轴的夹角 $\theta=\arctan\dfrac{F_{Ay}}{F_{Ax}}=15.3°$。

计算所得的 F_{Ax}、F_{Ay}、F_{N} 皆为正值，表明假定的指向与实际的指向相同。

[例 4-3] 图 4-8a 所示梁 AB，A 为固定铰链支座，B 为活动铰链支座。梁的跨度为 $l=4a$，梁的左半部分作用有集度为 q 的均布载荷，在截面 D 处有矩为 M_{e} 的力偶作用。梁的自重和各处摩擦不计。试求 A 和 B 处的支座约束反力。

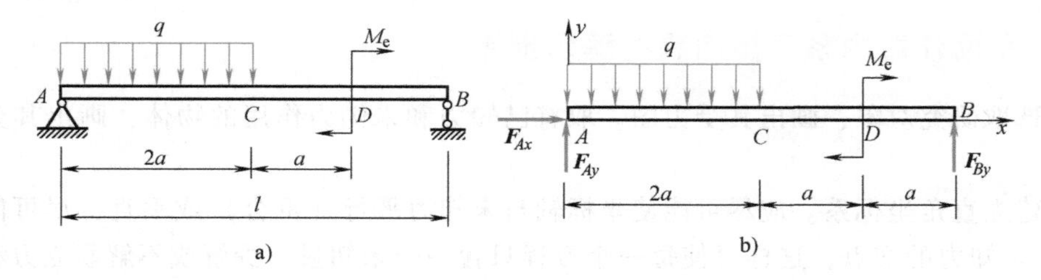

图 4-8 梁的结构及其受力图

解：1）取梁 AB 为研究对象。

2）画受力图。梁上的主动力有集度为 q 的均布载荷和矩为 M_{e} 的力偶；梁所受的约束力有固定铰链支座 A 处的约束力 F_{Ax}、F_{Ay} 以及活动铰链支座 B 处的约束反力 F_{By}，三个未知力的指向假设如图 4-8b 所示。

3）列平衡方程，求未知数。

$$\sum F_x=0,\ F_{Ax}=0$$

$$\sum M_A(\boldsymbol{F})=0,\ F_{By}\times4a-M_{\mathrm{e}}-(q\times2a)a=0$$

$$\sum M_B(\boldsymbol{F})=0,\ -F_{Ay}\times 4a+(q\times 2a)3a-M_e=0$$

解方程得

$$F_{Ax}=0,\ F_{Ay}=\frac{3}{2}qa-\frac{M_e}{4a},\ F_{By}=\frac{1}{2}qa+\frac{M_e}{4a}$$

［例 4-4］　图 4-9a 所示悬臂梁 AB，作用有集度为 $q=4\text{kN/m}$ 的均布载荷和集中载荷 $F=6\text{kN}$。已知 $\alpha=45°$，$l=3\text{m}$。试求固定端 A 的约束反力。

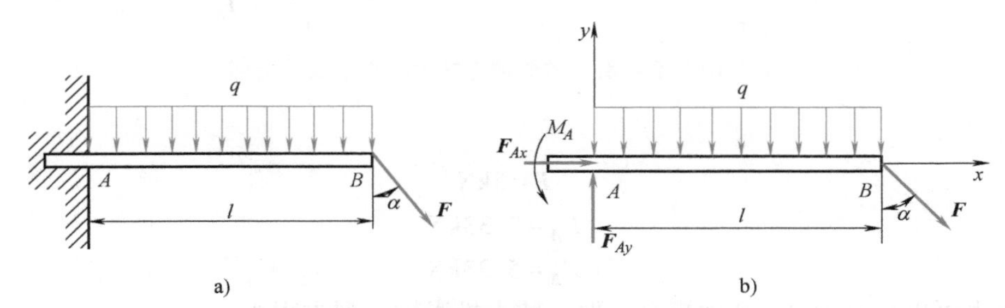

图 4-9　悬臂梁的结构及其受力图

解：1）取梁 AB 为研究对象。

2）画受力图。梁上的主动力有集度为 q 的均布载荷和集中载荷 $\boldsymbol{F}$；梁固定端所受的约束反力$\boldsymbol{F}_{Ax}$、$\boldsymbol{F}_{Ay}$ 和$\boldsymbol{M}_A$，三个未知力的指向假设如图 4-9b 所示。

3）列平衡方程，求未知数。

$$\sum F_x=0,\ F_{Ax}+F\sin 45°=0$$

$$\sum F_y=0,\ F_{Ay}-F\cos 45°-ql=0$$

$$\sum M_A(\boldsymbol{F})=0,\ M_A-Fl\cos 45°-ql\left(\frac{1}{2}l\right)=0$$

解方程得

$$F_{Ax}=-4.2\text{kN}$$

$$F_{Ay}=16.2\text{kN}$$

$$M_A=30.6\text{kN}\cdot\text{m}$$

其中 F_{Ax} 为负值，表明$\boldsymbol{F}_{Ax}$ 假定的指向和实际指向相反。

［例 4-5］　如图 4-10a 所示，绞车通过钢丝绳牵引小车沿斜面轨道匀速上升。已知小车重量 $W=10\text{kN}$，绳与斜面平行，$\alpha=30°$，$a=0.75\text{m}$，$b=0.3\text{m}$，不计摩擦。试求钢丝绳的拉力 $\boldsymbol{F}$ 及轨道对车轮的约束反力。

解：1）取小车为研究对象。

2）画受力图。作用于小车上的力有重力 $\boldsymbol{W}$，钢丝绳的拉力 $\boldsymbol{F}$，轨道 A、B 处的约束反力$\boldsymbol{F}_A$、$\boldsymbol{F}_B$。小车沿轨道做匀速直线运动，则作用在小车上的力必满足平衡条件。选未知力 $\boldsymbol{F}$ 和$\boldsymbol{F}_A$ 的交点为矩心，取直角坐标系 Axy 如图 4-10b 所示。

3）列平衡方程，求未知数。

$$\sum F_x=0,\ -F+W\sin 30°=0$$

$$\sum F_y=0, F_A+F_B-W\cos 30°=0$$

$$\sum M_A(\boldsymbol{F})=0, 2F_Ba-Wa\cos 30°-Wb\sin 30°=0$$

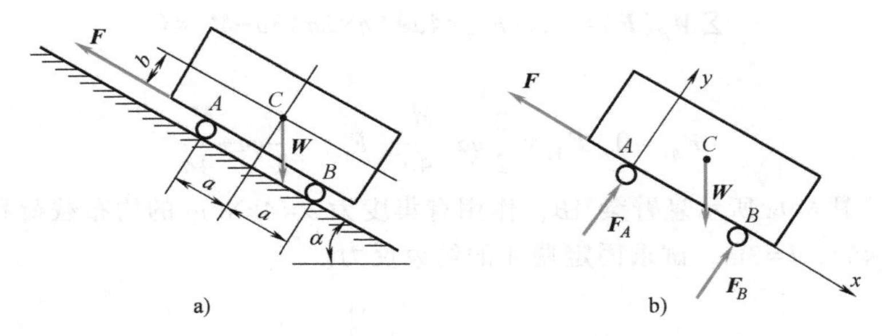

图 4-10　沿斜面轨道匀速上升的小车及其受力图

解方程得

$$F=5\text{kN}$$
$$F_A=3.33\text{kN}$$
$$F_B=5.33\text{kN}$$

本题也可以分别取 A、B 为矩心，取 x 轴为投影轴，列方程为

$$\sum F_x=0,\ -F+W\sin30°=0$$
$$\sum M_A(\boldsymbol{F})=0,\ 2F_Ba-Wa\cos30°-Wb\sin30°=0$$
$$\sum M_B(\boldsymbol{F})=0,\ -2F_Aa-Wb\sin30°+Wa\cos30°=0$$

然后求得结果。利用二矩式方程有时可以避免联立方程组求解。

本题也可以分别取 A、B、C 为矩心，列方程为

$$\sum M_A(\boldsymbol{F})=0,\ 2F_Ba-Wa\cos30°-Wb\sin30°=0$$
$$\sum M_B(\boldsymbol{F})=0,\ -2F_Aa-Wb\sin30°+Wa\cos30°=0$$
$$\sum M_C(\boldsymbol{F})=0,\ F_Ba-F_Aa-Fb=0$$

然后求得结果。利用三矩式方程有时求解很方便。

第四节　平面平行力系的平衡

若平面力系中各力的作用线相互平行，则称其为平面平行力系。

平面平行力系是平面任意力系的特殊情况。它的平衡条件可以沿用平面任意力系的条件。不过，对于如图 4-11 所示，受平面平行力系$\boldsymbol{F}_1$，$\boldsymbol{F}_1$，…，$\boldsymbol{F}_n$ 作用的物体，如选择 x 轴与各力作用线垂直，各力在 x 轴上的投影之和显然恒等于零，即 $\sum F_x=0$。可见平面平行力系的平衡方程为

$$\sum F_y=0$$
$$\sum M_O(\boldsymbol{F})=0$$

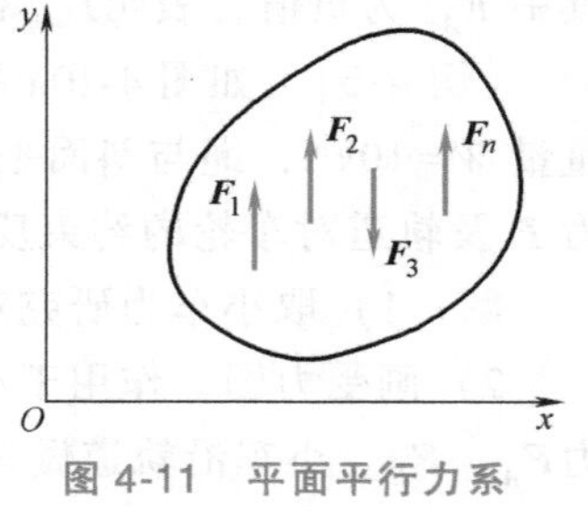

图 4-11　平面平行力系

平面平行力系的平衡方程也可采用二矩式方程的形式，即

$$\sum M_A(\boldsymbol{F})=0$$
$$\sum M_B(\boldsymbol{F})=0$$

但 A、B 两点的连线不能与各力的作用线平行。

[例 4-6]　如图 4-12 所示，一汽车起重机，车身重$\boldsymbol{P}_1$，转盘重$\boldsymbol{P}_2$，起重机吊臂重$\boldsymbol{P}_3$。

试求当吊臂在汽车纵向对称面内时，不至于使汽车翻倒的最大起重量$\boldsymbol{P}_{max}$。

解：1）取汽车起重机为研究对象。

2）画受力图。当吊臂在汽车纵向对称面内时，$\boldsymbol{P}_1$、$\boldsymbol{P}_2$、$\boldsymbol{P}_3$、$\boldsymbol{P}$、$\boldsymbol{F}_{Ay}$、$\boldsymbol{F}_{By}$构成一个平面平行力系。汽车的受力图如图4-12所示。

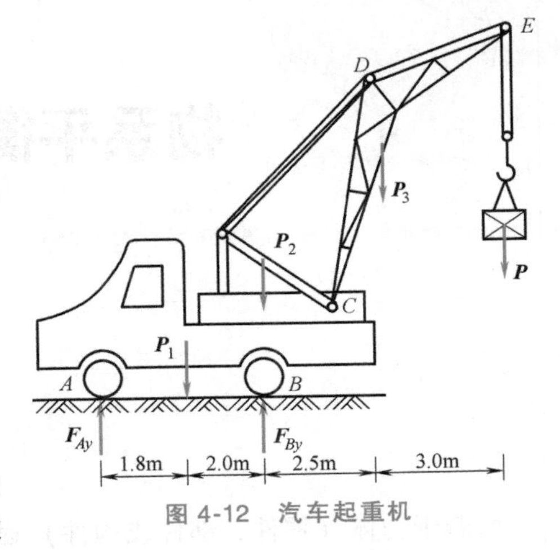

图4-12　汽车起重机

3）列平衡方程，求未知数。为了求得最大起重量，应研究汽车将绕后轮B顺时针方向倾倒而又尚未倾倒时的情形，此时$F_{Ay}=0$。

$\sum M_B(\boldsymbol{F})=0$，$P_1\times 2-P_3\times 2.5-P_{max}\times 5.5=0$

于是得

$$P_{max}=\frac{2P_1-2.5P_3}{5.5}$$

这是汽车起重机的最大起重量（极限值）。为了保证安全，实际上允许的最大起重量应小于这个极限值，使之有一定的安全储备。

力学故事汇

我国17世纪的力学家王征

王征（1572—1644），字良甫，陕西泾阳县人。他少年好学，明万历二十二年（1594）中举人，但是他没去做官，而是住在乡间，一面耕作，一面利用力学原理设计和制造了许多具有实用价值的简单机械。王征就这样在乡间度过了18个年头，到了明天启二年（1622），他考中了进士。此后他向朝廷建议采用他自己设计的兵器，以对付后金。在他的一生中，有不少机械学、力学方面的成就。

在他编著的《新制诸器图说》中，介绍了虹吸、鹤饮、自行磨、自行车、轮壶、代耕架等数种机械的构造原理。他的目的，就是要寻找一种动力，全部或部分地代替人力和畜力，以减轻人、畜的劳动强度。当西方传教士不断进入我国时，他很注意吸收外国的科学知识。他曾于天启元年冬在北京会见了西方传教士邓玉函等三人。这些人从西方带来约七千余部图书，其中有一部介绍“奇器”，即力学和简单机械，后由邓玉函和王征共同翻译成中文版本。他们把此书起名为《远西奇器图说录最》。全书分为重解、器解、力解三卷，主要内容是讲一些机械的力学原理及其应用。

王征是我国17世纪卓越的力学家和机械学家，他运用力学原理设计和制造了不少有实用价值的简单机械，而且大胆冲破当时封建统治思想的束缚，关心科学技术的传播。他说：“学，原不问精粗，总期有济于世人；亦不问中西，总期不违于天。”也就是把“有益于民生日用、国家兴作”的“技艺”予以研究与发展。

第五章

物系平衡与平面静定桁架内力

第一节　物系平衡

由若干物体（零件、部件或构件）通过一定的约束方式联系在一起的系统，称为物体系，简称物系。

研究物系平衡问题时，不仅要分析系统以外的物体对系统的作用力，还要分析系统内部各物体之间的相互作用力。系统以外的物体给所研究系统的作用力称为该系统的外力，系统内部各物体之间的相互作用力称为该系统的内力。内力总是成对出现的，对整个系统来说，因内力的矢量和恒等于零，故不必考虑内力。当要求系统内力时，则需将系统中与所求内力有关的物体单独取为分离体。

一、静定与静不定问题的概念

物体平衡时，组成系统的每一个物体也都保持平衡。若物系由 n 个物体组成，对每个受平面任意力系作用的物体至多能列出 3 个独立的平衡方程，对整个物系至多能列出 $3n$ 个独立的平衡方程。

在刚体静力学分析中，若问题中未知量的数目少于或等于独立的平衡方程的数目，则全部未知量可以用平衡方程解出，这类问题称为静定问题。但是在实际工程中，有时为了提高构件或结构的刚度和稳固性，常对物体增加一些支承或约束，因而使这些构件的未知量的数目多于独立的平衡方程的数目，这些未知量单靠平衡方程不能全部解出，这类问题称为静不定问题或超静定问题。例如，图 5-1 所示为静定结构，图 5-2 所示为静不定结构。

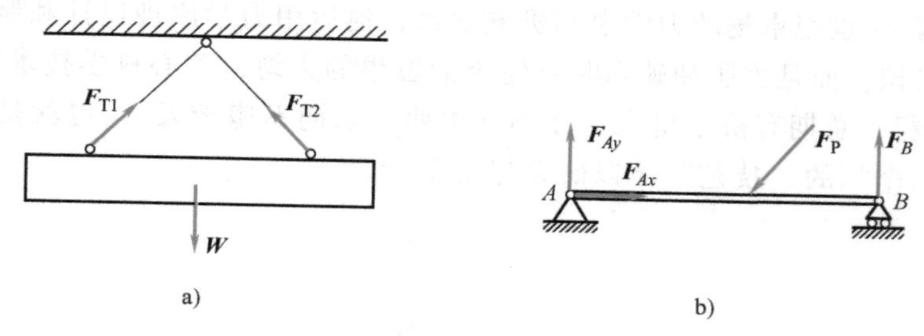

图 5-1　静定结构

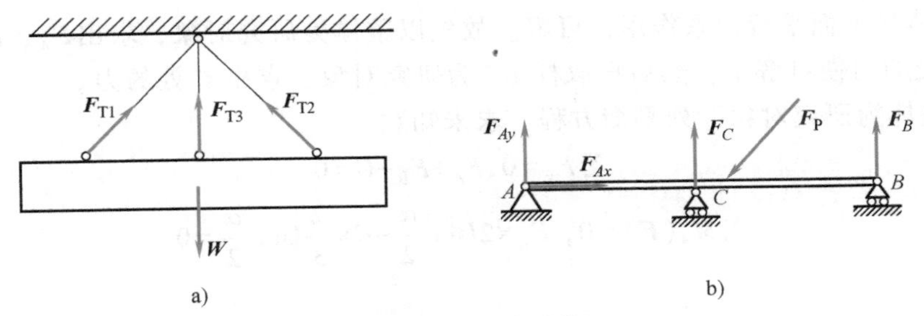

图 5-2　静不定结构

静不定问题仅用静力学平衡方程是不能解决的，需要补充方程才能求解全部约束反力，此时刚体模型已不符合实际，必须考虑结构的变形和材料的力学性能。

二、物系的平衡分析

研究物系平衡问题时，既要研究整体的平衡，又要研究局部的平衡。当整个系统平衡时，其各组成部分也是平衡的。根据问题的需要恰当地选取整体或局部为研究对象分析，是解决物系平衡的关键，也是与单个物体平衡问题的差别所在。

求解物系平衡问题的步骤是：

1）选择适当的研究对象，画出各研究对象的分离体受力图。

注意，研究对象可以是物系整体、单个物体，也可以是物系中几个物体的组合。

2）分析各受力图，确定求解顺序。

如某物体受平面任意力系作用，有四个未知量，但有三个未知量汇交于一点，则可取该三力汇交点为矩心，列方程解出不汇交于该点的那个未知力，这便是解题的突破口。因为由于某些未知量的求出，其他不可解的研究对象也就成为可解了，由此便可确定求解顺序，方便问题的求解。

3）列平衡方程，求解约束反力。

［例 5-1］　图 5-3a 所示的人字梯 ACB 置于光滑水平面上，且处于平衡，已知人重为 $\boldsymbol{G}$，夹角为 α，长度为 l。试求 A、B 和铰链 C 处的约束反力。

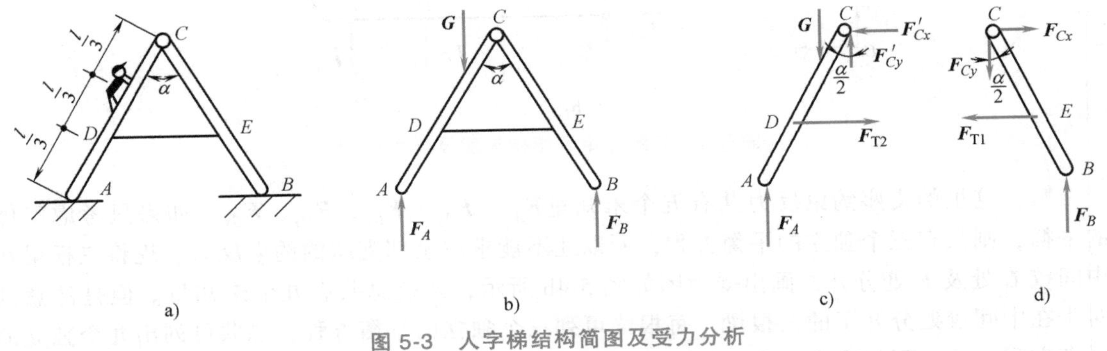

图 5-3　人字梯结构简图及受力分析

解：1）取整体和杆 AC、杆 BC 为研究对象，画出整体和杆 AC、杆 BC 的受力图，如图 5-3b～d 所示。

杆 AC 和杆 BC 所受的力系均为平面任意力系，每个杆都有四个未知力，暂不可解。但由于物系整体受平面平行力系作用，可解。故先以整体为研究对象，求出F_A、F_B。则杆 AC 和杆 BC 所受的力便可解了，然后再取杆 BC 为研究对象，求出 C 处的力。

2）取整体为研究对象，列平衡方程，求未知数。

$$\sum F_y=0, F_A+F_B-G=0$$

$$\sum M_A(F)=0,\ F_B\times 2l\sin\frac{\alpha}{2}-G\times\frac{2}{3}l\sin\frac{\alpha}{2}=0$$

得

$$F_A=\frac{2}{3}G,\ F_B=\frac{1}{3}G$$

3）取杆 BC 为研究对象，列平衡方程，求未知数。

$$\sum F_y=0, F_B-F_{Cy}=0$$

$$\sum M_E(F)=0,\ F_B\times\frac{l}{3}\sin\frac{\alpha}{2}+F_{Cy}\times\frac{2l}{3}\sin\frac{\alpha}{2}-F_{Cx}\times\frac{2l}{3}\cos\frac{\alpha}{2}=0$$

得

$$F_{Cx}=\frac{G}{2}\tan\frac{\alpha}{2},\ F_{Cy}=\frac{1}{3}G$$

[例 5-2]　如图 5-4a 所示，由三根梁 AC、CE 和 EG 利用中间铰 C 和 E 连接而成的梁系，不计梁重和摩擦。试求梁的支座约束反力。

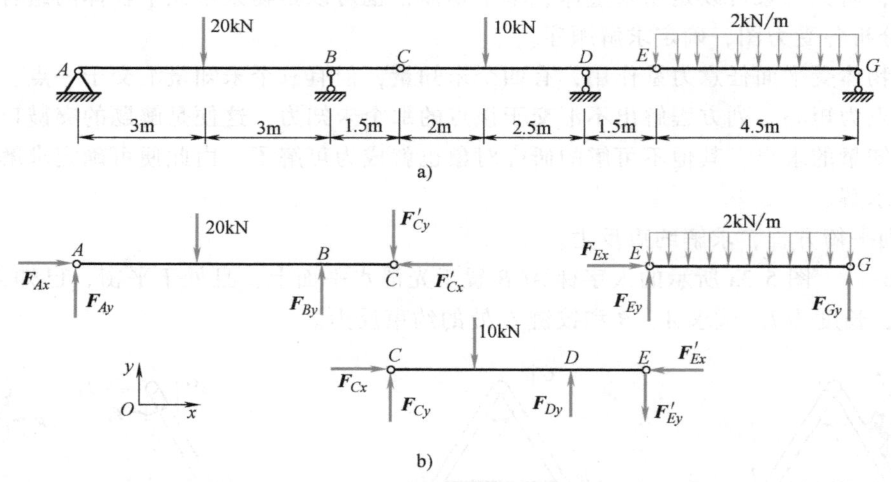

图 5-4　多跨静定梁结构简图及受力分析

解：这里的支座约束反力共有五个未知量F_{Ax}、F_{Ay}、F_{By}、F_{Dy}、F_{Gy}。如果只考虑整体的平衡，则只有三个独立的平衡方程，所以还不能求解全部支座的约束反力。现将三根梁在中间铰 C 处及 E 处分开，画出受力图如图 5-4b 所示，系统总共有九个未知量。但是注意到对于在中间铰处分开了的三根梁，每根梁可列三个独立的平衡方程，总共可列出九个独立的平衡方程，从而可解出全部未知量，故此系统是静定的。这种梁的全部未知量利用平衡方程便可全部解出，故统称为多跨静定梁。求解未知量时，应从未知量较少的梁 EG 入手。

1）研究梁 EG。

$$\sum F_x=0,\ F_{Ex}=0$$

由对称关系得

$$F_{Ey}=F_{Gy}=\frac{1}{2}\times(2\times4.5)\text{kN}=4.5\text{kN}$$

2）研究梁 CE。根据作用与反作用定律，$F'_{Ex}=F_{Ex}=0$，$F'_{Ey}=F_{Ey}=4.5\text{kN}$。从而梁 CE 上现在也只有三个未知量，可由平衡方程求出。

$$\sum F_x=0,\ F_{Cx}-F'_{Ex}=0$$

$$\sum F_y=0,\ F_{Cy}-10+F_{Dy}-F'_{Ey}=0$$

$$\sum M_C(\boldsymbol{F})=0,\ F_{Dy}\times4.5-10\text{kN}\times2-F'_{Ey}\times6=0$$

得

$$F_{Cx}=F'_{Ex}=0,\ F_{Dy}=10.44\text{kN},\ F_{Cy}=4.06\text{kN}$$

3）研究梁 AC。梁 AC 上作用于中间铰的 $\boldsymbol{F}'_{Cx}$、$\boldsymbol{F}'_{Cy}$的大小分别等于上面求得的 F_{Cx}、F_{Cy}。现由平衡方程求 F_{Ax}、F_{Ay} 和 F_{By}。

$$\sum F_x=0,\ F_{Ax}-F'_{Cx}=0$$

$$\sum F_y=0,\ F_{Ay}-20\text{kN}+F_{By}-F'_{Cy}=0$$

$$\sum M_A(\boldsymbol{F})=0,\ F_{By}\times6-20\text{kN}\times3-F'_{Cy}\times7.5=0$$

得

$$F_{Ax}=0,\ F_{By}=15.08\text{kN},\ F_{Ay}=8.98\text{kN}$$

本题中设想 A 处改为活动铰支座，则未知量数变为八个，平衡方程数为九个，在图示载荷下，梁能平衡。但如果载荷在 x 方向的投影之和不为零，则梁不能平衡，这种结构是不稳定的。若在 AB 之间再加一活动铰支座，则未知量数变为十个，问题成为超静定的，需要考虑梁的变形，列出补充方程才能求解。

［例 5-3］　多跨静定梁由梁 AB 和梁 BC 用中间铰 B 连接而成，支承和载荷情况如图 5-5a 所示，已知 $P=20\text{kN}$，$q=5\text{kN/m}$，$\alpha=45°$。求支座 A、C 的约束反力和中间铰 B 处的内力。

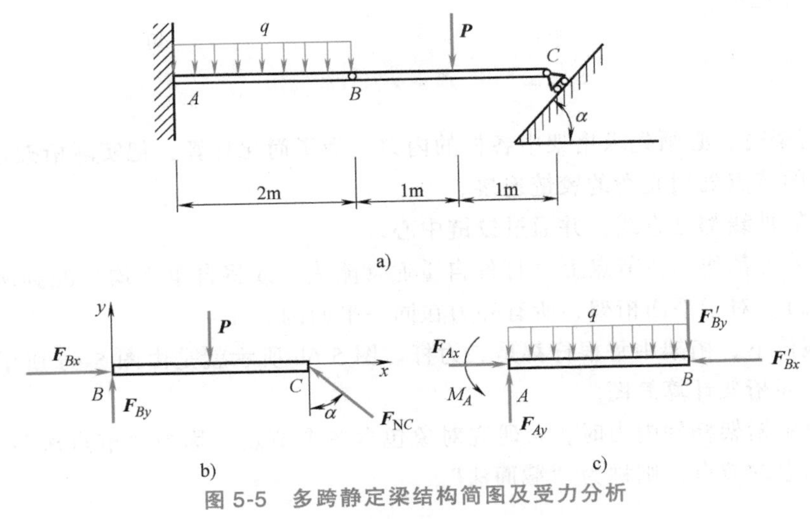

图 5-5　多跨静定梁结构简图及受力分析

解：1）先取梁 BC 为研究对象。其受力图如图 5-5b 所示。列平衡方程

$$\sum F_x=0,\ F_{Bx}-F_{NC}\sin\alpha=0$$

$$\sum F_y=0,\ F_{By}-P+F_{NC}\cos\alpha=0$$
$$\sum M_B(\boldsymbol{F})=0,\ -P\times1+F_{NC}\cos\alpha\times2=0$$

得

$$F_{NC}=14.1\text{kN},\ F_{Bx}=F_{By}=10\text{kN}$$

2）再取梁 AB 为研究对象。其受力图如图 5-5c 所示。列平衡方程

$$\sum F_x=0,\ F_{Ax}-F'_{Bx}=0$$
$$\sum F_y=0,\ F_{Ay}-2q-F'_{By}=0$$
$$\sum M_A(\boldsymbol{F})=0,\ M_A-q\times2\times l-F'_{By}\times2=0$$

其中，$F_{Bx}=F'_{Bx}$，$F_{By}=F'_{By}$，代入数值求得

$$F_{Ax}=F'_{Bx}=10\text{kN},\ F_{Ay}=20\text{kN},\ M_A=30\text{kN}\cdot\text{m}$$

第二节　平面静定桁架内力

桁架是由一些直杆以适当的方式在两端连接而组成的几何形状不变的结构。杆件相结合的地方称为节点。所有杆件的轴线都在同一平面内的桁架称为平面桁架，否则称为空间桁架。

桁架是工程中一种常见的结构，如图 5-6a 所示屋架，可简化为图 5-6b 所示的承受平面力系的杆件系统。

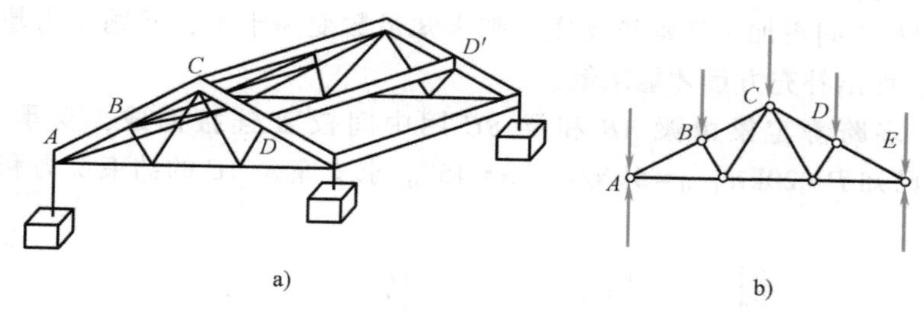

图 5-6　屋架及其计算简图

在设计桁架时，必须先求桁架中各杆的内力，为了简化计算，把实际桁架理想化为：

1）各杆的节点处用光滑的铰链连接。

2）各杆的轴线都是直线，并通过铰链中心。

3）所有外力都作用在节点上（杆件自重通常略去，或将自重平均分配到两端的节点上作为载荷考虑），对于平面桁架，所有外力在同一平面内。

在上述假设下，桁架中每根杆都是二力杆。图 5-6b 所示就是由图 5-6a 所示屋架简化后得到的一个平面桁架计算简图。

求平面静定桁架杆件内力时，若研究对象包含一个节点，称为“节点法”；若研究对象包含两个或以上的节点，则称为“截面法”。

一、节点法

桁架在外力作用下保持平衡，则取任一节点也保持平衡。作用于平面桁架中任一节点上

的力为一平面汇交力系。

当节点上未知力的数目不超过两个时，根据该节点的平衡条件就可解出未知力。因此，用节点法求解平面桁架杆件内力时，通常应从只有两个未知力的节点开始，并逐次选取只有两个未知力的节点。

［例 5-4］　图 5-7a 所示桁架，受两个垂直载荷作用。试求各杆的内力。

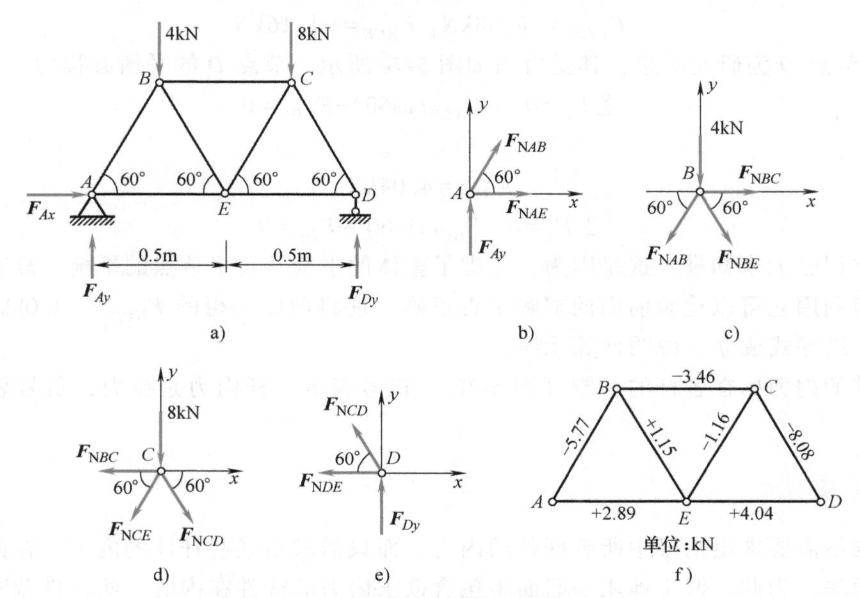

图 5-7　节点法求平面静定桁架内力

解：1）整体为研究对象求出支座约束反力。

$$\sum F_x=0,\ F_{Ax}=0$$

$$\sum M_D(F)=0,\ -F_{Ay}\times 1+4\text{kN}\times 0.75+8\text{kN}\times 0.25=0$$

$$\sum M_A(F)=0,\ F_{Dy}\times 1-8\text{kN}\times 0.75-4\text{kN}\times 0.25=0$$

得

$$F_{Ay}=5\text{kN},F_{Dy}=7\text{kN}$$

2）取节点 A 为研究对象，其受力图如图 5-7b 所示，假设未知的杆件内力均为拉力，用背离节点的力矢表示。节点 A 的平衡方程为

$$\sum F_x=0,F_{NAB}\cos 60°+F_{NAE}=0$$

$$\sum F_y=0,F_{NAB}\sin 60°+F_{Ay}=0$$

得

$$F_{NAB}=-5.77\text{kN},F_{NAE}=2.89\text{kN}$$

F_{NAE} 的计算结果为正，说明该杆的内力为拉力，F_{NAB} 的计算结果为负，说明该杆的内力为压力。受力图上不用更改力的指向。

3）取节点 B 为研究对象，其受力图如图 5-7c 所示。节点 B 的平衡方程为

$$\sum F_x=0,\ F_{NBC}+F_{NBE}\cos 60°-F_{NAB}\cos 60°=0$$

$$\sum F_y=0,\ -4\text{kN}-F_{NAB}\sin 60°-F_{NBE}\sin 60°=0$$

得

$$F_{NBC}=-3.46\text{kN},F_{NBE}=1.15\text{kN}$$

4）取节点 C 为研究对象，其受力图如图 5-7d 所示。节点 C 的平衡方程为

$$\sum F_x=0,\ -F_{NBC}-F_{NCE}\cos60°+F_{NCD}\cos60°=0$$

$$\sum F_y=0,\ -8\text{kN}-F_{NCD}\sin60°-F_{NCE}\sin60°=0$$

得

$$F_{NCD}=-8.08\text{kN},\ F_{NCE}=-1.16\text{kN}$$

5）取节点 D 为研究对象，其受力图如图 5-7e 所示。节点 D 的平衡方程为

$$\sum F_x=0,\ -F_{NCD}\cos60°-F_{NDE}=0$$

得

$$F_{NDE}=4.04\text{kN}$$

$$\sum F_y=0,\ F_{NCD}\sin60°+F_{Dy}=0$$

显然，此方程已无未知量，这是因为，考虑了整体的平衡及每个节点的平衡，故有多余的平衡方程，但利用它可以检验前面的求解是否正确。现将前面求得的 $F_{NCD}=-8.08\text{kN}$ 和 $F_{Dy}=7\text{kN}$ 代入，该等式成立，说明计算无误。

把杆件的内力标在各杆的一侧（图 5-7f），正号表示该杆内力是拉力，负号表示该杆内力是压力。

二、截面法

有时候不需要求出桁架中所有杆件的内力，而只需求出某些杆件的内力。在此情况下一般采用截面法。为此，假想地用一截面将包含欲求内力的杆件在内的一些杆件截断，使桁架截分为两部分，取其一部分为分离体作为研究对象。

由于桁架整体保持平衡，所取的分离体也应保持平衡。对于平面桁架，作用在此种分离体上的力为平面任意力系，能够建立三个独立的平衡方程来求解三个未知力。因此，截面法中所截断的含有未知内力的杆件数目一般不应超过三个。

[例 5-5] 试用截面法求［例 5-4］中所示桁架（图 5-8a）中 BC、BE 两杆的内力。

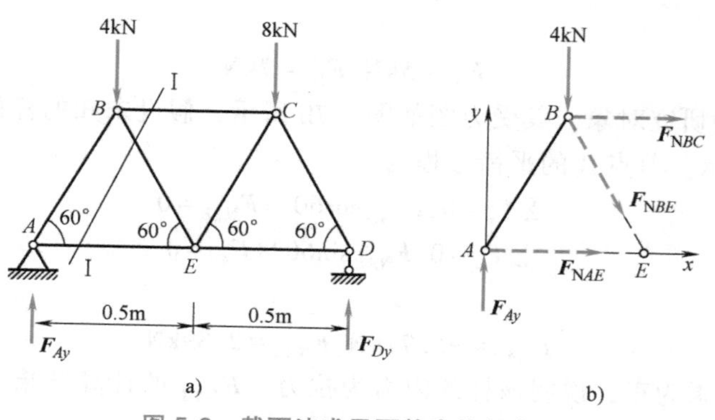

图 5-8 截面法求平面静定桁架内力

解：由桁架整体平衡，首先求支座约束反力

$$F_{Ay}=5\text{kN},\ F_{Dy}=7\text{kN}$$

用截面Ⅰ-Ⅰ将需求内力的杆 BC、杆 BE 连同杆 AE 一起截断，取截面Ⅰ-Ⅰ左边的部分

桁架为分离体，并设各杆未知力均为拉力（图5-8b）。列平衡方程

$$\sum F_y=0,\ F_{Ay}-4\text{kN}-F_{NBE}\sin60^\circ=0$$

$$\sum M_E(\boldsymbol{F})=0,\ -F_{NBC}\times0.5\times\sin60^\circ-F_{Ay}\times0.5+4\text{kN}\times0.25=0$$

得

$$F_{NBC}=-3.46\text{kN},\ F_{NBE}=1.15\text{kN}$$

负号表示杆 BC 的内力与所设的拉力相反，应为压力。

力学故事汇

大国重器——“泰山号”起重机

石油是全球经济的血液，我国有丰富的海洋石油资源，但是深水海上钻井平台的建造一直是我国开采海洋石油的瓶颈。以前，新加坡和韩国凭借多年积累的技术实力和项目经验，一直在全球高端海工装备市场占据着重要位置。建造同样的深水海上钻井平台，国内企业的工期要长出不少。想要“弯道超车”，必须进行革命性创新。钻井平台的传统生产方式，是将物料自下而上像搭积木那样一点点叠加起来，特别是半潜式钻井平台上半部分船体的甲板盒，要拆分成十几个1000t左右的构件，再吊上去进行高空组合作业。如果将设备的上、下船体同步建造，靠重型起吊设备一步合拢，则可以大大简化程序，从而大大缩短项目工期。

工欲善其事，必先利其器。中集来福士联合大连重工用一年半的时间，研制出一台超级起重机——“泰山号”。凭借其超强的起重能力，“泰山号”起重机在2008年4月完成了20133吨的起吊重量，一举创造了吉尼斯世界纪录，并保持至今。

“泰山号”起重机在设计上综合了结构力学、材料力学等学科知识，采用高低双梁结构，设备总体高度为118m，主梁跨度为125m；采用高低双梁结构，起升高度分别为113m和83m；这台起重机共有12个卷扬机构、整机共有48个吊点，每个吊点的起重能力为420t，单根钢丝绳达到了4000m，最大起升重量达20160t，是目前世界上起重量最大、跨度最大、起升高度最大的桥式起重设备，也是当今世界上技术难度最高的大型起重设备。此前，国内外还未出现过起重超过万吨的设备。

我国经济的高速发展，离不开这些“大国重器”，而自主设计研发并进行革命性创新，是我国在科技领域对发达国家实现“弯道超车”的必然路径。党的“十八大”明确提出实施创新驱动发展战略，科技创新是提高社会生产力和综合国力的战略支撑，而科技创新的基础，则是同学们正在学习的这些基础理论课程。“泰山号”起重机就是综合了力学、材料科学、结构工程等多个基础学科的知识，并在此基础上进行创新而设计成功的。所以，“仰望星空，脚踏实地”，同学们打好扎实的基础，必然能在今后的生活与工作中，绽放出自己的光芒！

第六章 摩 擦

前面把物体之间的接触表面都看作是绝对光滑的，但实际上绝对光滑的接触面是不存在的，或多或少总存在一些摩擦。只是当物体间接触面比较光滑或润滑良好时，才忽略其摩擦作用而看成是光滑接触的。但在有些情况下，摩擦却是不容忽视的，如人的行走、夹具利用摩擦把工件夹紧、螺栓连接靠摩擦锁紧等。

按照接触物体之间可能会相对滑动或相对滚动，一般把摩擦分为滑动摩擦和滚动摩擦。

第一节 滑动摩擦

一、滑动摩擦概念

两个相互接触的物体，沿着它们的接触面有相对滑动或相对滑动的趋势时，在接触面间彼此作用着阻碍相对滑动的力，这种力称为滑动摩擦力。

可通过以下实验来认识滑动摩擦力的规律。设在表面粗糙的固定水平面上放重为 $\boldsymbol{G}$ 的物体，这时物体在重力 $\boldsymbol{G}$ 与法向反力$\boldsymbol{F}_{\mathrm{N}}$ 作用下处于平衡，如 6-1a 所示。若给物体一水平拉力$\boldsymbol{F}_{\mathrm{P}}$，并由零逐渐增大，接触面的摩擦力将出现以下几种情况。

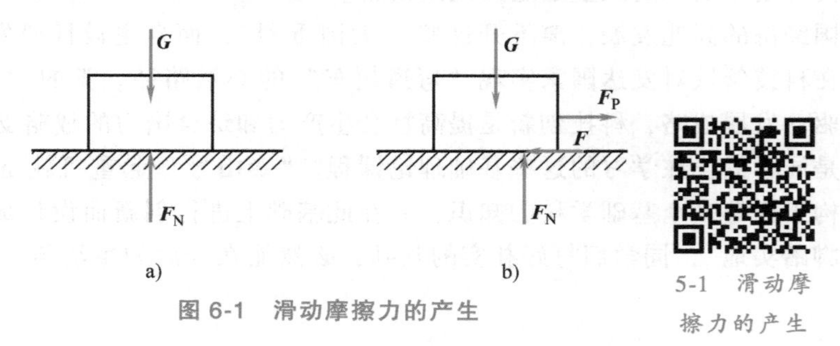

图 6-1 滑动摩擦力的产生

5-1 滑动摩擦力的产生

1. 静摩擦力

当拉力$\boldsymbol{F}_{\mathrm{P}}$ 值由零逐渐增大至某一临界值的过程中，物体虽有向右滑动的趋势但仍保持静止状态，这说明在两接触面之间除法向反力外必存在一阻碍物体滑动的切向阻力 $\boldsymbol{F}$，如图 6-1b 所示。这个力称为静滑动摩擦力，简称静摩擦力。静摩擦力 $\boldsymbol{F}$ 的大小随主动力$\boldsymbol{F}_{\mathrm{P}}$ 而改变，其方向与物体滑动趋势方向相反，由平衡条件确定。

2. 最大静摩擦力

当拉力$\boldsymbol{F}_P$达到某一临界值时，物体处于将要滑动而未滑动的临界状态，即力$\boldsymbol{F}_P$再增大一点，物体即开始滑动。这时，静摩擦力达到最大值，称为最大静滑动摩擦力，简称最大静摩擦力，以$\boldsymbol{F}_{max}$表示。实验证明：最大静摩擦力的大小与两物体间的正压力（法向反力）成正比。即

$$F_{max}=f_s F_N \tag{6-1}$$

式（6-1）称为静滑动摩擦定律，又称为库仑摩擦定律。其中，f_s为静摩擦因数，它的大小与两接触物体的材料与表面情况有关，而与接触面的大小无关，其数值可在机械工程手册中查到。

3. 动摩擦力

当拉力$\boldsymbol{F}_P$再增大，只要稍大于$\boldsymbol{F}_{max}$，物体就开始向右滑动，这时物体间的摩擦力称为动滑动摩擦力，简称动摩擦力，以$\boldsymbol{F}'$表示。

实验证明，动摩擦力的大小也与两物体间的正压力（即法向反力）成正比。即

$$F'=fF_N \tag{6-2}$$

式（6-2）称为动摩擦定律。其中，f为动摩擦因数，它主要取决于接触面材料的表面情况。在一般情况下，f略小于f_s，可近似认为$f=f_s$。

由以上分析可知，考虑滑动摩擦问题时，要分清物体处于静止、临界平衡和滑动三种情况中的哪种状态，然后选用相应的方法进行计算。

滑动摩擦定律提供了利用摩擦和减小摩擦的途径。若要增大摩擦力，可以通过加大正压力和增大摩擦因数来实现。例如，在带传动中要增加带和带轮之间的摩擦，可用张紧轮，也可采用 V 带代替平带的方法。另外，要减小摩擦时可以设法减小摩擦因数，在机器中常用降低接触表面的表面粗糙度值或加润滑剂等方法，以减小摩擦和损耗。

二、摩擦角和自锁

1. 摩擦角

在考虑摩擦时，支承面对物体的反力包括法向反力$\boldsymbol{F}_N$和切向摩擦力$\boldsymbol{F}$两个分量，它们可合成为一个反力$\boldsymbol{F}_R$，称为全反力。全反力与接触面法线成某一夹角φ，如图 6-2a 所示。φ角将随主动力的变化而变化，当物体处于平衡的临界状态时，静摩擦力达到最大静摩擦力$\boldsymbol{F}_{max}$，φ角也将达到相应的最大值φ_f，称为摩擦角。如图 6-2b 所示，由图中几何关系可得

$$\tan\varphi_f=\frac{F_{max}}{F_N}=\frac{f_s F_N}{F_N}=f_s \tag{6-3}$$

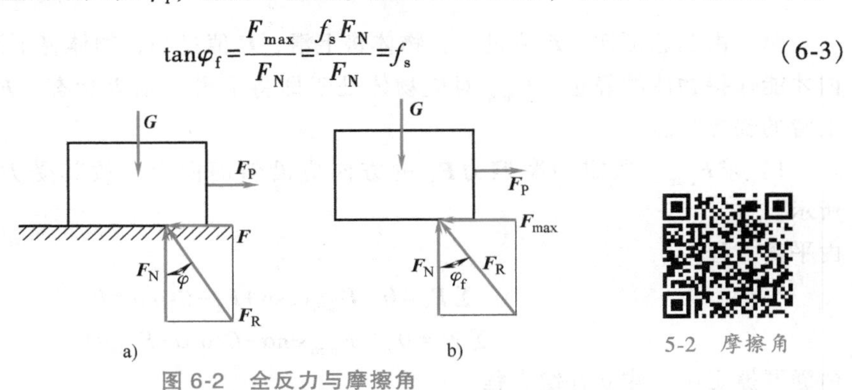

图 6-2　全反力与摩擦角

上式表明，摩擦角的正切等于静摩擦因数。这说明摩擦角和静摩擦因数都是表示材料摩擦性质的物理量，只与物体接触面的材料、表面状况等因素有关。

2. 自锁

物体静止时，由于静摩擦力总是小于或等于最大静摩擦力，因此全反力与接触面法线间的夹角 φ 总是小于等于摩擦角 φ_f：$0 \leqslant \varphi \leqslant \varphi_f$，即全反力的作用线不可能超过摩擦角的范围。

由此可知：

1）当主动力的合力$\boldsymbol{F}_Q$ 的作用线在摩擦角 φ_f 以内时，由二力平衡公理可知，全反力$\boldsymbol{F}_R$与之平衡，如图 6-3 所示。因此，只要主动力合力的作用线与接触面法线间的夹角 α 不超过 φ_f，即 $\alpha \leqslant \varphi_f$，则不论该合力的大小如何，物体都处于静止状态，这种现象称为自锁。这种与主动力大小无关，而只和摩擦角有关的条件称为自锁条件。利用自锁原理可设计某些机构或夹具，如千斤顶、压榨机、圆锥销等，使之始终保持在平衡状态下工作。

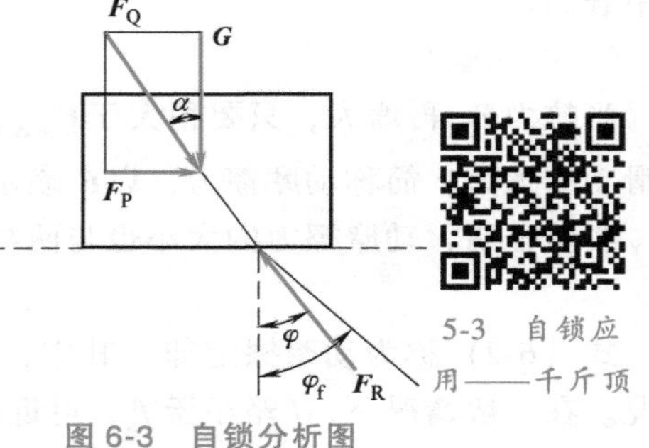

图 6-3　自锁分析图

2）当主动力合力的作用线与接触面法线间的夹角 $\alpha > \varphi_f$ 时，全反力不可能与之平衡，因此不论这个力多么小，物体一定会滑动。工程上，传动机构就是利用这个原理避免自锁的，使机构不致卡死。

［例 6-1］　如图 6-4a 所示，重量为 $\boldsymbol{G}$ 的物体放在倾角为 α 的固定斜面上，α 大于摩擦角 φ_f。试求维持物体平衡的水平推力 $\boldsymbol{F}$ 的取值范围。

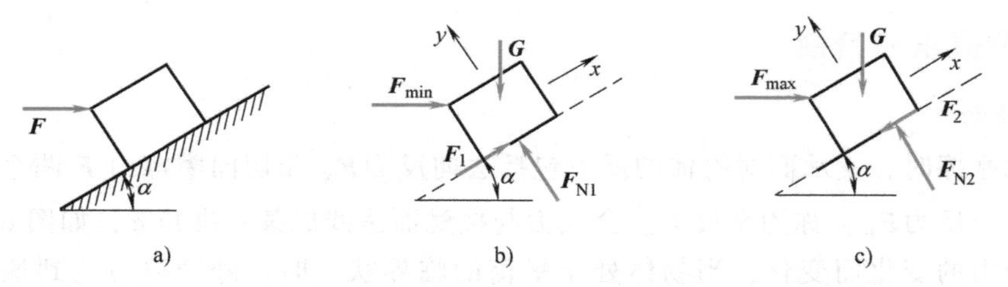

图 6-4　物体平衡问题水平推力求解分析

解：由题意可知，$\boldsymbol{F}$ 值过大，物体将上滑，$\boldsymbol{F}$ 值过小，物体将下滑，故 $\boldsymbol{F}$ 值在一定范围内才能保持物体的静止。$\boldsymbol{F}_{min}$ 对应物体处于即将下滑的临界状态，$\boldsymbol{F}_{max}$ 对应物体处于即将上滑的临界状态。

1）求$\boldsymbol{F}_{min}$。假定静摩擦力$\boldsymbol{F}_1$ 的方向应沿斜面向上，故其受力图和坐标轴如图 6-4b 所示。

由平衡方程

$$\sum F_x = 0，F_{min}\cos\alpha + F_1 - G\sin\alpha = 0$$

$$\sum F_y = 0，-F_{min}\sin\alpha - G\cos\alpha + F_{N1} = 0$$

由静摩擦定律，建立补偿方程

$$F_1 = f_s F_{N1} = F_{N1} \tan\varphi_f$$

解得

$$F_{min} = G\frac{\sin\alpha - f_s\cos\alpha}{\cos\alpha + f_s\sin\alpha} = G\tan(\alpha - \varphi_f)$$

2）求 F_{max}。假定静摩擦力 F_2 的方向应沿斜面向下，故其受力图和坐标轴如图 6-4c 所示。

由平衡方程

$$\sum F_x = 0,\ F_{max}\cos\alpha - F_2 - G\sin\alpha = 0$$
$$\sum F_y = 0,\ -F_{max}\sin\alpha - G\cos\alpha + F_{N2} = 0$$

由静摩擦定律，建立补偿方程

$$F_2 = f_s F_{N2} = F_{N2}\tan\varphi_f$$

解得

$$F_{max} = G\frac{\sin\alpha + f_s\cos\alpha}{\cos\alpha - f_s\sin\alpha} = G\tan(\alpha + \varphi_f)$$

综合上述结果得知：欲使物体平衡，力 F 的取值范围为

$$G\tan(\alpha - \varphi_f) \leqslant F \leqslant G\tan(\alpha + \varphi_f)$$

[例 6-2]　如图 6-5a 所示，重量为 200N 的梯子 AB 一端靠在铅直的墙壁上，另一端搁置在水平地面上，其中 $\theta = \arctan\frac{4}{3}$。假设梯子与墙壁间为光滑约束，而与地面之间存在摩擦，静摩擦因数 $f_s = 0.5$。试问梯子是处于静止还是会滑倒？此时摩擦力的大小为多少？

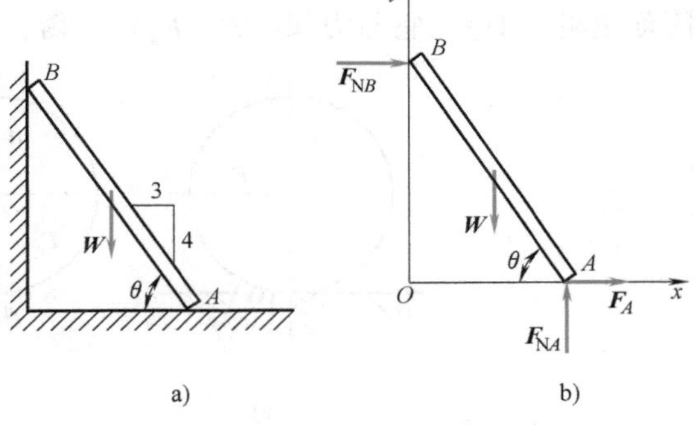

图 6-5　梯子平衡问题求解分析

解：取梯子为研究对象。其受力图如图 6-5b 所示。此时，设梯子 A 端有向左滑动的趋势。由平衡方程

$$\sum F_x = 0,\ F_A + F_{NB} = 0$$
$$\sum F_y = 0,\ F_{NA} - W = 0$$
$$\sum M_A(F) = 0,\ W\times\frac{1}{2}\cos\theta - F_{NB}\times l\sin\theta = 0$$

解得

$$F_{NA} = W = 200\text{N}$$
$$F_A = -F_{NB} = -\frac{1}{2}W\cot\theta = -75\text{N}$$

根据静摩擦定律，可能达到的最大静摩擦力

$$F_{max} = f_s F_{NA} = 0.5\times200\text{N} = 100\text{N}$$

求得的静摩擦力为负值，说明它的实际指向与假设方向相反，即梯子应具有向右滑动的趋势，又因为 $|F_A| < F_{max}$，说明梯子处于静止状态。

对于此种类型的摩擦平衡问题，即已知作用在物体上的主动力，需判断物体是否处于平

衡状态，可将摩擦力作为一般约束反力来处理，然后用平衡方程求出所受的摩擦力，并通过与最大静摩擦力作比较，判断物体所处的状态。

第二节 滚动摩擦

滚动摩擦是一物体沿另一物体表面做相对滚动或有相对滚动趋势时的摩擦，它是由于相互接触的物体发生变形而引起的。

设在水平面上有一滚子，重量为 $\boldsymbol{W}$，半径为 r，在其中心 O 上作用一水平力 $\boldsymbol{F}$，如图 6-6 所示。

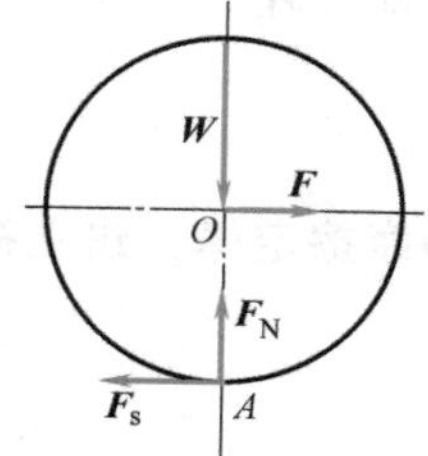

图 6-6 滚子的受力图

当力 $\boldsymbol{F}$ 不大时，滚子仍保持静止。分析滚子的受力情况可知，在滚子与平面接触的 A 点有法向反力 $\boldsymbol{F}_{\mathrm{N}}$，它与 $\boldsymbol{W}$ 等值反向；另外，还有静滑动摩擦力 $\boldsymbol{F}_{\mathrm{s}}$，阻止滚子滑动，它与 $\boldsymbol{F}$ 等值反向。如果平面的反力仅有 $\boldsymbol{F}_{\mathrm{N}}$ 和 $\boldsymbol{F}_{\mathrm{s}}$，则滚子不可能保持平衡，因为静滑动摩擦力 $\boldsymbol{F}_{\mathrm{s}}$ 与力 $\boldsymbol{F}$ 组成一力偶，将使滚子发生滚动。

实际上当力 $\boldsymbol{F}$ 不大时，滚子是可以平衡的。这是因为滚子和平面实际上并不是刚体，它们在力的作用下都会发生变形，有一个接触面，如图 6-7a 所示。在接触面上，物体受分布力的作用，这些力向点 A 简化，得到一个力 $\boldsymbol{F}_{\mathrm{R}}$ 和一个力偶，力偶的矩为 M_{f}，如图 6-7b 所示。这个力 $\boldsymbol{F}_{\mathrm{R}}$ 可分解为摩擦力 $\boldsymbol{F}_{\mathrm{s}}$ 和正压力 $\boldsymbol{F}_{\mathrm{N}}$，这个矩为 M_{f} 的力偶称为滚动摩擦力偶（简称滚阻力偶），它与力偶（$\boldsymbol{F}$，$\boldsymbol{F}_{\mathrm{s}}$）平衡，它的转向与滚动的趋向相反，如图 6-7c 所示。

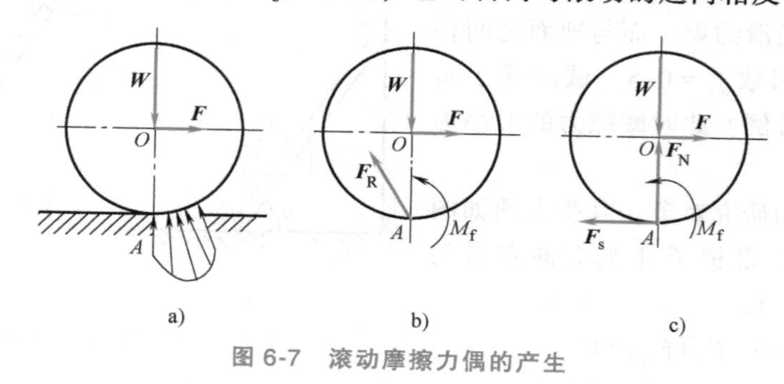

图 6-7 滚动摩擦力偶的产生

与静滑动摩擦力相似，滚动摩擦力偶矩 M_{f} 随着主动力偶矩的增加而增大，当力 $\boldsymbol{F}$ 增加到某个值时，滚子处于将滚未滚的临界平衡状态，这时，滚动摩擦力偶矩达到最大值，称为最大滚动摩擦力偶矩，用 $M_{\max}$ 表示。若力 $\boldsymbol{F}$ 再增大一点，滚子就会滚动。在滚动过程中，滚动摩擦力偶矩近似等于 $M_{\max}$。

由此可知，滚动摩擦力偶矩 M_{f} 的大小介于零与最大值之间，即

$$0 \leqslant M_{\mathrm{f}} \leqslant M_{\max}$$

由实验证明，最大滚动摩擦力偶矩 $M_{\max}$ 与滚子半径无关，而与支承面的正压力（法向反力）$\boldsymbol{F}_{\mathrm{N}}$ 的大小成正比，即

$$M_{\max} = \delta F_{\mathrm{N}}$$

这就是滚动摩擦定律，其中 δ 是比例常数，称为滚动摩擦因数。滚动摩擦因数具有长度的量纲，单位一般为 mm，它与滚子和支承面材料的硬度和湿度等有关，与滚子的半径无

关。分析图 6-7 可知，滚子的滑动条件为 $F \geqslant f_s F_{NA}$，即 $F \geqslant f_s W$。滚子的滚动条件为 $Fr \geqslant M_{max}$，即 $F \geqslant \frac{\delta}{r}W$。由于 $\frac{\delta}{r} < f_s$，所以使滚子产生滚动比使其滑动容易。

［例 6-3］　如图 6-8a 所示，一重 $P=20\text{kN}$ 的均质圆柱，置于倾角 $\alpha=30°$ 的斜面上。已知圆柱半径 $r=0.5\text{m}$，圆柱与斜面之间的滚动摩擦因数 $\delta=5\text{mm}$，静摩擦因数 $f_s=0.65$。试求：1）欲使圆柱沿斜面向上滚动所需施加最小力 $\boldsymbol{F}_{T1}$（平行于斜面）的大小以及圆柱与斜面之间的摩擦力；2）阻止圆柱向下滚动所需的力 $\boldsymbol{F}_{T2}$ 的大小以及圆柱与斜面之间的摩擦力。

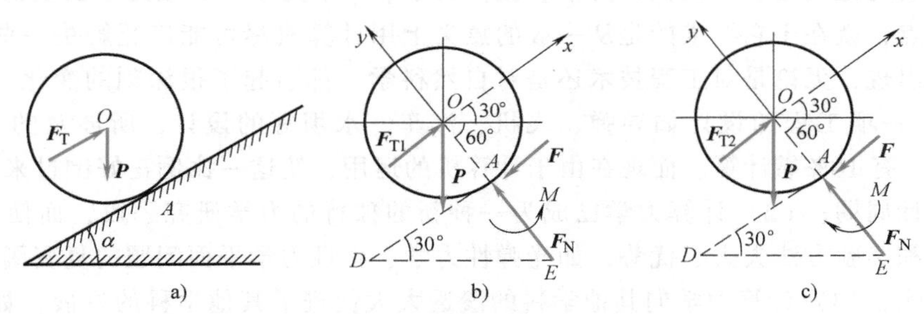

图 6-8　圆柱在斜面上的问题求解分析

解：1）取圆柱为研究对象，画受力图如图 6-8b 所示。圆柱即将向上滚动，即顺时针方向滚动，则滚动摩擦力偶 M 为逆时针方向，此时有

$$M=\delta F_N$$

由平衡方程

$$\sum F_x=0,\ F_{T1}-P\sin\alpha-F=0$$
$$\sum F_y=0,\ F_N-P\cos\alpha=0$$
$$\sum M_A(\boldsymbol{F})=0,\ M-F_{T1}r+Pr\sin\alpha=0$$

解得

$$F=P\frac{\delta}{r}\cos\alpha=0.173\text{kN}$$
$$F_{T1}=10.2\text{kN}$$

最大静摩擦力 $F_{max}=f_s F_N=11.3\text{kN}$，因此圆柱与斜面之间的实际摩擦力 $F=0.173\text{kN}$，圆柱滚动而未滑动。

2）取圆柱为研究对象，画受力图如图 6-8c 所示。圆柱即将向下滚动，即逆时针方向滚动，则滚动摩擦力偶 M 为顺时针方向，此时有

$$M=\delta F_N$$

由平衡方程

$$\sum F_x=0,\ F_{T2}-P\sin\alpha-F=0$$
$$\sum F_y=0,\ F_N-P\cos\alpha=0$$
$$\sum M_A(\boldsymbol{F})=0,\ -M-F_{T2}r+Pr\sin\alpha=0$$

解得

$$F=-P\frac{\delta}{r}\cos\alpha=-0.173\text{kN}$$
$$F_{T2}=9.83\text{kN}$$

力学故事汇

力学发展中的前沿学科——计算力学

计算力学是20世纪60年代出现的力学分支学科。它综合了力学、计算数学和计算机科学的知识，以计算机为工具研究解决力学问题和进行力学数据加工、编制应用软件。现在，计算力学的研究范围已扩大到固体力学、流体力学、一般力学、岩土力学及生物力学等。计算力学的特点，就在于它寻求的是从一般的意义上用计算机尽可能广泛解决一些力学问题。计算力学的出现，无论是对工程技术还是对自然科学，都引起了很深刻的变化。例如：(1) 在50年代，一项工程的设计如导弹、飞机、汽车、水坝等的设计，所涉及的力学问题有90%靠经验，有10%靠计算。而现在由于计算机的运用，使这一比例正好倒过来，同时还大大缩短了设计周期；(2) 计算力学已成为一种新的独特的力学研究手段，而使过去的一些传统的理论和实验方法失去了优势，如光弹性力学、弹性力学平面问题的复变函数法已为计算力学所取代；(3) 计算力学向其他学科的渗透大大促进了其他学科的发展，如工程地质、计算物理、体育运动机理、控制系统的数值方法等的研究就比过去更活跃。计算力学现在正以空前的速度深入发展着，它一方面从微观上研究力学现象，另一方面从方法上及时精确地解决力学问题，不断完善和优化工程设计。

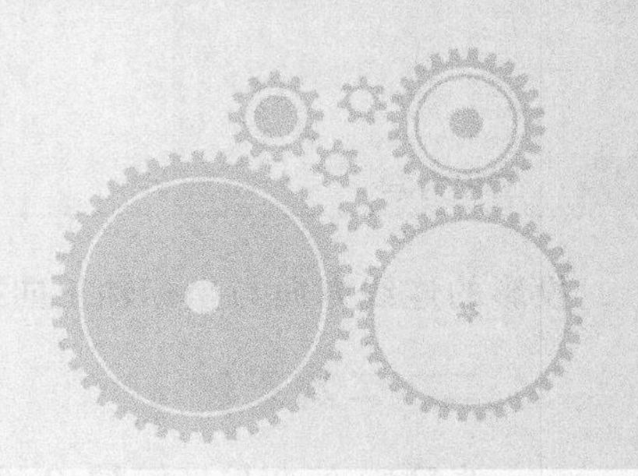

第七章

空间力系与重心

工程中常见物体所受各力的作用线并不都在同一平面内，而是空间分布的，则该力系称为空间力系。如图 7-1 所示的车床主轴，受切削力 $\boldsymbol{F}_x$、$\boldsymbol{F}_y$、$\boldsymbol{F}_z$ 和齿轮上的圆周力 $\boldsymbol{F}_t$、径向力 $\boldsymbol{F}_r$ 以及轴承 A、B 处的约束反力，这些力构成一组空间力系。与平面力系一样，空间力系可分为空间汇交力系、空间平行力系及空间任意力系。

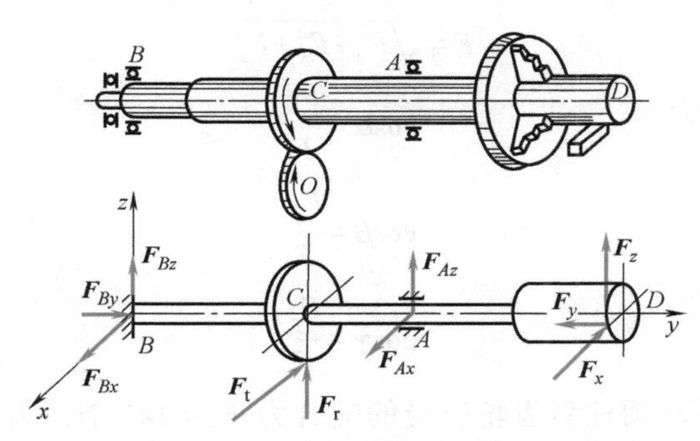

图 7-1　车床主轴受力情况

第一节　力在空间直角坐标轴上的投影

在平面力系分析中，常将作用于物体上某点的力向坐标轴 x、y 投影。同理，在空间力系中，也可将作用于空间某一点的力向坐标轴 x、y、z 上投影。

力在空间坐标轴上的投影有两种运算方法，即直接投影法和二次投影法。

一、直接投影法

若已知力 $\boldsymbol{F}$ 与正交坐标系 $Oxyz$ 三轴间的夹角分别为 α、β、γ，如图 7-2 所示，则力在三个轴上的投影等于力矢 $\boldsymbol{F}$ 的大小乘以与各轴夹角的余弦，即

$$F_x = F\cos\alpha$$

$$F_y = F\cos\beta$$

$$F_z = F\cos\gamma$$

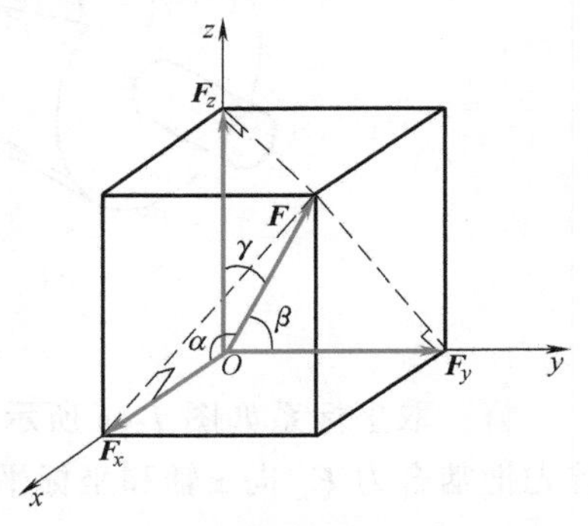

图 7-2　直接投影法

与平面的情况相同，规定当力的起点投影与力的终点

投影的连线方向与坐标轴正向一致时取正号；反之，取负号。

二、二次投影法

当已知力 $\boldsymbol{F}$ 与坐标轴 Oz 间的夹角 γ，可把力 $\boldsymbol{F}$ 先分解到坐标平面 Oxy 上，得到分力 $\boldsymbol{F}_{xy}$，然后再把这个分力投影到 Ox、Oy 轴上。在图 7-3 中，已知角 γ 和 φ，则力 $\boldsymbol{F}$ 在三个坐标轴上的投影分别为

$$F_x = F\sin\gamma\cos\varphi$$
$$F_y = F\sin\gamma\sin\varphi$$
$$F_z = F\cos\gamma$$

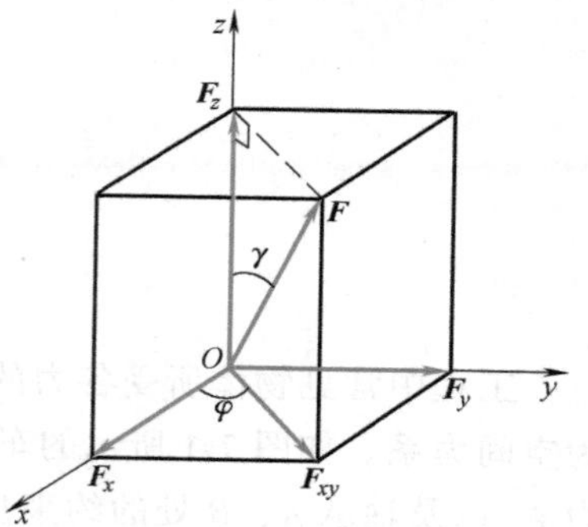

图 7-3　二次投影法

应当指出：力在轴上的投影是代数量，而力在平面上的投影为矢量。这是因为力在平面上的投影不能像在轴上的投影那样简单地用正负号来表明，而必须用矢量来表示。

若已知力 $\boldsymbol{F}$ 在坐标轴的投影，则该力的大小和方向为

$$F=\sqrt{F_x^2+F_y^2+F_z^2}$$
$$\cos\alpha=\frac{F_x}{F}$$
$$\cos\beta=\frac{F_y}{F}$$
$$\cos\gamma=\frac{F_z}{F}$$

［例 7-1］　图 7-4 所示圆柱斜齿轮所受的啮合力 $F_n=1410\text{N}$，齿轮压力角 $\alpha=20°$，螺旋角 $\beta=25°$。试求斜齿轮所受的圆周力 $\boldsymbol{F}_t$、轴向力 $\boldsymbol{F}_a$ 和径向力 $\boldsymbol{F}_r$。

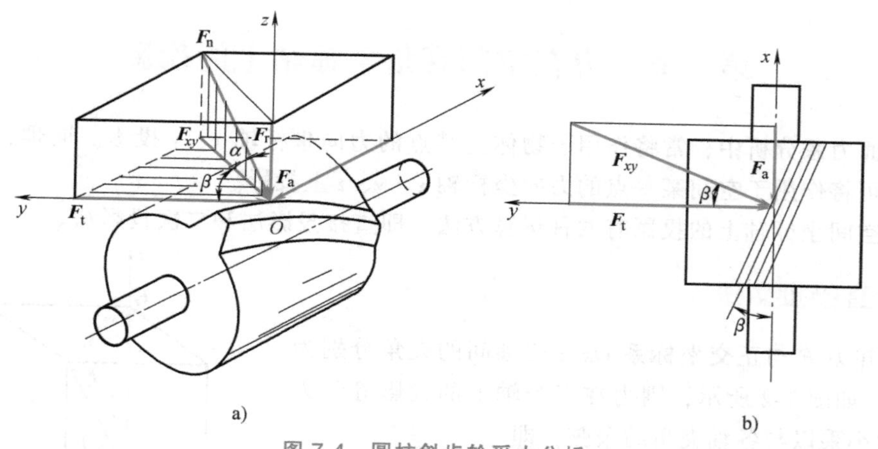

图 7-4　圆柱斜齿轮受力分析

解：取坐标系如图 7-4a 所示，使 x、y、z 分别沿齿轮的轴向、圆周的切线方向和径向。首先把啮合力 $\boldsymbol{F}_n$ 向 z 轴和坐标平面 xOy 投影，得

$$F_r=-F_z=-F_n\sin\alpha=-1410\text{N}\times\sin20°=-482\text{N}$$

F_n 在 xOy 平面上的分力 F_{xy}，其大小为

$$F_{xy}=F_n\cos\alpha=1410\text{N}\times\cos20°=1325\text{N}$$

再把 F_{xy} 投影到 x、y 轴，如图 7-4b 所示，得

$$F_a=-F_x=-F_{xy}\sin\beta=-560\text{N}$$

$$F_t=-F_y=-F_{xy}\cos\beta=-1201\text{N}$$

第二节　力对轴之矩

一、力对轴之矩概念

工程中，经常遇到刚体绕定轴转动的情形，为了度量力对绕定轴转动刚体的作用效果，必须了解力对轴的矩的概念。如图 7-5 所示，门上作用一力 $\boldsymbol{F}$ 使其绕固定轴 z 转动。现将力 $\boldsymbol{F}$ 分解为平行于 z 轴的分力 $\boldsymbol{F}_z$ 和垂直于 z 轴的分力 $\boldsymbol{F}_{xy}$。由经验可知，分力 $\boldsymbol{F}_z$ 不能使静止的门绕 z 轴转动，只有分力 $\boldsymbol{F}_{xy}$ 才能使静止的门绕 z 轴转动。我们用符号 $M_z(\boldsymbol{F})$ 表示力 $\boldsymbol{F}$ 对 z 轴的矩，是代数量。

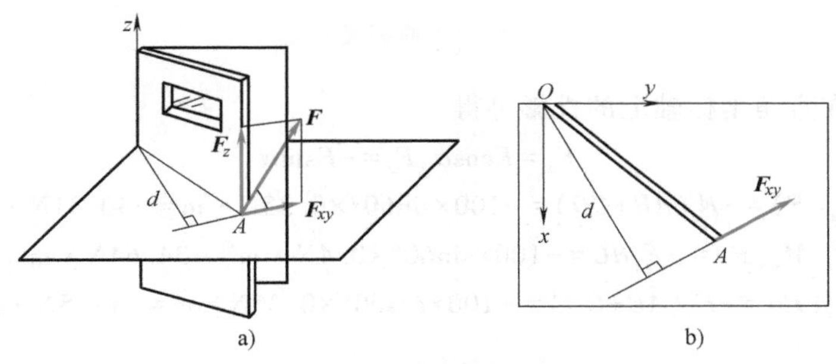

图 7-5　力对轴之矩示意图

由于分力 $\boldsymbol{F}_z$ 不能使静止的门绕 z 轴转动，只有分力 $\boldsymbol{F}_{xy}$ 才能使静止的门绕 z 轴转动，所以，力 $\boldsymbol{F}$ 对 z 轴的矩就转变为 xy 平面内 $\boldsymbol{F}_{xy}$ 对 O 点的矩。

$$M_z(\boldsymbol{F})=M_O(\boldsymbol{F}_{xy})=\pm F_{xy}d$$

可见，力对轴之矩可定义如下：力对轴之矩是力使刚体绕该轴转动效果的度量，是一个代数量，其绝对值等于该力在垂直于该轴的平面上的投影对于这个平面与该轴交点的矩的大小。从轴正端来看，若力的这个投影使物体绕该轴按逆时针方向转向，取正号；反之，取负号。也可按右手螺旋规则确定其正负号，伸出右手，手心对着轴线，四指沿力的作用线弯曲握轴，拇指指向与 z 轴正向一致时力矩为正，反之为负。如图 7-6 所示。

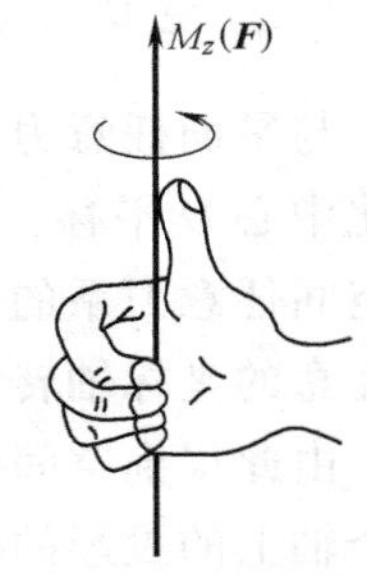

图 7-6　右手螺旋规则

当力与轴相交（此时 $d=0$）和力与轴平行时（此时 $|F_{xy}|=0$），即当力与轴在同一平面时，力对轴的矩一定等于零。

二、合力矩定理

与平面力系相同，空间力系也有合力矩定理，即一空间力系的合力 $\boldsymbol{F}_R$ 对某一轴之矩等

于力系中各分力对同一轴之矩的代数和，其表达式为

$$M_x(\boldsymbol{F}_R)=M_x(\boldsymbol{F}_1)+M_x(\boldsymbol{F}_2)+\cdots+M_x(\boldsymbol{F}_n)=\sum M_x(\boldsymbol{F})$$
$$M_y(\boldsymbol{F}_R)=M_y(\boldsymbol{F}_1)+M_y(\boldsymbol{F}_2)+\cdots+M_y(\boldsymbol{F}_n)=\sum M_y(\boldsymbol{F})$$
$$M_z(\boldsymbol{F}_R)=M_z(\boldsymbol{F}_1)+M_z(\boldsymbol{F}_2)+\cdots+M_z(\boldsymbol{F}_n)=\sum M_z(\boldsymbol{F})$$

[例 7-2] 计算图 7-7 所示的手摇曲柄上 $\boldsymbol{F}$ 对 x、y、z 轴之矩。已知 $\boldsymbol{F}$ 为平行于 xz 平面的力，$F=100\text{N}$，$\alpha=60°$，$AB=20\text{cm}$，$BC=40\text{cm}$，$CD=15\text{cm}$，A、B、C、D 处于同一平面。

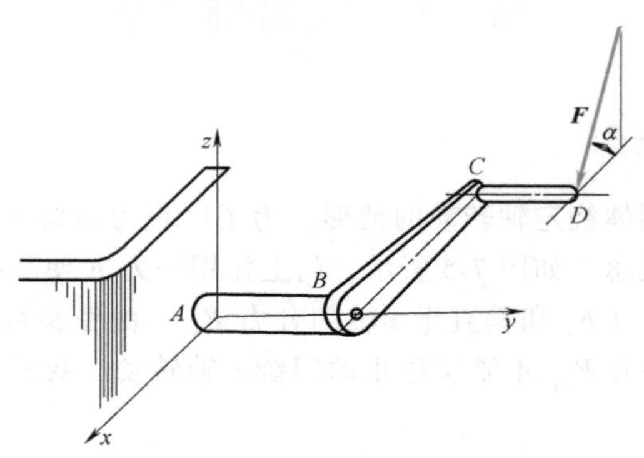

图 7-7 手摇曲柄受力分析

解：根据力在直角坐标轴上的投影可得

$$F_x=F\cos\alpha,F_z=-F\sin\alpha$$
$$M_x(\boldsymbol{F})=-F_z(AB+CD)=-100\times\sin60°\times0.35\text{N}\cdot\text{m}=-30.31\text{N}\cdot\text{m}$$
$$M_y(\boldsymbol{F})=-F_zBC=-100\times\sin60°\times0.4\text{N}\cdot\text{m}=-34.64\text{N}\cdot\text{m}$$
$$M_z(\boldsymbol{F})=-F_x(AB+CD)=-100\times\cos60°\times0.35\text{N}\cdot\text{m}=-17.5\text{N}\cdot\text{m}$$

第三节 空间任意力系平衡

一、空间任意力系的平衡条件及平衡方程

与平面任意力系的简化方法一样，应用力的平移定理，依次将作用于刚体上的每个力向简化中心 O 平移，同时附加一个相应的力偶，得到一空间汇交力系和空间力偶系，如刚体在空间任意力系的作用下保持平衡，则刚体在力的作用下既不能沿任意坐标轴移动，也不能绕任意的坐标轴转动。

由此得到空间任意力系处于平衡状态的必要和充分条件是：所有各力在三个坐标轴中每一个轴上的投影的代数和等于零，以及这些力对于每一个坐标轴之矩的代数和也等于零。

可将上述条件写成空间任意力系的平衡方程，即

$$\sum F_x=0$$
$$\sum F_y=0$$
$$\sum F_z=0$$
$$\sum M_x(\boldsymbol{F})=0$$
$$\sum M_y(\boldsymbol{F})=0$$

$$\sum M_z(\boldsymbol{F})=0$$

由于只有六个独立的平衡方程，所以在求解空间任意力系的平衡问题时，对每个研究对象只能解出六个未知量。

二、空间特殊力系的平衡方程

空间任意力系的平衡条件包含了各种特殊力系的平衡条件，由空间任意力系的平衡方程式可得出空间特殊力系的平衡方程。

1. 空间汇交力系的平衡方程

如果使坐标轴的原点与各力的汇交点重合，则$\sum M_x(\boldsymbol{F})\equiv\sum M_y(\boldsymbol{F})\equiv\sum M_z(\boldsymbol{F})\equiv 0$，空间汇交力系的平衡方程为

$$\sum F_x=0$$
$$\sum F_y=0$$
$$\sum F_z=0$$

2. 空间平行力系的平衡方程

如果使z轴与各力平行，则$\sum F_x\equiv 0$，$\sum F_y\equiv 0$，$\sum M_z(\boldsymbol{F})\equiv 0$，空间平行力系的平衡方程为

$$\sum F_z=0$$
$$\sum M_x(\boldsymbol{F})=0$$
$$\sum M_y(\boldsymbol{F})=0$$

3. 空间力偶系

对空间力偶系来说，则$\sum F_x\equiv 0$，$\sum F_y\equiv 0$，$\sum F_z\equiv 0$，空间力偶系的平衡方程为

$$\sum M_x=0$$
$$\sum M_y=0$$
$$\sum M_z=0$$

［例 7-3］ 图 7-8 所示为某传动轴用 A、B 两轴承支承。圆柱直齿轮的节圆直径 $d=173\text{mm}$，压力角 $\alpha=20°$，在法兰盘上作用一力偶，其力偶矩 $M=1030\text{N}\cdot\text{m}$，轮轴自重和摩擦不计。试求传动轴匀速转动时 A、B 两轴承反力及齿轮所受的啮合力。

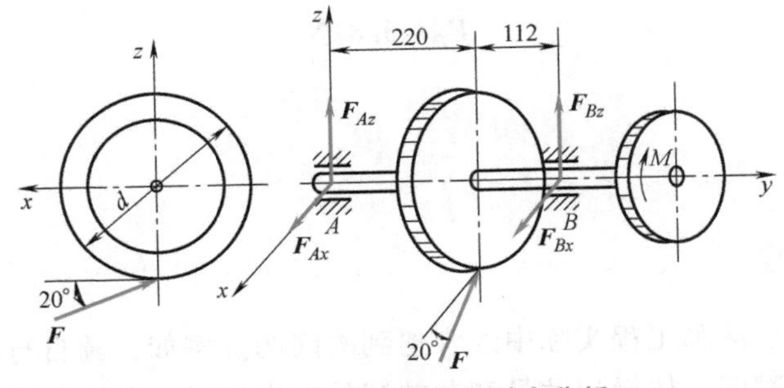

图 7-8　传动轴及齿轮受力分析

解：1）取整个轴为研究对象。设 A、B 两轴承反力分别为 $\boldsymbol{F}_{Ax}$、$\boldsymbol{F}_{Az}$、$\boldsymbol{F}_{Bx}$、$\boldsymbol{F}_{Bz}$，并沿 x、z 轴正向，此外力偶矩 M 和齿轮所受的啮合力 $\boldsymbol{F}$，这些力构成空间任意力系。

2）建坐标轴如图 7-8 所示，列平衡方程

$$\sum F_x=0, F_{Ax}+F_{Bx}-F\cos20°=0$$

$$\sum F_z=0, F_{Az}+F_{Bz}+F\sin20°=0$$

$$\sum M_x(\boldsymbol{F})=0, F\sin20°\times220+F_{Bz}\times332=0$$

$$\sum M_y(\boldsymbol{F})=0, -M+F\cos20°\times\frac{d}{2}=0$$

$$\sum M_z(\boldsymbol{F})=0, -F_{Bx}\times332+F\cos20°\times220=0$$

联立求解得

$$F_{Ax}=4.02\text{kN}$$

$$F_{Az}=-1.46\text{kN}$$

$$F_{Bx}=7.89\text{kN}$$

$$F_{Bz}=-2.87\text{kN}$$

$$F=12.67\text{kN}$$

[例 7-4]　图 7-9 所示的某三轮小车自重 $W=8\text{kN}$，作用于点 C，载荷 $F=8\text{kN}$，作用于点 E。试求小车静止时地面对车轮的反力。

解：1）取小车为研究对象，画受力图如图 7-9 所示。其中 $\boldsymbol{W}$ 和 $\boldsymbol{F}$ 为主动力，$\boldsymbol{F}_A$、$\boldsymbol{F}_B$、$\boldsymbol{F}_D$ 为地面的约束反力，此五个力相互平行，组成空间平行力系。

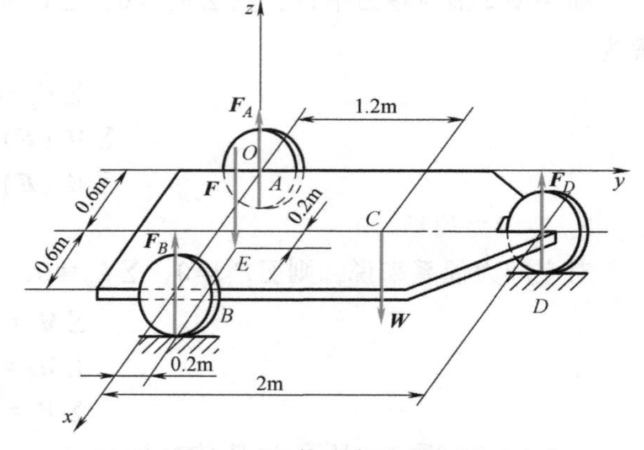

图 7-9　三轮小车受力分析

2）建坐标轴如图 7-8 所示，列平衡方程

$$\sum F_z=0, -F-W+F_A+F_B+F_D=0$$

$$\sum M_x(\boldsymbol{F})=0, -0.2F-1.2W+2F_D=0$$

$$\sum M_y(\boldsymbol{F})=0, 0.8F+0.6W-0.6F_D-1.2F_B=0$$

联立求解得

$$F_A=-4.42\text{kN}$$

$$F_B=7.78\text{kN}$$

$$F_D=5.8\text{kN}$$

第四节　重　　心

一、重心的概念

重心问题是日常生活和工程实际中经常遇到的问题。例如，骑自行车时需要不断地调整重心的位置，才不致翻倒；体操运动员和杂技演员在表演时，需要保持重心的平稳，才能做出高难度动作；对塔式起重机来说，重心位置也很重要，需要选择合适的配重，才能在满载和空载时不致翻倒；高速旋转的飞轮或轴类零件，若重心偏离轴线，会发生剧烈振动，甚至破裂。

在地球附近的物体都受到地球对它的作用力，即物体的重力。重力作用于物体内每一微小部分，是一个分布力系。对于工程中一般的物体，这种分布的重力可足够精确地视为空间平行力系，一般所谓重力，就是这个空间平行力系的合力。

变形的物体（刚体）在地球表面无论怎样放置，其平行分布的重力的合力作用线，都通过此物体上一个确定的点，这一点称为物体的重心。

二、重心坐标公式

将一重为 $\boldsymbol{W}$ 的物体放在空间直角坐标系 $Oxyz$ 中，设物体重心 C 的坐标为 x_C、y_C、z_C，如图 7-10 所示。如将物体分割成许多微小体积，设任一微体的坐标为 x_i、y_i、z_i，体积为 ΔV_i，所受重力为 $\boldsymbol{W}_i$。这些重力组成平行力系，其合力 $\boldsymbol{W}$ 的大小就是整个物体的重量，即 $\boldsymbol{W}=\sum \boldsymbol{W}_i$。

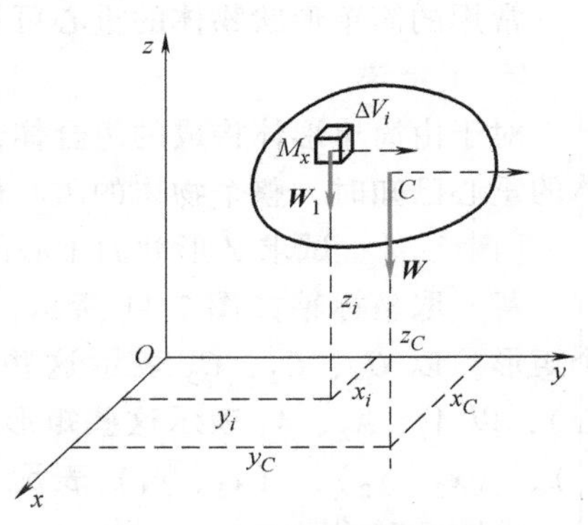

图 7-10　重心确定示意图

根据合力矩定理，对 x 轴取矩得

$$\sum M_x(\boldsymbol{F})=-Wy_C=-\sum W_iy_i$$

得

$$y_C=\frac{\sum W_iy_i}{\sum W_i}=\frac{\sum W_iy_i}{W}$$

同理，对 y 轴取矩得

$$x_C=\frac{\sum W_ix_i}{\sum W_i}=\frac{\sum W_ix_i}{W}$$

再求坐标 z_C。由于重心在物体中有确定的位置，可将物体连同坐标系 $Oxyz$ 一起绕 x 轴顺时针方向转 90°。使 y 轴向下，这样各重力 W_i 及其合力 W 都与 y 轴平行。相当于将各重力及其合力相对于物体按逆时针方向转 90°，使之与 y 轴平行，如图 7-10 中虚线箭头所示。这时再对 x 轴取矩得

$$z_C=\frac{\sum W_iz_i}{W}$$

从而得重心坐标公式为

$$x_C=\frac{\sum W_ix_i}{W},y_C=\frac{\sum W_iy_i}{W},z_C=\frac{\sum W_iz_i}{W}$$

工程中常采用均质材料，根据物体的形状及特性，其重心位置可用体积、面积、长度等参数表示。对于均质板或均质面，由于厚度与表面积相比很小，其重心公式可表示为

$$x_C=\frac{\sum A_ix_i}{\sum A_i}=\frac{\sum A_ix_i}{A}$$

$$y_C=\frac{\sum A_iy_i}{\sum A_i}=\frac{\sum A_iy_i}{A}$$

$$z_C=\frac{\sum A_iz_i}{\sum A_i}=\frac{\sum A_iz_i}{A}$$

其中，A、A_i 分别为物体的总面积和各微元的面积；x_i、y_i、z_i 分别为各微面积的形心坐标。

三、确定物体重心的方法

1. 对称法

对于均质物体，若在几何形体上具有对称面、对称轴或对称点，则其重心必在此对称面、对称轴或对称点上。

若物体有两个对称面，则重心在两个对称面的交线上。若物体有两个对称轴，则重心在两个对称轴的交点上。对于均质物体，其重心与形心重合。例如，球心是圆球的对称点，也就是它的重心或形心，矩形的重心就在它的两个对称轴的交点上。

常用的简单形状物体的重心可从工程手册中查到。

2. 组合法

对于由简单形体构成的组合体，可将其分割成若干简单形状的物体，当这些简单形状物体的重心已知时，整个物体的重心位置即可求出，这种方法称为组合法。

[例 7-5]　试求 Z 形截面重心的位置，其尺寸如图 7-11 所示。

解：取坐标轴如图 7-11 所示，将图形分割为三个矩形。以 C_1、C_2、C_3 表示这些矩形的重心（形心），以 A_1、A_2、A_3 表示这些矩形的面积。以（x_1、y_1）、（x_2、y_2）、（x_3、y_3）表示 C_1、C_2、C_3 的坐标。由图 7-11 得

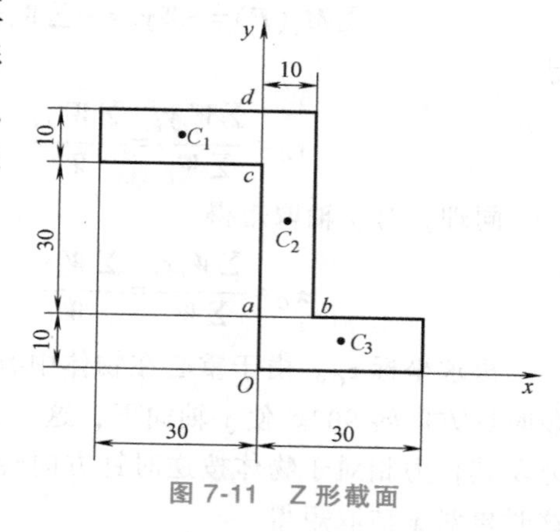

图 7-11　Z 形截面

$$x_1=-15, y_1=45, A_1=300$$
$$x_2=5, y_2=30, A_2=400$$
$$x_3=15, y_3=5, A_3=300$$

求得该截面重心的坐标 x_C、y_C 为

$$x_C=\frac{x_1A_1+x_2A_2+x_3A_3}{A_1+A_2+A_3}=2$$

$$y_C=\frac{y_1A_1+y_2A_2+y_3A_3}{A_1+A_2+A_3}=27$$

若在物体或薄板内切去一部分（例如有空穴或孔的物体），则这类物体的重心仍可应用与分割法相同的公式来求得，只是切去部分的面积应取负值。

3. 实验法

工程实际中一些外形复杂或质量分布不均的物体很难用计算方法求其重心，此时可用实验方法测定重心位置。其中常用的为悬挂法（图 7-12）和称重法（图 7-13）。

如图 7-12 所示，两次悬挂铅直线的交点 C 就是不规则物体的重心。

如图 7-13 所示，连杆本身具有两个互相垂直的纵向对称面，其重心必在这两个对称平面的交线上，即连杆的中心线 AB 上。其重心在 x 轴上的位置可用下述方法确定：先称出连杆重 $\boldsymbol{W}$，然后将其一端支承于固定点 A，另一端支承于磅秤上，使中心线 AB 处于水平位置，读出磅秤读数 F_B，量出两支点间的水平距离 l，则由

$$\sum M_A=0, F_Bl-Wx_C=0$$

得

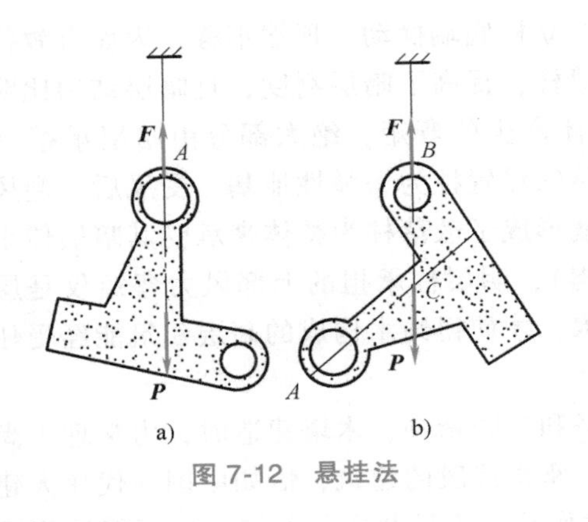

图 7-12　悬挂法

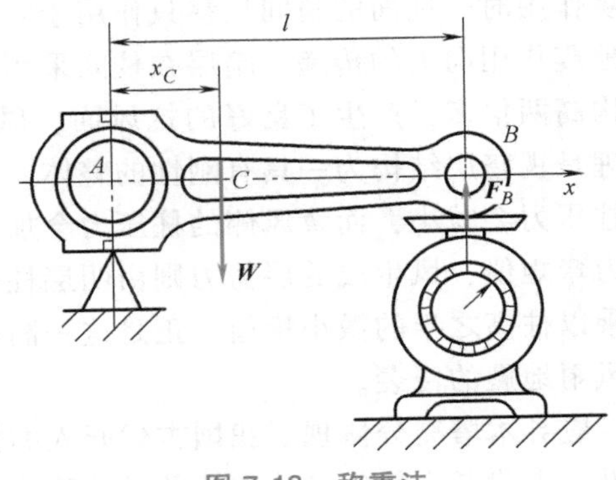

图 7-13　称重法

$$x_C = \frac{F_B l}{W}$$

C 点就是重心，如图 7-13 所示。

力学故事汇

屹立千年的力学奇迹——应县木塔

应县木塔，本名为佛宫寺释迦塔，是中国现存最高、最古老的一座木构塔式建筑，也是唯一一座木结构楼阁式塔。木塔建于辽清宁二年（公元 1056 年），距今有近一千年的历史，塔高 67.31m，底层直径为 30.27m，呈平面八角形，第一层立面重檐，以上各层均为单檐。共五层六檐；外观是五层，但是塔内夹有暗层四级，实为九层。九层高塔全部用红松木建造，耗材红松木料 3000 立方 m，2600 多 t。全塔无钉无铆、精巧绝伦，塔内供奉着两颗释迦牟尼佛牙。

应县木塔与意大利比萨斜塔、巴黎埃菲尔铁塔并称“世界三大奇塔”。2016 年 9 月，它被吉尼斯世界纪录认定为“全世界最高的木塔”。但是，这还不算是它的最神奇之处。要说应县木塔最神奇的地方，莫过于它不费一钉一铆，却历经千年严寒酷暑，任凭地震（有历史记载的地震 5 次）和炮击（在近代战争中遭遇多次炮击），仍然屹立至今。

应县木塔全靠斗拱、柱梁镶嵌穿插吻合，不用钉不用铆。木塔每层檐下及暗层平座围栏之下，都是一组挨一组的斗拱，转角外更是三组斗拱组合在一起，犹如多朵盛开的硕大莲花。据专家统计，应县木塔共使用 54 种 240 组不同形式的斗拱，是我国古代建筑中使用斗拱最多的塔，堪称“斗拱博物馆”。斗拱犹如汽车上的减振系统，它的摩擦力和旋转能吸收地震中的能量。由于斗拱系统本身是由若干小木料即斗、拱等卯接在一起，相当于许多小型的悬臂，它们能够调整倾角、平衡弯矩，因此在受到地震、炮击等异常振动时，斗拱成为一种阻尼装置，通过斗拱卯窍间的摩擦、错位，消耗掉外来的巨大能量。即使在现代，这也是一种理想的抗震结构。

应县木塔的内部结构与现代高层建筑所采用的“内外筒体加水平桁架”近似，对木塔颇有研究的应县文管所原所长马良先生说，木塔能抗住多次地震，是因为木塔明层夹暗层，形成了柔体结构和刚体结构的有机结合。明层结构仅有立柱，且其顶底与梁为平搭浮置，在地震作用时，地面的瞬间位移只作用于立柱底端，立柱底端摆动，顶端不移，因而有效缓解了地震作用向上的传递。暗层在柱间采用诸多斜撑杆，提高了暗层刚度，且暗层结构比明层结构高两倍多，产生了良好的抗风面，风力对塔体产生的弯矩，绝大部分由暗层承担（其机理是视暗层结构为一具有刚性的整体，其下散落的浮置柱为一弹性地基，受风后，迎风侧的柱压力会减小，而背风侧的柱压力会加大，这就形成了散落柱为整体来承受其暗层传来的风力弯矩值，风生成的层剪力则由明层柱平均分担），明层柱承担的上部风力弯矩仅是层剪力乘以柱高之半的微小量值。正是这一高明的技术，才使得纯木构成的高层建筑能经受住千年风雨地震的侵袭。

应县木塔充分体现了我国古代匠人的技艺水平和工匠精神，木塔建造时，力学理论尚未面世，古代匠人凭借经验和智慧设计建造了这样一座奇迹般的建筑，恰如中国现代伟大建筑学家梁思成先生所说：“这塔真是独一无二的伟大作品，不见此塔，不知木构可能性到了什么程度。我佩服极了，佩服建造这塔的时代，和那时代里不知名的大建筑师，不知名的匠人。”

第二篇　材料力学

第八章 拉伸与压缩

在静力学中，研究的受力对象都被假想成刚体。而事实上，刚体是不存在的。任何物体在受力的情况下都会产生变形和破坏。材料力学的主要研究内容就是物体受力后的变形和破坏。

第一节 材料力学简介

构件工作时，为确保能够承受起所受载荷，必须满足以下三点要求：

1）有足够的强度。保证构件在载荷作用下不发生破坏。例如，起重机在起吊额定重量时各部件不能断裂，传动轴在工作时不应被扭断等。构件在载荷作用下抵抗破坏的能力称为强度。

2）有足够的刚度。保证构件在载荷作用下不产生影响其正常工作的变形。例如，车床主轴的变形过大，将会影响其加工零件的精度。构件在外力作用下抵抗变形的能力称为刚度。

3）有足够的稳定性。保证构件不会失去原有的平衡形式而丧失工作能力。例如，细长直杆所受轴向压力不能太大，否则会突然变弯，或由此折断。构件这种保持其原有平衡状态的能力称为稳定性。

材料力学的任务就是在保证构件既安全又经济的前提下，为构件选择合适的材料或确定合理的截面形状和尺寸，提供必要的理论基础、计算方法和实验技术。

一、材料力学的研究对象

在工程实际中，构件按照其几何特征，主要可分为杆件与板件两类。一个方向的尺寸远大于其他两个方向的尺寸的构件，称为杆件。一个方向的尺寸远小于其他两个方向的尺寸的构件，称为板件。

材料力学主要研究对象是杆件。如一般的轴、梁、柱等。

二、材料力学的基本假设

材料力学中研究的物体均为变形固体。构件变形分为弹性变形和塑性变形。卸除载荷后可以恢复的变形称为弹性变形，卸除载荷后不可以恢复的变形称为塑性变形。为了便于材料力学问题的理论分析，对固体变形作如下假设：

1）连续性假设。认为组成物体的材料毫无空隙地充满了物体的整个空间，认为物体是连续的，各力学参数是空间坐标的连续性函数。

2）均匀性假设。认为物体内各处的力学性能完全相同。

3）各向同性假设。认为物体在各个方向具有完全相同的力学性能。

4）小变形条件。材料力学研究的变形主要是构件的小变形，是指构件的变形量远小于其原始尺寸的变形。在研究构件的平衡和运动时，忽略变形量，仍按原始尺寸进行计算。

综上所述，在材料力学中，一般将实际材料看作是连续、均匀和各向同性的可变形固体。实践表明，在此基础上建立的理论与分析计算结果，符合工程要求。

三、杆件变形的基本形式

在不同的载荷作用下，杆件的变形各种各样。但归纳起来，杆件的基本变形有以下几种形式：轴向拉伸或压缩、剪切、扭转和弯曲，如图 8-1 所示。复杂的变形可归结为上述基本变形的组合。

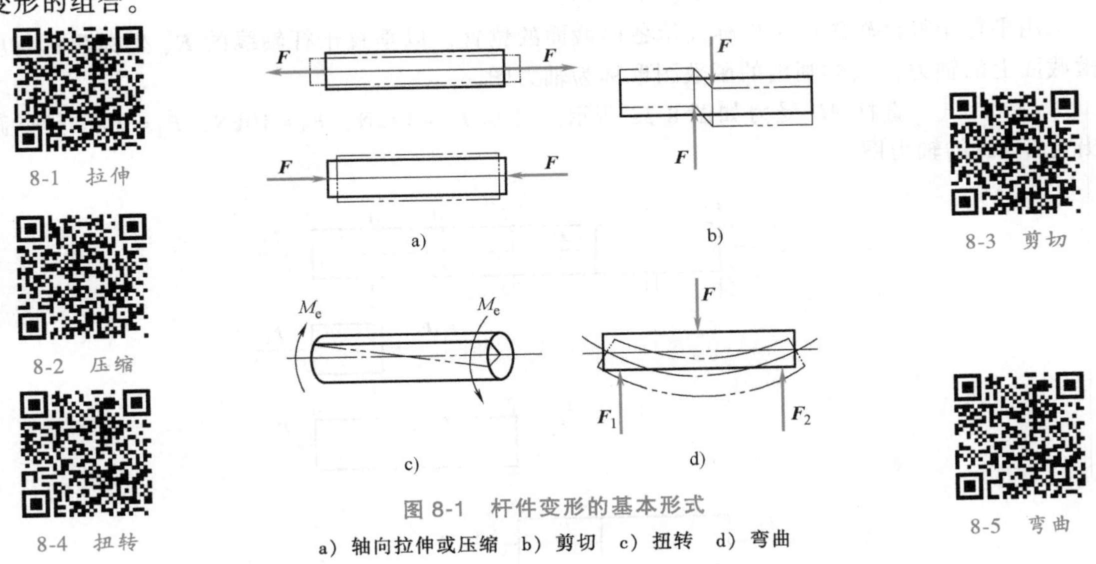

图 8-1　杆件变形的基本形式

a）轴向拉伸或压缩　b）剪切　c）扭转　d）弯曲

第二节　轴力、轴力图及应力

一、轴力、轴力图

将杆件假想地切开以显示内力，并由平衡条件建立内力与外力的关系或由外力确定内力的方法，称为截面法，它是分析杆件内力的一般方法。其过程可归纳为三个步骤：

1）截开。在需求内力的截面处，假想地将杆件截成两部分。

2）代替。任取一段（一般取受力情况较简单的部分），在截面上用内力代替截掉部分对该段的作用。

3）平衡。对所研究的部分建立平衡方程，求出截面上的未知内力。

如图 8-2a 所示，两端受轴向拉力 $\boldsymbol{F}$ 的杆件，为了求任一横截面 1-1 上的内力，可采用截面法。假想地用与杆件轴线垂直的平面在 1-1 截面处将杆件截开，取左段为研究对象，用分布内力的合力 $\boldsymbol{F}_N$ 来代替右段对左段的作用（图 8-2b），可得 $\boldsymbol{F}=\boldsymbol{F}_N$。

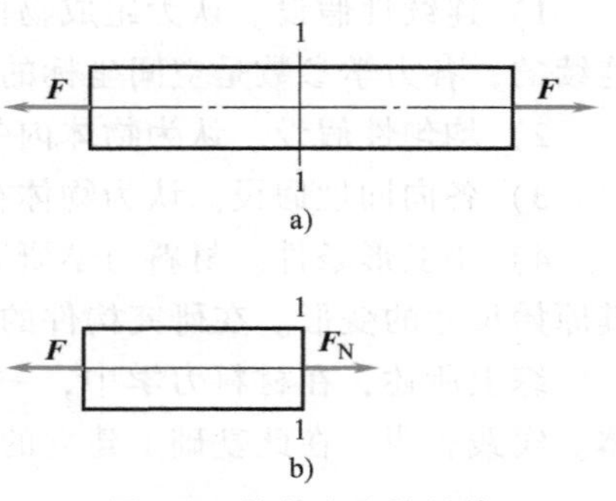

图 8-2　拉伸内力的计算

a）拉伸杆件　b）截面法求内力

由于外力 $\boldsymbol{F}$ 的作用线沿着杆的轴线，内力 $\boldsymbol{F}_N$ 的作用线也必通过杆的轴线，轴向拉伸或压缩时杆件的内力称为轴力。轴力的正负由杆件的变形确定。为保证无论取左段还是右段为研究对象所求得的同一个横截面上轴力的正负号相同，对轴力的正负号规定：轴力的方向与所在横截面的外法线方向一致时，轴力为正；反之为负。由此可知，当杆件受拉时轴力为正，杆件受压时轴力为负。

实际问题中，杆件所受外力可能很复杂，这时直杆各横截面上的轴力将不相同，$\boldsymbol{F}_N$ 将是横截面位置坐标 x 的函数，即 $\boldsymbol{F}_N=\boldsymbol{F}_N(x)$。

用平行于杆件轴线的 x 坐标表示各横截面的位置，以垂直于杆轴线的 $\boldsymbol{F}_N$ 坐标表示对应横截面上的轴力，这样画出的函数图形称为轴力图。

［例 8-1］　直杆 AD 受力如图 8-3a 所示。已知 $F_1=16\text{kN}$，$F_2=10\text{kN}$，$F_3=20\text{kN}$。试画出直杆 AD 的轴力图。

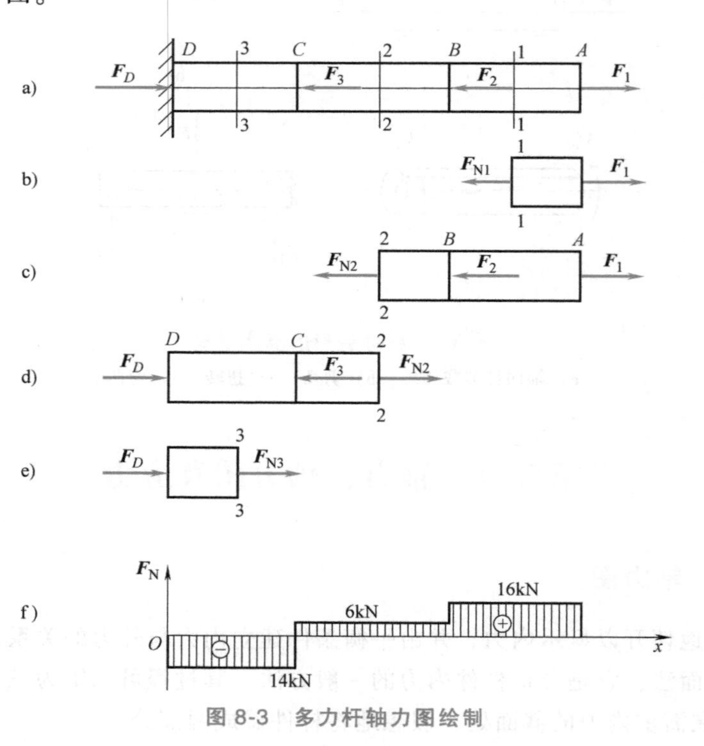

图 8-3　多力杆轴力图绘制

解：1）计算约束反力

$$\sum F_x=0, F_D=F_2+F_3-F_1=14\text{kN}$$

2）分段计算轴力。由于在横截面 B 和 C 处有外力作用，故将杆分为 AB、BC 和 CD 三段，利用截面法，逐段计算外力。

在 AB 段的任意截面 1-1 处将杆截开，并选择右段为研究对象，其受力情况如图 8-3b 所示。得 AB 段轴力为

$$F_{N1}=F_1=16\text{kN}$$

在 BC 段的任意截面 2-2 处将杆截开，并选择右段为研究对象，其受力情况如图 8-3c 所示。得 BC 段轴力为

$$F_{N2}=F_1-F_2=6\text{kN}$$

在 BC 段的任意截面 2-2 处将杆截开，也可以选择左段为研究对象，其受力情况如图 8-3d 所示。得 BC 段轴力为

$$F_{N2}=F_3-F_D=6\text{kN}$$

在 CD 段的任意截面 3-3 处将杆截开，并选择左段为研究对象，其受力情况如图 8-3e 所示。得 CD 段轴力为

$$F_{N3}=-F_D=-14\text{kN}$$

所得 F_{N3} 为负值，说明 F_{N3} 的实际方向与假设的方向相反，应为压力。

3）画轴力图。根据所求得的轴力值，画出轴力图，如图 8-3f 所示。由图可知轴力的最大值为 16kN，发生在 AB 段内。

在作轴力图时，以沿杆件轴线的坐标 x 表示横截面的位置，以与杆件轴线垂直的纵坐标表示横截面上的轴力 $\boldsymbol{F}_N$。轴力为正（拉力），图线位于轴 x 的上方；轴力为负（压力），图线位于轴 x 的下方。这样，轴力图不但显示出杆件各段的轴力大小，而且可以表示出各段内变形是拉伸还是压缩。

[例 8-2]　试画出图 8-4a 所示直杆的轴力图。

解：1）分段计算轴力。由于在横截面 A、B、C、D 处有外力作用，故将杆分为 AB、BC 和 CD 三段，利用截面法，逐段计算外力。

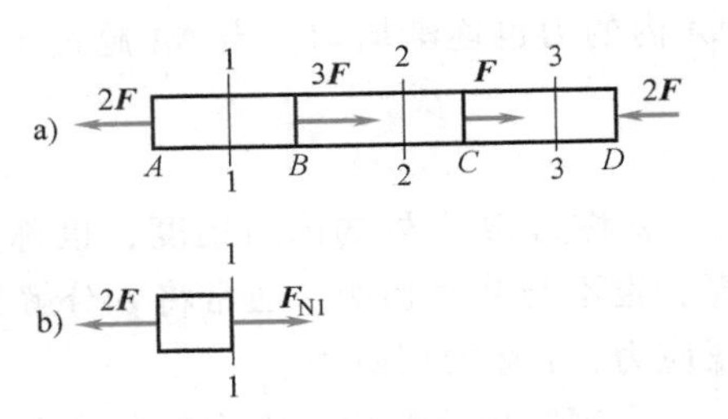

在 AB 段的任意截面 1-1 处将杆截开，并选择左段为研究对象，其受力情况如图 8-4b 所示。得 AB 段轴力为

$$F_{N1}=2F$$

在 BC 段的任意截面 2-2 处将杆截开，并选择左段为研究对象，其受力情况如图 8-4c 所示。得 BC 段轴力为

$$F_{N2}=2F-3F=-F$$

在 CD 段的任意截面 3-3 处将杆截开，并选择左段为研究对象，其受力情况如图 8-4d 所示。得 CD 段轴力为

$$F_{N3}=2F-3F-F=-2F$$

在 CD 段的任意截面 3-3 处将杆截开，并选择右段为研究对象，其受力情况如图 8-4e 所示。得 CD 段轴力为

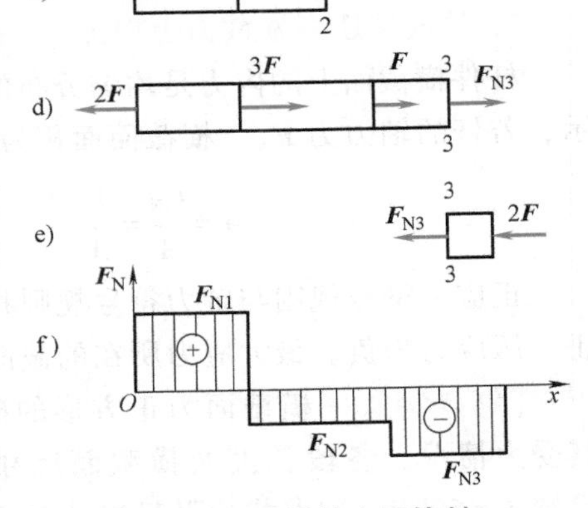

图 8-4　直杆轴力图绘制

$$F_{N3}=-2F$$

2）画轴力图。根据所求得的轴力值，画出轴力图，如图 8-4f 所示。由图可知轴力的最大值为 $2F$，发生在 AB 和 CD 段内，AB 段内拉伸，CD 段内压缩。

二、应力

1. 应力概念

确定了轴力后，单凭轴力并不能判断杆件的强度是否足够。例如，用同一材料制成粗细不等的两根直杆，在相同的拉力作用下，虽然两杆轴力相同，但随着拉力的增大，横截面小的杆件必然先被拉断。这说明杆件的强度不仅与轴力的大小有关，还与横截面面积的大小有关，为此引入应力的概念。

根据材料均匀连续性假设，可以认为，物体的内力是连续地作用在整个截面上的。

假定在受力杆件中沿任意截面 m-m 把杆件截开，取出左边部分进行分析，如图 8-5 所示。

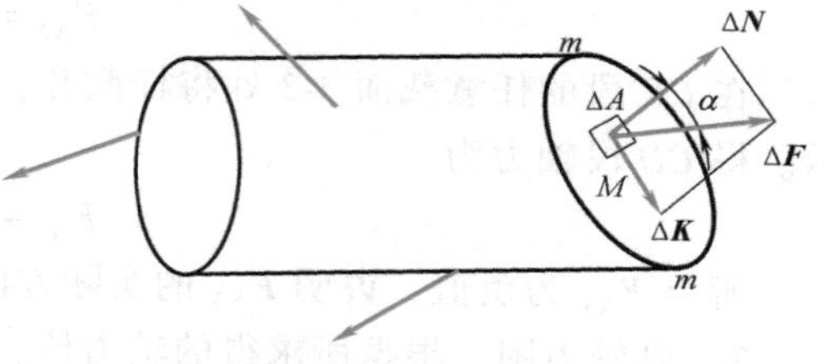

图 8-5　应力示意图

围绕截面上任意一点 M 划取一块微面积 ΔA，如果作用在这一微面积上的内力为 $\Delta \boldsymbol{F}$，那么 $\Delta \boldsymbol{F}$ 对 ΔA 的比值，称为这块微面积上的平均应力，即

$$\boldsymbol{p}_m=\frac{\Delta \boldsymbol{F}}{\Delta A}$$

一般来说，m-m 截面上的内力并不是均匀分布的，因此平均应力 $\boldsymbol{p}_m$ 随所取 ΔA 的大小而不同。所以它并不能真实地表明内力在 M 点的强弱程度。随着 ΔA 的逐渐缩小，分布于 ΔA 内的力也逐渐均匀。当 ΔA 趋近于零时，极限值为

$$\boldsymbol{p}=\lim\frac{\Delta \boldsymbol{F}}{\Delta A}=\frac{\mathrm{d}\boldsymbol{F}}{\mathrm{d}A}$$

$\boldsymbol{p}$ 称为 M 点处的内力集度，也称为 M 点处的总应力。$\boldsymbol{p}$ 是一个矢量，一般不与截面垂直，也不与截面相切。通常将 $\boldsymbol{p}$ 分解为垂直于截面的分量 $\boldsymbol{\sigma}$ 和相切于截面的分量 $\boldsymbol{\tau}$。$\boldsymbol{\sigma}$ 称为正应力，$\boldsymbol{\tau}$ 称为切应力。

在国际单位制中，应力的单位是 $\mathrm{N/m^2}$，称为帕斯卡或简称为帕（Pa）。由于这个单位太小，使用不便，通常使用 MPa。$1\mathrm{MPa}=10^6\mathrm{N/m^2}=10^6\mathrm{Pa}$。

2. 轴向拉压杆横截面上应力

杆件横截面上的内力是均匀分布的，即在横截面上各点处的正应力都相等。如图 8-6 所示，若杆的轴力为 $\boldsymbol{F}_\mathrm{N}$，横截面面积为 A，于是得到轴向拉压杆上正应力计算公式，即

$$\sigma=\frac{F_\mathrm{N}}{A}=\frac{F}{A}$$

正应力符号规则与轴力符号规则相同，即拉应力为正，压应力为负。最大应力所在的截面为危险截面。

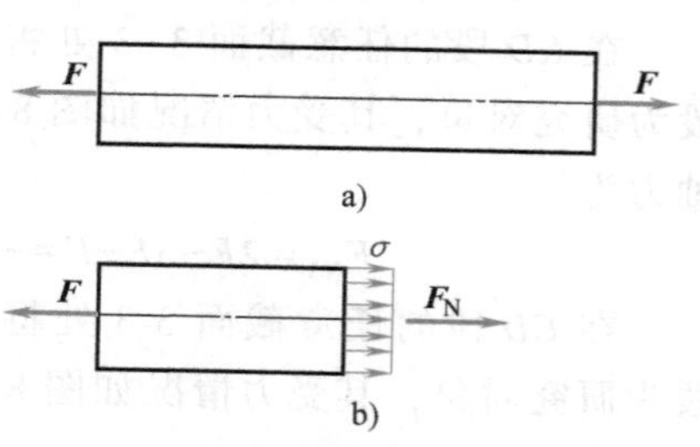

图 8-6　拉杆横截面上的应力

［例 8-3］　一横截面为正方形的砖柱分上下两段，其受力情况、各段长度及横截面尺寸如图 8-7a 所示。已知 $F=50\mathrm{kN}$，试求载荷引起的最大工作应力。

解：首先作轴力图，如图 8-7b 所示。由于此柱为变截面杆，因此要求出每段柱的横截面上的正应力，从而确定全柱的最大工作应力。

Ⅰ、Ⅱ两段柱横截面上的正应力分别是

$$\sigma_{\mathrm{I}}=\frac{F_{\mathrm{I}}}{A_{\mathrm{I}}}=\frac{-50\times10^{3}}{240\times240\times10^{-6}}\mathrm{Pa}=-0.87\times10^{6}\mathrm{Pa}=-0.87\mathrm{MPa}$$

$$\sigma_{\mathrm{I}}=\frac{F_{\mathrm{II}}}{A_{\mathrm{II}}}=\frac{-150\times10^{3}}{370\times370\times10^{-6}}\mathrm{Pa}=-1.10\times10^{6}\mathrm{Pa}=-1.10\mathrm{MPa}$$

故最大最大工作应力 $\sigma_{\max}=-1.10\mathrm{MPa}$。

[例 8-4]　一正中开槽的直杆，承受轴向载荷 $F=20\mathrm{kN}$ 的作用，如图 8-8a 所示。已知 $h=25\mathrm{mm}$，$h_0=10\mathrm{mm}$，$b=20\mathrm{mm}$。试求杆内的最大正应力。

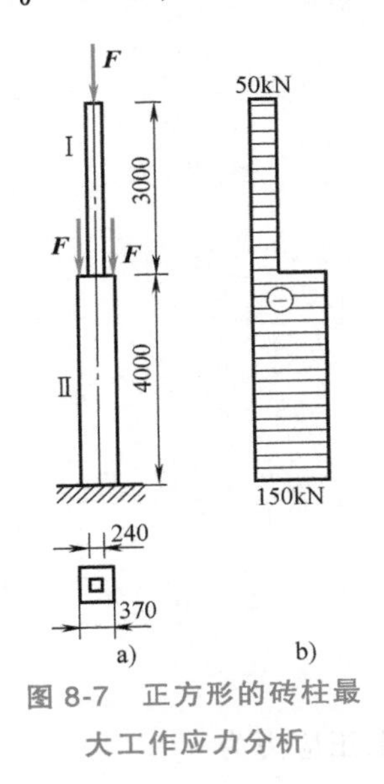

图 8-7　正方形的砖柱最大工作应力分析

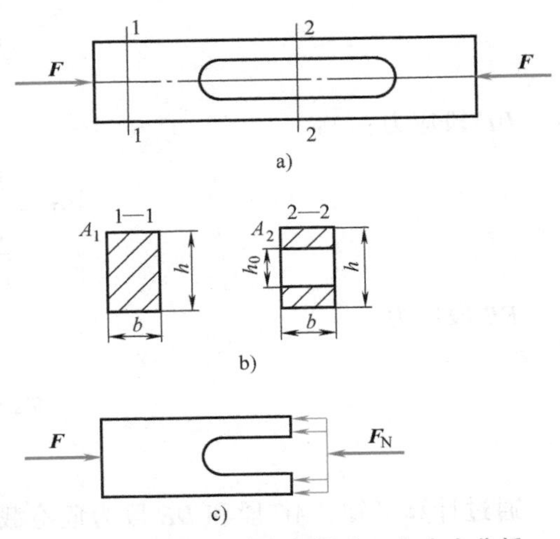

图 8-8　正中开槽直杆最大工作应力分析

解：1）计算轴力。用截面法求得杆中各处的轴力均为

$$F_{\mathrm{N}}=-F=-20\mathrm{kN}$$

2）计算最大正应力。由于整个杆件轴力相同，最大正应力发生在面积最小的横截面上，即开槽部分的横截面上。开槽部分横截面面积 A_2 为

$$A_2=(h-h_0)b=300\mathrm{mm}^2$$

杆内的最大正应力 $\sigma_{\max}$ 为

$$\sigma_{\max}=\frac{F_{\mathrm{N}}}{A_2}=-\frac{20\times10^{3}}{300\times10^{-6}}\mathrm{Pa}=-66.7\times10^{6}\mathrm{Pa}$$

$$=-66.7\mathrm{MPa}$$

[例 8-5]　一变截面拉压杆件的受力情况如图 8-9a 所示。试确定其危险截面。

解：运用截面法求各段轴力，作轴力图，如图 8-9b 所示。

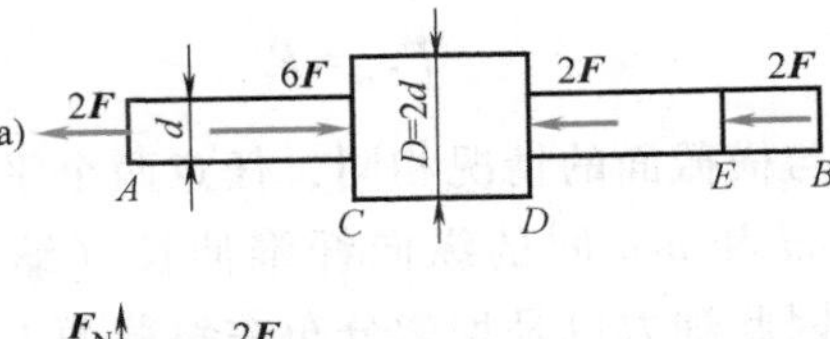

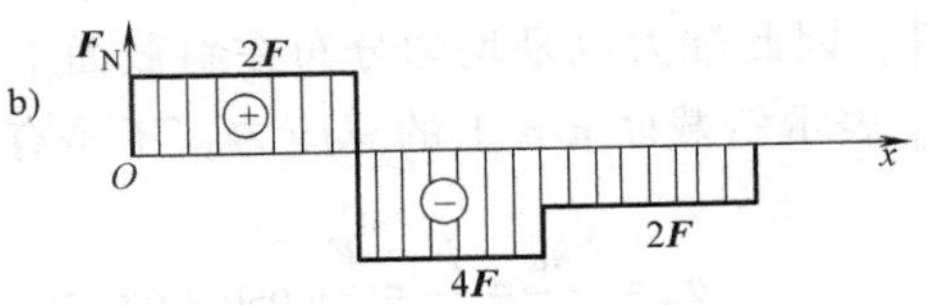

图 8-9　变截面杆危险截面分析

AC 段轴力：$F_{N1}=2F$

CD 段轴力：$F_{N2}=-4F$

DE 段轴力：$F_{N3}=-2F$

EB 段轴力：$F_{N4}=0$

AC 段应力：

$$\sigma_1=\frac{F_{N1}}{\frac{\pi d^2}{4}}=\frac{8F}{\pi d^2}$$

CD 段应力：

$$\sigma_2=\frac{F_{N2}}{\frac{\pi D^2}{4}}=-\frac{4F}{\pi d^2}$$

DE 段应力：

$$\sigma_3=\frac{F_{N3}}{\frac{\pi d^2}{4}}=-\frac{8F}{\pi d^2}$$

EB 段应力：

$$\sigma_4=\frac{F_{N4}}{\frac{\pi d^2}{4}}=0$$

通过计算可知，AC 段和 DE 段为危险截面。

3. 轴向拉压杆斜截面上的应力

如图 8-10a 所示的等直杆，横截面面积为 A，横截面上正应力为

$$\sigma=\frac{F_N}{A}=\frac{F}{A}$$

设过杆内 M 点的斜截面 n-n 与截面成 α 角，其截面积 A_α 和 A 的关系为 $A=A_\alpha\cos\alpha$。沿斜截面 n-n 假想把杆件分成两部分，以 $F_{N\alpha}$ 表示斜截面上的轴力（图 8-10b），左段为研究对象，可知

$$F_{N\alpha}=F$$

与横截面的情况相同，任意两个平行的斜截面 m-m 和 n-n 间的纵向纤维伸长（缩短）均相等，因此轴力也是均匀分布在斜截面上的。若以 p_α 表示斜截面 n-n 上的总应力，于是有

$$p_\alpha=\frac{F_{N\alpha}}{A_\alpha}=\frac{F}{A_\alpha}=\frac{F}{A}\cos\alpha=\sigma\cos\alpha$$

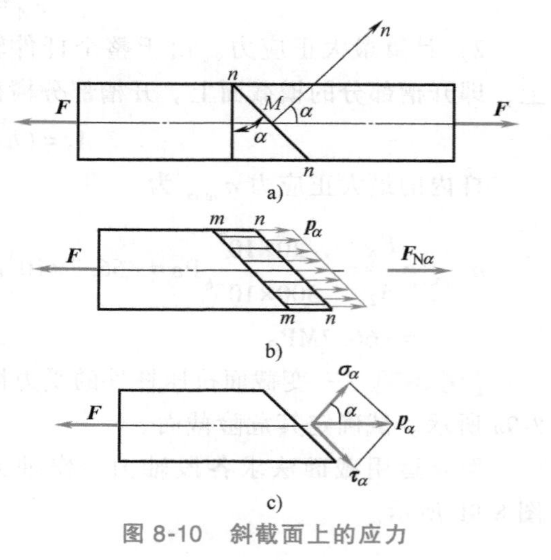

图 8-10　斜截面上的应力

把应力 p_α 分解成垂直于斜截面的正应力 σ_α 和相切于斜截面的切应力 τ_α（图 8-10c），分别为

$$\sigma_\alpha = p_\alpha \cos\alpha = \sigma\cos^2\alpha$$

$$\tau_\alpha = p_\alpha \sin\alpha = \frac{\sigma}{2}\sin2\alpha$$

以上表达了拉压杆内任一点处不同斜截面上的正应力和切应力随着斜截面的方位角 α 变化的规律。通过一点的所有各截面上的应力其全部情况称为该点处的应力状态。

当 $\alpha=0$ 时，正应力最大。即拉压杆的最大正应力发生在横截面上，其值为 σ。

当 $\alpha=45°$时，切应力最大。即拉压杆的最大切应力发生在与杆轴线成 45°的斜面上，其值为 $\sigma/2$。

应用时，需注意 σ_α、τ_α 的符号。规定如下：σ_α 以拉为正，压为负；τ_α 以使它作用着的分离体有顺时针方向转动趋势的为正，有逆时针方向转动趋势的为负。

三、应力集中

由于构造与使用方面的需要，许多构件常常带有沟槽、孔和圆角，在外力作用下，构件中邻近沟槽、孔或圆角的局部范围内，应力急剧增大。例如，图 8-11a 所示含圆孔的受拉薄板，圆孔处截面 *A-A* 上的应力分布如图 8-11b 所示，最大应力 σ_{max} 显著超过该截面的平均应力。这种由于杆件横截面尺寸急剧变化而引起局部应力增大的现象，称为应力集中。

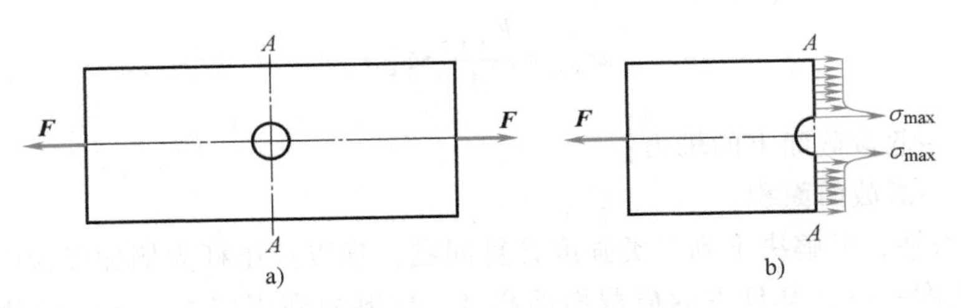

图 8-11　应力集中

a）受拉薄板　b）应力集中现象

发生应力集中的截面上，最大应力 σ_{max} 与同截面上的平均应力 σ_m 的比值称为应力集中系数，用 k 表示，即 $k=\sigma_{max}/\sigma_m$。k 反映了应力集中的程度，是一个大于 1 的系数。k 值取决于截面的几何形状与尺寸、开孔的大小及截面改变处过渡圆角的尺寸，而与材料性能无关。截面尺寸变化越急剧，应力集中的程度越严重。

第三节　拉压杆的强度和变形计算

一、极限应力、许用应力、安全系数

构件在载荷作用下出现的断裂和屈服都是因强度不足而引起的失效。引起构件断裂和屈

服而丧失正常工作能力的应力称为极限应力，用 σ_u 表示。塑性材料和脆性材料的失效原因各不相同。对于塑性材料，取 $\sigma_u=\sigma_s$；对于脆性材料，$\sigma_u=\sigma_b$。

构件工作时产生的应力称为工作应力，危险截面上的应力称为最大工作应力。极限应力是理论上的设计极限值，为保证构件能正常工作，实际设计不是按照极限应力设计，而是要考虑构件必要的安全储备。一般把极限应力除以大于 1 的系数，即安全系数 n，作为强度设计时最大许可值，称为许用应力，用 $[\sigma]$ 表示。即

$$[\sigma]=\frac{\sigma_u}{n}$$

正确地选择安全系数，关系到构件的安全与经济这一对矛盾的问题。过大的安全系数会浪费材料，过小的安全系数则又可能无法保证构件安全工作。各种不同工作条件下构件安全系数 n 的选取，可从有关设计手册中查找。一般对于塑性材料，取 $n=1.5\sim2.5$；对于脆性材料，取 $n=2.0\sim3.5$。

二、拉（压）杆的强度条件

为了保证拉（压）杆在载荷作用下安全工作，必须使杆内的最大工作应力 σ_{max} 不超过材料的许用应力 $[\sigma]$，即

$$\sigma_{max}\leqslant[\sigma]$$

对于拉压杆可以直接为

$$\sigma_{max}=\frac{F_{Nmax}}{A}\leqslant[\sigma]$$

式中　F_{Nmax}——危险截面上的轴力；

　　　A——横截面面积。

利用强度条件，可解决下列三类强度计算问题，现以拉压杆为例加以说明。

1）校核强度——已知杆件的横截面面积 A、材料的许用应力 $[\sigma]$ 以及杆件所承受的荷载，检验是否满足 $\sigma_{max}\leqslant[\sigma]$，从而判定杆件是否具有足够的强度。

2）选择截面尺寸——已知杆件所承受的荷载及许用应力 $[\sigma]$，根据强度条件可以确定杆件所需的横截面面积。所需的横截面面积 $A\geqslant F_{Nmax}/[\sigma]$。

3）确定最大荷载——已知杆件的横截面面积 A、材料的许用应力 $[\sigma]$，根据强度条件可以确定杆件所能承受的最大轴力。能承受的最大轴力 $F_{Nmax}\leqslant[\sigma]A$。

[例 8-6]　图 8-12 所示为空心圆截面杆，外径 $D=20\text{mm}$，内径 $d=15\text{mm}$，承受轴向载荷 $F=20\text{kN}$，材料的屈服强度 $\sigma_s=235\text{MPa}$，安全系数 $n=1.5$。试校核杆的强度。

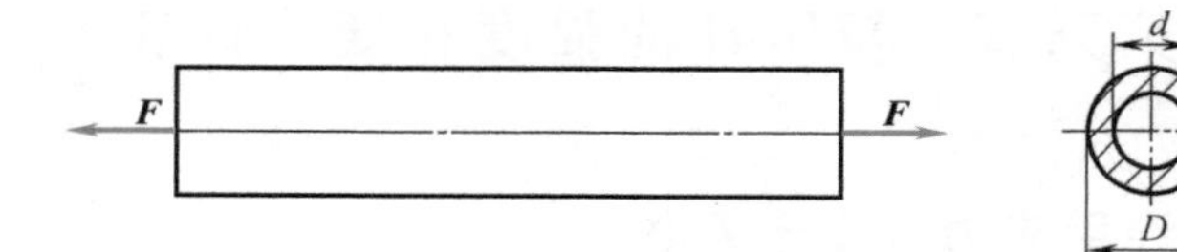

图 8-12　空心圆截面杆强度校核

解：1）用截面法求得杆的轴力

$$F_N = F = 20\text{kN}$$

2）材料的许用应力

$$[\sigma] = \frac{\sigma_s}{n} = \frac{235\text{MPa}}{1.5} = 156\text{MPa}$$

3）校核强度

$$\sigma = \frac{4F}{\pi(D^2-d^2)} = \frac{4\times20\times10^3}{\pi(20^2-15^2)}\text{MPa} = 145.5\text{MPa} < [\sigma]$$

可见，工作应力小于许用应力，说明杆件强度足够。

［例 8-7］ 一横截面为矩形的钢制阶梯状直杆，其受力情况、各段长度如图 8-13a 所示。AD 段和 DB 段的横截面面积是 BC 段横截面面积的 2 倍。矩形截面的高度与宽度之比 $h/b=1.4$，材料的许用应力 $[\sigma]=160\text{MPa}$。试选择各段杆的横截面尺寸 h 和 b。

解：首先作出杆的轴力图，如图 8-13b 所示。

此杆为变截面杆，最大工作应力不一定出现在轴力最大的 AD 段横截面上。由于 DB 段的横截面面积与 AD 相同，而轴力较小，故其工作应力一定小于 AD 段的。于是只需分别对 AD 段和 BC 段进行计算。

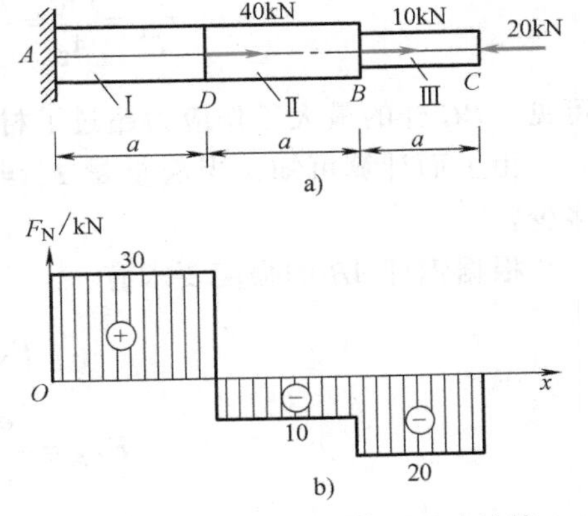

图 8-13 变截面杆横截面尺寸计算

对于 AD 段，按强度条件要求求其横截面面积为

$$A_{\text{Ⅰ}} \geqslant \frac{F_{\text{NⅠ}}}{[\sigma]} = \frac{30\times10^3\text{N}}{160\times10^6\text{Pa}} = 1.875\times10^{-4}\text{m}^2$$

对于 BC 段，按强度条件要求求其横截面面积为

$$A_{\text{Ⅲ}} \geqslant \frac{F_{\text{NⅢ}}}{[\sigma]} = \frac{20\times10^3\text{N}}{160\times10^6}\text{Pa} = 1.25\times10^{-4}\text{m}^2$$

由上述结果以及 $A_{\text{Ⅰ}}:A_{\text{Ⅲ}}=2:1$ 的规定，应取 $A_{\text{Ⅰ}}=2\times1.25\times10^{-4}\text{m}^2=2.50\times10^{-4}\text{m}^2$，$A_{\text{Ⅲ}}=1.25\times10^{-4}\text{m}^2$。

对于 AD 段。由 $2.50\times10^{-4}\text{m}^2=b_{\text{Ⅰ}}h_{\text{Ⅰ}}=1.4b_{\text{Ⅰ}}^2$ 得 $b_{\text{Ⅰ}}=1.34\times10^{-2}\text{m}$，$h_{\text{Ⅰ}}=1.87\times10^{-2}\text{m}$。

同理可得 BC 段的横截面面积为 $b_{\text{Ⅲ}}=0.95\times10^{-2}\text{m}$，$h_{\text{Ⅲ}}=1.33\times10^{-2}\text{m}$。

［例 8-8］ 简易悬臂起重机如图 8-14 所示，AB 为圆截面钢杆，面积 $A_1=600\text{mm}^2$，许用

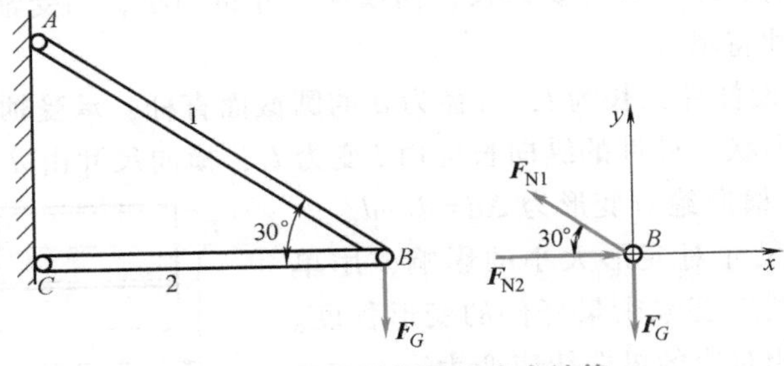

图 8-14 悬臂起重机安全计算

拉应力 $[\sigma_+]=160\text{MPa}$；BC 为圆截面木杆，面积 $A_2=10\times10^3\text{mm}^2$，许用压应力 $[\sigma_-]=7\text{MPa}$，若起重量 $F_G=45\text{kN}$，问此结构是否安全？

解：1）求两杆轴力。分析节点 B 的平衡有

$$\sum F_x=0, F_{N2}-F_{N1}\cos30°=0$$

$$\sum F_y=0, F_{N1}\sin30°-F_G=0$$

求解得 $F_{N1}=2F_G=90\text{kN}$，$F_{N2}=\sqrt{3}F_G=77.9\text{kN}$。

2）校核强度。根据拉压杆的强度条件，AB、BC 杆最大应力为

$$\sigma_{AB}=\frac{F_{N1}}{A_1}=\frac{90\times10^3}{600}\text{MPa}=150\text{MPa}<[\sigma_+]$$

$$\sigma_{BC}=\frac{F_{N2}}{A_2}=\frac{77.9\times10^3}{10\times10^3}\text{MPa}=7.8\text{MPa}>[\sigma_-]$$

可见，BC 杆的最大工作应力超过了材料的许用应力，所以此结构不安全。

由上面计算可知，当起重量 $F_G=45\text{kN}$ 时，此结构危险，那么此结构的最大起重量为多少？

根据钢杆 AB 的强度要求有

$$F_{N1}=2F_{G钢}\leqslant[\sigma_+]A_1$$

$$F_{G钢}=\frac{[\sigma_+]A_1}{2}=\frac{160\times600}{3}\text{N}=48\text{kN}$$

根据木杆 BC 的强度要求有

$$F_{N2}=\sqrt{3}F_{G木}\leqslant[\sigma_-]A_2$$

$$F_{G木}=\frac{[\sigma_-]A_2}{\sqrt{3}}=\frac{7\times10\times10^3}{\sqrt{3}}\text{N}=40.4\text{kN}$$

可见，起重机的最大起重量 $F_{G\max}=40.4\text{kN}$。

三、拉（压）杆的变形

1. 线应变与泊松比

杆件受轴向拉力时，纵向尺寸要伸长，而横向尺寸将缩小；当受轴向压力时，则纵向尺寸要缩短，而横向尺寸将增大。

如图 8-15 所示。设杆件原长为 l，直径为 d 的圆截面直杆，承受轴向拉力 $\boldsymbol{F}$ 后，变形为图中双点画线所示的形状。杆件的纵向长度由 l 变为 l_1，横向尺寸由 d 变为 d_1，则杆的纵向绝对变形为 $\Delta l=l_1-l$，横向绝对变形为 $\Delta d=d_1-d$。

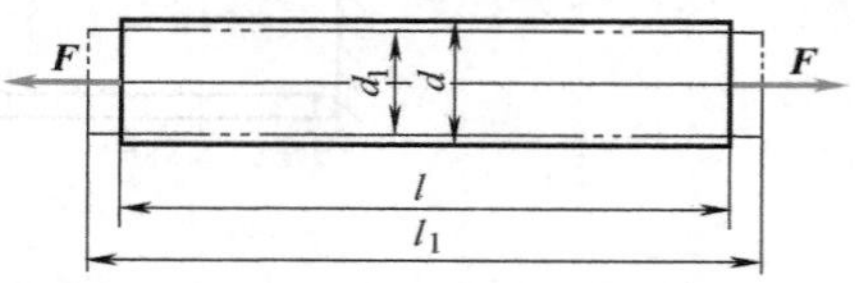

为了消除杆件原尺寸对变形大小的影响，用单位长度内杆的变形即线应变来衡量杆件的变形程度。与上述两种绝对变形相对应的纵向线应变为

图 8-15 拉杆变形示意图

$$\varepsilon=\frac{\Delta l}{l}$$

横向线应变为

$$\varepsilon'=\frac{\Delta d}{d}$$

应变表示杆件的相对变形。线应变 ε、ε'的正负号分别与 Δl、Δd 的正负号一致。

试验表明，当应力不超过比例极限时，横向线应变 ε'与纵向线应变 ε 保持一定的比例关系，且符号相反。即

$$\mu=\left|\frac{\varepsilon'}{\varepsilon}\right| \text{或} \varepsilon'=-\mu\varepsilon$$

式中　μ——材料的横向变形系数，也称为泊松比。

几种常用材料的 μ 值见表 8-1。

表 8-1　几种常用材料的 E 和 μ 值

材料名称	E/GPa	μ
碳钢	196～216	0.24～0.28
合金钢	186～206	0.25～0.30
灰铸铁	78.5～157	0.23～0.27
铜及铜合金	72.6～128	0.31～0.42
铝合金	70	0.33

2. 胡克定律

轴向拉伸和压缩实验表明，当杆横截面上的正应力不超过某一限度时，轴向拉压杆件的伸长或缩短量 Δl，与轴力 F_N 和杆长 l 成正比，与横截面面积 A 成反比。即

$$\Delta l\propto\frac{F_N l}{A}$$

引入比例常数 E，则得到

$$\Delta l=\frac{F_N l}{EA}$$

这就是计算拉伸（或压缩）变形的公式，称为胡克定律。比例常数 E 称为材料的弹性模量，它表明材料抵抗弹性变形的性质，其数值随材料的不同而异。几种常用材料的 E 值见表 8-1。从公式可以看出，乘积 EA 越大，杆件的拉伸（或压缩）变形越小，所以 EA 称为杆件的抗拉（压）刚度。

将 $\sigma=\frac{F_N}{A}$和 $\varepsilon=\frac{\Delta l}{l}$代入上式，则得到胡克定律的另一种表达方式

$$\sigma=E\varepsilon$$

[例 8-9]　图 8-16 所示为一阶梯形钢杆，AB 段和 BC 段的横截面面积为 $A_1=A_2=500\text{mm}^2$，CD 段的横截面面积 $A_3=200\text{mm}^2$，钢的弹性模量 $E=2.0\times10^5\text{MPa}$。试求杆的纵向变形量。

解：1）作轴力图。用截面法求得 CD 和 BC 段轴力：$F_{NCD}=F_{NBC}=-10\text{kN}$，$AB$ 段的轴力

$F_{NAB}=20kN$。

2）计算各段杆的变形量。

$$\Delta l_{AB}=\frac{F_{NAB}l_{AB}}{EA_1}=\frac{20\times10^3\times100\times10^{-3}}{2.0\times10^{11}\times500\times10^{-6}}m=2\times10^{-5}m$$

$$\Delta l_{BC}=\frac{F_{NBC}l_{BC}}{EA_2}=\frac{-10\times10^3\times100\times10^{-3}}{2.0\times10^{11}\times500\times10^{-6}}m=-1\times10^{-5}m$$

$$\Delta l_{CD}=\frac{F_{NCD}l_{CD}}{EA_3}=\frac{-10\times10^3\times100\times10^{-3}}{2.0\times10^{11}\times200\times10^{-6}}m=-2.5\times10^{-5}m$$

3）计算杆的总变形量。

$$\Delta l=\Delta l_{AB}+\Delta l_{BC}+\Delta l_{CD}=-1.5\times10^{-5}m=-0.015mm$$

计算结果为负，说明整个杆是缩短的。

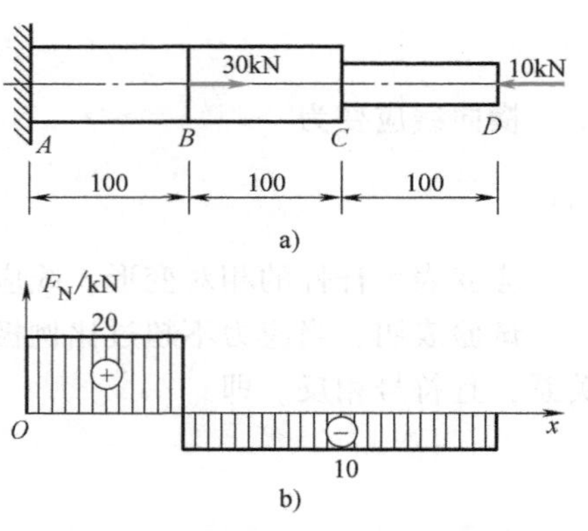

图 8-16 阶梯杆受力及其轴力图

上例中求得的杆的纵向变形 $\Delta l=-0.015mm$，显然也就是杆的两个端截面 A 和 D 沿杆的轴线方向的相对线位移 Δ_{AD}，负号则表示两截面靠拢。在截面 A 固定不动的条件下，上述纵向变形 Δl 也是截面 D 沿杆轴线方向的绝对位移 Δ_D，负号表示截面 D 向左移动。同理，BC 段的纵向位移 $\Delta l_{BC}=-0.01m$ 也就是截面 B 和截面 C 的相对纵向位移 Δ_{BC}，至于截面 C 的绝对纵向位移 Δ_C 则应是截面 B 的绝对纵向位移 Δ_B 加上截面 C 与截面 B 的相对纵向位移 Δ_{CB}，则

$$\Delta_C=2\times10^{-5}m+(-1\times10^{-5})m=+1\times10^{-5}m=+0.01m(\rightarrow)$$

从这里很容易看出，变形和绝对位移既有联系，又有区别。前者只取决于杆的本身及受力情况，后者则与外部约束有关。在杆系中则如下面的例题中所示，与杆件之间的互相约束有关。

[例 8-10] 图 8-17a 所示铰接杆系由两根钢杆 1 和 2 组成。各杆长度均为 $l=2m$，直径均为 $d=25mm$。已知变形前 $\alpha=30°$，钢的弹性模量 $E=2.1\times10^5MPa$，载荷 $F=100kN$。试求节点 A 的位移 Δ_A。

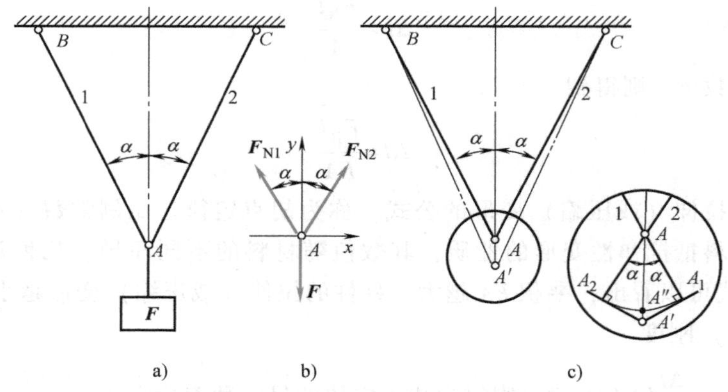

图 8-17 铰接杆系受力及其变形图

解：此杆系及其所受载荷通过 A 点的竖直线都是对称的，因此节点 A 只有竖直位移。为求竖直位移 Δ_A，先求出各杆的伸长。

在变形微小的情况下，计算杆的轴力时可忽略角 α 的微小变化。将杆件视为刚体，用原始尺寸计算。假定各杆的轴力均为拉力（图 8-17b）。根据对称性，可知 $F_{N1}=F_{N2}$。这样，由节点 A 的一个平衡方程 $\sum F_y=0$ 便可求出轴力

$$F_{N1}\cos\alpha+F_{N2}\cos\alpha-F=0$$

$$F_{N1}=F_{N2}=\frac{F}{2\cos\alpha}$$

从而可得每杆的伸长为

$$\Delta l_1=\Delta l_2=\frac{F_{N1}l}{EA}=\frac{Fl}{2EA\cos\alpha}$$

为了求位移 Δ_A，可假想地将 1、2 两杆在点 A 处拆开，并使其沿各自原来的方向伸长 Δl_1 和 Δl_2，然后分别以另一端 B、C 为圆心转动，直至相交于一点 A''（图 8-17c）。AA''即为点 A 的竖直位移。为了计算简单，在变形微小的情况下，可过 A_1、A_2 分别作 1、2 两杆的垂线以代替上述圆弧，并认为此两垂线的交点 A'即为节点 A 产生位移后的位置。这样，从图 8-17c 所示可得

$$\Delta_A=AA'=\frac{\Delta l_1}{\cos\alpha}=\frac{Fl}{2EA\cos^2\alpha}$$

代入数值求得

$$\Delta_A=\frac{100\times10^3\times2}{2\times2.1\times10^{11}\times\left[\frac{\pi}{4}\times(25\times10^{-3})^2\right]\cos^2 30^\circ}\text{m}=0.0013\text{m}=1.3\text{mm}(\downarrow)$$

四、拉（压）杆内的应变能

弹性体在外力作用下产生变形时，其内部储存有能量，即应变能。当外力除去时，这种弹性应变能也就随变形的消失而释放出来。

图 8-18b 所示的直线 OA 为图 8-18a 所示拉杆的载荷 $\boldsymbol{F}$ 与相应位移 Δ_A 的关系图线。

当载荷为某一值 F_1 时，载荷作用点 A 的竖直位移为 Δ_{A1}；当载荷有一微小增量 $\mathrm{d}F_1$ 时，载荷作用点位移有一相应的增量 $\mathrm{d}(\Delta_{A1})$。在此过程中载荷所做的功为 $\mathrm{d}W=F_1\mathrm{d}(\Delta_{A1})$，如图 8-18b 中的阴影面积所示。由此可见，当载荷由零增至最终值 F 时，所做的功在数值上等于图中三角形 OAB 的面积，即

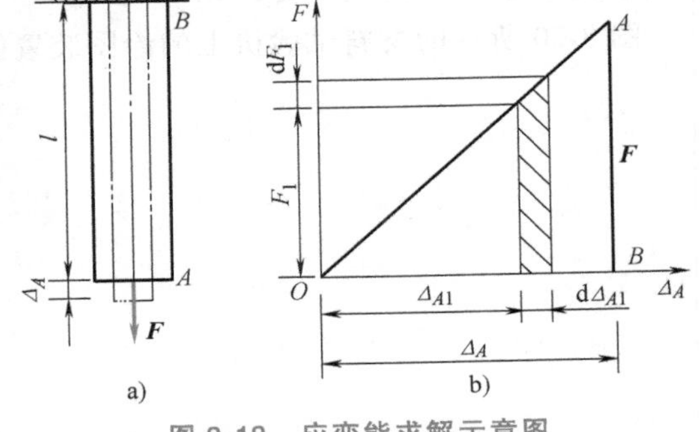

图 8-18　应变能求解示意图

$$W=\frac{1}{2}F\Delta_A$$

如果载荷缓慢地增大，不计动能、热能等的话，根据能量守恒定律，载荷所做的功 W 在数值上等于物体内的应变能。对于在长度 l 范围内轴力 F_N 和刚度 EA 均为常量的拉压杆，其应变能为

$$V_\varepsilon=\frac{1}{2}F\Delta_A=\frac{1}{2}F_N\left(\frac{F_Nl}{EA}\right)=\frac{F_N^2l}{2EA}$$

应变能的单位与功相同，为 J（焦耳）。1J = 1N · m。

［例 8-11］　杆系如图 8-17 所示（例 8-10）。试求：1）该系统的应变能 V_ε；2）外力所

做的功。

解：1）系统内的应变能为 AB 及 AC 两杆内应变能之和，即 $V_\varepsilon = V_{\varepsilon1}+V_{\varepsilon2}$。由于杆系和载荷的对称性，$V_{\varepsilon1}=V_{\varepsilon2}$。于是

$$V_\varepsilon = 2\times\frac{F_N^2 l}{2EA}=\frac{F_N^2 l}{EA}$$

代入数值得

$$V_\varepsilon=\frac{F_N^2 l}{EA}=\frac{2\times(57.74\times10^3)^2}{2.1\times10^{11}\times\left[\frac{\pi}{4}\times(25\times10^{-3})^2\right]}\text{N}\cdot\text{m}=65\text{N}\cdot\text{m}$$

2）由［例 8-10］已求得 $\Delta_A=1.3\text{mm}$，所以外力所做的功

$$W=\frac{1}{2}F\Delta_A=\frac{1}{2}\times100\times10^3\times1.3\times10^{-3}\text{N}\cdot\text{m}=65\text{N}\cdot\text{m}$$

第四节　材料在轴向拉压时的力学性能

材料的力学性能是指材料在外力作用下其强度和变形方面所表现的性能，它是强度计算和选用材料的重要依据。材料的力学性能一般是通过各种试验方法来确定的。

一、低碳钢在拉伸时的力学性能

用普通低碳钢材料做一个拉力试样，在拉力试验机上做轴向拉伸试验。圆截面拉伸标准试样，试验段长度 l 为标距，两端为装夹部分，如图 8-19 所示。标距 l 与横截面直径 d 有两种比例：$l=10d$（长试样）或 $l=5d$（短试样）。对于矩形截面试样，标距 l 和横截面面积 A 的关系规定为 $l=11.3\sqrt{A}$ 或 $l=5.65\sqrt{A}$。

图 8-20 所示的材料试验机上的绘图装置能自动绘出载荷 F 与相应伸长变形的 Δl 关系曲

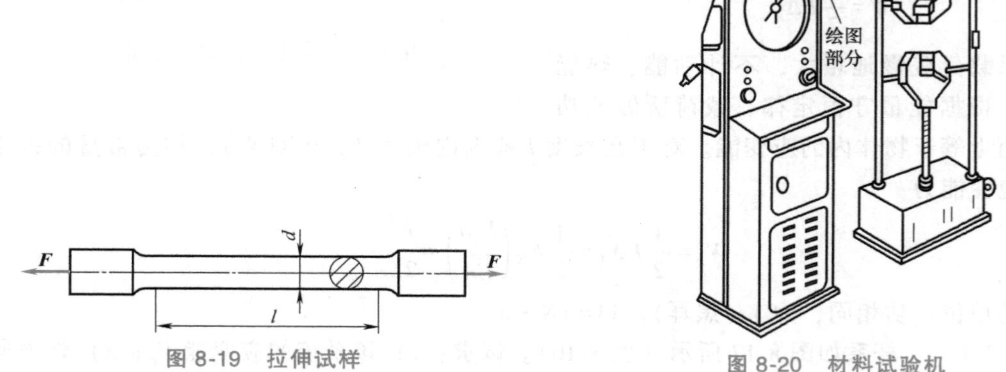

图 8-19　拉伸试样　　图 8-20　材料试验机

线，该曲线称为力-伸长曲线或 F-Δl 曲线（图 8-21a）。力-伸长曲线的形状与试样的尺寸有关。为了消除试样横截面尺寸和长度的影响，将载荷 F 除以试样原来的横截面面积 A，将变形 Δl 除以试样原长标距 l，即可得到以应力 σ 为纵坐标和以应变 ε 为横坐标的 σ-ε 曲线，称为应力-应变曲线。它的形状与力-伸长曲线相似（图 8-21b）。

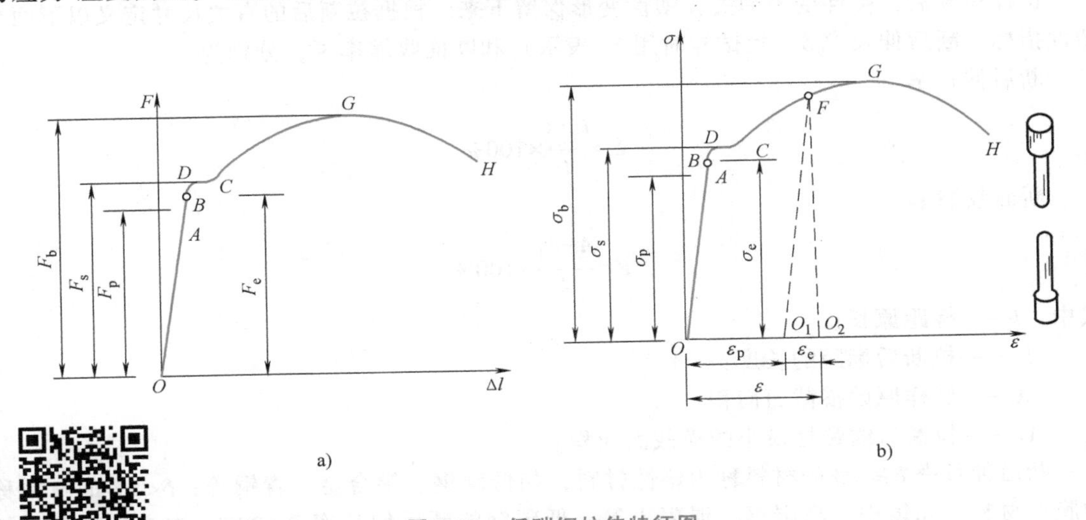

8-6　低碳钢拉伸试验

图 8-21　低碳钢拉伸特征图

a）低碳钢试样的力-伸长曲线　b）低碳钢拉伸应力-应变曲线

1. 弹性阶段

在拉伸的初始阶段，σ 和 ε 的关系为直线 OA，这表示在这一阶段内 σ 和 ε 成正比，此直线段的斜率即材料的弹性模量 E，直线 OA 的最高点 A 所对应的应力，用 σ_p 表示，称为比例极限。当应力不超过比例极限 σ_p 时，材料服从胡克定律，而有 $\sigma=E\varepsilon$。

当应力超过比例极限后，图中的 AB 段已不是直线，胡克定律不再适用。但当应力值不超过 B 点所对应的应力 σ_e 时，如外力卸去，试样的变形也随之全部消失，这种变形为弹性变形，σ_e 称为弹性极限。比例极限和弹性极限的概念不同，但实际上 A 点和 B 点非常接近，工程上对两者不作严格区分。

2. 屈服阶段

当应力超过弹性极限后，材料便开始产生不能消除的永久变形（塑性变形），随后在 σ-ε 曲线上便呈现一条大致水平的锯齿形线段 DC，即应力几乎保持不变而应变却大量增长，标志着材料暂时失去了对变形的抵抗能力，这种现象称为屈服。在屈服阶段内的最高应力和最低应力分别称为上屈服极限和下屈服极限。把数值比较稳定的下屈服极限称为屈服强度，用 σ_s 表示。

屈服强度 σ_s 是衡量材料强度的重要指标。

3. 强化阶段

过了屈服阶段后，材料又恢复了抵抗变形的能力，要使它继续变形必须增加拉力。这种现象称为材料强化。强化阶段中最高点 G 所对应的应力，是试件所能承受的最大应力，称为抗拉强度，用 σ_b 表示。在强化阶段中试件横向尺寸明显缩小。

4. 缩颈阶段

过 G 点后，试件局部显著变细，并形成缩颈现象。由于在缩颈部分横截面面积明显减少，使试样继续拉长所需要的拉力也相应减少，故在此阶段应力由最高点 G 下降到 H 点，最后试样被拉断。

试样拉断后，弹性变形消失，塑性变形保留下来。根据拉断后的有关尺寸定义以下两个塑性指标：断后伸长率 δ（短试样时用 δ_5 表示）和断面收缩率 Ψ，分别为

断后伸长率

$$\delta=\frac{l_1-l}{l}\times100\%$$

断面收缩率

$$\Psi=\frac{A-A_1}{A}\times100\%$$

式中 l——标距原长；

l_1——拉断后标距的长度；

A——试样原始横截面面积；

A_1——拉断后缩颈处最小的横截面面积。

断后伸长率 $\delta\geqslant5\%$ 的材料称为塑性材料，如低碳钢、铝合金、青铜等；$\delta<5\%$ 的材料称为脆性材料，如铸铁、高碳钢、混凝土等。低碳钢的断后伸长率 $\delta=20\%\sim30\%$，断面收缩率 $\Psi=60\%\sim70\%$，是很好的塑性材料。

综上所述。当应力增大到屈服强度 σ_s 时，材料出现明显的塑性变形；抗拉强度 σ_b 则表示材料抵抗破坏的最大能力。故 σ_s、σ_b 是衡量塑性材料强度的两个重要指标。

需要指出的是，材料的塑性与脆性不是固定不变的。它们随着温度、变形速度、受力状态等条件而变化。例如常温条件下的某些塑性材料，在低温时会发生脆性断裂。

实验表明，如果将试样拉伸到超过屈服强度值后任意一点，如图 8-21b 中的 F 点，然后缓慢卸载。这时发现卸载过程中试样的应力和应变保持直线关系，沿着与 OA 几乎平行的直线 FO_1 返回到 O_1 点，而不是沿着原来的加载曲线回到 O 点。OO_1 是试样残留下来的塑性变形 ε_p，称为残余应变，而 O_1O_2 表示消失的弹性变形 ε_e。如果卸载后接着重新加载，则试样的 σ-ε 曲线将基本上沿着卸载时的直线 O_1F 升到 F 点，F 点后的曲线仍与原来的 σ-ε 曲线相同。由此可见，将试样拉伸超过屈服强度后卸载，然后重新加载时，材料的比例极限明显提高，而塑性变形减小，这种现象称为冷作硬化。工程中常用冷作硬化提高某些构件的承载能力，例如对起重机的钢丝采用冷拔工艺，对某些型钢采用冷轧工艺均可收到这种效果。如果要消除冷作硬化，可经过退火处理。

[例 8-12] 一根材料为 Q235 钢的拉伸试件，其直径 $d=10$mm，标距 $l=100$mm。当试验机上载荷读数达到 $F=10$kN 时，量得标距范围内的伸长量 $\Delta l=0.0607$mm，直径的缩小量 $\Delta d=-0.0017$mm。试求出材料的弹性模量 E 和泊松比 μ。已知 Q235 钢的比例极限为 $\sigma_p=200$MPa。

解：$F=10$kN 时，试件横截面上的正应力

$$\sigma=\frac{F}{A}=\frac{10\times10^3}{\frac{\pi\times(10\times10^{-4})^2}{4}}\text{Pa}=128\times10^6\text{Pa}=128\text{MPa}$$

其值低于材料的比例极限，故可由题给相应数据计算弹性模量 E 和泊松比 μ。试件的纵向应变 ε 和横向线应变 ε' 的值分别为

$$\varepsilon=\frac{\Delta l}{l}=\frac{0.0607}{100}=6.07\times10^{-4},\varepsilon'=\frac{\Delta d}{d}=\frac{-0.0017}{10}=-1.7\times10^{-4}$$

根据已算得的 σ 和相应的 ε 有

$$E=\frac{\sigma}{\varepsilon}=\frac{128}{6.07\times10^{-4}}\text{MPa}=2.1\times10^{5}\text{MPa}$$

根据已算得的 ε 和 ε' 有

$$\mu=\left|\frac{\varepsilon'}{\varepsilon}\right|=\left|\frac{-1.7\times10^{-4}}{6.07\times10^{-4}}\right|=0.28$$

二、其他塑性材料在拉伸时的力学性能

其他金属材料的拉伸试验和低碳钢拉伸试验方法相同，但材料所显示出来的力学性能有差异。图 8-22 给出了锰钢、硬铝、退火球墨铸铁和 45 钢的 σ-ε 曲线，这些都是塑性材料。但前三种材料没有明显的屈服阶段，对于没有明显屈服极限的塑性材料，工程上规定，取对应于试样产生 0.2%的塑性应变时的应力值为材料的屈服强度，以 $\sigma_{0.2}$ 表示。在图 8-23 的 σ-ε 曲线上，沿横坐标量出塑性应变 $\varepsilon=0.2\%$的点，自该点作与弹性阶段平行的直线，平行直线交于 σ-ε 曲线的点对应的应力为 $\sigma_{0.2}$。

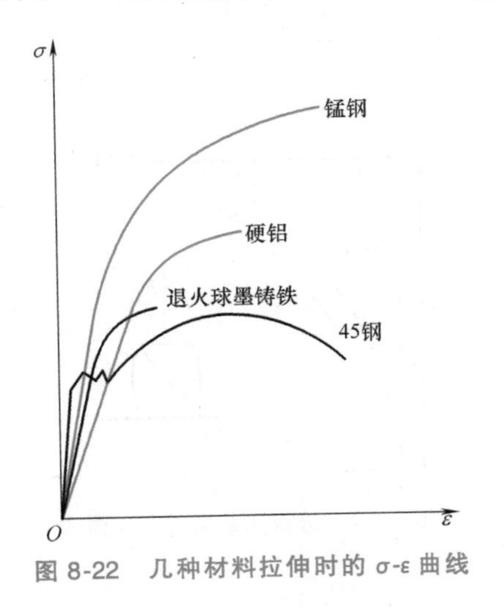

图 8-22　几种材料拉伸时的 σ-ε 曲线

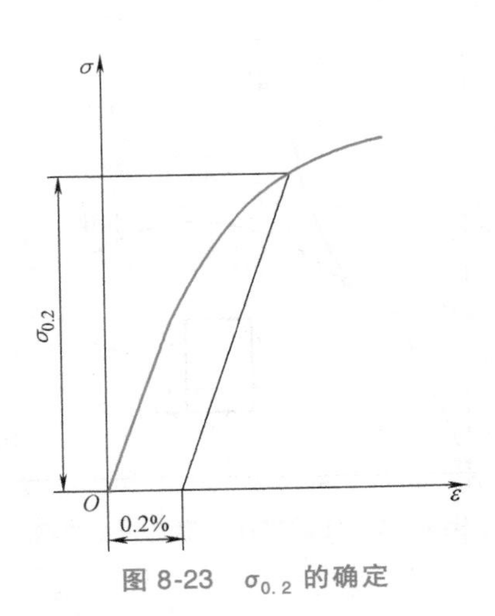

图 8-23　$\sigma_{0.2}$ 的确定

三、脆性材料在拉伸时的力学性能

图 8-24 所示为灰铸铁拉伸时的 σ-ε 曲线。由图可见，曲线没有明显的直线部分，既无屈服阶段，也无缩颈现象；断裂时应变通常只有 0.4%～0.5%，断口垂直于试样轴线。因铸铁构件在实际使用的应力范围内，其 σ-ε 曲线的曲率很小，实际计算时常近似地以图 8-24 中的虚直线代替，即认为应力和应变近似地满足胡克定律。

铸铁的断后伸长率通常只有 0.5%~0.6%，是典型的脆性材料。抗拉强度 σ_b 是脆性材料唯一的强度指标。

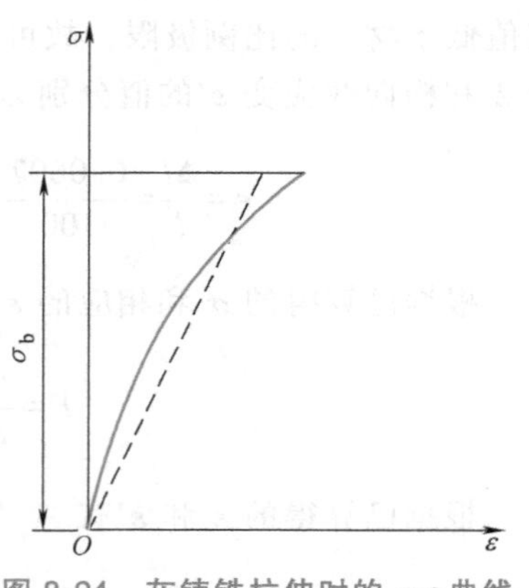

图 8-24 灰铸铁拉伸时的 σ-ε 曲线

四、材料压缩时的力学性能

金属材料的压缩试样，一般做成短圆柱体。为避免压弯，其高度为直径的 1.5~3 倍；非金属材料，如水泥等，常用立方体形状的试样。

图 8-25 所示为低碳钢压缩时的 σ-ε 曲线，虚线代表拉伸时的 σ-ε 曲线。可以看出，在弹性阶段和屈服阶段两曲线是重合的。这表明，低碳钢在压缩时的比例极限 σ_p、弹性极限 σ_e、弹性模量 E 和屈服极限 σ_s 等都与拉伸时基本相同。进入强化阶段后，两曲线逐渐分离，压缩曲线上升。由于应力超过屈服极限后，试样被越压越扁，横截面面积不断增大，因此一般无法测出低碳钢材料的抗压强度极限。对塑性材料一般不做压缩试验。

铸铁压缩时的 σ-ε 曲线如图 8-26 所示，虚线为拉伸时的 σ-ε 曲线。可以看出，铸铁压缩时的 σ-ε 曲线也没有直线部分，因此压缩时也只是近似地满足胡克定律。铸铁压缩时的抗压强度比抗拉强度高出 4~5 倍，塑性变形也较拉伸时明显增加，其破坏形式为沿 45°左右的斜面剪断，说明试件沿最大切应力面发生错动而被剪断。对于其他脆性材料，如硅石、水泥等，其抗压能力也显著地高于抗拉能力。一般脆性材料价格较便宜，因此工程上常用脆性材料做承压构件。

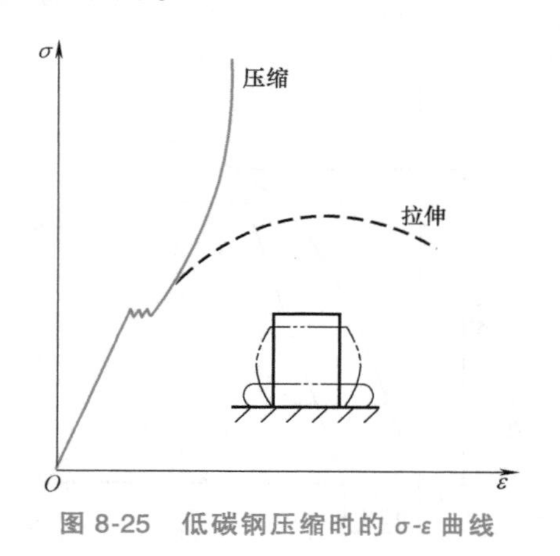

图 8-25 低碳钢压缩时的 σ-ε 曲线

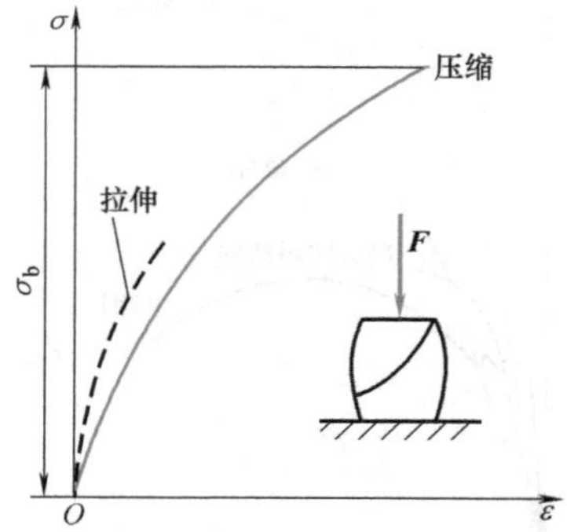

图 8-26 铸铁压缩时的 σ-ε 曲线

第五节 简单的拉压超静定问题

一、超静定的概念

在静力学中，当未知力的个数未超过独立平衡方程的数目时，则由平衡方程可求解全部未知力，这类问题称为静定问题，相应的结构即为静定结构。若未知力的个数超过了独立平衡方程的数目，仅由平衡方程无法确定全部未知力，这类问题称为超静定问题，相应的结构即为超静定结构。未知力的个数与独立的平衡方程数之差称为超静定次数。

超静定结构是根据特定工程的安全可靠性要求在静定结构上增加了一个或几个约束，从而使未知力的个数增加。这些在静定结构上增加的约束为多余约束。多余约束的存在改变了结构的变形几何关系，因此，建立变形协调的几何关系（即变形协调方程）是解决超静定问题的关键。

二、超静定问题的解法

解超静定问题的最基本的方法是以多余约束的约束力或内力作为未知数来求解，而所谓的多余约束是指对于保持平衡来说不必要的约束。图 8-27a 所示的一次超静定杆件，其一个端部约束对于保持平衡来说是必要的，而另一端部约束却是多余的。解题时如果取 B 端的约束为多余约束，那么相应的约束力 $\boldsymbol{F}_B$ 就是多余未知力。显然，求出多余未知力 $\boldsymbol{F}_B$ 后，求解另一个约束力 $\boldsymbol{F}_A$ 和杆件横截面轴力的问题就是静定的了。

为了求解超静定杆件或杆系的多余未知力，可以假想地解除多余约束，使它成为静定的杆件或杆系。这种在解题过程中解除了多余约束的静定杆件或杆系称为原超静定杆件或杆系的基本系统。图 8-27a 所示超静定杆件，当 B 端的约束作为多余约束时，其基本系统如图 8-27b 所示。

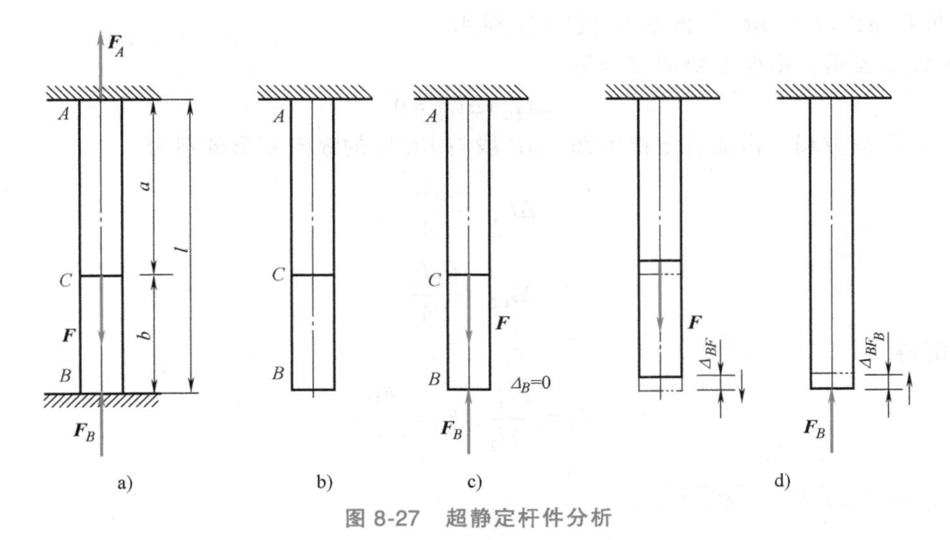

图 8-27　超静定杆件分析

基本系统在原来作用于超静定系统上的载荷和多余未知力共同作用下，其受力情况及变形、位移等显然应与原超静定系统相同，因而是原超静定系统的相当系统。图 8-27c 所示静定杆件，便是该超静定杆件的相当系统。

相当系统多余未知力 $\boldsymbol{F}_B$ 作用处的位移和原超静定系统的相同。这就是解超静定问题的位移条件（变形协调条件）。图 8-27c 所示相当系统的位移条件是 $\Delta_B=0$，或图 8-27d 所示的位移条件 $\Delta_{BF}+\Delta_{BF_B}=0$。

根据位移条件便可得到求解多余未知力的补充方程。对于图 8-27a 所示超静定杆件，根据胡克定律，即可得到

$$\frac{Fa}{EA}-\frac{F_Bl}{EA}=0$$

从而解得

$$F_B=\frac{Fa}{l}$$

求出多余未知力后，即可利用相当系统对原超静定杆件或杆系进行计算。

总之，对于超静定杆件或杆系，可以列出静力平衡方程、变形协调方程和物理方程求解约束反力或轴力。

[例 8-13] 如图 8-28 所示杆 AB，两端固定，在截面 C 处承受轴向载荷 F 的作用。设拉（压）刚度 EA 为常数，试求杆两端的约束反力。

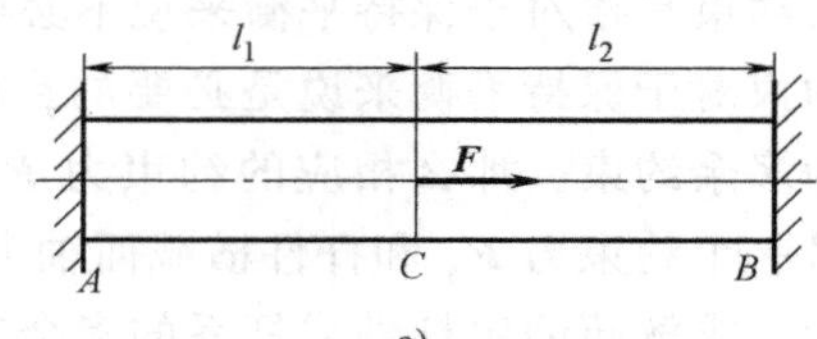

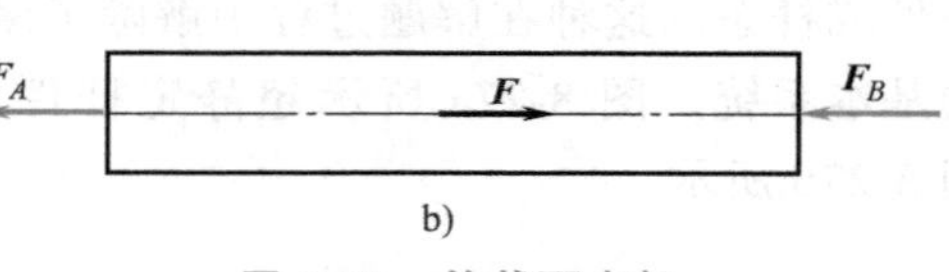

图 8-28 等截面直杆

解：1）列平衡方程。在载荷 $\boldsymbol{F}$ 作用下，AC 段伸长，BC 段缩短，杆端约束反力 $\boldsymbol{F}_A$ 和 $\boldsymbol{F}_B$ 的方向如图 8-28b 所示，并与载荷 $\boldsymbol{F}$ 组成一共线力系，其平衡方程为

$$\sum F_x=0, F-F_A-F_B=0$$

2）列变形协调方程。根据杆端的约束条件可知，受力后各杆虽然变形，但杆的总长度不变。如果将 AC 段与 BC 段的纵向变形分别用 Δl_{AC} 和 Δl_{CB} 表示，则变形协调方程为

$$\Delta l_{AC}+\Delta l_{CB}=0$$

3）列物理方程。由胡克定律可知，AC 段与 BC 段的纵向变形分别为

$$\Delta l_{AC}=\frac{F_Al_1}{EA}$$

$$\Delta l_{CB}=\frac{F_Bl_2}{EA}$$

联立求解得

$$F_A=\frac{Fl_2}{l_1+l_2},\ F_B=\frac{Fl_1}{l_1+l_2}$$

三、装配应力与温度应力

1. 装配应力

所有构件在制造中都会有一些误差。这种误差在静定结构中不会引起任何应力。而在超静定结构中因构件制造误差，装配时就会引起应力。如图 8-29 所示的三杆桁架结构，若杆 3 制造时短了 δ，为了能将三根杆装配在一起，则必须将杆 3 拉长，杆 1、2 压短，这种强行装配会在杆 3 中产生拉应力，而在杆 1、2 中产生压应力。如误差 δ 较大，这种应力会达到很大的数值。

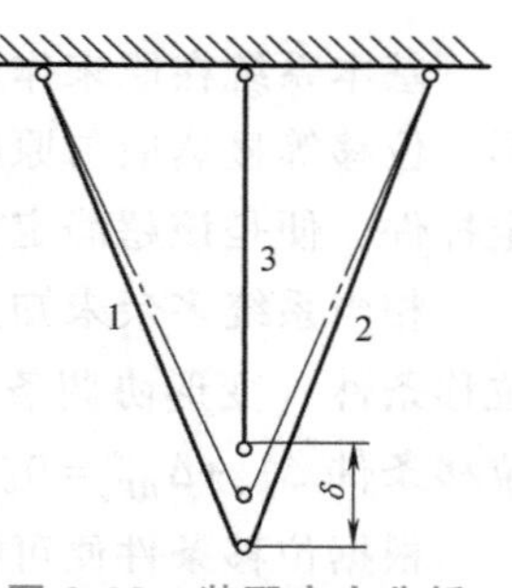

图 8-29 装配应力分析

这种由于装配而引起杆内产生的应力，称为装配应力。装配应力是在载荷作用前结构中已经具有的应力，因而是一种初应力。

在工程中，装配应力的存在有时是不利的，应予以避免；但有时也可有意识地利用它，比如土木结构中的预应力钢筋混凝土等。

2. 温度应力

在工程实际中，杆件遇到温度的变化，其尺寸将有微小的变化。在静定结构中，由于杆件能自由变形，不会在杆内产生应力。但在超静定结构中，由于杆件受到相互制约而不能自由变形，这将使其内部产生应力。这种因温度变化而引起的杆内应力称为温度应力。温度应力也是一种初应力。在工程上常采用一些措施来降低或消除温度应力，例如蒸汽管道中的伸缩节、铁道两段钢轨间预先留有适当空隙、钢桥桁架一端采用活动铰链支座等，都是为了减少或预防产生温度应力而常用的方法。

第六节　拉压杆接头的计算

拉（压）杆相互连接时，可采用螺栓（销钉）连接、焊接、铆接等方式。像螺栓等连接件，在传力时主要受剪切，同时在侧面上还伴随有局部挤压。

一、剪切

对于螺栓（销钉）连接、焊接、铆接等方式连接的连接件的强度，工程上常采用近似的“假定计算”法。例如对连接件作剪切强度计算时，假设受剪面上各点处切应力相等，即把剪力除以受剪面积所得的平均切应力 τ 作为工作应力；而确定许用切应力［τ］用的极限切应力 τ_u 也是由连接件剪切破坏时的剪力除以受剪面面积得出。

图 8-30a 所示的连接，作为连接件的螺栓其受力情况如图 8-30b 所示，它的上、下各半个圆柱形侧面受挤压，并沿横截面 m-m 受剪切。在不计被连接的两块钢板之间的摩擦力的情况下，挤压力 $F_b=F$。剪切面 m-m 上的剪力 F_s 根据图 8-30c 所示分离体的平衡条件可知为

$$F_s=F_b=F$$

与剪力 F_s 相对应，剪切面上的平均切应力（图 8-30d）为

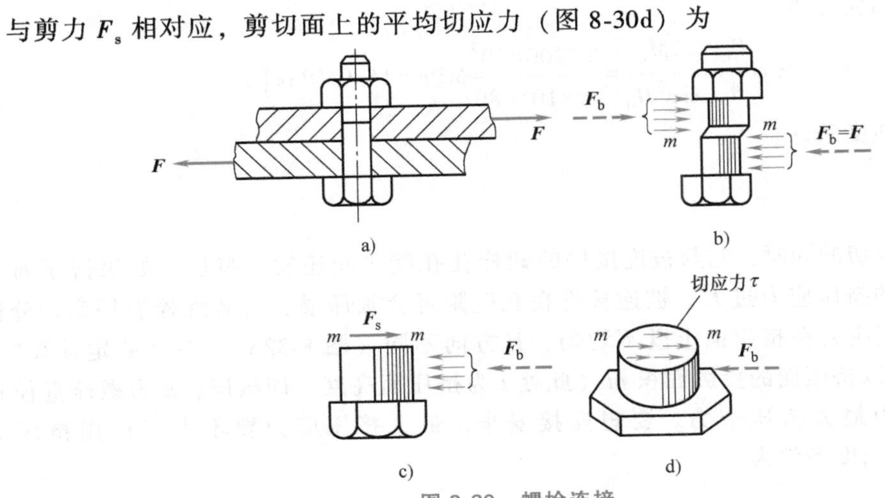

图 8-30　螺栓连接

a）螺栓连接工作简图　b）螺栓的受力情况　c）螺栓截面的剪力　d）螺栓截面的切应力

$$\tau=\frac{F_s}{A}$$

其中，$A=\pi d^2/4$，为受剪面面积，即螺栓的横截面面积。

螺栓的剪切强度为

$$\tau=\frac{F_s}{A}\leqslant[\tau]$$

[例 8-14]　图 8-31 所示凸缘联轴节传递的力偶矩为 $M_e=200\text{N}\cdot\text{m}$。凸缘之间用 4 个对称分布在 $D_0=80\text{mm}$ 圆周上的螺栓连接，螺栓的内径 $d=10\text{mm}$，螺栓材料的许用切应力 $[\tau]=60\text{MPa}$。试校核螺栓的剪切强度。

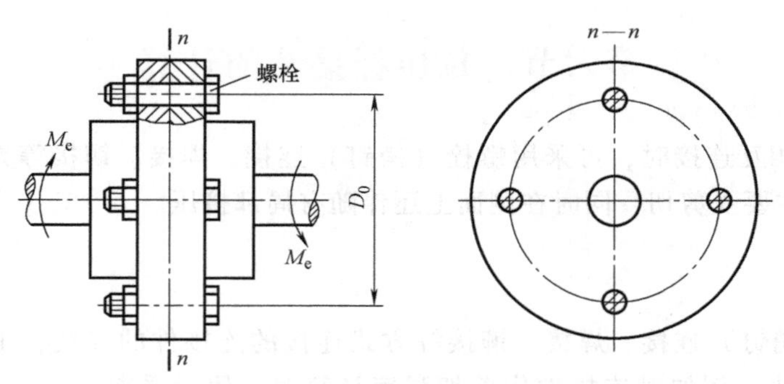

图 8-31　凸缘联轴节示意图

解：设每个螺栓的承受的剪应力为 F_s，则由

$$F_s\times\frac{D_0}{2}\times4=M_e$$

可得

$$F_s=\frac{M_e}{2D_0}$$

因此，螺栓的切应力为

$$\tau=\frac{F_s}{A}=\frac{2M_e}{\pi d^2D_0}=\frac{2\times200\times10^3}{\pi\times10^2\times80}\text{MPa}=15.9\text{MPa}<[\tau]$$

满足螺栓剪切强度条件。

二、挤压

螺栓在受剪切的同时，它与被连接件的螺栓孔孔壁之间还发生挤压。如果挤压面（半个圆柱面）上的挤压应力过大，被连接件在孔壁附近会被压皱，或者螺栓被挤扁。分析和实验表明，挤压应力在挤压面上既不均匀，且方向不同（图 8-32b）。在“假定计算”中，把挤压力 F_b 除以挤压面的投影面积 td（此处 t 为挤压面高度，即板厚；d 为螺栓直径）所得的值 σ_{bs} 作为最大挤压应力。要想连接安全，最大挤压应力要不大于许用挤压应力 $[\sigma_{bs}]$，即挤压强度条件为

$$\sigma_{bs}=\frac{F_b}{td}\leqslant[\sigma_{bs}]$$

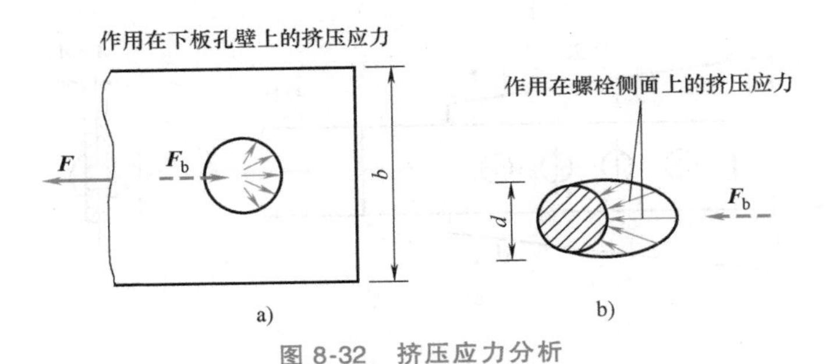

图 8-32　挤压应力分析

对于图 8-30a 所示螺栓连接，从图 8-32 容易看出，为了保证整个连接具有足够的强度，还必须校核被连接件为螺栓孔削弱后的抗拉强度，即检验如下强度条件

$$\sigma=\frac{F}{(b-d)t}\leqslant[\sigma]$$

[例 8-15]　图 8-33 所示压力机的最大冲压力为 400kN，冲头材料 $[\sigma_{bs}]=440\text{MPa}$，被冲剪钢板的许用切应力 $[\tau]=360\text{MPa}$。试求在最大冲压力的作用下所能冲剪圆孔的最小直径和所能冲剪钢板的最大厚度。

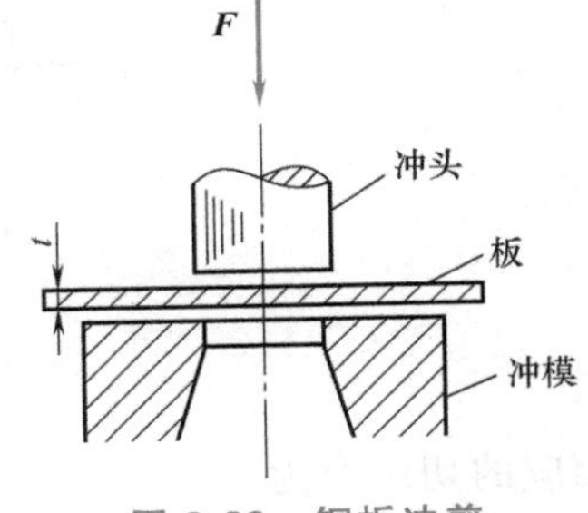

图 8-33　钢板冲剪

解：1）确定所能冲剪圆孔的最小直径 d_{min}。冲剪的孔径等于冲头的直径，冲头工作时需要满足挤压强度条件，即

$$\sigma_{bs}=\frac{F_b}{A_b}=\frac{4F}{\pi d^2}\leqslant[\sigma_{bs}]$$

得

$$d\geqslant\sqrt{\frac{4F}{\pi[\sigma_{bs}]}}=\sqrt{\frac{4\times400\times10^3}{\pi\times440\times10^6}}\text{m}=0.034\text{m}=34\text{mm}$$

取最小直径 $d_{min}=34\text{mm}$。

2）确定钢板的最大厚度 t。冲剪时钢板剪切面是与 $\boldsymbol{F}$ 平行的圆柱面，面积 $A=\pi dt$，剪切力 $F_s=F$，为能冲剪成孔，需要满足的条件为

$$\tau=\frac{F_s}{A}=\frac{F}{\pi dt}\geqslant[\tau]$$

得

$$t\leqslant\frac{F}{\pi d[\tau]}=\frac{400\times10^3}{\pi\times34\times10^{-3}\times360\times10^6}\text{m}=10.1\times10^{-3}\text{m}=10.1\text{mm}$$

故最小直径为 34mm 时，钢板的最大厚度为 10.1mm。

[例 8-16]　如图 8-34 所示拉杆，用四个直径相同的铆钉固定在隔板上，拉杆与铆钉的材料相同，试校核铆钉和隔板的强度。已知载荷 $F=80\text{kN}$，板宽 $b=80\text{mm}$，板厚 $t=10\text{mm}$，铆钉直径 $d=16\text{mm}$，需用切应力 $[\tau]=100\text{MPa}$，许用挤压应力 $[\sigma_{bs}]=300\text{MPa}$，许用拉应力 $[\sigma]=160\text{MPa}$。

解：1）铆钉的剪切强度计算。首先计算各铆钉剪切面上的剪力。分析表明，当各铆钉的材料和直径均相同，且外力作用线通过铆钉群剪切面的形心时，通常认为各铆钉剪切面的剪力相同。因此，对于图 8-34a 所示的铆钉群，各铆钉剪切面上的剪力均为

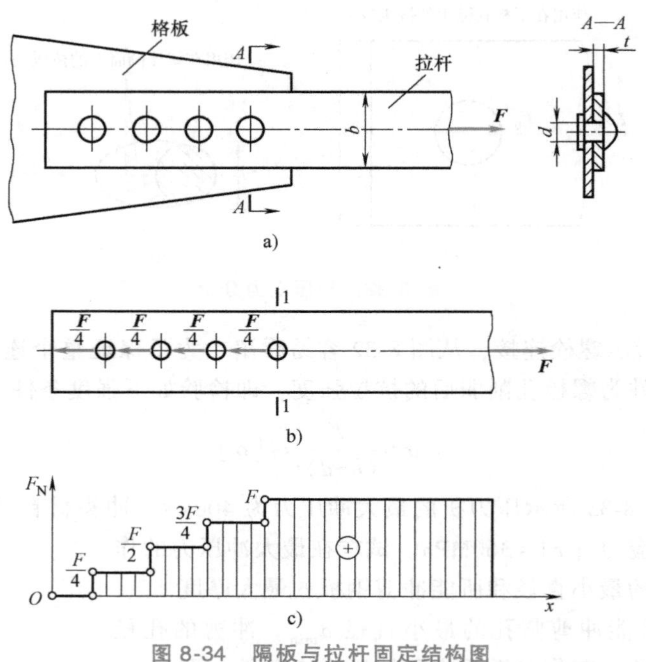

图 8-34　隔板与拉杆固定结构图

a）铆钉固定　b）拉杆的受力图　c）拉杆的内力图

$$F_s=\frac{F}{4}=\frac{80\times10^3}{4}\text{N}=2\times10^4\text{N}$$

相应的切应力为

$$\tau=\frac{F_s}{A}=\frac{4F_s}{\pi d^2}=\frac{4\times2\times10^4}{\pi\times16^2}=99.5\text{MPa}\leqslant[\tau]$$

2）铆钉的挤压强度计算。铆钉所受的挤压力等于铆钉剪切面上的剪力，即

$$F_b=F_s=2\times10^4\text{N}$$

相应的挤压应力为

$$\sigma_{bs}=\frac{F_b}{td}=\frac{2\times10^4}{10\times16}\text{MPa}=125\text{MPa}\leqslant[\sigma_{bs}]$$

3）拉杆的拉伸强度计算。拉杆的受力情况和轴力图分别如图 8-34b、c 所示。显然，横截面Ⅰ-Ⅰ的正应力最大，其值为

$$\sigma=\frac{F}{(b-d)t}=\frac{80\times10^3}{(80-16)\times10}\text{MPa}=125\text{MPa}\leqslant[\sigma]$$

可见，铆钉和拉杆均满足强度要求。

力学故事汇

我国古代关于力与变形成正比关系的记载

1678 年，胡克以猜字谜的形式公布了力与变形成正比的规律，其实，在此之前的 1500

多年时，我国史书就已经有了这方面的记载。

东汉经学家郑玄（公元127—200年）对《考工记·弓人》中“量其力，有三均”作注云：“假令弓力胜三石，引之中三尺，弦其弦，以绳缓擐之，每加物一石，则张一尺。”这里的“缓擐”即松松套住之意，也就是没有初拉力。接着郑玄以“每加物一石，则张一尺”九个字，就把力与变形成正比的线性关系表述得清清楚楚。郑玄虽是大儒，他的说法并非空想，而是来源于实际的。在当时，我国弓人在制成弓以后，就已经有了对弓力的定量测量。古籍中如“千钧之弩”“百石之弩”之说，在一定程度上反映了弓力的定量测量。后来，明代宋应星在《天工开物》中写道：“凡试弓力，以足踏弦就地，秤钩搭挂弓腰，弦满之时，推移秤锤所压，则知多少。”书中还有“试弓定力”的插图（图8-35），画了一人提秤，秤钩钩住弦的中央，并在弓腰处搭挂重物。在我国现在的出土文物中，也能见到一些有关测量弓力的记载。

图8-35　试弓定力（摘自《天工开物》）

到了近代，英人胡克才在1676年的一篇文章末尾，以谜面为ceiiinosssttuv的字谜暗示了力与变形成正比的线性关系。之后，胡克于1678年在另一篇文章中说出此字谜的谜底“Ut tensio sic vis”，此为拉丁文，译成中文就是“有多大的伸长，就有多大的力”，其意表明了任何弹簧的力与其伸长都成正比。

第九章 扭转

第一节 扭矩和扭矩图

一、圆轴扭转的概念

在工程中，常会遇到直杆因受力偶作用而发生扭转变形的情况。例如当钳工攻螺纹时，两手所加的外力偶作用在丝锥杆的上端，工件的反力偶作用在丝锥杆的下端，使得丝锥杆发生扭转变形（图 9-1）。图 9-2 所示的汽车转向盘的操纵杆，以及一些传动轴等均是扭转变形的实例。

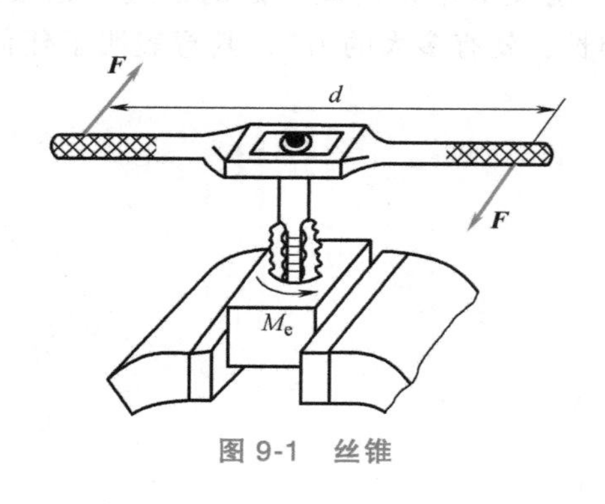

图 9-1 丝锥

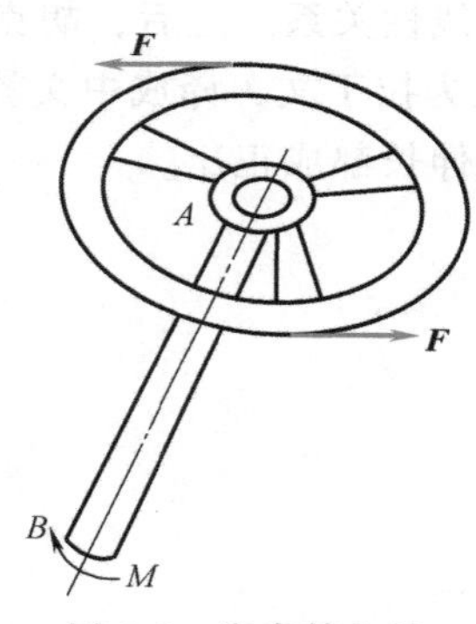

图 9-2 汽车转向轴

以扭转为主要变形的构件常称为轴，其中圆轴在机械中的应用最为广泛。

一般扭转杆件的计算简图，如图 9-3 所示。其受力特点是：在垂直于杆件轴线的平面内，作用着一对大小相等、转向相反的力偶。其变形特点是：杆件的各横截面绕杆轴线发生相对转动，杆轴线始终保持直线。这种变形称为扭转变形。杆间任意两截面间的相对角位移称为扭转角。图 9-3 中的$\angle bO'b'$是截面 B 相对于截面 A 的扭转角。

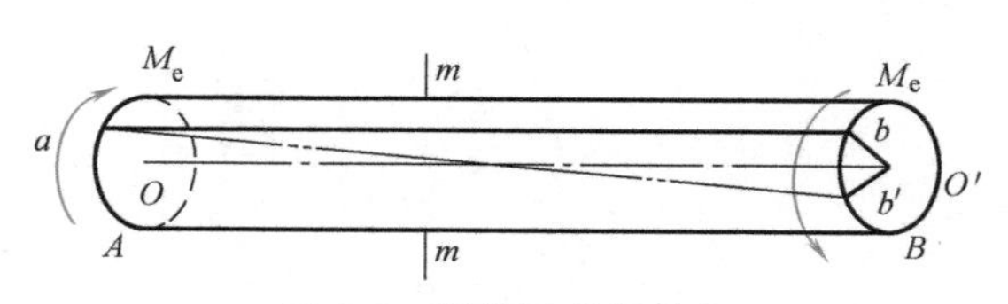

图 9-3 扭转及其扭转角

9-1 扭转变形状态

二、外力偶矩的计算

通常，工程中给出传动轴的转速及其传递的功率，而作用与轴上的外力偶矩并不直接给出，这需要根据传动轴的转速和功率计算出外力偶矩，计算公式为

$$M=9550\frac{P}{n}$$

式中　M——外力偶矩（N·m）；

P——传递的功率（kW）；

n——轴的转速（r/min）。

在同一根轴上，如果不计功率损耗，输入功率的总和等于输出功率的总和。通常工程中根据输入轮的输入功率计算输入力偶矩，利用每个输出轮自身的功率，计算其输出力偶矩。输入力偶矩为主动力偶矩，其转向与轴的转向相同；输出力偶矩为阻力偶矩，其转向与轴的转向相反。

三、扭矩

以图 9-4a 所示的等截面圆轴为例，圆轴两端作用有一对平衡外力偶 M。现在用截面法求圆轴截面上的内力。假想地将圆轴沿 m-m 截面分成两部分，任取其中一部分，如取左段（部分Ⅰ）作为研究对象，如图 9-4b 所示。由于整个轴是平衡的，所以左段也处于平衡，由平衡条件 $\sum M_x=0$，得 $T=M$。

因此在 m-m 截面上必然存在一个内力偶矩，来平衡外力偶矩 M。这个内力偶矩称为扭矩，用 T 表示，单位为 N·m。

如果取右段（部分Ⅱ）为研究对象，如图 9-4c 所示，可得到相同结果，只是扭矩 T 的方向相反，它们是作用与反作用的关系。

为了使不论取左段还是右段为研究对象，求得的扭矩大小、正负一致，对扭矩的正负规定如下：按右手螺旋法则，四指顺着扭矩的转向握住轴线，大拇指的指向与截面的外法线方向一致时为正，反之为负。如图 9-5 所示，当截面上的扭矩实际转向未知时，一般先假设扭矩为正，若求得结果为正，则表示扭矩的实际转向与假设转向相同；若求得结果为负，则表示扭矩的实际转向与假设转向相反。

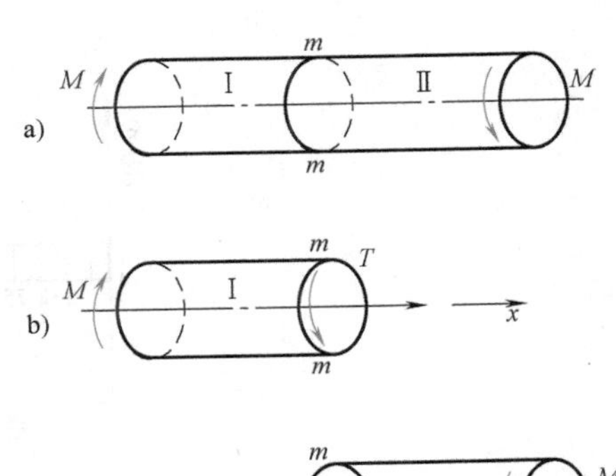

图 9-4　扭转内力计算

a）圆轴受力示意图　b）左段受力示意图　c）右段受力示意图

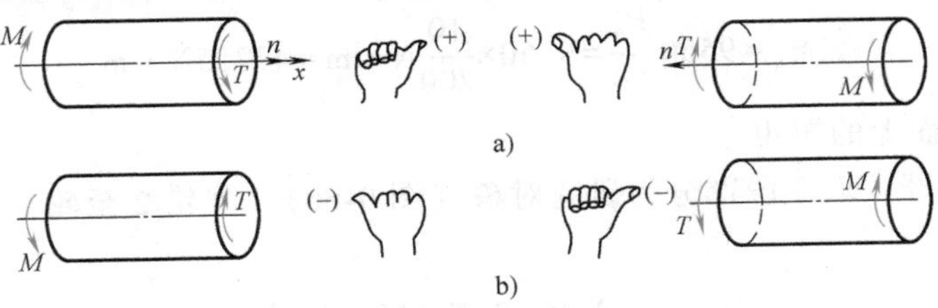

图 9-5　扭矩正负号判定

四、扭矩图

通常，扭转圆轴的各横截面上的扭矩是不同的，扭矩 T 是横截面位置 x 函数。即

$$T=T(x)$$

以与轴线平行的 x 轴表示横截面的位置，以垂直于 x 轴的 T 轴表示扭矩，绘制函数 $T=T(x)$ 的曲线，就称为扭矩图。下面举例说明扭矩图的画法。

[例 9-1]　传动轴如图 9-6a 所示。已知轴的转速 $n=200\text{r/min}$，主动轮 1 输入的功率 $P_1=20\text{kW}$，三个从动轮 2、3、4 输出功率分别为 $P_2=5\text{kW}$、$P_3=5\text{kW}$、$P_4=10\text{kW}$。试绘制该传动轴的扭矩图。

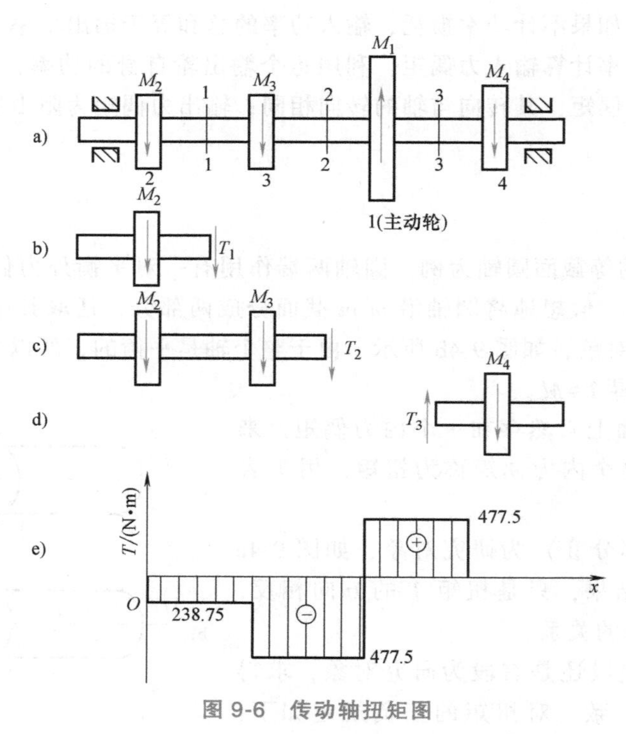

图 9-6　传动轴扭矩图

解：1）计算外力偶矩。

$$M_1=9550\frac{P_1}{n}=9550\times\frac{20}{200}\text{N}\cdot\text{m}=955\text{N}\cdot\text{m}$$

$$M_2=M_3=9550\frac{P_2}{n}=9550\times\frac{5}{200}\text{N}\cdot\text{m}=238.75\text{N}\cdot\text{m}$$

$$M_4=9550\frac{P_4}{n}=9550\times\frac{10}{200}\text{N}\cdot\text{m}=477.5\text{N}\cdot\text{m}$$

2）计算各截面上的扭矩。

沿截面 1-1 截开，取左段部分为研究对象（图 9-6b），求轮 2 至轮 3 间横截面上的扭矩 T_1。由

$$\sum M=0, T_1+M_2=0$$

得

$$T_1=-M_2=-238.75\text{N}\cdot\text{m}$$

沿截面 2-2 截开，取左段部分为研究对象（图 9-6c），求轮 3 至轮 1 间横截面上的扭矩 T_2。由

$$\sum M=0,\ T_2+M_2+M_3=0$$

得

$$T_2=-M_2-M_3=-477.5\text{N}\cdot\text{m}$$

沿截面 3-3 截开，取右段部分为研究对象（图 9-6d），求轮 1 至轮 4 间横截面上的扭矩 T_3。由

$$\sum M=0,\ T_3-M_4=0$$

得

$$T_3=M_4=477.5\text{N}\cdot\text{m}$$

3）绘制该传动轴的扭矩图。根据以上计算结果，按比例绘出扭矩图（图 9-6e）。

讨论：若上例中把轮 1 和轮 4 位置交换，对扭矩有何影响？

第二节　扭转时的应力计算和强度条件

一、剪切胡克定律

图 9-7a 所示是薄壁圆筒在两端各施加位于横向平面内的方向相反力偶矩 M 的变形情况。圆筒表面上的圆周线在受扭后绕圆筒的轴线转动，纵向直线成为螺旋线（图中以斜直线表示），圆周线与纵向直线之间原来的直角改变了一个量 γ。物体受力而变形，直角的这种改变量称为切应变。由于施加的力偶矩对称，容易判断，圆筒表面同一圆周线上各处的切应变相等。在材料均匀连续的假设条件下，圆筒横截面上与切应变相应的切应力其大小在外圆周上各点处必相等，方向沿外圆周的切线。即薄壁圆筒受扭时横截面上的切应力 τ 大小处处相等，方向垂直于相应的半径（图 9-7b）。

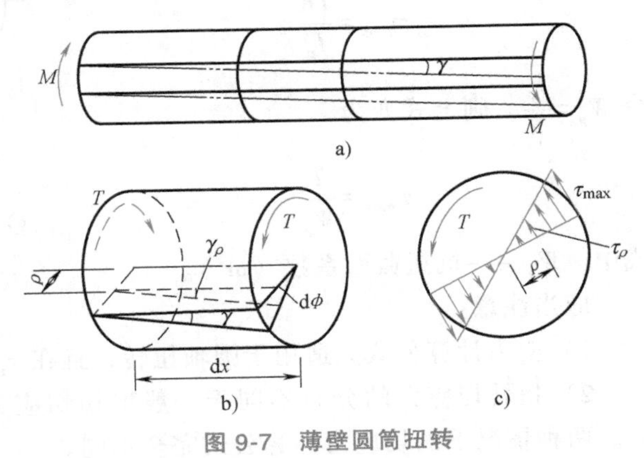

图 9-7　薄壁圆筒扭转

实验表明，当切应力 τ 不超过材料的剪切比例极限 τ_ρ 时，切应力 τ 与切应变 γ 成正比，即

$$\tau=G\gamma$$

上式称为剪切胡克定律。其中比例常数 G 称为材料的切变模量，各种钢的切变模量为 $G=(7.5\sim8)\times10^4\text{MPa}$，铝与铝合金的切变模量 $G=(2.6\sim3)\times10^4\text{MPa}$。材料的切变模量 G 与弹性模量 E、泊松比 μ 之间存在如下关系

$$G=\frac{E}{2(1+\mu)}$$

二、圆轴扭转时的应力

圆轴扭转时，求出在已知横截面上的扭矩后，还应进一步研究横截面上的应力分布规律，以便求出最大应力。要解决这一问题，须应用“三关系法”。首先，由杆件的变形现象找出应变的变化规律，也就是应用圆周扭转的变形几何关系；其次，由应变规律找出应力的分布规律，即建立应力和应变之间的物理关系；最后，根据扭矩和应力之间的静力关系，求出应力的计算公式。根据分析，截面上任意一点的切应力计算公式为

$$\tau_{\rho}=\frac{T\rho}{I_p}$$

式中　τ_{ρ}——横截面内距离圆心为 ρ 的切应力（MPa）；

T——扭矩（N·m）；

ρ——所求应力点到圆心距离（m）；

I_p——横截面对圆心的极惯性矩（m^4）。

可以看出，当横截面一定时，I_p 为常量，故切应力的大小与所求点到圆心的距离成正比，即线性分布。切应力的方向与横截面扭矩的转向一致，切应力作用线与半径垂直。切应力在横截面上的分布如图 9-8 所示。

显然，当 $\rho=0$ 时，也就是在圆心处，切应力为 0；当 $\rho=R$ 时，切应力最大，其值为

$$\tau_{\max}=\frac{TR}{I_p}$$

令 $W_p=\frac{I_p}{R}$，则上式变为

$$\tau_{\max}=\frac{T}{W_p}$$

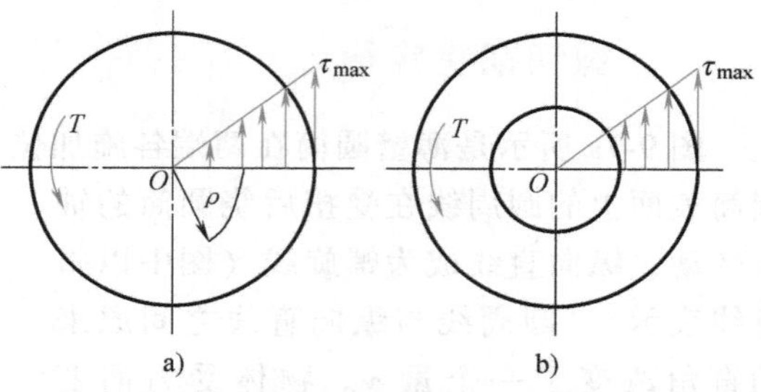

图 9-8　切应力在横截面上的分布示意图

a）实心圆截面切应力分布　b）空心圆截面切应力分布

式中　W_p——抗扭截面系数（m^3）。

应当注意：

1）应力计算公式只适用于圆轴扭转，且在 $\tau_{\max}$ 不超过材料的比例极限的情况下。

2）扭转切应力的分布不同于一般剪切切应力，前者组成一个力偶，后者则组成一个力。两种情况下的切应力计算公式完全不同。

三、极惯性矩和抗扭截面系数

1. 实心圆截面

对于直径为 D 的实心圆截面，取一距离圆心为 ρ，厚度为 $d\rho$ 的圆环作为微面积 dA，如图 9-9a 所示，则

$$dA=2\pi\rho d\rho$$

于是

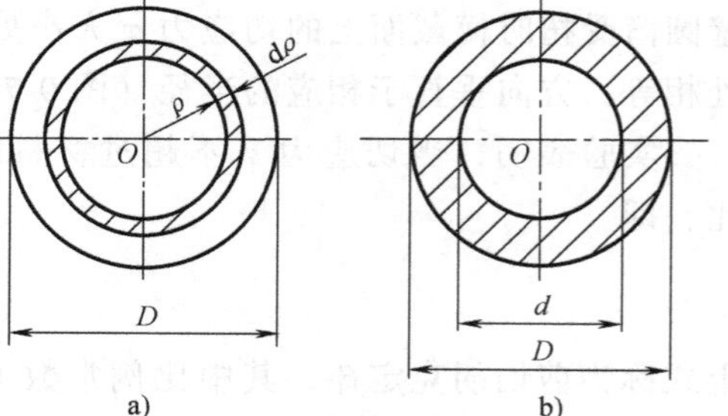

图 9-9　极惯性矩的计算

a）实心圆截面　b）空心圆截面

$$I_p = \int_A \rho^2 \mathrm{d}A = 2\pi\int_0^{\frac{D}{2}} \rho^3 \mathrm{d}\rho = \frac{\pi D^4}{32}$$

所以

$$W_p = \frac{I_p}{R} = \frac{\pi D^3}{16}$$

2. 空心圆截面

对于外径为 D、内径为 d 的空心圆截面（图 9-9b），其极惯性矩可以采用与实心圆截面相同的方法求出

$$I_p = \int_A \rho^2 \mathrm{d}A = 2\pi\int_{\frac{d}{2}}^{\frac{D}{2}} \rho^3 \mathrm{d}\rho = \frac{\pi}{32}(D^4 - d^4)$$

即

$$I_p = \int_A \rho^2 \mathrm{d}A = 2\pi\int_{\frac{d}{2}}^{\frac{D}{2}} \rho^3 \mathrm{d}\rho = \frac{\pi D^4}{32}(1 - \alpha^4)$$

抗扭截面系数为

$$W_p = \frac{\pi D^3}{16}(1-\alpha^4)$$

其中，$\alpha = d/D$，代表内、外径的比值。

[例 9-2]　如图 9-10 所示，一直径 $D = 80\text{mm}$ 的圆轴，横截面上的扭矩 $T = 20.1\text{kN}\cdot\text{m}$。试求图中 $\rho = 30\text{mm}$ 的 a 点切应力的大小、方向及该截面上的最大切应力。

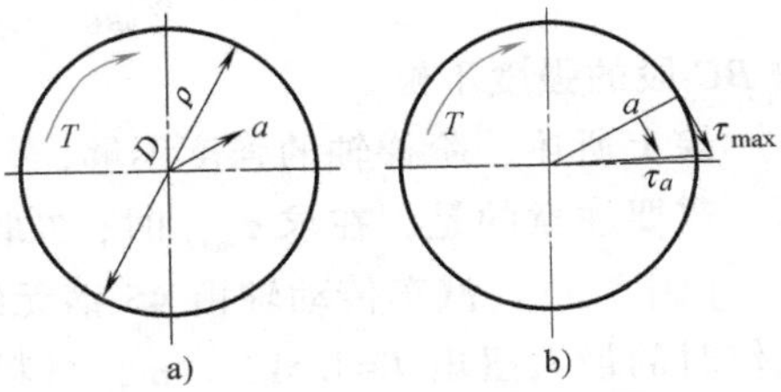

图 9-10　扭转切应力的计算
a）截面扭矩情况　b）截面应力分布规律

解：1）求极惯性矩。

$$I_p = \frac{\pi D^4}{32} = \frac{\pi\times 80^4}{32}\text{mm}^2 = 4.02\times 10^6\text{mm}^4$$

2）a 点切应力。

$$\tau_a = \frac{T\rho}{I_p} = \frac{20.1\times 10^6\times 30}{4.02\times 10^6}\text{MPa} = 150\text{MPa}$$

方向如图 9-10b 所示。

3）最大切应力。

$$\tau_{\max} = \frac{TR}{I_p} = \frac{20.1\times 10^6\times 40}{4.02\times 10^6}\text{MPa} = 200\text{MPa}$$

最大切应力发生在横截面内的圆周边缘各点，方向与圆周相切，指向与 T 方向一致。

四、圆轴扭转的强度条件

为了保证受扭圆轴能正常工作，不会因强度不足而破坏，其强度条件为：最大工作应力 $\tau_{\max}$ 不超过材料的许用切应力 $[\tau]$，即

$$\tau_{\max} \leqslant [\tau]$$

对于等截面轴来说，从轴的受力情况或由扭矩图上可确定最大扭矩 $T_{\max}$，最大切应力 $\tau_{\max}$ 就发生于 $T_{\max}$ 所在截面的周边各点处。强度条件为

$$\tau_{max}=\frac{T_{max}}{W_p}\leqslant[\tau]$$

对阶梯轴来说，各段的抗扭截面系数 W_p 不同，因此要确定其最大工作应力 τ_{max}，必须综合考虑扭矩 T 和 W_p 两种因素。也就是要把阶梯轴分段，然后逐段分析，再相互比较得到最大值。

[例 9-3]　阶梯轴如图 9-11a 所示，$M_1=5\text{kN}\cdot\text{m}$，$M_2=3.2\text{kN}\cdot\text{m}$，$M_3=1.8\text{kN}\cdot\text{m}$，材料的许用切应力 $[\tau]=60\text{MPa}$。试校核该轴的强度。

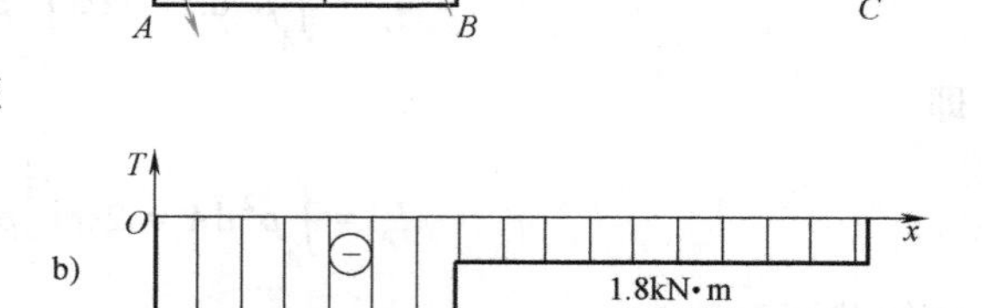

图 9-11　阶梯轴

a）阶梯轴受力示意图　b）阶梯轴扭矩图

解：1）利用截面法作出扭矩图得

$$T_{AB}=-5\text{kN}\cdot\text{m},T_{BC}=-1.8\text{kN}\cdot\text{m}$$

2）因两段的扭矩、直径不同，需分别校核强度。

AB 段

$$\tau_{max}=\frac{T_{AB}}{W_{pAB}}=\frac{16\times5\times10^6}{\pi\times80^3}\text{MPa}=49.7\text{MPa}<[\tau]$$

故 *AB* 段的强度是安全的。

BC 段

$$\tau_{max}=\frac{T_{BC}}{W_{pBC}}=\frac{16\times1.8\times10^6}{\pi\times50^3}\text{MPa}=73.4\text{MPa}>[\tau]$$

故 *BC* 段的强度不够。

综上所述，阶梯轴的强度不够。

需要注意的是，在求 τ_{max} 时，T 取绝对值，其正负号（转向）对强度计算无影响。

[例 9-4]　汽车传动轴由 45 钢无缝钢管制成，该轴的外径 $D=90\text{mm}$，壁厚 $t=2.5\text{mm}$，工作时的最大扭矩 $T=1.5\text{kN}\cdot\text{m}$，材料的许用切应力 $[\tau]=60\text{MPa}$。试求：1）校核轴的强度；2）若将轴改为实心轴，且在强度相同的条件下，则确定轴的直径，并比较实心轴和空心轴的重量。

解：1）校核轴的强度。

$$\alpha=\frac{d}{D}=\frac{D-2t}{D}=\frac{90-2\times2.5}{90}=0.944$$

$$W_p=\frac{\pi D^3}{16}(1-\alpha^4)=\frac{\pi\times90^3}{16}\times(1-0.944^4)\text{mm}^3=29454\text{mm}^3$$

轴的最大切应力为

$$\tau_{max}=\frac{T_{max}}{W_p}=\frac{1.5\times10^3}{29454\times10^{-9}}\text{Pa}=51\times10^6\text{Pa}=51\text{MPa}<[\tau]$$

故轴满足强度要求。

2）确定实心轴的直径。

按题意，要求设计的实心轴应与原空心轴强度相同，因此要求实心轴的最大切应力也应

该是 $\tau_{max}=51\text{MPa}$。

设实心轴的直径为 D_1，则

$$\tau_{max}=\frac{T}{W_p}=\frac{1.5\times10^3\text{N}\cdot\text{m}}{\frac{\pi}{16}D_1^3}=51\text{MPa}$$

$$D_1=\sqrt[3]{\frac{1500\times16}{\pi\times51\times10^6}}\text{m}=0.0531\text{m}=53.1\text{mm}$$

在两轴长度相同，材料相同的情况下，两轴重量之比等于其横截面面积之比，即

$$\frac{A_{空心}}{A_{实心}}=\frac{90^2-85^2}{53.1^2}=0.31$$

上述结果表明，在载荷相同的条件下，空心轴所用材料只是实心轴的31%，因而节省了2/3以上的材料。这是因为横截面上的切应力沿半径线性分布，圆心附近的应力很小，材料没有充分发挥作用。若把轴心附近的材料向边缘移置，则可以充分发挥材料的强度性能；也可以使轴的抗扭截面系数大大增加，从而有效地提高了轴的强度。因此，在用料相同的条件下，空心轴比实心轴具有更高的承载能力，而且节省材料，降低消耗。因此工程上较大尺寸的传动轴常被设计为空心轴。

第三节 扭转时的变形计算和刚度条件

一、圆轴扭转时的变形计算

圆轴扭转时的变形可用两个横截面间的扭转角 φ 来度量。计算公式为

$$\varphi=\frac{Tl}{GI_p}$$

式中 l——两截面之间的距离长度（m）；

T——这一段轴的扭矩（N·m），如果这一段轴上扭矩发生变化，则要分段计算；

G——比例常数，为材料的切变模量（MPa）；

I_p——这一段轴的截面极惯性矩（m^4），由于 I_p 与截面的直径相关，因此这一段轴的直径如果发生变化，则要分段计算；

GI_p——圆轴的抗扭刚度，反映截面抵抗扭转变形的能力；

φ——距离为 l 的两截面之间的扭转角（rad）。

根据以上分析，得到阶梯轴的扭转变形的计算公式为

$$\varphi=\sum_{i=1}^{n}\frac{T_il_i}{GI_{pi}}$$

[例 9-5] 图 9-12a 所示的阶梯轴。AB 段直径 $d_1=4\text{cm}$，BC 段直径 $d_2=7\text{cm}$，外力偶矩 $M_1=0.85\text{kN}\cdot\text{m}$，$M_3=1.5\text{kN}\cdot\text{m}$，已知材料的切变模量 $G=8\times10^4\text{MPa}$。试求 φ_{AC}。

解：1）用截面法求得各段扭矩。

$T_1 = M_1 = 0.85\text{kN}\cdot\text{m}$，$T_2 = -M_3 = -1.5\text{kN}\cdot\text{m}$

2）计算极惯性矩。

$$I_{p1} = \frac{\pi d_1^4}{32} = \frac{\pi\times 4^4}{32}\text{cm}^4 = 25.1\text{cm}^4,$$

$$I_{p2} = \frac{\pi d_2^4}{32} = \frac{\pi\times 7^4}{32}\text{cm}^4 = 236\text{cm}^4$$

3）求扭转角 φ_{AC}。由于 AB 段和 BC 段内扭矩不等，且横截面尺寸也不相同，故只能在两段内分别求出每段的扭转角 φ_{AB} 和 φ_{BC}。然后取 φ_{AB} 和 φ_{BC} 的代数和，即求得轴两端面的扭转角 φ_{AC}。

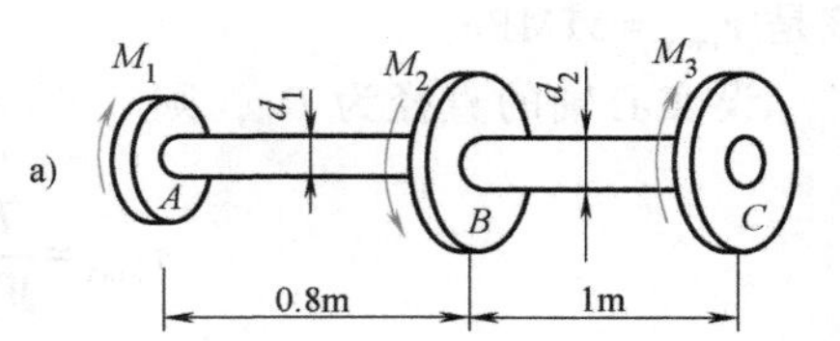

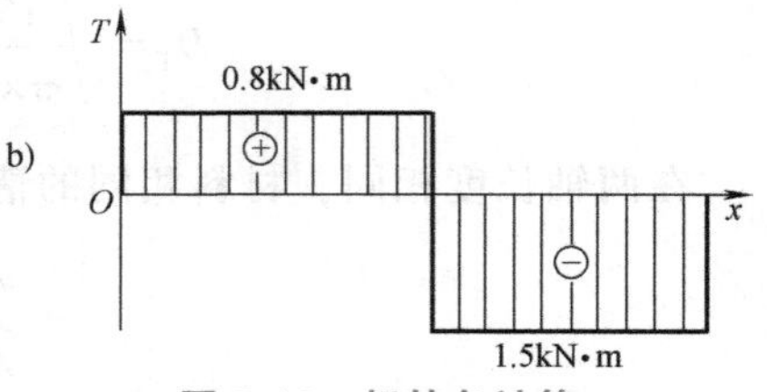

图 9-12　扭转角计算

a）阶梯轴受力示意图　b）阶梯轴扭矩图

$$\varphi_{AB} = \frac{T_1 l_1}{GI_{p1}} = \frac{0.8\times10^6\times800}{8\times10^4\times25.1\times10^4}\text{rad} = 0.0318\text{rad}$$

$$\varphi_{BC} = \frac{T_2 l_2}{GI_{p2}} = \frac{-1.5\times10^6\times1000}{8\times10^4\times236\times10^4}\text{rad} = -0.0079\text{rad}$$

$$\varphi_{AC} = \varphi_{AB} + \varphi_{BC} = 0.0239\text{rad} = 1.37°$$

［例 9-6］　两端固定的圆截面等直杆 AB，在截面 C 处受一个矩为 M 的扭转力偶作用，如图 9-13a 所示。已知扭转刚度 GI_p。试求杆两端的约束力偶矩 M_A 和 M_B。

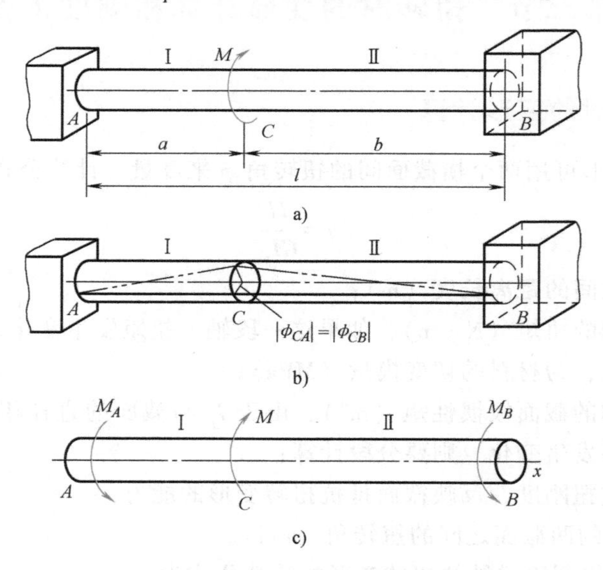

图 9-13　扭转角的计算

解：由于杆的两端固定，故横截面 C 处分别相对于固定端 A 和 B 的扭转角 φ_{CA} 和 φ_{CB} 大小相等。

$$|\varphi_{CA}| = |\varphi_{CB}|$$

$$\varphi_{CA}=\frac{T_{\mathrm{I}}a}{GI_p}=\frac{-M_A a}{GI_p},\varphi_{CB}=\frac{T_{\mathrm{II}}b}{GI_p}=\frac{-M_B b}{GI_p}$$

得

$$M_B=M_A\frac{a}{b}$$

此杆的平衡方程由 $\sum M_x(\boldsymbol{F})=0$ 得

$$M_A+M_B-M=0$$

联立求解

$$M_A=M\frac{b}{l},M_B=M\frac{a}{l}$$

二、圆轴扭转时的刚度计算

对于承受扭转的圆轴，除了强度要求外，还要求有足够的刚度，即要求轴在弹性范围内的扭转变形不超过一定的限度。如果轴的刚度不足，则会影响机器的加工精度或引起扭转振动。故为保证受扭圆轴具有足够的刚度，通常规定，最大单位长度扭转角不超过规定的许用值 $[\theta]$，即$\theta_{\max}\leqslant[\theta]$。

对于等截面圆轴则有

$$\theta_{\max}=\frac{T_{\max}}{GI_p}\leqslant[\theta]$$

其中，单位长度最大扭转角 $\theta_{\max}$ 和单位长度许用扭转角 $[\theta]$ 的单位为 rad/m。工程上，常用 (°)/m 作为单位，考虑单位换算则得

$$\theta_{\max}=\frac{T_{\max}}{GI_p}\times\frac{180}{\pi}\leqslant[\theta]$$

[例 9-7] 一传动轴，承受的最大扭矩 $T_{\max}=183.6\mathrm{N\cdot m}$，按强度条件设计的直径为 $d=31.5\mathrm{mm}$。已知材料的切变模量 $G=8\times10^4\mathrm{MPa}$，$[\theta]=1°/\mathrm{m}$。试校核轴是否满足刚度要求。若刚度不够，则重新设计轴的直径。

解：1）校核轴的刚度。因为

$$\theta_{\max}=\frac{T_{\max}}{GI_p}\times\frac{180}{\pi},I_p=\frac{\pi d^4}{32}$$

故

$$\theta_{\max}=\frac{T_{\max}}{GI_p}\times\frac{180}{\pi}=\frac{183.6\times32}{8\times10^{10}\times3.14\times31.5^4\times10^{-12}}\times\frac{180}{\pi}°/\mathrm{m}=1.36°/\mathrm{m}>[\theta]$$

不满足刚度要求。

2）按刚度条件设计轴的直径。由 $\theta_{\max}=\frac{T_{\max}}{GI_p}\times\frac{180}{\pi}\leqslant[\theta]$ 得

$$d\geqslant\sqrt[4]{\frac{32\times180\times T_{\max}}{\pi^2\times G\times[\theta]}}=\sqrt[4]{\frac{32\times180\times183.6\times10^3}{3.14^2\times8\times10^4\times1\times10^{-3}}}\mathrm{mm}=34\mathrm{mm}$$

取 $d=34\mathrm{mm}$。

［例 9-8］ 实心轴如图 9-14a 所示。已知轴的转速 $n=300\mathrm{r/min}$，主动轮输入功率 $P_C=40\mathrm{kW}$，从动轮的输出功率分别为 $P_A=10\mathrm{kW}$，$P_B=12\mathrm{kW}$，$P_D=18\mathrm{kW}$，材料的切变模量 $G=8\times10^4\mathrm{MPa}$，若［$\tau$］$=50\mathrm{MPa}$，［$\theta$］$=0.3°/\mathrm{m}$。试按强度条件和刚度条件设计此轴直径。

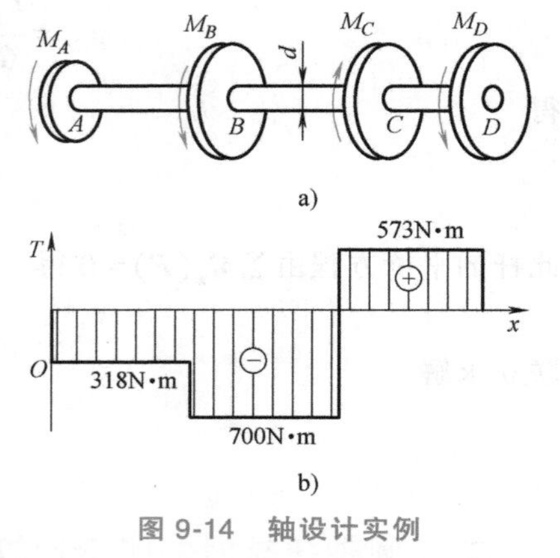

图 9-14 轴设计实例

解：1）求外力偶矩。

$$M_A=9550\frac{P_A}{n}=9550\times\frac{10}{300}\mathrm{N\cdot m}=318\mathrm{N\cdot m}$$

$$M_B=9550\frac{P_B}{n}=9550\times\frac{12}{300}\mathrm{N\cdot m}=382\mathrm{N\cdot m}$$

$$M_C=9550\frac{P_C}{n}=9550\times\frac{40}{300}\mathrm{N\cdot m}=1273\mathrm{N\cdot m}$$

$$M_D=9550\frac{P_D}{n}=9550\times\frac{18}{300}\mathrm{N\cdot m}=573\mathrm{N\cdot m}$$

2）求扭矩，画扭矩图。

AB 段 $T_1=-M_A=-318\mathrm{N\cdot m}$

BC 段 $T_2=-M_A-M_B=-700\mathrm{N\cdot m}$

CD 段 $T_3=M_D=573\mathrm{N\cdot m}$

根据以上三段的扭矩画出扭矩图，如图 9-14b 所示。由图可知，最大扭矩发生在 BC 段内。因该轴为等截面圆轴，所以危险截面为 BC 段内的各横截面。

3）按强度条件设计轴的直径。由强度条件 $\tau_{\max}=\dfrac{T_{\max}}{W_p}\leqslant[\tau]$ 和式 $W_p=\dfrac{\pi d^3}{16}$ 得

$$d\geqslant\sqrt[3]{\frac{16T_{\max}}{\pi[\tau]}}=\sqrt[3]{\frac{16\times700\times10^3}{\pi\times50}}\mathrm{mm}=41.5\mathrm{mm}$$

4）按刚度条件设计轴的直径。由刚度条件 $\theta_{\max}=\dfrac{T_{\max}}{GI_p}\times\dfrac{180}{\pi}\leqslant[\theta]$ 和式 $I_p=\dfrac{\pi d^4}{16}$ 得

$$d\geqslant\sqrt[4]{\frac{32\times180\times T_{\max}}{\pi^2G[\theta]}}=\sqrt[4]{\frac{32\times180\times700\times10^3}{3.14^2\times8\times10^4\times0.3\times10^{-3}}}\mathrm{mm}=64.2\mathrm{mm}$$

为使轴同时满足强度条件和刚度条件，设计轴的直径应不小于 64.2mm。

三、提高圆轴扭转强度和刚度的措施

对圆轴扭转时的强度和刚度条件进行分析，在设计受扭杆件时，欲使 $\tau_{\max}$ 和 $\theta_{\max}$ 减小，可以从降低 $T_{\max}$，增大 I_p、W_p 和 G 几个方面考虑。

1）由 $M=9550\dfrac{P}{n}$ 可知，在轴传递功率不变的情况下，提高轴的转速 n 可减小外力偶矩 M，从而使 $T_{\max}$ 降低。

2）合理布置主动轮与从动轮的位置，也可使 $T_{\max}$ 降低。有关说明如图 9-15 所示，其中 A 轮为主动轮，B、C 为从动轮。轮的布置方案有两种，所得的最大扭矩不同。方案

a 中 $T_{max}=300\text{N}\cdot\text{m}$；方案 b 中，$T_{max}=500\text{N}\cdot\text{m}$。两种方案使轴产生的扭转角也不同。方案 b 中，轴产生的相对扭转角的绝对值要大。因此，就轴的强度和刚度而言，方案 a 是合理的。

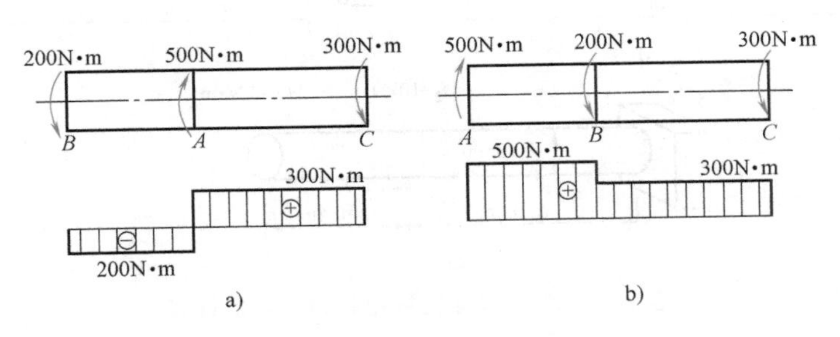

图 9-15　传动轴的扭矩图

3）合理选择截面形状，增大 I_p 和 W_p 的数值。空心圆轴截面比实心圆轴截面优越，是因为圆轴扭转时横截面上切应力呈三角形分布，圆心附近的材料远不能发挥作用。因此，仅从提高强度和刚度的角度而言，当截面积一定时，管壁越薄，直径将越大，截面上各点的应力越接近于相等，强度和刚度将大大提高。当然，管壁也不宜太薄，以免杆件受扭时出现皱褶（即扭转时丧失稳定性的现象）而破坏。

4）合理选择材料。就扭转刚度而言，不宜采用提高 G 值的办法。因为各种钢材的 G 值相差不大，用优质合金钢经济上不合算，而且效果甚微。

第四节　等圆截面直杆扭转时的应变能

一、扭转应变能概念

如同杆件受拉伸（压缩）时一样，杆件在受扭时杆内也积蓄有应变能。当杆在线性弹性范围内工作时，扭转角 φ 与外力偶矩 M 呈线性关系。在如图 9-16 所示情况下，外力偶所做的功 $W=\dfrac{M\varphi}{2}$，从而有应变能 $V_\varepsilon=\dfrac{M\varphi}{2}$。再把 $\varphi=\dfrac{Ml}{GI_p}$代入，故等圆截面直杆扭转时应变能为

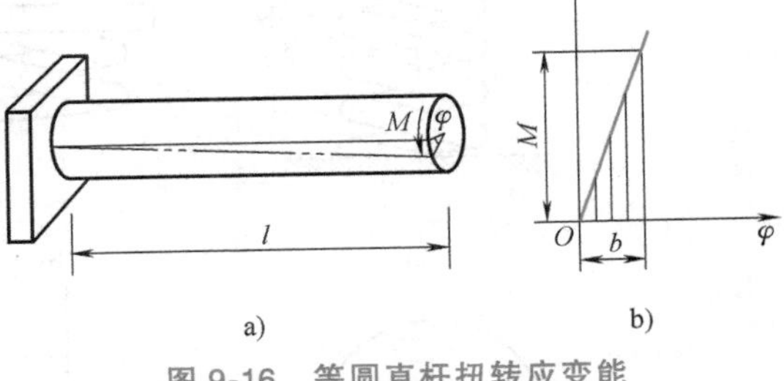

图 9-16　等圆直杆扭转应变能

$$V_\varepsilon=\frac{M^2 l}{2GI_p}$$

当杆的各横截面上扭矩不相等时，应分段计算应变能。整个杆内积蓄的应变能为分段应变能之和。

［例 9-9］　图 9-17 所示为同一杆件的三种受力情况。第三种情况下的应变能 $V_{\varepsilon c}$ 是否等于前两种情况下 $V_{\varepsilon a}$、$V_{\varepsilon b}$ 的叠加？

解：等圆截面直杆扭转时应变能为

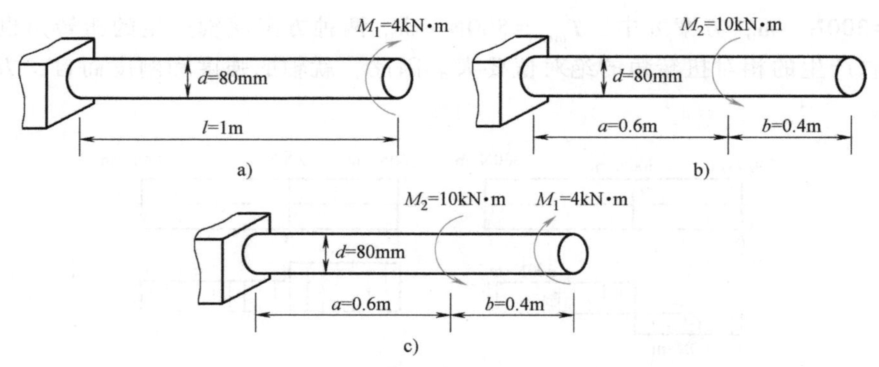

图 9-17　等圆截面直杆扭转时应变能计算

$$V_{\varepsilon a}=\frac{M_a^2 l_a}{2GI_p}=\frac{4000^2\times 1}{2GI_p}=\frac{8\times 10^6}{GI_p}$$

$$V_{\varepsilon b}=\frac{M_b^2 l_b}{2GI_p}=\frac{10000^2\times 0.6}{2GI_p}=\frac{30\times 10^6}{GI_p}$$

$$V_{\varepsilon c}=\frac{M_c^2 l_c}{2GI_p}=\frac{4000^2\times 0.4}{2GI_p}+\frac{6000^2\times 0.6}{2GI_p}=\frac{14\times 10^6}{GI_p}$$

所以第三种情况下的应变能 $V_{\varepsilon c}$ 不等于前两种情况下 $V_{\varepsilon a}$、$V_{\varepsilon b}$ 的叠加。

二、弹性体位移和内力

利用能量的概念可以求解弹性体的位移和内力等，这种能量方法是力学中普遍使用的一种重要方法。工程上常用的起缓冲或控制作用的圆柱形密圈螺旋弹簧，便可利用应变能导出它受拉伸（压缩）时两个端面之间轴向相对位移（变形）的计算公式。

［例 9-10］　图 9-18a 所示为一受轴向压缩的圆柱形密圈螺旋弹簧。弹簧圈的平均半径

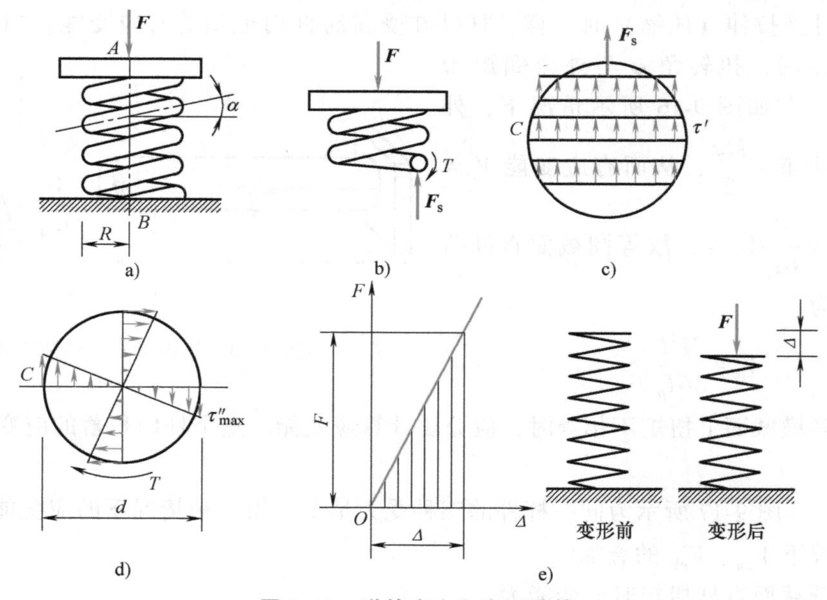

图 9-18　弹簧应力和变形计算

为 R，簧杆的直径为 d，弹簧的有效圈数（除去两端与平面接触部分后的圈数）为 n，簧杆材料的切变模量为 G。试推导该弹簧簧杆横截面上最大切应力的计算公式和弹簧的变形计算公式。弹簧的自重不计。

解：1）簧杆截面上的应力。先求簧杆截面上的内力。在螺旋角 α 较小（通常指 $\alpha<5°$），即密圈的情况下，可以认为簧杆的横截面通过弹簧的轴线 AB。根据分离体平衡（图 9-18b）可知，簧杆横截面上的内力有：剪力 $F_s=F$，扭矩 $T=FR$。

对于剪力 F_s，假设簧杆横截面上的切应力是均匀的（图 9-18c），则有

$$\tau'=\frac{F_s}{\frac{\pi d^2}{4}}=\frac{F}{\frac{\pi d^2}{4}}$$

对于扭矩 T，当簧圈的平均半径 R 与簧杆的直径 d 之比很大时，可认为簧杆如同直杆受扭那样，横截面上产生沿半径按直线分布的切应力 τ''，最大切应力发生在横截面的周边处（图 9-18d），则有

$$\tau''_{\max}=\frac{T}{W_p}=\frac{FR}{\frac{\pi d^3}{16}}$$

两种切应力 τ' 和 τ'' 合成，得到簧杆横截面上任一点处总的切应力。显然。危险点是在 τ' 和 $\tau''_{\max}$ 的指向一致的点处，即簧杆横截面上位于簧圈内侧的点 C，该点处的切应力为

$$\tau_{\max}=\tau'+\tau''_{\max}=\frac{16FR}{\pi d^3}\left(\frac{d}{4R}+1\right)$$

当 $d\ll R$ 的情况下，$d/(4R)$ 和 1 相比可以略去，这相当于只考虑簧杆的扭转切应力，于是点 C 处的最大切应力为

$$\tau_{\max}=\frac{16FR}{\pi d^3}$$

显然，如果 d/R 并不很小，则不仅要考虑对应于剪力 F_s 的切应力，还要考虑簧杆曲率对于扭转切应力的影响。为此，一般将上式右端乘以修正系数 K，可得簧杆的强度条件为

$$\tau_{\max}=K\frac{16FR}{\pi d^3}\leqslant[\tau]$$

式中，$K=\dfrac{4c+2}{4c-3}$，$C=2R/d$。

2）簧杆的变形。当弹簧在线性弹性范围内工作时，即弹簧的轴向变形 Δ 与轴向压力（或拉力）F 为线性关系时（图 9-18e），轴向外力所做的功为 $W=F\Delta/2$。若只考虑簧杆扭转变形影响，且按等直圆杆计算，弹簧的应变能 V_ε 为

$$V_\varepsilon=\frac{T^2l}{2GI_p}=\frac{(FR)^2 2\pi Rn}{2GI_p}$$

式中　l——簧杆的长度，$l=2\pi Rn$；

I_p——簧杆横截面的极惯性矩。

在不计能力损耗的情况下，弹簧在变形过程中所积蓄的应变能 V_ε 在数值上等于外力所做的功 W，于是在引用 $I_p=\pi d^4/32$ 后得

$$\Delta=\frac{2\pi RnFR^2}{G\dfrac{\pi d^4}{32}}=\frac{64FR^3n}{Gd^4}$$

令 $c=Gd^4/(64R^3n)$，c 称为弹簧的刚度或弹簧常数，单位为 N/m，则上式可改写为

$$\Delta=\frac{F}{c}$$

力学故事汇

世界屋脊上的“巨龙”——青藏铁路

青藏高原是世界上最大、海拔最高的高原，地理位置独特，自然环境恶劣，地质条件复杂，素有“世界屋脊”和“世界第三极”之称。自古以来，青藏高原交通闭塞，物流不畅，直至1949年，整个西藏仅有少量便道可以行驶汽车，水上交通工具只有溜索桥、牛皮船和独木舟。自1951年西藏和平解放后，我国为发展西藏制定了许多政策，其中青藏铁路就是贯通昆仑山脉的一条“大动脉”。青藏铁路起于青海省西宁市，途经格尔木市、昆仑山口、沱沱河沿，翻越唐古拉山口，进入西藏自治区安多、那曲、当雄、羊八井，终到西藏自治区拉萨市，全长1956km，是世界上海拔最高、在冻土上路程最长的高原铁路，2013年9月入选“全球百年工程”，是世界铁路建设史上的一座丰碑。

在青藏高原多年冻土地区建设铁路面临着很多困难，随着全球气温升高，高原冻土呈现退缩趋势，需要根据不同地温分区和土质及气候条件综合考虑。复杂多变的地质环境、欧亚地震带、险峻的地形条件，给铁路建设提出了很多具有挑战性的力学难题。例如：多年冻土区桥梁抗震的力学问题；多年冻土区抗拔桩的力学特性；钻孔灌注桩的力学问题；由冻土冻胀融沉带来的挡墙受力问题等。

除了铁路基础的受力问题，铁路钢轨在低温环境下的力学性能也与常温不同。青藏高原冬季最低气温可达-40℃，而钢材从常温20℃起，随着温度的降低，其抗拉强度、屈服强度和弹性模量会上升，同时塑性、伸长率和断面收缩率等指标会下降。在温度降低至一定程度时，钢材的塑性将急剧下降，由塑型材料转变为脆性材料，其破坏形式也会发生极大变化。根据实验，U75V材料的钢轨在-20～20℃时力学性能能够满足要求；-40～-20℃范围，钢材开始呈现脆性，对材料缺陷变得极为敏感；-40℃以下时表现出明显脆性，断裂口几乎看不到塑性变形。因此，对低温条件下钢轨材料的强度校核是青藏铁路建设中的一项十分重要的工作。

青藏铁路一期工程自1958年开工建设，1984年建成；二期工程自2001年6月开工，2006年7月通车。历经几代人的攻关和奋斗，曾经摆在我们面前的难题都被一一攻克，我国终于建成了蜿蜒于昆仑山脉的“天路”！

继青藏铁路之后，川藏铁路也在2014年开工建设，其中成雅段已于2018年12月开通，拉林段已于2021年6月开通。川藏铁路的工程难度丝毫不弱于青藏铁路，但我国工程技术水平却已今非昔比，“基建狂魔”的称号名副其实。放眼未来，中华民族还会继续发扬“逢山开路、遇水搭桥”的奋斗精神，建设更多的“超级工程”，最终实现伟大复兴的梦想！

第十章

弯 曲

第一节　弯曲内力及剪力图和弯矩图

一、平面弯曲的概念

工程实际中经常遇到像火车轮轴（图 10-1）、桥式起重机的大梁（图 10-2）这样的杆件。这些杆件的受力特点为：在杆件的轴线平面内受到力偶或垂直于杆轴线的外力作用，杆的轴线由原来的直线变为曲线，这种形式的变形称为弯曲变形。垂直于杆件轴线的力称为横向力。以弯曲变形为主的杆件通常称为梁。

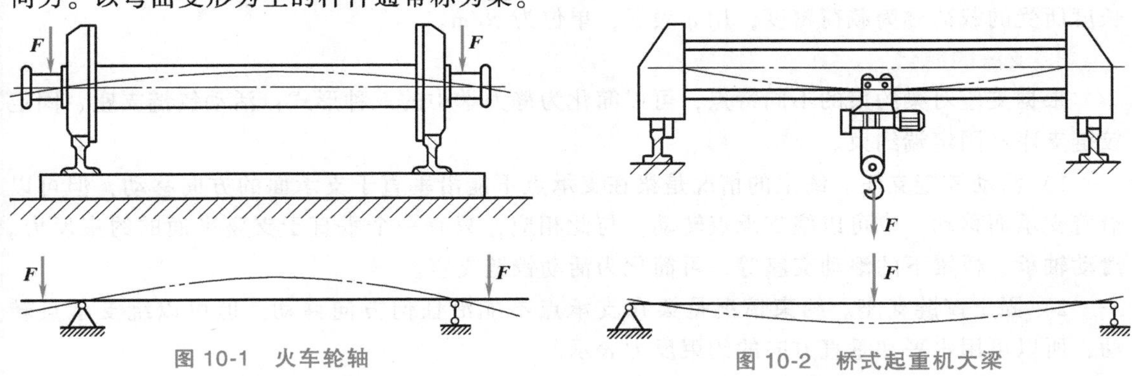

图 10-1　火车轮轴

图 10-2　桥式起重机大梁

工程问题中，绝大多数受弯杆件的横截面都有一根对称轴，图 10-3 所示为常见的横截面形状，y 轴为横截面对称轴。通过截面对称轴与梁轴线所确定的平面，称为梁的纵向对称面（图 10-4）。当作用在梁上的所有外力（包括力偶）都作用在梁的纵向对称面内时，变形后梁的轴线将是在纵向对称面内的一条平面曲线，这种弯曲变形称为平面弯曲。这是最常见、最简单的弯曲变形。

二、梁的简化及基本形式

在工程上，梁的截面形状、受载情况和支承情况一般都比较复杂，但为了便于分析和计算，一般对梁进行一些简化处理，包括梁的简化、载荷的简化以及支座的简化。

1. 梁的简化

不管直梁的截面多么复杂，都可把它简化成一直杆，并用梁的轴线表示。

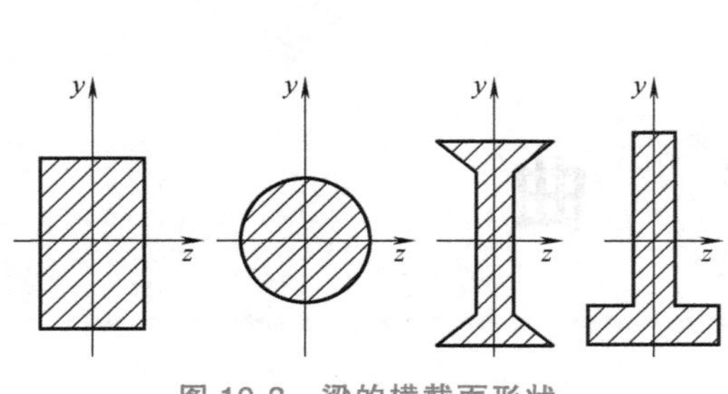

图 10-3 梁的横截面形状

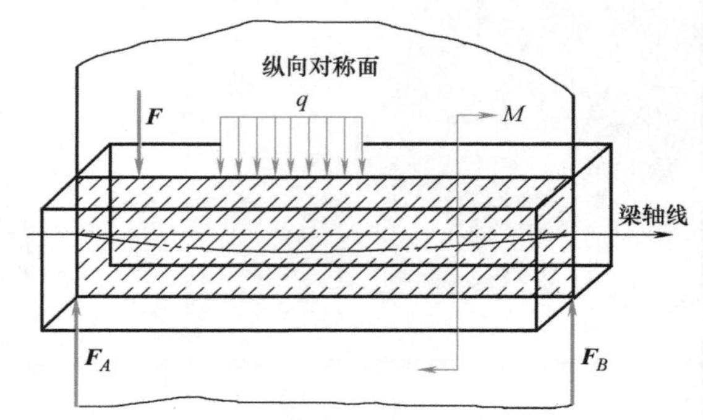

图 10-4 梁的对称平面和平面弯曲

2. 载荷的简化

作用于梁上的外力，无论是主动外载荷还是约束反力，都可以简化成集中载荷和分布载荷。集中载荷又分为集中力和集中力偶，分布载荷即为作用线垂直于梁轴线的分布力。当载荷的作用面积较小时，可以认为作用存一个点上，把载荷简化成一个集中载荷。集中力偶可以理解为组成力偶的两个力分布在很短的梁上。当载荷连续作用在梁上时，作用面积比较大，则把载荷简化成分布载荷，如图 10-5 所示。梁的轴线上单位长度所受的载荷称为载荷密度，用 q 表示，单位为 N/m。

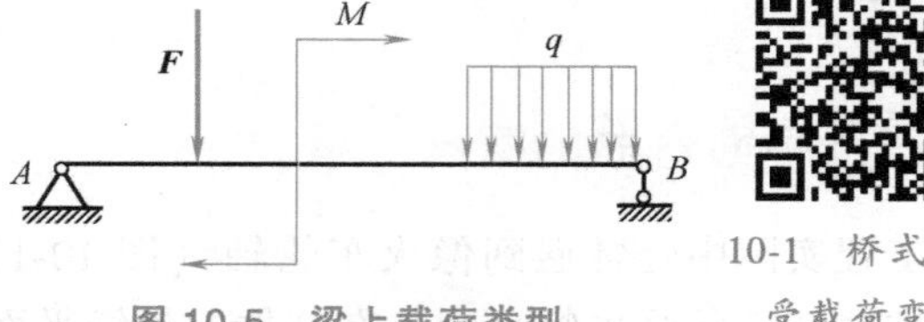

图 10-5 梁上载荷类型

10-1 桥式吊梁受载荷变形

3. 支座的简化

根据支座对梁约束的不同特点，可以简化为静力学中的三种形式：活动铰链支座、固定铰链支座和固定端约束。

1）活动铰链支座。约束的情况是梁在支承点不能沿垂直于支承面的方向移动，但可以沿着支承面移动，也可以绕支承点转动。与此相应，只有一个垂直于支座平面的约束反力。滑动轴承、桥梁下的滚动支座等，可简化为活动铰链支座。

2）固定铰链支座。约束情况是梁在支承点不能沿任何方向移动，但可以绕支承点转动，所以可用水平和垂直方向的约束反力表示。

3）固定端约束。约束情况是梁端不能向任何方向移动，也不能转动，故约束反力有三个：水平约束反力、垂直约束反力和力偶。如车刀刀架，可简化为固定端约束。

4. 梁的基本形式

根据支承情况，可将静定梁简化为三种情况。

1）简支梁。一端固定铰链支座，另一端为活动铰支座约束的梁（图 10-6a）。

2）外伸梁。具有一端或两端外伸部分的简支梁（图 10-6b）。

3）悬臂梁。一端为固定端支座，另一端自由的梁（图 10-6c）。

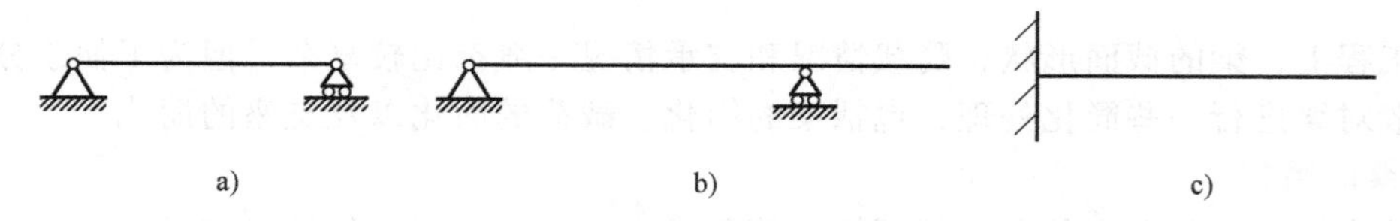

图 10-6 梁的类型

上述简支梁、外伸梁和悬臂梁，都可以用平面力系的三个平衡方程来求出其三个未知反力，因此，又统称为静定梁。有时为了工程上的需要，为一个梁设置较多的支座，因而使梁的支反力数目多于独立的平衡方程数目，这时只用平衡方程就不能确定支反力。这种梁称为超静定梁。

三、剪力和弯矩

1. 剪力和弯矩的计算

要确定梁在外力作用下任一横截面上的内力，仍然要用截面法。

如图 10-7a 所示受横向力的直梁。已知梁长为 l，主动力为 $\boldsymbol{F}$，则该梁的约束反力可由静力平衡方程求得 $F_A=Fb/l$、$F_B=Fa/l$。现欲求任意截面 m-m 上的内力，可在 m-m 处将梁截开，取左段为研究对象（图 10-7b），列平衡方程

$$\sum F_y=0, F_A-F_S=0$$

$$\sum M_C(\boldsymbol{F})=0, M-F_Ax=0$$

得

$$F_S=F_A=\frac{Fb}{l},\ M=F_Ax=\frac{Fb}{l}x$$

式中　F_S——横截面 m-m 上的剪力，它是与横截面相切的分布内力的合力；

M——横截面 m-m 上的弯矩，它是与横截面垂直的分布内力的合力偶矩。

同理，取右段为研究对象（图 10-7c），列平衡方程

$$\sum F_y=0, F_S+F_B-F=0$$

$$\sum M_C(\boldsymbol{F})=0, M+F(a-x)-F_B(l-x)=0$$

得

$$F_S=F-F_B=F-\frac{Fa}{l}=\frac{Fb}{l},\ M=\frac{Fb}{l}x$$

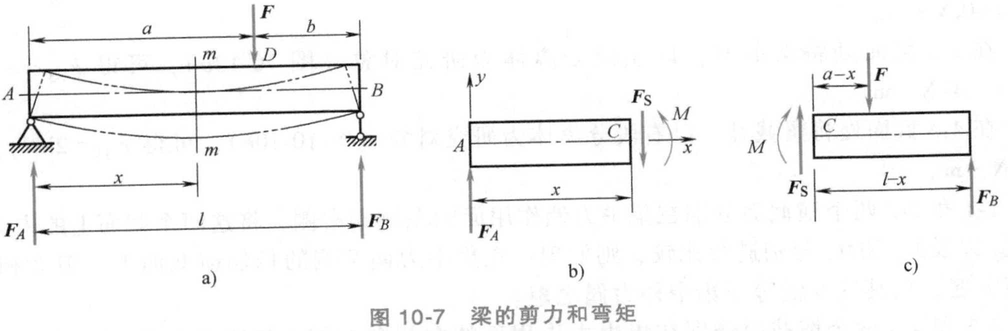

图 10-7　梁的剪力和弯矩

a）简支梁受力示意图　b）取左段为研究对象　c）取右段为研究对象

为了使所取左段梁和右段梁求得的剪力与弯矩，不仅数值相等，而且符号一致，特规定如下：凡使所取梁段具有做顺时针方向转动趋势的剪力为正，反之为负（图 10-8）；凡使梁段产生凸向下弯曲变形的弯矩为正，反之为负（图 10-9）。

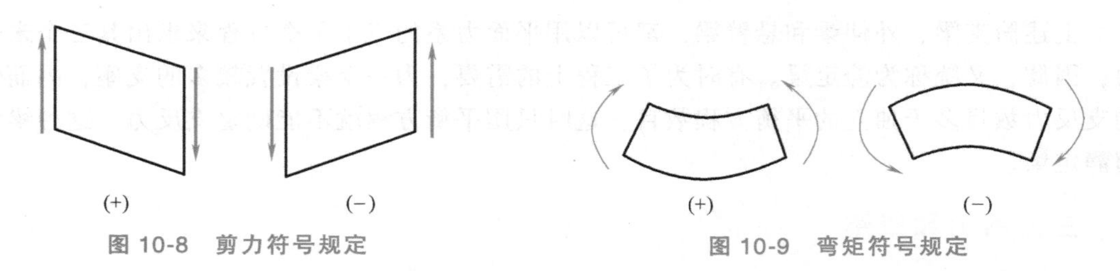

图 10-8 剪力符号规定　　　　图 10-9 弯矩符号规定

［例 10-1］ 试求图 10-10a 所示外伸梁指定截面 1-1、2-2、3-3、4-4 上的剪力和弯矩。

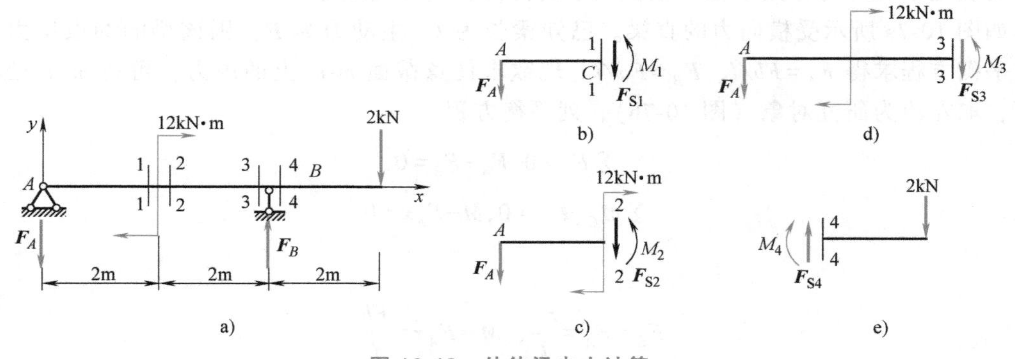

图 10-10 外伸梁内力计算

解：1）求支座的约束反力。取整体为研究对象，根据 $\sum M_B(\boldsymbol{F})=0$ 和 $\sum M_A(\boldsymbol{F})=0$ 得

$$F_A=4\text{kN}, F_B=6\text{kN}$$

梁在固定铰支座 A 处所受的水平约束反力显然为零。

2）在 1-1 截面处将梁截开，以左段分离体为研究对象（图 10-10b），列平衡方程

$$\sum F_y=0,\ -F_A-F_{S1}=0$$

$$\sum M_C(\boldsymbol{F})=0, F_A\times 2+M_1=0$$

得

$$F_{S1}=-4\text{kN}, M_1=-8\text{kN}\cdot\text{m}$$

在 2-2 截面处将梁截开，以左段分离体为研究对象（图 10-10c），可得 $F_{S2}=-4\text{kN}$，$M_2=4\text{kN}\cdot\text{m}$。

在 3-3 截面处将梁截开，以左段分离体为研究对象（图 10-10d），可得 $F_{S3}=-4\text{kN}$，$M_2=-4\text{kN}\cdot\text{m}$。

在 4-4 截面处将梁截开，以右段分离体为研究对象（图 10-10e），可得 $F_{S4}=2\text{kN}$，$M_4=-4\text{kN}\cdot\text{m}$。

1-1 和 2-2 两个横截面分别在集中力偶作用面的左侧和右侧，将这两个截面上的内力 F_{S1} 和 F_{S2} 以及 M_1 和 M_2 分别进行比较，则发现：在集中力偶两侧的相邻横截面上，剪力相同而弯矩突变，且其突变量等于集中外力偶之矩。

3-3 和 4-4 两个横截面分别在集中力作用面的左侧和右侧，将这两个截面上的内力 F_{S3} 和 F_{S4} 以及 M_3 和 M_4 分别进行比较，则发现：在集中力两侧的相邻横截面上，弯矩相同而剪力突变，且其突变量等于集中力的数值。

2. 剪力和弯矩的简便计算法则

任意 x 截面的剪力，等于 x 截面左段梁或右段梁上外力的代数和；左段梁上向上的外力

或右段梁上向下的外力产生的剪力为正，反之为负。

任意 x 截面的弯矩，等于 x 截面左段梁或右段梁上所有外力对截面形心力矩的代数和；左段梁上顺时针方向转向或右段梁上逆时针方向转向的外力矩产生的弯矩为正，反之为负。

$F_S(x)=x$ 截面的左（或右）段梁上外力的代数和，左上右下为正。

$M(x)=x$ 截面的左（或右）段梁上外力矩的代数和，左顺右逆为正。

一般情况下，剪力和弯矩方向均先假设为正，如计算结果为正，表明实际的剪力和弯矩与假设方向相同；如计算结果为负，则表明与假设相反。

［例 10-2］　试求图 10-11a 所示外伸梁指定截面 1-1、2-2、3-3、4-4、5-5、6-6 上的剪力和弯矩。

解： 1）求支座的约束反力。取整体为研究对象，根据 $\sum M_B(\boldsymbol{F})=0$ 和 $\sum M_A(\boldsymbol{F})=0$ 得 $F_A=-5qa$，$F_B=qa$。F_A 为负值，说明实际方向和假定方向相反。

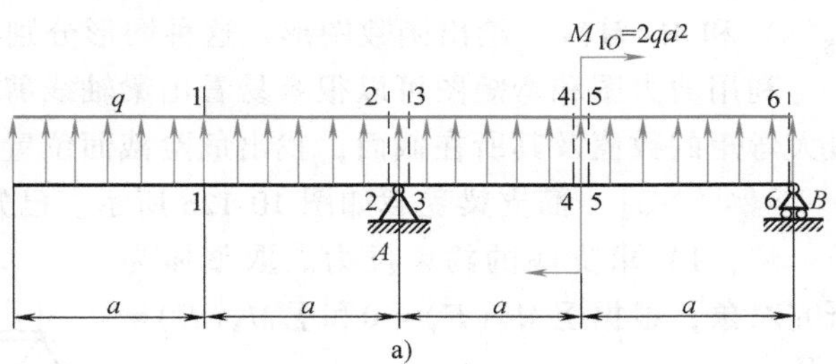

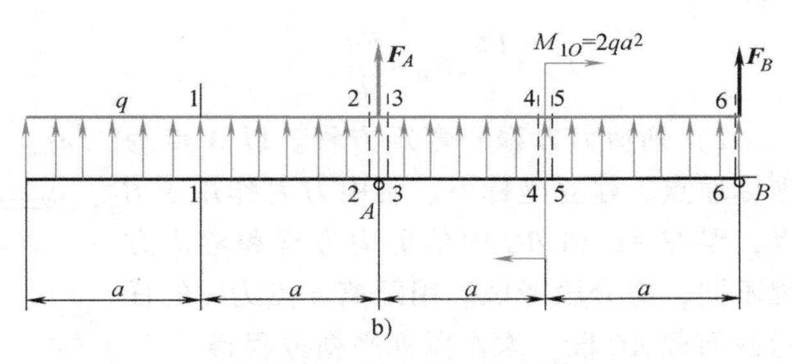

图 10-11　剪力和弯矩计算

2）在 1-1 截面处将梁截开，考虑 1-1 截面左段的外力，得

$$F_{S1}=qa, M_1=qa\frac{a}{2}=\frac{qa^2}{2}$$

在 2-2 截面处将梁截开，考虑 2-2 截面左段的外力，得

$$F_{S2}=2qa, M_2=2qaa=2qa^2$$

在 3-3 截面处将梁截开，考虑 3-3 截面左段的外力，得

$$F_{S3}=2qa+F_A=2qa+(-5qa)=-3qa, M_3=2qaa+F_A\times 0=2qa^2$$

在 4-4 截面处将梁截开，考虑 3-3 截面右段的外力，得

$$F_{S4}=-qa-F_B=-qa-qa=-2qa$$

$$M_4=F_Ba+qa\frac{a}{2}-M_{1O}=qa^2+\frac{qa^2}{2}-2qa^2=-\frac{qa^2}{2}$$

在 5-5 截面处将梁截开，考虑 5-5 截面右段的外力，得

$$F_{S5}=-qa-F_B=-qa-qa=-2qa$$

$$M_5=F_Ba+qa\frac{a}{2}=qa^2+\frac{qa^2}{2}=\frac{3qa^2}{2}$$

在 6-6 截面处将梁截开，考虑 6-6 截面右段的外力，得

$$F_{S6}=-F_B=-qa, M_6=0$$

四、剪力方程和弯矩方程

上述讨论了梁上任一截面的剪力和弯矩。在梁上取不同的截面，其剪力和弯矩一般是不断发生变化的。若以横坐标 x 表示横截面的位置，则梁内各横截面上的剪力和弯矩都可以表示为 x 的函数，即

$$F_S = F_S(x)$$
$$M = M(x)$$

上述两式即为梁的剪力方程和弯矩方程。在列剪力方程和弯矩方程时，应根据梁上载荷的分布情况分段进行，集中力（包括支座反力）、集中力偶的作用点和分布载荷起点、止点均为分段点。

五、剪力图和弯矩图

为了能够一目了然地表明梁的各横截面上剪力和弯矩沿轴线的分布情况，通常按 $F_S = F_S(x)$ 和 $M = M(x)$ 绘出函数图形，这种图形分别称为剪力图和弯矩图。

利用剪力图和弯矩图可以很容易看出梁轴线剪力和弯矩的变化规律，并确定最大剪力和最大弯矩的数值及其所在截面，找出危险截面位置，进行强度计算和变形计算。

[例 10-3]　简支梁受载如图 10-12a 所示。已知 F、a、b，试作梁的剪力图和弯矩图。

解：1）求支座的约束反力。取整体为研究对象，根据 $\sum M_B(\boldsymbol{F}) = 0$ 和 $\sum M_A(\boldsymbol{F}) = 0$ 得

$$F_A = \frac{Fb}{l}, F_B = \frac{Fa}{l}$$

2）列剪力方程和弯矩方程。以 A 点为坐标原点，建立坐标系。集中力 F 作用于 C 点，梁在 AC 和 BC 内的剪力方程和弯矩方程不同，应分段考虑。用距离 A 点为 x 的任意截面截 AC 段，取左段列平衡方程得

$$F_S(x) = \frac{Fb}{l} \qquad (0 \leqslant x < a)$$

$$M(x) = \frac{Fb}{l}x (0 \leqslant x \leqslant a)$$

同理，用距离 A 点为 x 的任意截面截 BC 段，得

$$F_S(x) = \frac{Fb}{l} - F = -\frac{Fa}{l} \qquad (a < x \leqslant l)$$

$$M(x) = \frac{Fb}{l}x - F(x-a) = \frac{Fa}{l}(l-a) \qquad (a \leqslant x \leqslant l)$$

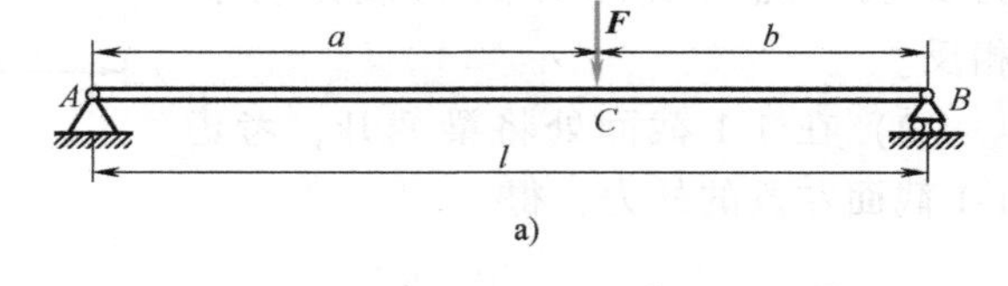

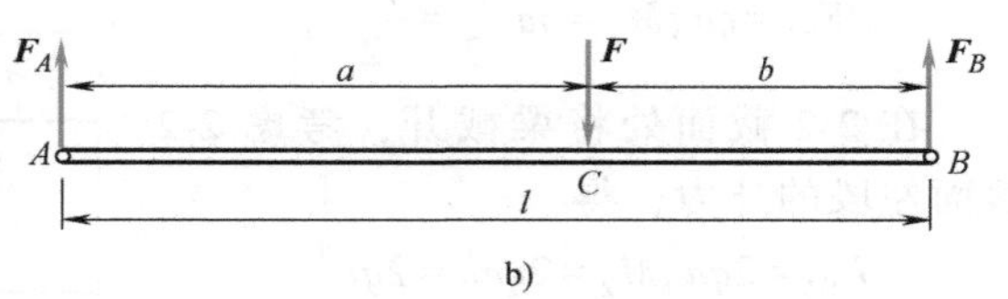

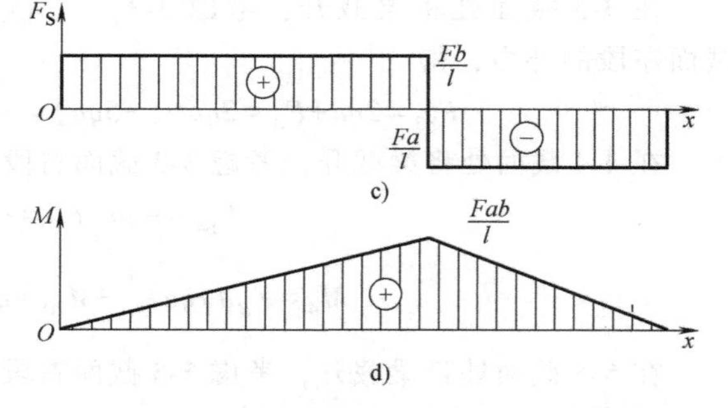

图 10-12　受集中力作用的简支梁计算简图

a)、b）简支梁受力图　c）剪力图　d）弯矩图

3）画剪力图和弯矩图。按剪力方程和弯矩方程分段绘制图形。其中剪力图在 C 点有突变，弯矩图在 C 点发生转折。

[例 10-4]　简支梁受载如图 10-13a 所示。已知 M、a、b，试作梁的剪力图和弯矩图。

解：1）求支座的约束反力。取整体为研究对象，由静力学平衡方程得

$$F_A = -\frac{M}{a+b}, F_B = \frac{M}{a+b}$$

2）列剪力方程和弯矩方程。以 A 点为坐标原点，建立坐标系。集中力偶 M 作用于 C

点，梁在 AC 和 BC 内的剪力方程和弯矩方程不同，应分段考虑。用距离 A 点为 x 的任意截面截 AC 段，取左段列平衡方程得

$$F_S(x)=-\frac{M}{a+b}\quad(0\leqslant x<a)$$

$$M(x)=-\frac{M}{a+b}x\quad(0\leqslant x\leqslant a)$$

同理，用距离 A 点为 x 的任意截面截 BC 段，得

$$F_S(x)=-\frac{M}{a+b}\quad(a<x\leqslant l)$$

$$M(x)=-\frac{M}{a+b}x+M\quad(a\leqslant x\leqslant l)$$

3）画剪力图和弯矩图。按剪力方程和弯矩方程分段绘制图形。其中剪力图为水平线，弯矩图在 C 点有突变。

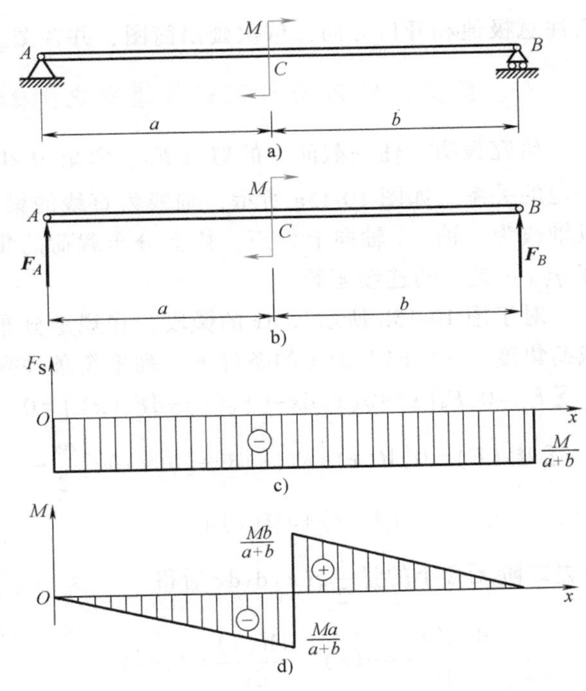

图 10-13　受力偶作用的简支梁计算简图

a)、b）简支梁受力图　c）剪力图　d）弯矩图

［例 10-5］　简支梁受载如图 10-14a 所示。已知 q、l，试作梁的剪力图和弯矩图。

解：1）求支座的约束反力。取整体为研究对象，由静力学平衡方程得

$$F_A=F_B=\frac{q}{2}$$

2）列剪力方程和弯矩方程。以 A 点为坐标原点，建立坐标系。用距离 A 点为 x 的任意截面截 AB 段，取左段列平衡方程得

$$F_S(x)=\frac{ql}{2}-qx=q\left(\frac{x}{2}-l\right)\quad(0\leqslant x<l)$$

$$M(x)=\frac{ql}{2}x-qx\frac{x}{2}=\frac{q}{2}(lx-x^2)\quad(0\leqslant x\leqslant l)$$

3）画剪力图和弯矩图。由剪力方程可知，剪力图为一直线，在 $x=\frac{l}{2}$ 处，$F_S=0$。由弯矩方程可知，弯矩图为一抛物线，最高点在 $x=\frac{l}{2}$ 处，$M_{max}=\frac{ql^2}{8}$。

工程上，弯矩图中画抛物线时，仅

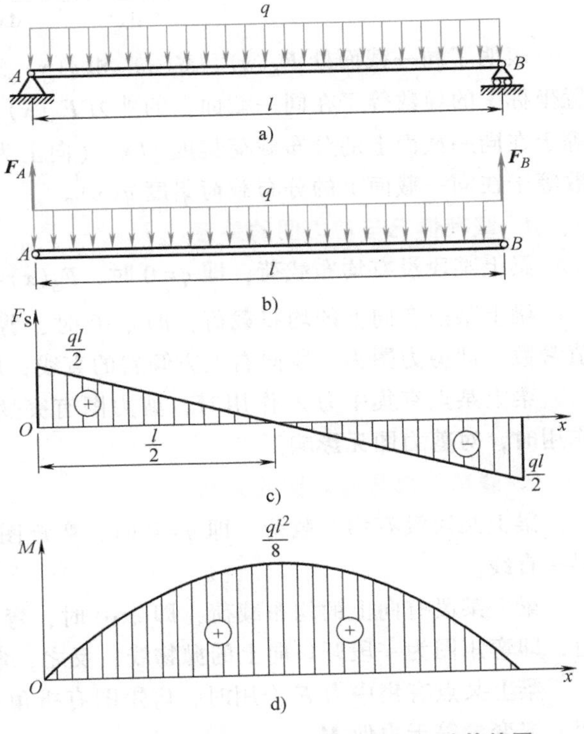

图 10-14　受均布载荷作用的简支梁计算简图

a)、b）简支梁受力图　c）剪力图　d）弯矩图

需注意极值和开口方向，依次画出简图，并在图上标明极值的大小。

六、剪力、弯矩与分布载荷集度之间的微分关系

研究表明，任一截面上的剪力 $\boldsymbol{F}_S$、弯矩 $\boldsymbol{M}$ 和作用于该截面处的载荷集度 q 之间存在着一定的关系。如图 10-15a 所示，轴线为直线的梁，以轴线为 x 轴，y 轴向上为正。梁上分布载荷的集度 $q(x)$ 是 x 的连续函数。

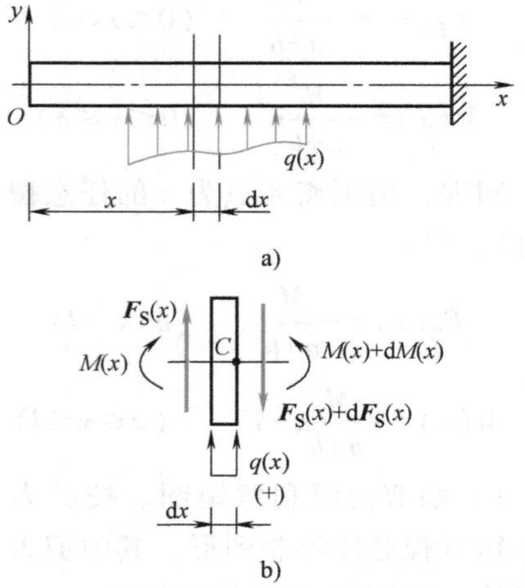

对于图 10-15b 所示长 dx 的微段，在规定分布载荷集度 $q(x)$ 向上为正的条件下，列平衡条件得

$$\sum F_y=0, F_S(x)+q(x)dx-[F_S(x)+dF_S(x)]=0$$

$$\sum M_C(\boldsymbol{F})=0, M(x)+F_S(x)dx+[q(x)dx]\frac{dx}{2}-[M(x)+dM(x)]$$

略去二阶无穷小的量$\frac{1}{2}q(x)dxdx$ 后得

$$\frac{dF_S(x)}{dx}=q(x), \quad \frac{dM(x)}{dx}=F_S(x)$$

图 10-15 剪力、弯矩与载荷集度间的关系
a）梁的载荷图 b）梁微段受力图

即

$$\frac{d^2M(x)}{dx^2}=\frac{dF_S(x)}{dx}=q(x)$$

表明了同一截面处 $\boldsymbol{F}_S(x)$、$\boldsymbol{M}(x)$ 和 $q(x)$ 三者间的微分关系，即弯矩 $\boldsymbol{M}(x)$ 对截面位置坐标 x 的导数等于在同一截面上的剪力 $\boldsymbol{F}_S(x)$；弯矩 $\boldsymbol{M}(x)$ 对截面位置坐标 x 的二阶导数等于在同一截面上的分布载荷集度 $q(x)$（向上为正）；剪力 $\boldsymbol{F}_S(x)$ 对截面位置坐标 x 的导数等于在同一截面上的分布载荷集度 $q(x)$。

1. 载荷情况与剪力图的关系

梁上某段没有均布载荷，即 $q=0$ 时，$F_S(x)=$ 常量，即剪力图为一水平直线。

梁上某段有向上的均布载荷，即 $q>0$ 时，剪力图相应段图线上各点的切线斜率为一正值常数，即剪力图为一段向右上方倾斜的直线；反之，为一段向右下方倾斜的直线。

梁上某点有集中力 $\boldsymbol{F}$ 作用时，剪力图有突变，突变量为集中力 $\boldsymbol{F}$；某点有集中力偶 $\boldsymbol{M}$ 作用时，对剪力图无影响。

2. 载荷情况与弯矩图的关系

梁上某段没有均布载荷，即 $q=0$ 时，弯矩图中相应段各点的斜率无变化，即弯矩图为斜一直线。

梁上某段有向上的均布载荷，即 $q>0$ 时，弯矩图中相应段各点切线的斜率变化率为正值，即弯矩图为一段开口向上的抛物线；反之，弯矩图为开口向下的抛物线。

梁上某点有集中力 $\boldsymbol{F}$ 作用时，弯矩图有折角；某点有集中力偶 $\boldsymbol{M}$ 作用时，弯矩图有突变，突变量等于力偶 $\boldsymbol{M}$。

各种形式载荷作用下的剪力图和弯矩图见表 10-1。

表 10-1 各种形式载荷作用下的剪力图和弯矩图

载荷情况	剪力图	弯矩图
梁 q=0	F_S $F_S>0$ O x $F_S<0$	M $F_S>0$ O x $F_S<0$
q=常数	F_S $q<0$ $q>0$ O x	M $q<0$ $q>0$ O x
F C	F_S 突变 F O C x	M 转折 O C x
M_O C	F_S 不变 O C x	M 突变 C O M_O x

利用这种关系可绘制和校核剪力图和弯矩图，步骤为：

1）求约束反力。根据梁上已知载荷求解梁的约束反力。

2）分段定形。凡梁上有集中力（力偶）作用的点及载荷集度 q 的起止点，都作为分段的点，并利用微分关系判断各段 $F_S(x)$、$M(x)$ 图的大致形状。

3）定值作图。计算各段起止点的 $F_S(x)$、$M(x)$ 值及 $M(x)$ 图的极值点，根据数值连线作图。

［例 10-6］ 外伸梁 AD 受载如图 10-16a 所示。试作梁的剪力图和弯矩图。

解：1）求约束反力。由静力学平衡方程得

$$F_A = 72\text{kN}, F_B = 148\text{kN}$$

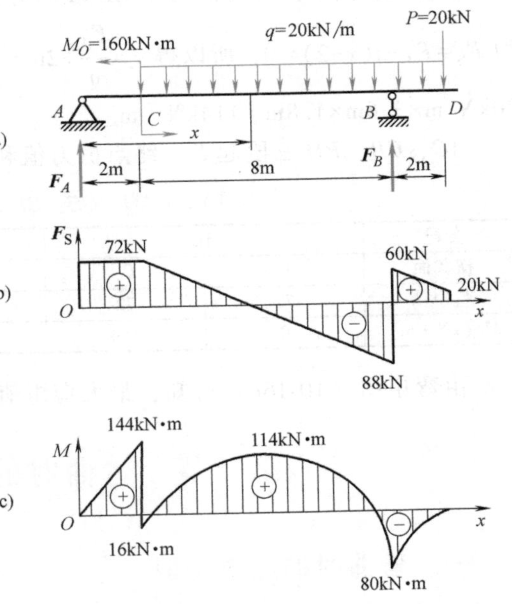

图 10-16 微分法作剪力图和弯矩图

2）分段定形。根据梁上受载情况将梁分为 AC、CB、BD 三段。

① 剪力图特征。AC 段无载荷，剪力图为一水平直线；CB 和 BD 段有向下的均布载荷，剪力图为向下倾斜直线，且两段斜率相同；在集中力处剪力图发生突变，突变值等于集中力。

② 弯矩图特征。AC 段无载荷且 F_S 为正值，弯矩图为向上倾斜直线；在 C 处有集中力偶，弯矩图在此有突变，突变值为集中力偶；CB 和 BD 段有向下的均布载荷，弯矩图为上凸抛物线。

在 B 点 F_S 有突变，弯矩图在此形成尖角。

AC、CB、BD 三段 F_S 图和 M 图的特征见表 10-2。

表 10-2　AC、CB、BD 三段 F_S 图和 M 图的特征

分段	AC	CB	BD
外力	$q=0$	$q=$常数<0	
F_S 图	水平直线	下倾斜直线	下倾斜直线
M 图	上倾斜直线	上凸抛物线	上凸抛物线

3）定值作图。根据计算的数值和特征连线画出剪力图（图 10-16b）和弯矩图（图 10-16c）。

① 各段起点、终点剪力值。

在 AC 段内　$F_S=F_A=72\text{kN}$

在 B 点左侧　$F_S=72\text{kN}-20\text{kN/m}\times8\text{m}=-88\text{kN}$

在 B 点右侧　$F_S=20\text{kN}+20\text{kN/m}\times2\text{m}=60\text{kN}$

在 D 点左侧　$F_S=P=20\text{kN}$

② 各段起点、终点弯矩值。

在 C 点左侧　$M=72\text{kN}\times2\text{m}=144\text{kN}\cdot\text{m}$

在 C 点右侧　$M=72\text{kN}\times2\text{m}-160\text{kN}\cdot\text{m}=-16\text{kN}\cdot\text{m}$

在 B 点　$M=-20\text{kN}\times2\text{m}-20\text{kN/m}\times2\text{m}\times1\text{m}=-80\text{kN}\cdot\text{m}$

在 CB 段内 $F_S=0$ 处。可令 CB 段的剪力方程等于零而求得该截面距梁左段的距离 x，因为 $F_S=F_A-q(x-2)=0$，所以得 $x=\dfrac{F_A}{q}+2\text{m}=5.6\text{m}$。由此得弯矩值 $M=72\text{kN}\times5.6\text{m}-160\text{kN}\cdot\text{m}-20\text{kN/m}\times3.6\text{m}\times1.8\text{m}=114\text{kN}\cdot\text{m}$。

AC、CB、BD 三段起点、终点剪力值和弯矩值见表 10-3。

表 10-3　AC、CB、BD 三段起点、终点剪力值和弯矩值

分段	AC		CB		BD	
横截面	A_+	C_-	C_+	B_-	B_+	D_-
F_S/kN	72	72	72	-88	60	20
M/(kN·m)	0	144	-16	-80	-80	0

由弯矩图（10-16c）可知，最大弯矩值发生在 C 点左侧，$M_{max}=144\text{kN}\cdot\text{m}$。

第二节　弯曲时的应力计算和强度条件

一、弯曲时的应力类型

在研究了平面弯曲梁的内力之后，从剪力图和弯矩图上可以确定发生最大剪力和最大弯

矩的危险截面。

等截面的简支梁 AB，其上作用两个对称的集中力 $\boldsymbol{F}$，如图 10-17 所示。在梁的 AC 和 DB 段上，剪力 $\boldsymbol{F}_S$ 和弯矩 M 同时存在，这种弯曲称为剪切弯曲，也称为横力弯曲；在梁的 CD 段上，只有弯矩 M，没有剪力 $\boldsymbol{F}_S$，这种弯曲称为纯弯曲。

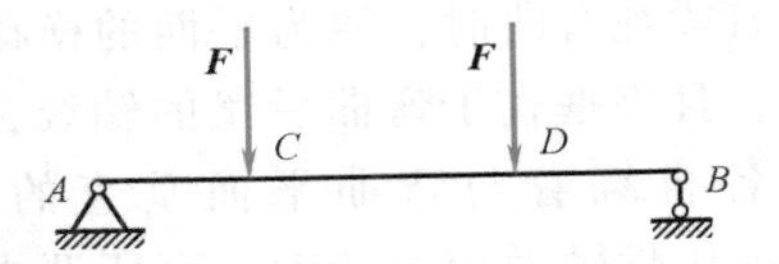

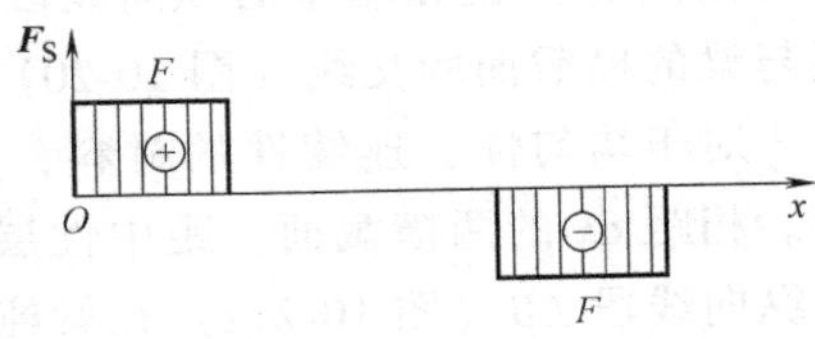

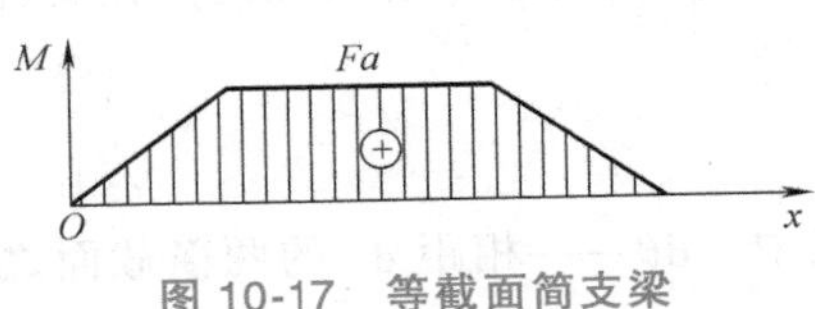

图 10-17　等截面简支梁

如图 10-18 所示，梁横截面上的剪力 $\boldsymbol{F}_S$ 是横截面上切向（即横截面平面内）分布内力的合力，而横截面上这种切向分布内力的集度则称为弯曲切应力。剪力 $\boldsymbol{F}_S$ 与沿着该剪力方向的切应力 τ 之间的关系为 $F_S = \int_A \tau \mathrm{d}A$（$A$ 是横截面的面积）。梁横截面上的弯矩 M 是横截面上法向（即沿梁的纵向）分布内力组成的力偶矩，而横截面上这种法向分布内力的集度则称为弯曲正应力。弯矩 M 与沿梁纵向分布的弯曲正应力 σ 之间的关系为 $M = \int_A \sigma y \mathrm{d}A$（$y$ 是横截面上各点到与弯曲平面垂直的轴 z 的距离）。

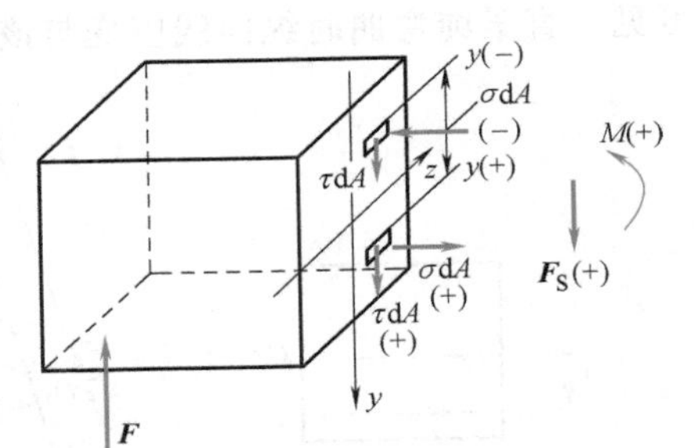

图 10-18　应力与剪力和弯矩的关系

二、弯曲正应力

剪力是由横截面上的切应力形成的，弯矩是由横截面上的正应力形成的。实验表明，当梁比较细长时，正应力是决定梁是否破坏的主要因素，切应力是次要因素。研究纯弯曲正应力和研究扭转切应力的方法相似，也是从观察分析实验现象入手，综合几何、物理、静力学三方面推证。

1. 几何方面

图 10-19a 所示在侧表面上画有横向周线和纵向线段的直梁，当其在竖直平面内发生纯弯曲时，可观察到如下的表面变形情况：

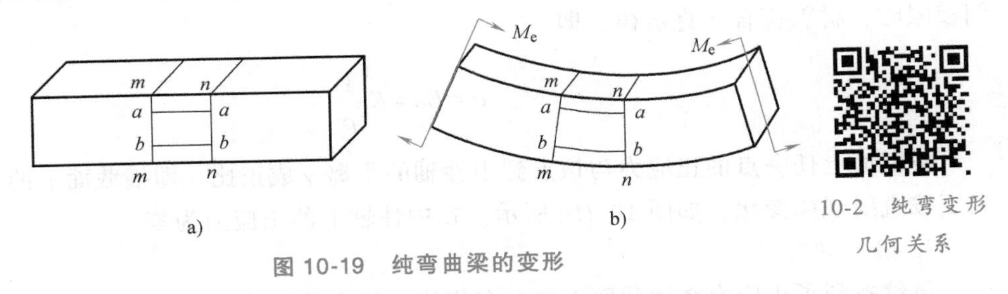

10-2　纯弯变形几何关系

图 10-19　纯弯曲梁的变形

1）各横向周线仍各在一个平面内，只是各自绕着与弯曲平面垂直的轴转动了一个角度。

2）纵向线段变弯，但仍与横向周线垂直。

3）部分纵向线段伸长（如 bb），部分纵向线段缩短（如 aa）。

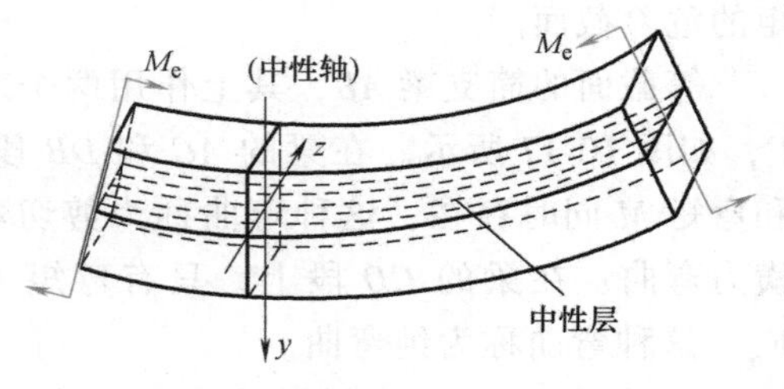

图 10-20 中性层和中性轴

直梁纯弯曲时，原为平面的横截面仍保持为平面，且仍垂直于弯曲后梁的轴线，只是相邻横截面各自绕着与弯曲平面垂直的某一根横向轴——中性轴做相对转动。而所谓中性轴是梁弯曲时由没有伸长和缩短的纵向线段所构成的中性层与梁的横截面的交线（图 10-20）。

对于均匀性、连续性的材料，变形也是连续的。相距 dx 的两横截面，距中性层为任意距离 y 的纵向线段 AB（图 10-21a）在梁纯弯曲时的纵向线应变 ε（图 10-21b）为

$$\varepsilon=\frac{(\rho+y)\mathrm{d}\theta-\rho\mathrm{d}\theta}{\rho\mathrm{d}\theta}=\frac{y}{\rho}$$

式中 dθ——相距 dx 的两横截面之间相对转角；

ρ——中性层曲率半径。

可见，直梁纯弯曲时纵向线应变与该线段距中性层的距离成正比。

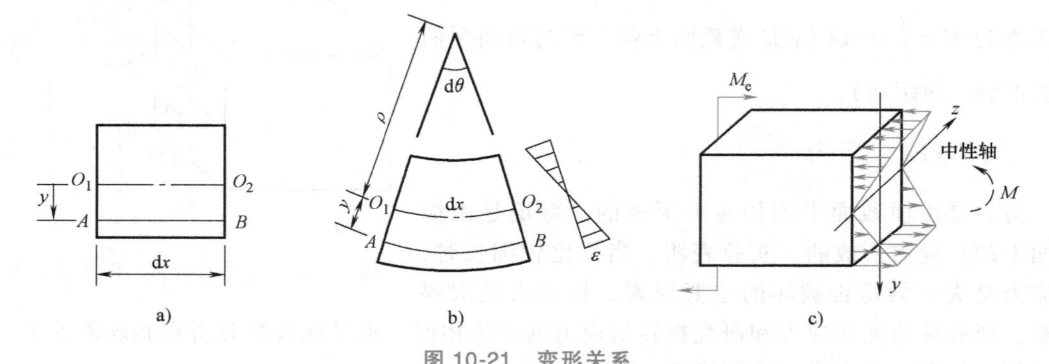

图 10-21 变形关系

a）变形前微段 b）弯曲微段变形 c）横截面正应力分布

2. 物理方面

因假设纵向纤维不相互挤压，只发生了单向的拉伸或压缩变形，当应力不超过材料的比例极限时，材料符合胡克定律，即

$$\sigma=E\varepsilon=E\frac{y}{\rho}$$

横截面上任一点的正应力与该点到中性轴的距离 y 成正比，即横截面上的正应力沿截面高度按直线规律变化，如图 10-21c 所示。在中性轴上的正应力为零。

3. 静力学方面

虽然找到了正应力在横截面上的分布规律，但中性轴的位置 y 和曲率半径 ρ 却未知，所以仍然不能求出正应力的大小，而需用应力和内力间的静力学关系来确定。

1）对于 $F_N=\int_A\sigma\mathrm{d}A=0$，得 $F_N=\int_A E\frac{y}{\rho}\mathrm{d}A=\frac{E}{\rho}\int_A y\mathrm{d}A=0$ 可知，$\int_A y\mathrm{d}A=0$，即横截面对于中性轴 z 的静矩等于零，这就是说，中性轴通过横截面的形心。

2）对于 $M=\int_A \sigma y \mathrm{d}A$，得 $M=\int_A E\frac{y^2}{\rho}\mathrm{d}A=\frac{E}{\rho}\int_A y^2\mathrm{d}A$。令 $I_z=\int_A y^2\mathrm{d}A$，$I_z$ 称为横截面对中性轴 z 的惯性矩。从而可得

$$\frac{1}{\rho}=\frac{M}{EI_z}$$

其中，EI_z 为梁的抗弯刚度，表示梁抵抗弯曲变形的能力。

将 $\frac{1}{\rho}=\frac{M}{EI_z}$ 代入 $\sigma=E\frac{y}{\rho}$ 得正应力计算公式

$$\sigma=\frac{My}{I_z}$$

由上式可知，梁弯曲时，横截面上任一点处的正应力与该截面上的弯矩成正比，与惯性矩成反比，并沿截面高度呈线性分布。y 值相同的点，正应力相等。中性轴上各点的正应力为零。在中性轴的上、下两侧，一侧受拉，一侧受压。距中性轴越远，正应力越大。

梁的最大正应力发生在最大弯矩截面的上、下边缘处，故

$$\sigma_{\max}=\frac{M_{\max}y_{\max}}{I_z}=\frac{M_{\max}}{I_z/y_{\max}}$$

这里的 $I_z/y_{\max}$ 是只决定于截面的几何形状和尺寸的几何量，以 W_z 表示，称为截面对于中性轴 z 的抗弯截面模量，或弯曲截面系数，单位为 m^3。于是有

$$\sigma_{\max}=\frac{M_{\max}}{W_z}$$

工程上常用的矩形截面梁、圆形截面梁和环形截面梁的惯性矩和抗弯截面模量见表 10-4。对于其他截面和各种轧制型钢，其惯性矩和抗弯截面模量可查相关资料。

表 10-4　简单截面的惯性矩和抗弯截面模量

图形	形心轴惯性矩	弯曲截面系数
矩形截面（b, h, z, y）	$I_z=\frac{bh^3}{12}$ $I_y=\frac{hb^3}{12}$	$W_z=\frac{bh^2}{6}$
圆形截面（D, z, y）	$I_z=\frac{\pi D^4}{64}$	$W_z=\frac{\pi D^3}{32}$
环形截面（D, d, z, y）	$I_z=\frac{\pi D^4}{64}(1-\alpha^4)$ $\alpha=\frac{d}{D}$	$W_z=\frac{\pi D^3}{32}(1-\alpha^4)$ $\alpha=\frac{d}{D}$

［例 10-7］ 试求图 10-22 所示 T 形截面梁横截面上的最大拉应力 $\sigma_{t,max}$ 和最大压应力 $\sigma_{c,max}$。梁的横截面尺寸和形心 C 的位置如图所示，且已知 $I_z=290.6\times10^{-8}m^4$，$I_y=90.7\times10^{-8}m^4$。

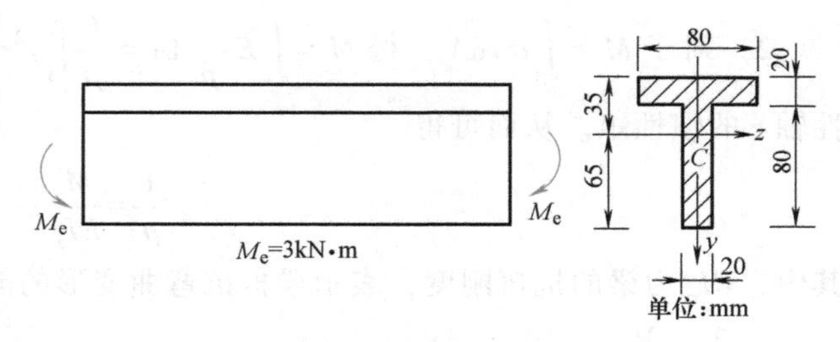

图 10-22 T 形梁正应力计算

解：梁所受的外力偶矩 M_e 作用在梁的竖直纵向对称平面内，故弯曲也应发生在这个平面内，这时中性轴为水平的形心轴 z，计算弯曲正应力时惯性矩应取 I_z。中性轴 z 不是对称轴，故横截面上的最大拉应力（在上边缘处，$y=-35mm$）和最大压应力（在下边缘处，$y=65mm$）的绝对值不相等。

$$\sigma_{t,max}=\frac{My}{I_z}=\frac{(-3\times10^3)\times(-35\times10^{-3})}{290.6\times10^{-8}}Pa=36.1\times10^6Pa=36.1MPa$$

$$\sigma_{c,max}=-\frac{65}{35}\times36.1MPa=-67.1MPa$$

［例 10-8］ 如图 10-23a 所示，简支梁受均布载荷 q 的作用。已知 $q=2kN/m$，$l=3m$，截面为矩形，$b=80mm$，$h=100mm$。求梁的最大正应力和位置。

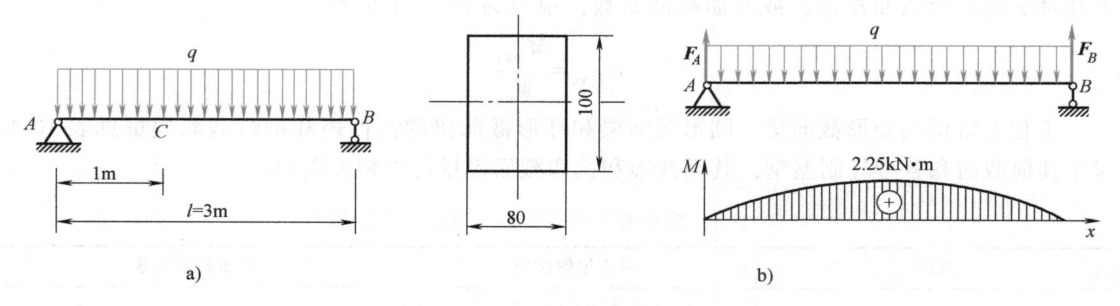

图 10-23 简支梁最大应力计算

a）简支梁受力 b）简支梁弯矩图

解：1）求支座反力。

$$F_A=F_B=\frac{ql}{2}=3kN$$

2）作弯矩图如图 10-23b 所示。

$$M_{max}=\frac{ql^2}{8}=2.25kN$$

3）计算截面对中性轴 z 的惯性矩。

$$I_z=\frac{bh^3}{12}=\frac{80\times100^3}{12}mm^4=6.67\times10^{-6}m^4$$

4）梁的最大正应力计算。梁的正应力发生在跨中截面的上、下边缘处，最大正应力为

$$\sigma_{max}=\frac{M_{max}y_{max}}{I_z}=\frac{2.25\times10^3\times50\times10^{-3}}{6.67\times10^{-6}}Pa=16.9MPa$$

试想一下，如果把上例中的梁截面横放，梁上的最大应力为多少？和梁截面竖放对比，哪种放置方法更合理？

三、组合图形的惯性矩及平行移轴公式

工程中很多梁的横截面是由若干简单图形组合而成，称为组合截面。如图 10-22 所示的 T 形截面。当一个平面图形是由若干个简单的图形组成时，根据惯性矩的定义，可以先算出每一个简单图形对某一轴的惯性矩，然后求其总和，即等于整个图形对于同一轴的惯性矩。这可用下式表达为

$$I_z=\sum I_{zi},I_y=\sum I_{yi}$$

组合图形的形心与各组成部分的形心不重合时，需用平行移轴公式来求解惯性矩。

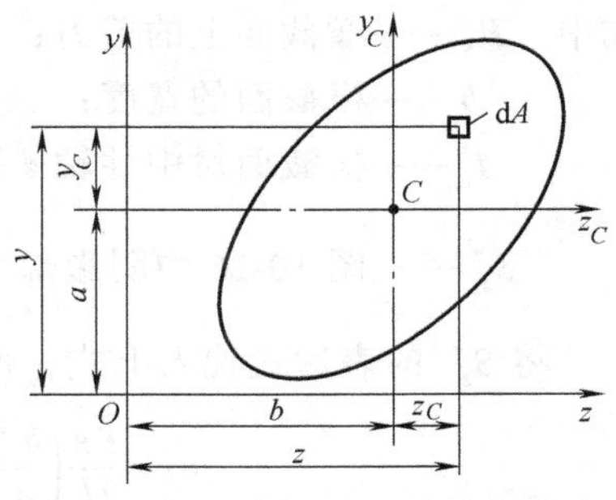

图 10-24　截面对不同轴的惯性矩

图 10-24 表示一任意截面的图形，C 为图形的形心，z_C 轴和 y_C 轴为图形的形心轴。设截面图形对于形心轴 z_C 和 y_C 的惯性矩分别为 I_{zC} 和 I_{yC}，平面图形的面积为 A，则对于分别与 z_C 和 y_C 平行的轴 z 和轴 y 的惯性矩分别为

$$I_z=I_{zC}+Aa^2,I_y=I_{yC}+Ab^2$$

此即为惯性矩的平行移轴公式。显然可见，在一组相互平行的轴中，截面图形对各轴的惯性矩以通过形心轴的惯性矩为最小。应用平行移轴公式，可以使较复杂的组合图形惯性矩的计算得以简化。

［例 10-9］　T 形截面尺寸如图 10-25 所示。试求其形心轴 z_C 的惯性矩。

解：1）确定截面的形心位置

$$y_C=\frac{A_1y_1+A_2y_2}{A_1+A_2}=\frac{20\times(5+1)+20\times0}{20+20}\text{cm}=3\text{cm}$$

2）计算两矩形截面对 z_C 轴的惯性矩。根据平行移轴公式

$$I_{zC1}=\frac{10\times2^3}{12}\text{cm}^4+20\times(2+1)^2\text{cm}^4=186.7\text{cm}^4$$

$$I_{zC2}=\frac{2\times10^3}{12}\text{cm}^4+20\times3^2\text{cm}^4=346.7\text{cm}^4$$

$$I_{zC}=I_{zC1}+I_{zC2}=533.4\text{cm}^4$$

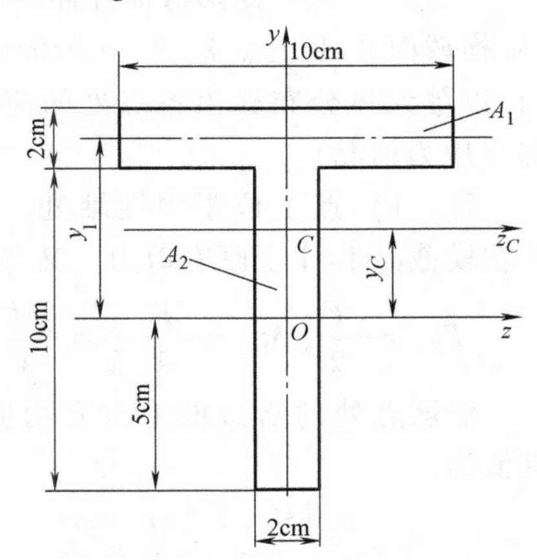

图 10-25　T 形截面的惯性矩

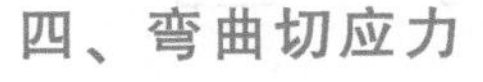

四、弯曲切应力

梁在剪切弯曲时，其横截面不仅有弯矩，而且有剪力，因而横截面也就有切应力。对于矩形、圆形截面的跨度比高度大得多的梁，因其弯曲正应力比切应力大得多，这时切应力可以忽略不计。但对于跨度较短而截面较高的梁，以及一些薄壁梁或支座附近有较大载荷的梁，则切应力就不能忽略。

1. 矩形截面梁横截面上的切应力

梁横截面上的切应力亦非均匀分布的，对于矩形截面梁横截面上的切应力，可作如下假

设：①横截面上各点的切应力方向和剪力 F_S 的方向平行。②切应力沿截面宽度均匀分布，大小与距中性轴 z 的距离 y 有关，到中性轴距离相等的点上的切应力大小相等。

根据以上假设，可推导出矩形截面梁横截面上距中性轴为 y 处的切应力为

$$\tau=\frac{F_S S_z^*}{bI_z}$$

式中 F_S——横截面上的剪力；

b——横截面的宽度；

I_z——横截面对中性轴 z 的惯性矩；

S_z^*——图 10-26 中阴影部分的截面面积 A^* 对中性轴 z 的静矩，$S_z^*=\frac{b}{2}\left(\frac{h^2}{4}-y^2\right)$。

将 S_z^* 的表达式代入上式，可得

$$\tau=\frac{F_S}{2I_z}\left(\frac{h^2}{4}-y^2\right)$$

表明，矩形截面梁横截面上的弯曲切应力 τ 在与中性轴垂直的 y 方向按二次抛物线规律变化，如图 10-26 所示。横截面上的最大切应力 τ_{max} 在中性轴上各点处

$$\tau_{max}=\frac{3F_S}{2A}$$

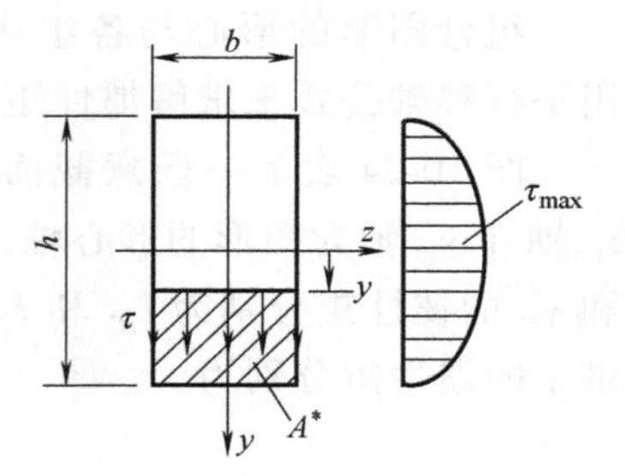

图 10-26 矩形截面切应力分布

由于梁的横截面上弯曲切应力 τ 的指向易于根据 F_S 的指向直接判明，故求 τ 时，F_S 及 S_z^* 就按各自的绝对值代入。

［例 10-10］ 矩形截面外伸梁如图 10-27a 所示。试求 1）横截面Ⅰ-Ⅰ上点 1 处的应力；2）横截面Ⅱ-Ⅱ上点 2、3、4 处的应力；3）以单元体分布标出各点处的应力状态（应力情况）。

解：1）点 1 位于中性轴处，故尽管在横截面Ⅰ-Ⅰ上既有剪力，又有弯矩

$$F_{SⅠ}=-\frac{F}{2},\ M_Ⅰ=-\frac{F}{2}\frac{l}{2}=-\frac{Fl}{4}$$

但该点处的横截面上只有切应力，其值为

$$\tau=\frac{3}{2}\frac{|F_{SⅠ}|}{bh}=\frac{3F}{4bh}=\frac{3F}{4A}$$

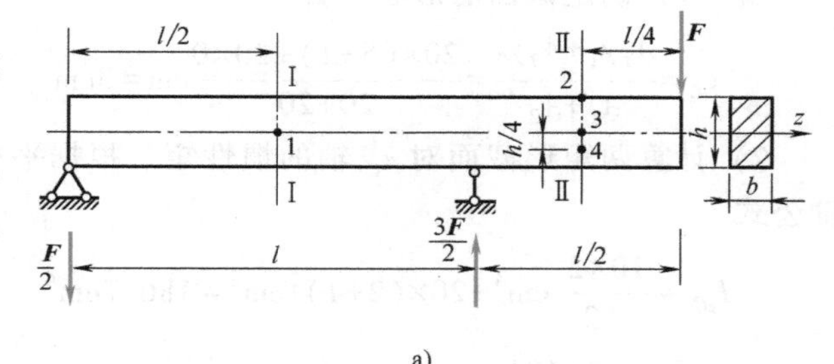

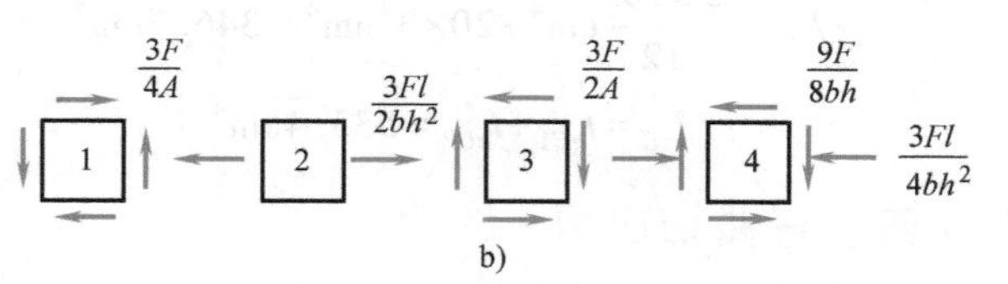

图 10-27 矩形截面外伸梁切应力计算

2）点 2、3、4 所在横截面Ⅱ-Ⅱ上得剪力和弯矩分别为

$$F_{SⅡ}=F,\ M_Ⅱ=-F\frac{l}{4}=-\frac{Fl}{4}$$

点 2 位于横截面的上边缘处，只有正应力（拉应力），其值为

$$\sigma=\frac{|M_Ⅱ|}{W_z}=\frac{Fl/4}{bh^2/6}=\frac{3Fl}{2bh^2}$$

点 3 位于中性轴处，该点处横截面上只有切应力，其值为

$$\tau=\frac{3}{2}\frac{F_{S\,II}}{bh}=\frac{3F}{2bh}$$

点 4 既不在横截面的上、下边缘处，也不在中性轴处，故该点处横截面上既有正应力，又有切应力，其值分别为

$$\sigma=\frac{|M_{II}|y_4}{I_z}=\frac{(Fl/4)(h/4)}{bh^3/12}=\frac{3Fl}{4bh^2}(\text{压应力})$$

$$\tau=\frac{F_{S\,II}S_z^*}{bI_z}=\frac{F_{S\,II}}{2I_z}\left[\frac{h^2}{4}-\left(\frac{h}{4}\right)^2\right]=\frac{9F}{8bh}$$

3）用相邻横截面、相邻的平行于及垂直于中性层的纵截面三对相互垂直的面，围绕各点取出单元体，并根据前面算得的各点的应力值示于单元体的左、右两个截面上，如图 10-27b 所示。单元体左、右侧面上切应力的指向是根据相应横截面上剪力的指向确定的。单元体的上、下两个面上，在忽略挤压应力的情况下无正应力；至于这两个面上的切应力其大小和指向则可根据左、右侧面上的切应力按切应力互等定律确定，即单元体侧面上和顶面（底面）上的切应力两者数值相等，而指向要么都对着这两对相互垂直面的交线，要么都背离该交线。

2. 其他常见横截面上的最大切应力

工字形截面、圆形截面和圆环形截面的最大切应力发生在各自截面的中性轴上，如图 10-28 所示。

工字形截面最大切应力

$$\tau_{\max}=\frac{F_S}{A}\ (A\text{ 为腹板面积})$$

圆形截面最大切应力

$$\tau_{\max}=\frac{4F_S}{3A}$$

圆环形截面最大切应力

$$\tau_{\max}=\frac{2F_S}{A}$$

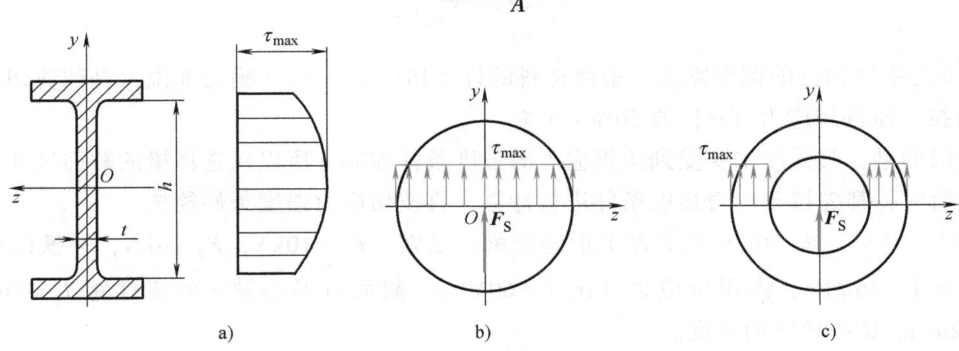

图 10-28　不同截面切应力分布规律

a）工字形截面　b）圆形截面　c）圆环形截面

五、梁弯曲时的强度条件

1. 弯曲正应力的强度条件

梁弯曲时截面上的最大正应力发生在截面的上、下边缘处。对于等截面直梁来说，其最大正应力一定在最大弯矩截面的上、下边缘处。要使梁具有足够的强度，必须使梁的最大工作应力不得超过材料的许用应力，所以弯曲正应力强度条件为

$$\sigma_{max} \leqslant [\sigma]$$

（1）塑性材料　由于塑性材料的抗拉能力和抗压能力基本相同，为了使截面上的最大拉应力和最大压应力同时达到其许用应力，通常将梁的横截面做成关于中性轴对称的形状，如工字形、圆形、矩形等，所以强度条件为

$$\sigma_{max} = \frac{M_{max}}{W_z} \leqslant [\sigma]$$

注意，对于中性轴不是截面的对称轴的梁，其最大拉应力值与最大压应力值不相等。

（2）脆性材料　由于脆性材料的抗拉能力远小于其抗压能力，为使截面上的压应力大于拉应力，常将梁的横截面做成不是关于中性轴对称的形状，如 T 形截面，此时应分别计算横截面的最大拉应力和最大压应力，则强度条件为

$$\sigma_{t,max} = \frac{M_{zmax} y_1}{I_z} \leqslant [\sigma_t]$$

$$\sigma_{c,max} = \frac{M_{zmax} y_2}{I_z} \leqslant [\sigma_c]$$

式中　y_1、y_2——受拉和受压边缘到中性轴的距离。

根据强度条件，一般可进行对梁的强度校核、截面设计及确定许可载荷。

2. 弯曲切应力的强度条件

对于横力弯曲的梁，工程计算中还要求横截面上的最大切应力（一般在中性轴处）不超过材料的许用切应力，即

$$\tau_{max} \leqslant [\tau]$$

对于等截面梁，也可以为

$$\frac{F_{S,max} S_{z,max}^*}{b I_z} \leqslant [\tau]$$

这里，b 为中性轴处的截面宽度。塑性材料的许用切应力 $[\tau]$（确切地说，是纯剪切许用应力）为拉、压许用应力 $[\sigma]$ 的 50%～60%。

一般的梁，其强度主要受到按正应力的强度条件控制，所以在选择梁的截面尺寸或确定许用载荷时，都先按正应力强度条件进行计算，再按切应力强度条件校核。

[例 10-11]　图 10-29 所示为 T 形铸铁梁。已知：$F_1 = 10\text{kN}$，$F_2 = 4\text{kN}$，铸铁的许用拉应力 $[\sigma_t] = 36\text{MPa}$，许用压应力 $[\sigma_c] = 60\text{MPa}$，截面对形心轴 z 的惯性矩 $I_z = 763\text{cm}^4$，$y_1 = 52\text{mm}$。试校核梁的强度。

解：1）用静力学平衡方程得梁的支座反力。

由 $\sum M_C = 0$ 得　　$F_A = 3\text{kN}$

由$\sum M_A=0$得 $F_C=11\text{kN}$

2）画弯矩图。

$$M_A=M_D=0$$
$$M_B=F_A\times1=3\text{kN}\cdot\text{m}$$
$$M_C=-F_2\times1=-4\text{kN}\cdot\text{m}$$

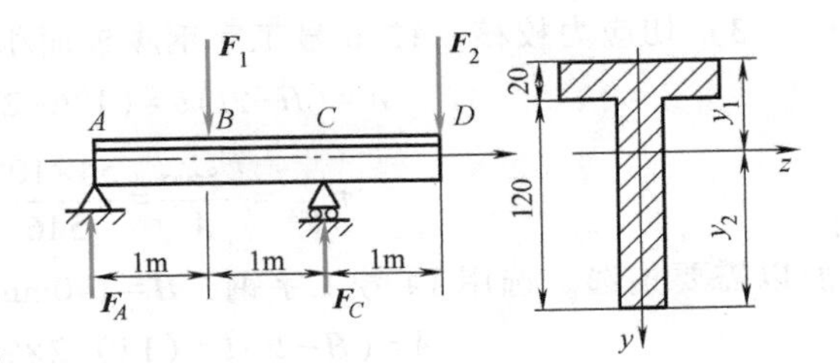

3）强度校核。截面B和C都是危险截面，都要进行强度校核。

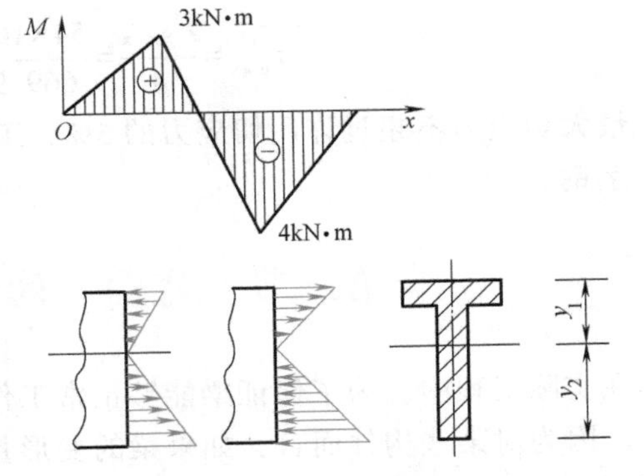

图 10-29 T形截面梁强度校核

截面B处：最大拉应力发生在截面下边缘各点处，得

$$\sigma_{\text{t,max}}=\frac{M_By_2}{I_z}=\frac{3\times10^6\times(120+20-52)}{763\times10^4}\text{MPa}$$
$$=34.6\text{MPa}<[\sigma_\text{t}]$$

截面B处：最大压应力发生在截面上边缘各点处，得

$$\sigma_{\text{c,max}}=\frac{M_By_1}{I_z}=34.6\times\frac{y_1}{y_2}\text{MPa}=34.6\times\frac{52}{88}\text{MPa}$$
$$=20.5\text{MPa}<[\sigma_\text{c}]$$

截面C处：最大拉应力发生在截面上边缘各点处，得

$$\sigma_{\text{t,max}}=\frac{M_Cy_1}{I_z}=\frac{4\times10^6\times52}{763\times10^4}\text{MPa}=27.3\text{MPa}<[\sigma_\text{t}]$$

截面C处：最大压应力发生在截面下边缘各点处，得

$$\sigma_{\text{c,max}}=\frac{M_Cy_2}{I_z}=27.3\times\frac{y_2}{y_1}\text{MPa}=27.3\times\frac{88}{52}\text{MPa}=46.2\text{MPa}<[\sigma_\text{c}]$$

故梁的强度合格。

［例 10-12］ 图 10-30 所示简支梁。已知材料的许用正应力$[\sigma]=140\text{MPa}$，许用切应力$[\tau]=80\text{MPa}$。试选择合适的工字钢型号。

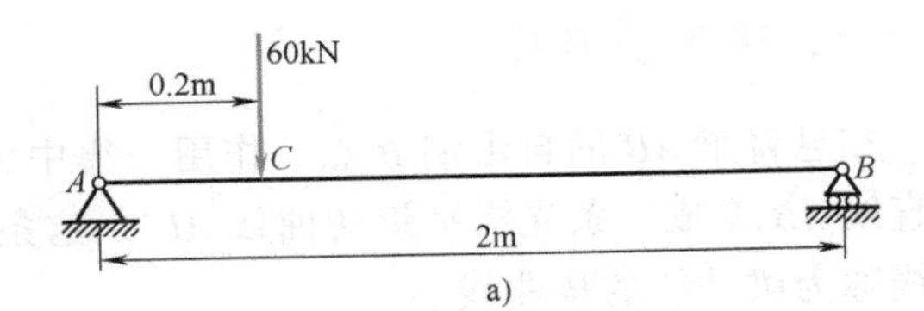

解：1）用静力学平衡方程计算梁的约束反力得$F_A=54\text{kN}$，$F_B=6\text{kN}$，并作剪力图和弯矩图如图 10-30b、c 所示，得$F_{\text{Smax}}=54\text{kN}$，$M_{\max}=10.8\text{kN}\cdot\text{m}$。

2）选择工字钢型号。由正应力强度条件得

$$W_z\geqslant\frac{M_{\max}}{[\sigma]}=\frac{10.8\times10^6}{140}\text{mm}^3=77.1\times10^3\text{mm}^3$$

查型钢表，选用 12.6 号工字钢，$W_z=77.529\times10^3\text{mm}^3$，$H=126\text{mm}$，$t=8.4\text{mm}$，$b=5\text{mm}$。

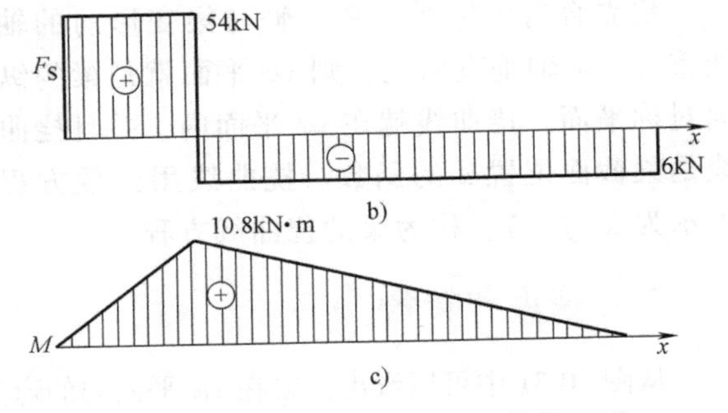

图 10-30 T形截面简支梁工作示意图

a）外伸梁工作简图 b）剪力图 c）弯矩图

3）切应力校核。12.6 号工字钢腹板面积

$$A=(H-2t)b=(126-2\times8.4)\times5\text{mm}^2=546\text{mm}^2$$

$$\tau_{\max}=\frac{F_{\text{Smax}}}{A}=\frac{54\times10^3}{546}\text{MPa}=98.9\text{MPa}>[\tau]$$

所以需要重选。选用 14 号工字钢，$H=140\text{mm}$，$t=9.1\text{mm}$，$b=5.5\text{mm}$，则

$$A=(H-2t)b=(140-2\times9.1)\times5.5\text{mm}^2=669.9\text{mm}^2$$

$$\tau_{\max}=\frac{F_{\text{Smax}}}{A}=\frac{54\times10^3}{669.9}\text{MPa}=80.6\text{MPa}>[\tau]$$

最大切应力不超过许用切应力的 5%，工程上可以认为是安全的，所以最后确定选用 14 号工字钢。

第三节　弯曲时的变形计算和刚度条件

在实际工程中，为了保证梁能够正常工作，除了满足强度条件外，还要求梁要有足够的刚度。因为对某些构件而言，如果梁的变形量过大，也不能保证正常工作。例如机床主轴，如果刚度不够，将严重影响加工工件的精度；若机器中的传动轴变形过大，则不仅会影响齿轮的啮合，还会导致支承齿轮的轴颈和轴承产生不均匀磨损，既影响轴的旋转精度，又大大降低齿轮、轴及轴承的工作寿命。

工程中还有另外一些受弯曲载荷的构件，由于工作需要，要求必须有较小的刚度和较大的变形。例如汽车和拖车上安装的板弹簧，就是利用其弹性弯曲变形较大的特点，以减小车厢所受到的振动和冲击；又如车床用的切割刀，其头部往往做成弯曲形状，这样在切割过程中遇到金属中的硬点时，由于刀杆变形，使刀尖在水平方向产生较大的位移，以减小切削深度，达到自动“让刀”的目的。

因此，为了满足工程中对于某些构件的弯曲刚度要求，就需要研究构件的弯曲变形。

一、挠曲线方程

在悬臂梁 AB 的自由端 B 点，作用一集中力 F，如图 10-31 所示，悬臂梁的轴线由原来的直线 AB 变成一条光滑平坦的曲线 AB'。这条曲线称为梁轴线的挠曲线。

建立直角坐标系，令 x 轴与梁变形前的轴线重合，w 轴垂直向上，则 xw 平面就是梁的纵向对称平面。挠曲线就在 xw 平面内，并且挠曲线是梁截面位置 x 的函数。挠曲线用函数方程表示为 $w=f(x)$，称为梁的挠曲线方程。

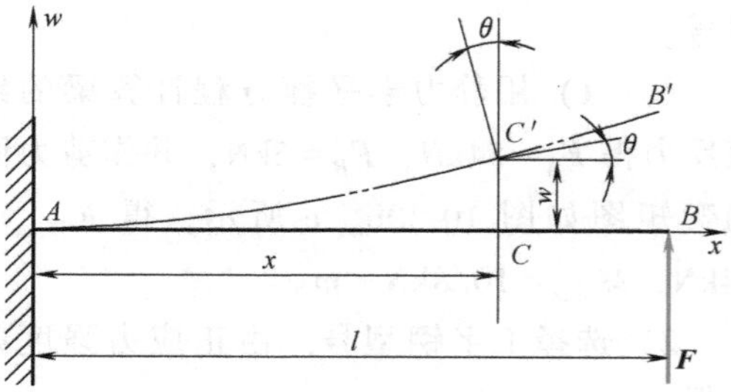

图 10-31　挠曲线和转角

二、挠度和转角

从图 10-31 中可以看出，梁在 xw 平面内的弯曲变形，其实是发生线位移和角位移两种变形。

1. 线位移

考察距左端为 x 处的任一截面，该截面的形心从 C 移动至 C'，既有垂直方向的位移，

又有水平方向的位移。但在小变形的前提下，水平方向的位移很小，可忽略不计，因而可以认为截面的形心只在垂直方向有线位移，即 $w=CC'$。w 称为 C 点的挠度。在图 10-31 所示的坐标系内，规定向上的挠度为正，向下的挠度为负，单位为毫米（mm）。

2. 角位移

梁弯曲变形后，横截面仍然保持为平面，且仍垂直于变形后的梁轴线，只是绕中性轴发生了一个角位移，此角位移称为该截面的转角，用 θ 表示。过 C' 点作一切线，切线与 x 轴的夹角即等于横截面的转角，在工程中，通常转角很小，因此有

$$\theta \approx \tan\theta = \frac{\mathrm{d}w}{\mathrm{d}x}$$

上式表明，横截面的转角等于挠曲线在该截面处切线的斜率。

在图 10-31 所示的坐标系内，规定逆时针方向转向的转角为正，反之为负，单位为弧度（rad）。

三、求弯曲变形的两种方法

1. 积分法

通过研究，可以得到挠曲线的近似微分方程为

$$\frac{\mathrm{d}^2 w}{\mathrm{d}x^2} = \frac{M(x)}{EI}$$

式中 EI——梁的抗弯刚度。

解微分方程可得挠曲线方程和转角方程，从而求得任一横截面的挠度和转角。

对于等截面梁，EI 是常量，将微分方程积分一次可得转角方程

$$\theta = \frac{\mathrm{d}w}{\mathrm{d}x} = \frac{1}{EI}\int M(x)\,\mathrm{d}x + C$$

再积分一次得挠曲线方程

$$w = \frac{1}{EI}\iint M(x)\,\mathrm{d}x\mathrm{d}x + Cx + D$$

其中，C、D 是积分常数，可利用连续条件和边界条件（即梁上某些截面的已知位移和转角）确定。例如，在铰支座处，挠度等于零；在固定端处，挠度和转角均等于零。

2. 叠加法

当梁上作用有各种不同的载荷时，若继续采用积分法计算梁的变形，其计算过程就比较冗长，为此，在工程中常采用叠加法。叠加法是一种比较简便的计算方法。在小变形且材料服从胡克定律的前提下，梁的挠度和转角均与梁上载荷呈线性关系。所以，梁上某一载荷所引起的变形可以看作是独立的，不受其他载荷影响。于是可以将梁在几个载荷共同作用下产生的变形看成是各个载荷单独作用时产生的变形的代数叠加，这就是计算梁的弯曲变形的叠加原理。

用叠加法计算梁的变形时，须已知梁在简单载荷作用下的变形，表 10-5 列出了梁在简单载荷作用下的变形，用叠加法时可直接查用。

表 10-5 梁在简单载荷作用下的变形

序号	梁的简图	挠曲线方程	梁端面转角（绝对值）	最大挠度（绝对值）
1		$w=-\dfrac{M_e x^2}{2EI}$	$\theta_B=\dfrac{M_e l}{EI}(\curvearrowright)$	$w_B=\dfrac{M_e l^2}{2EI}(\downarrow)$
2		$w=-\dfrac{M_e x^2}{2EI}$ $0\leqslant x\leqslant a$ $w=-\dfrac{M_e a}{EI}\left[(x-a)+\dfrac{a}{2}\right]$ $a\leqslant x\leqslant l$	$\theta_B=\dfrac{M_e a}{EI}(\curvearrowright)$	$w_B=\dfrac{M_e a}{EI}\left(l-\dfrac{a}{2}\right)(\downarrow)$
3		$w=-\dfrac{Fx^2}{6EI}(3l-x)$	$\theta_B=\dfrac{Fl^2}{2EI}(\curvearrowright)$	$w_B=\dfrac{Fl^3}{3EI}(\downarrow)$
4		$w=-\dfrac{Fx^2}{6EI}(3a-x)$ $0\leqslant x\leqslant a$ $w=-\dfrac{Fa^2}{6EI}(3x-a)$ $a\leqslant x\leqslant l$	$\theta_B=\dfrac{Fa^2}{2EI}(\curvearrowright)$	$w_B=\dfrac{Fa^2}{6EI}(3l-a)(\downarrow)$
5		$w=-\dfrac{qx^2}{24EI}(x^2-4lx+6l^2)$	$\theta_B=\dfrac{ql^3}{6EI}(\curvearrowright)$	$w_B=\dfrac{ql^4}{8EI}(\downarrow)$
6		$w=-\dfrac{M_e x}{6lEI}(l^2-x^2)$	$\theta_A=\dfrac{M_e l}{6EI}(\curvearrowright)$ $\theta_B=\dfrac{M_e l}{3EI}(\curvearrowleft)$	$x=\dfrac{l}{\sqrt{3}},w_{max}=\dfrac{M_e l^2}{9\sqrt{3}EI}(\downarrow)$ $x=\dfrac{l}{2},\dfrac{wl}{2}=\dfrac{M_e l}{16EI}(\downarrow)$
7		$w=\dfrac{M_e x}{6lEI}(l^2-3b^2-x^2)$ $0\leqslant x\leqslant a$ $w=\dfrac{M_e}{6lEI}[-x^3+3l(x-a)^2+(l^2-3b^2)x]$ $a\leqslant x\leqslant l$	$\theta_A=\dfrac{M_e}{6lEI}(l^2-3b^2)(\curvearrowleft)$ $\theta_B=\dfrac{M_e}{6lEI}(l^2-3a^2)(\curvearrowleft)$ $\theta_C=\dfrac{M_e}{6lEI}(3a^2+3b^2-l^2)(\curvearrowright)$	

（续）

序号	梁的简图	挠曲线方程	梁端面转角（绝对值）	最大挠度（绝对值）
8		$w=-\frac{Fx}{48EI}(3l^2-4x^2)$ $0\leqslant x\leqslant\frac{l}{2}$	$\theta_A=\frac{Fl^2}{16EI}$(↷) $\theta_B=\frac{Fl^2}{16EI}$(↶)	$w=\frac{Fl^3}{48EI}(\downarrow)$
9		$w=-\frac{Fbx}{6lEI}(l^2-x^2-b^2)$ $0\leqslant x\leqslant a$ $w=-\frac{Fb}{6lEI}\left[\frac{l}{b}(x-a)^3+(l^2-b^2)x-x^3\right]$ $a\leqslant x\leqslant l$	$\theta_A=\frac{Fab(l+b)}{6lEI}$(↷) $\theta_B=\frac{Fab(l+a)}{6lEI}$(↶)	$w_{\max}=\frac{Fb(l^2-b^2)^{\frac{3}{2}}}{9\sqrt{3}lEI}(\downarrow)$ $x=\sqrt{\frac{l^2-b^2}{3}}(a\geqslant b)$ $w_{\frac{l}{2}}=\frac{Fb(3l^2-4b^2)}{48EI}(\downarrow)$
10		$w=-\frac{qx}{24EI}(l^3-2lx^2+x^3)$	$\theta_A=\frac{ql^3}{24EI}$(↷) $\theta_B=\frac{ql^3}{24EI}$(↶)	$w=\frac{5ql^4}{384EI}(\downarrow)$
11		$w=\frac{Fax}{6lEI}(l^2-x^2)$ $0\leqslant x\leqslant l$ $w=-\frac{F(x-l)}{6EI}[a(3x-l)-(x-l)^2]$ $l\leqslant x\leqslant(l+a)$	$\theta_A=\frac{Fal}{6EI}$(↶) $\theta_B=\frac{Fal}{3EI}$(↷) $\theta_C=\frac{Fa}{6EI}(2l+3a)$(↷)	$w_C=\frac{Fa^2}{3EI}(l+a)(\downarrow)$
12		$w=-\frac{M_e x}{6lEI}(x^2-l^2)$ $0\leqslant x\leqslant l$ $w=-\frac{M_e}{6EI}(3x^2-4xl+l^2)$ $l\leqslant x\leqslant(l+a)$	$\theta_A=\frac{M_e l}{6EI}$(↶) $\theta_B=\frac{M_e l}{3EI}$(↷) $\theta_C=\frac{M_e}{3EI}(l+3a)$(↷)	$w_C=\frac{M_e a}{6EI}(2l+3a)(\downarrow)$

［例 10-13］ 图 10-32a 所示简支梁，承受均布载荷 q 和集中力 $\boldsymbol{F}$ 的作用，EI 为常数。试求梁中点 C 的挠度。

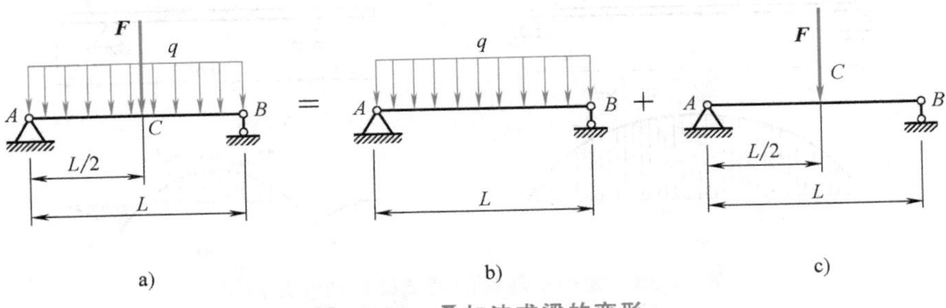

图 10-32 叠加法求梁的变形

解：首先把作用在梁上的载荷系分解为只有均布载荷 q 作用（图 10-32b）和只有集中力 $\boldsymbol{F}$ 的作用（图 10-32c）的两种情形。从表 10-5 查得，由均布载荷 q 引起的梁中点挠度为

$$w_q=-\frac{5qL^4}{384EI}$$

由集中力 $\boldsymbol{F}$ 引起的梁中点挠度为

$$w_F=-\frac{FL^3}{48EI}$$

因此，由均布载荷 q 和集中力 $\boldsymbol{F}$ 共同作用下引起梁中点的总挠度为

$$w=w_q+w_F=-\frac{5qL^4}{384EI}-\frac{FL^3}{48EI}$$

四、梁弯曲时的刚度条件

计算梁的变形，目的在于对梁进行刚度计算，以保证梁在外力的作用下，因弯曲变形产生的挠度和转角必须在工程允许的范围之内，即满足刚度条件

$$w_{\max}\leqslant[w]$$
$$\theta_{\max}\leqslant[\theta]$$

其中，$[w]$、$[\theta]$ 分别为构件的许用挠度和许用转角。各类受弯构件的 $[w]$、$[\theta]$ 可从工程手册中查到。

五、提高梁强度和刚度的措施

1. 提高梁强度的措施

前面曾经指出，弯曲正应力是影响梁安全的主要因素。所以弯曲正应力的强度条件往往是设计梁的主要依据。从这个条件看，要提高梁的承载能力应从两方面考虑：一是合理安排梁的受力情况，以降低 $M_{\max}$ 的数值；二是采用合理的截面，以提高 W_z 的数值，充分利用材料的性能。

（1）合理安排梁的受力情况　改善梁的受力情况，尽量降低梁内最大弯矩 $M_{\max}$，相对来说，也就是提高了梁的强度。

1）合理布置梁的支座。如图 10-33a 所示，$M_{\max}=0.125ql^2$。若将两端支座向里移动 $0.2l$，如图 10-33b 所示，则 $M_{\max}$ 减小为 $0.025ql^2$。

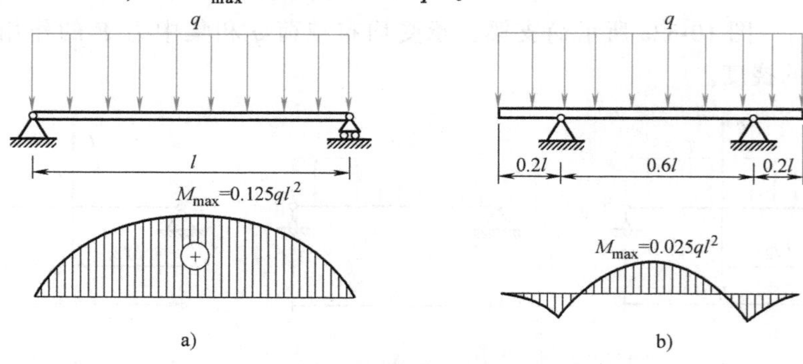

图 10-33　受均布载荷的简支梁和两端外伸梁

a）支座在两端的简支梁　b）将两端支座向里移动 0.2l 的外伸梁

2）合理布置载荷。当载荷已确定时，合理的布置载荷可以减小梁上的最大弯矩，提高梁的承载能力。图 10-34 所示由桥梁简化得来的简支梁，其额定最大承载能力是指载荷在桥中间时的最大值，超出额定载荷的物体要过桥时，采用长平板车将集中载荷分为几个载荷，就能安全过桥。

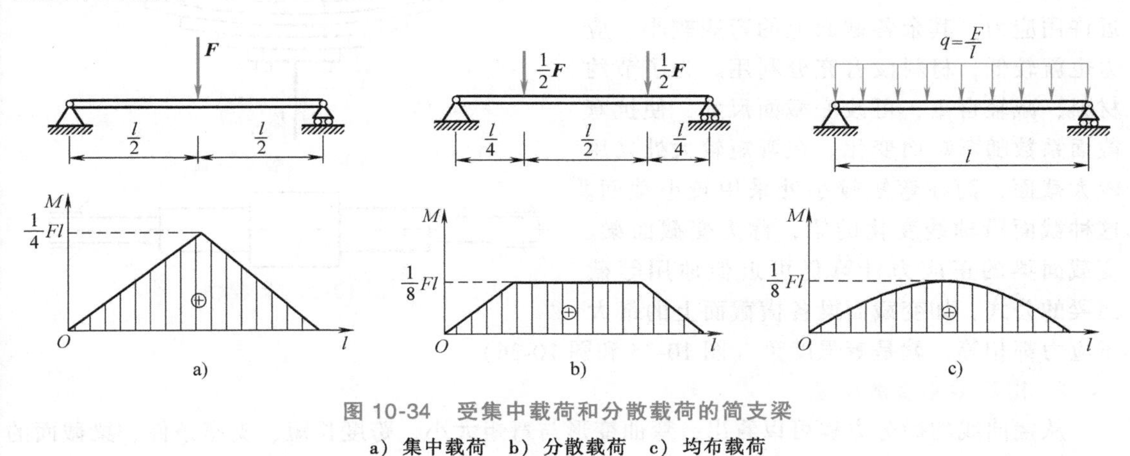

图 10-34　受集中载荷和分散载荷的简支梁

a）集中载荷　b）分散载荷　c）均布载荷

（2）合理选择梁的截面

1）梁的抗弯截面系数 W_z 与截面的面积、形状有关，在满足 W_z 的情况下选择适当的截面形状，使其面积减小可达到节约材料、减轻自重的目的。由于横截面上正应力和各点到中性轴的距离成正比，靠近中性轴的材料正应力较小，未能充分发挥其潜力，故将靠近中性轴的材料移至截面的边缘，必然使 W_z 增大。用工字钢和槽钢制成的梁的截面就较为合理。

截面的形状不同，其抗弯截面系数 W_z 也就不同。用比值$\dfrac{W_z}{A}$来衡量截面形状的合理性和经济性，比值 $k=\dfrac{W_z}{A}$越大，则截面的形状越经济合理。

几种常用截面的比值 k 列于表 10-6 中。从表中所列数值可以看出，工字钢和槽钢比矩形截面经济合理，矩形截面比圆形截面经济合理。所以桥式起重机的大梁以及其他钢结构中的抗弯构件，经常采用工字形截面、槽形截面等。从正应力的分布规律来看，弯曲时梁截面上的点离中性轴越远，正应力越大。为了充分利用材料，应尽可能地把材料置放到离中性轴较远处。圆形截面在中性轴附近聚集了较多的材料，使其未能充分地发挥作用。为了将材料移到离中性轴较远处，可将实心圆截面改为空心圆截面。至于矩形截面，如把中性轴附近的材料移到上、下边缘处，就成了工字形截面。

表 10-6　常用截面的 k 值

截面名称	正方形（对角线平置）	圆形	矩形	薄壁圆环	工字钢	理想截面
截面形状	z	z	z	z	z	z
k	0.083	0.125	0.167	0.205	0.27～0.31	0.27～0.31

2）前面讨论的梁都是等截面的，$W_z=$常数，但梁在各个截面上的弯矩却随截面的位置而变化。对于等截面梁来说，只有在弯矩为最大值的截面上，最大应力才有可能接近许用应力。其余各截面上的弯矩较小，应力也就较低，材料没有充分利用。为了节约材料，减轻自重，可改变截面尺寸，使抗弯截面系数随弯矩而变化。在弯矩较大处采用较大截面，而在弯矩较小处采用较小截面。这种截面沿轴线变化的梁，称为变截面梁。变截面梁的正应力计算仍可近似地用等截面梁的公式，如变截面梁各横截面上的最大正应力都相等，就是等强度梁（图 10-35 和图 10-36）。

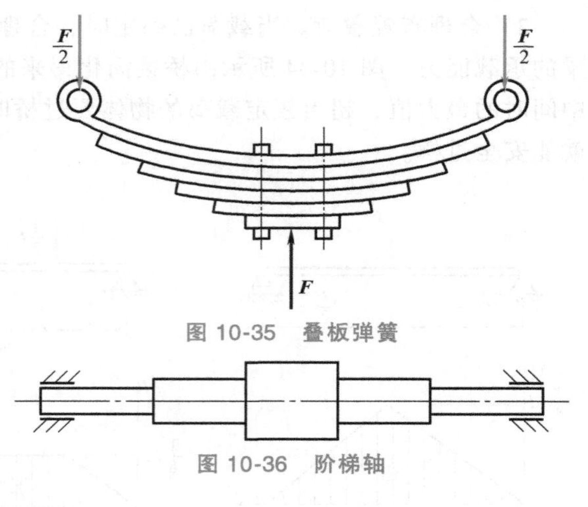

图 10-35　叠板弹簧

图 10-36　阶梯轴

2. 提高梁刚度的措施

从挠曲线的微分方程可以看出，弯曲变形与弯矩大小、跨度长短、支座条件、梁截面的惯性矩、材料的弹性模量有关，所以提高梁的刚度，应该从考虑以上各因素入手。

1）改善结构形式，减小弯矩的数值。弯矩是引起弯曲变形的主要因素，所以减小弯矩就是提高弯曲刚度。在结构允许的情况下，应使轴上的齿轮、带轮等尽可能地靠近支座；把集中力分散成分布力；减小跨度等，这些是减小弯曲变形的有效方法。如果跨度缩短一半，则挠度减为原来的 1/8。在长度不能缩短的时候，可采用增加支承的方法提高梁的刚度，变静定梁为超静定梁。

2）选择合理的截面形状。增大截面惯性矩 I_z 也可以提高刚度。工字钢、槽钢截面比面积相等的矩形截面有更大的惯性矩。一般来说，提高截面惯性矩，也提高了梁的刚度。

弯曲变形还与材料的弹性模量有关。因为各种钢材的弹性模量大致相同，所以为提高刚度而采用高强度的钢材，并不会达到预期的效果。

第四节　弯曲时的应变能和超静定梁

一、弯曲应变能

长度 l、轴力 F_N 和刚度 EA 均为常量时的拉压杆，在线性弹性范围内工作时，其应变能为 $V_\varepsilon=\dfrac{F_N^2 l}{2EA}$，等圆截面直杆长度 l、扭矩 T 和刚度 GI_p 均为常量时的扭转杆，在线性弹性范围内工作时，其应变能为 $V_\varepsilon=\dfrac{T^2 l}{2GI_p}$，那么梁弯曲时的应变能是多少呢？我们分纯弯曲和横力弯曲两种情况讨论。

1. 纯弯曲时梁的应变能

如图 10-37a 所示，直梁纯弯曲时，它的各个横截面上的弯矩 M 都等于外力偶矩 M_e，图 10-37b 所示为 M_e 和转角 θ 的线性关系。在此情况下，作用于梁上的外力偶所做的功 W 为

$$W=\frac{1}{2}M_e\theta$$

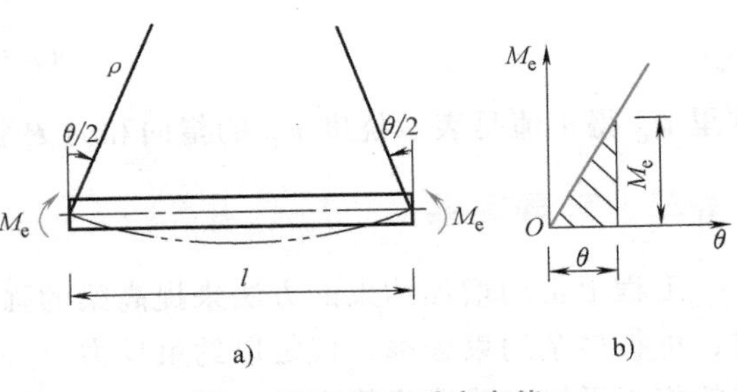

图 10-37 弯曲时应变能

根据弹性体内积蓄的应变能 V_ε 的大小等于外力偶所做的功 W 可知

$$V_\varepsilon=W=\frac{1}{2}M_e\theta=\frac{M_e^2l}{2EI}=\frac{M^2l}{2EI}$$

2. 横力弯曲时梁的应变能

在横力弯曲的情况下，梁除了发生弯曲变形外，还有剪切变形，因此梁内积蓄的应变能实际上包含两部分，即弯曲应变能和剪切应变能。但是，对于工程中常用的跨度比高度大得多的梁来说，剪切应变能要比弯曲应变能小得多，因而可以略去。这样，只要注意到在横力弯曲情况下，弯矩 M 是随横截面位置变化的一个量，即 $M=M(x)$，便可列出直梁在线弹性范围内横力弯曲时应变能为

$$V_\varepsilon=\int_l\frac{M^2(x)}{2EI}\mathrm{d}x$$

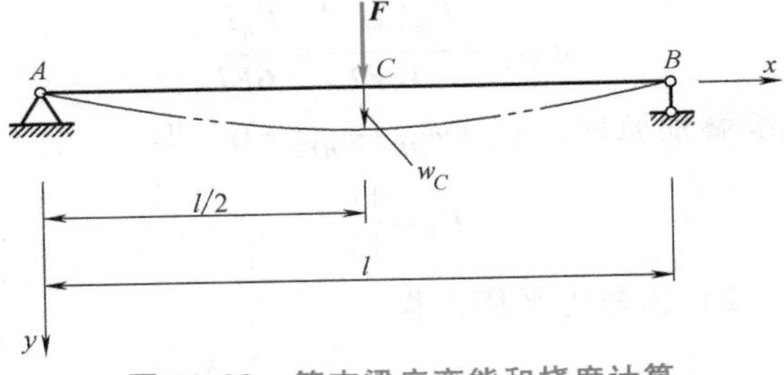

图 10-38 简支梁应变能和挠度计算

[例 10-14] 试求图 10-38 所示等截面简支梁内的弯曲应变能，并利用应变能求跨中截面 C 的挠度 w_C。

解：1）根据对称关系，梁 AC 段和 CB 段内的弯曲应变能相同，故只要把 AC 段的应变能乘以 2 即得整个梁内的应变能。

对于 AC 段（$0\leqslant x\leqslant l/2$），弯矩方程为

$$M(x)=\frac{F}{2}x$$

从而应变能为

$$V_{\varepsilon,1}=\int_0^{\frac{l}{2}}\frac{\left(\frac{F}{2}x\right)^2}{2EI}\mathrm{d}x=\frac{F^2l^3}{192EI}$$

于是，整个梁内的弯曲应变能为

$$V_\varepsilon=2V_{\varepsilon,1}=\frac{F^2l^3}{96EI}$$

2）所求得挠度 w_C 就是载荷 $\boldsymbol{F}$ 的作用点沿载荷作用方向的位移，因此在加载过程中载荷所做的功为

$$W=\frac{1}{2}Fw_C$$

根据弹性体内应变能的大小等于外力所做的功，$V_\varepsilon=W$，有

$$\frac{F^2l^3}{96EI}=\frac{1}{2}Fw_C$$

从而求得

$$w_C=\frac{Fl^3}{48EI}$$

这里 w_C 得正值是表示挠度 w_C 的指向和力 $\boldsymbol{F}$ 相同，即向下。

二、超静定梁

工程上常用增加约束的方法来提高梁的强度和刚度，这就构成了超静定梁。解超静定梁时，可将多余约束去掉，代之以约束反力，并保持原约束处的变形条件，该梁称为原超静定梁的相当系统，或称为静定基。对同一个超静定梁，根据解除的约束不同，可得到不同的静定基。

[例 10-15] 试作图 10-39 所示超静定梁的弯矩图，并求出最大弯矩值（EI 为常数）。

解：1）解除 B 点约束，可得相当系统，且 $w_B=0$，查表 10-5 得

$$w_{BF}=-\frac{F\dfrac{l}{2}l}{6\times2lEI}\left[(2l)^2-l^2-\left(\frac{l}{2}\right)^2\right]=-\frac{11Fl^3}{96EI}$$

$$w_{BFB}=\frac{F_B(2l)^3}{48EI}=\frac{F_Bl^3}{6EI}$$

根据叠加原理，$w_B=w_{BF}+w_{BFB}=0$，得

$$F_B=\frac{11}{16}F$$

2）由静力平衡方程

$$\sum M_A=0,F_C\times2l+F_Bl-F\times\frac{3}{2}l=0$$

$$\sum F_y=0,F_B+F_C-F_A-F=0$$

可得

$$F_A=\frac{3}{32}F,F_C=\frac{13}{32}F$$

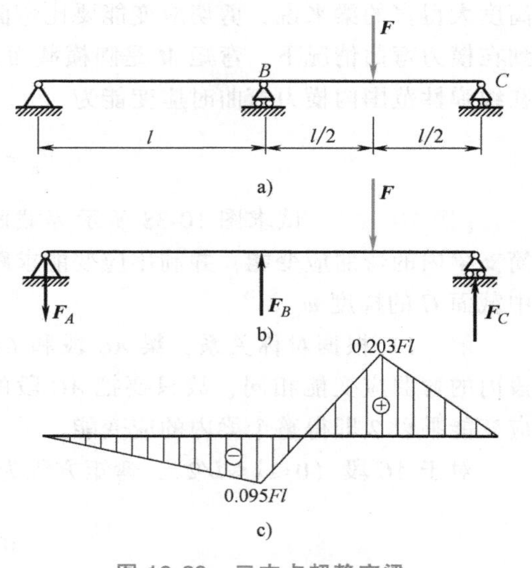

图 10-39 三支点超静定梁

a）梁的工作简图 b）梁的载荷图 c）弯矩图

3）作梁的弯矩图，可得梁上最大弯矩为 $0.203Fl$。

本题也可解除 C 点约束，可得同样的解。

若去掉中间铰，则为静定梁。在受载相同的情况下，梁上的最大弯矩为 $0.375Fl$，比超静定梁大得多。

力学故事汇

世界最长的跨海大桥——港珠澳大桥

港珠澳大桥被英国卫报誉为“新世界七大奇迹”之一，已经成为“中国智造”的新名片。它全长 55km，于 2018 年 10 月 24 日上午 9 时开通运营，连接了香港、珠海、澳门，将原来 4 小时的陆路车程缩短为 30 分钟，形成“一小时都市圈”。它的落成通车，还标志着中国现代桥梁建造技术再次站到了新高度，中国由桥梁大国迈向了桥梁强国！

我们在惊叹这座跨海巨龙的雄伟气魄和国人强大的创造力的同时，一起来看看在力学在桥梁工程中所起的巨大推动作用吧！

在古代，力学基础理论的缺乏严重制约着桥梁的设计和建设。几乎所有桥梁的设计都来自生活经验（如拱桥和梁桥），并采用最简单的搭接和架设方式，无法形成大的跨径，也难以设计合理的拱形。尽管如此，古代桥梁结构的工程探索依然出现了技术进步的萌芽。比如，中国在11世纪初修建的洛阳桥，建设过程初期首先在桥址江中遍抛石块，其上养殖牡蛎，两三年后胶固形成筏形基础，体现了中国古代劳动人民的智慧；赵州桥采用拱桥结构，既利用了石料耐压特性，又因消除了拱轴线截面上的拉应力而使桥身更加稳固，且减轻了重量，增大了泄洪能力。

到了近代，桥梁设计中的力学原理除了以承载力为代表的静力作用之外，动力作用相关的力学原理也逐渐成为研究人员关注的重要内容。尤其是桥梁抗风设计的研发颇受重视，如尼亚加拉瀑布公路铁路两用桥采用了锻铁索和加劲梁；纽约布鲁克林吊桥采用了加劲桁架来减弱振动；旧金山金门桥和奥克兰海湾桥也都是采用加劲梁的吊桥。

现代，随着工程对桥梁跨径要求的不断提高，斜拉桥和悬索桥逐渐成为长大桥梁的主要形式。斜拉桥和悬索桥都是使用预应力钢丝索作为悬索，并同加劲梁构成自锚式体系，通过钢索将桥梁的力传递到主塔来承重；不同的是，斜拉桥是通过斜拉索直接将桥面的力传递至桥塔，而悬索桥是通过拉索垂直传递到主索，再由主索将力传递至桥塔。斜拉桥和悬索桥的设计形式为桥梁结构提供了更大的跨越长度。

港珠澳大桥的总设计师孟凡超提到：港珠澳大桥不仅仅是桥，更是一个跨海集群工程，由桥、岛、隧三部分组成。通常来讲，桥型可以分为梁式桥、拱式桥、悬索桥、斜拉桥四种类型。但是港珠澳大桥太长了，单一的桥型无法满足建桥所需的力学结构，也就无法保证大桥的安全性。因此，在设计桥型的时候，需要分段考虑。港珠澳大桥中，青州航道桥桥跨布置为双塔斜桥，主梁采用扁平流线型钢箱梁，斜拉索采用扇形式空间双索面布置，索塔采用横向“H”形框架结构，塔柱为钢筋混凝土构件，上联结系采用“中国结”造型的钢结构剪刀撑。江海直达船航道桥桥跨布置为三塔斜拉桥，主梁采用大悬臂钢箱梁，斜拉索采用竖琴式中央单索面布置，索塔采用“海豚”形钢塔。九洲航道桥桥跨布置为双塔斜拉桥，主梁采用悬臂钢箱组合梁，斜拉索采用竖琴式中央双索面布置，索塔采用“帆”形钢塔（下塔柱局部为混凝土结构）。深水区非通航孔桥为110m等跨径等梁高钢箱连续梁桥，钢箱梁采用大悬臂单箱双室结构。浅水区非通航孔桥为85m等跨径等梁高组合连续梁桥，主梁采用分幅布置。全桥基础采用大直径钢管复合群桩，通航孔桥采用现浇承台，非通航孔桥采用预制承台，全桥桥墩采用预制墩身。

港珠澳大桥的建成开通，有利于促进粤港澳大湾区发展，对于支持香港、澳门融入国家发展大局具有重大意义，体现了中国人民逢山开路、遇水架桥的奋斗精神，体现了中国综合国力、自主创新能力，体现了勇创世界一流的民族志气。

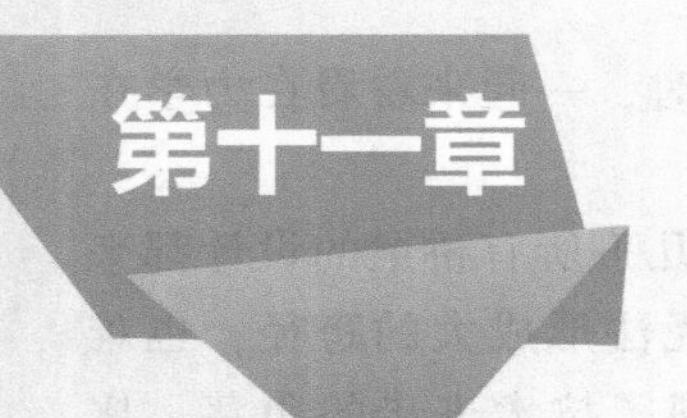

第十一章 应力状态与强度理论

第一节　应力状态

一、应力状态的概念

通过研究发现，在受力构件内一点处所截取的截面方位不同，截面上应力的大小和方向也是不同的。为了更全面地了解杆内的应力情况，分析各种破坏现象，必须研究受力构件内某一点处的各个不同方位截面上的应力情况。如图 11-1 所示的 T 形截面钢筋混凝土梁，为了研究如何放置受拉钢筋，就需要研究梁内各点处最大拉伸正应力的方向，即研究图中所示单元体其倾斜面上的应力 σ_α、τ_α 与左右、上下两对面上的已知应力 α、τ 之间的关系，以及 σ_α 的极大值和它的方向。

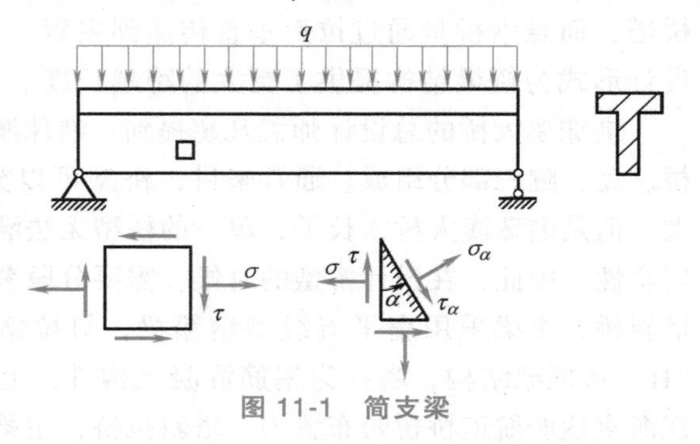

图 11-1　简支梁

通常把受力构件内某一点处的各个不同方位截面上的应力情况称为该点的应力状态。

研究危险点处应力状态的目的就在于确定在哪个截面上该点处有最大正应力，在哪个截面上该点处有最大切应力，以及它们的数值，为处于复杂受力状态下杆件的强度计算提供依据。

1. 主平面和主应力

为了研究构件内某点的应力状态，可以在该点截取一个微小的正六面体，当正六面体的边长趋于无穷小时，称为单元体。因为单元体的边长是极其微小的，所以可以认为单元体各个面上的应力是均匀分布的，相对平行面上的应力大小和性质都是相同的。单元体六个面上的应力代表通过该点互相垂直的三个截面上的应力。如果单元体各面上的应力情况是已知的，则这个单元体称为原始单元体。根据原始单元体各面上的应力，应用截面法即可求出通过该点的任意斜截面上的应力，从而可知道该点的应力状态。

从受力构件中某一点处截取任意的单元体，一般来说，其面上既有正应力也有切应力。

弹性力学的理论证明，从不同方位截取的诸单元体中，总有一个特殊的单元体，在它相互垂直的三个面上只有正应力而无切应力。像这种切应力为零的面称为主平面，主平面上的正应力称为主应力，用σ_1、σ_2、σ_3表示，并按代数值排列，即$\sigma_1 \geqslant \sigma_2 \geqslant \sigma_3$。这种在各个面上只有主应力的单元体称为主单元体。

2. 应力状态的分类

一点处的应力状态通常用该点处的三个主应力来表示，根据主应力不等于零的数目将一点处的应力状态分为三类。

1）单向应力状态。一个主应力不为零的应力状态称为单向应力状态。

2）二向应力状态。两个主应力不为零的应力状态称为二向应力状态或平面应力状态。

3）三向应力状态。三个主应力都不为零的应力状态称为三向应力状态。

二、二向应力（平面应力）状态

1. 二向应力（平面应力）状态分析

应力状态分析的目的是找出受力构件上某点处的主单元体，求出相应的三个主应力的大小，确定主平面的方位，为组合变形情况下构件的强度计算建立理论基础。

图 11-2a 所示为从受力构件中某点处取出的原始单元体，其上作用着已知的应力σ_x、τ_x、σ_y和τ_y，并设$\sigma_x>\sigma_y$。其中σ_x和τ_x是外法线平行于x轴的截面（称为x截面）上的正应力和切应力；而σ_y和τ_y是外法线平行于y轴的截面（称为y截面）上的正应力和切应力。由于此单元体前后面上没有应力，所以可以用图 11-2b 所示的平面图形来表示。

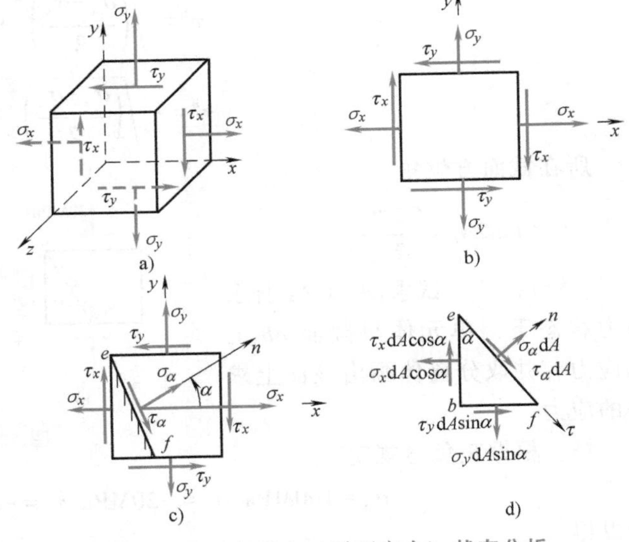

图 11-2　二向应力（平面应力）状态分析

a）二向应力状态　b）二向应力状态用平面图形来表示　c）截面法　d）截面法所取的研究对象

现在用截面法来确定单元体的斜截面ef上的应力。斜截面ef的外法线n与x轴间的夹角用α表示，以后简称此截面为α截面，如图 11-2c 所示。在α截面上的正应力与切应力分别用σ_α与τ_α表示。

假想沿截面ef将单元体分成两部分，并取其左边部分为研究对象，如图 11-2d 所示。列平衡方程可以求出α截面上的正应力σ_α与切应力τ_α分别为

$$\sigma_\alpha = \frac{\sigma_x + \sigma_y}{2} + \frac{\sigma_x - \sigma_y}{2}\cos 2\alpha - \tau_x \sin 2\alpha$$

$$\tau_\alpha = \frac{\sigma_x - \sigma_y}{2}\sin 2\alpha + \tau_x \cos 2\alpha$$

符号规定：正应力以拉应力为正，压应力为负；切应力则以截面外法线顺时针方向转90°为正方向（使单元体顺时针方向错动），反之为负。α角则规定从x轴沿逆时针方向转到截面外法线n时，α为正，反之为负。

斜截面上的正应力和切应力是随截面的方位而改变的。令$\frac{d\sigma_\alpha}{d\alpha}=0$、$\frac{d\tau_\alpha}{d\alpha}=0$，求出使截面应力取得极值的 α 角，再经数学推导可得正应力、切应力的最大和最小值及其所在平面。

1）正应力的极值

$$\sigma'=\frac{\sigma_x+\sigma_y}{2}+\sqrt{\left(\frac{\sigma_x-\sigma_y}{2}\right)^2+\tau_x^2}$$

$$\sigma''=\frac{\sigma_x+\sigma_y}{2}-\sqrt{\left(\frac{\sigma_x-\sigma_y}{2}\right)^2+\tau_x^2}$$

主平面方位角

$$\tan 2\alpha_0=-\frac{2\tau_x}{\sigma_x-\sigma_y}$$

2）正应力的极值

$$\tau'=\sqrt{\left(\frac{\sigma_x-\sigma_y}{2}\right)^2+\tau_x^2}$$

$$\tau''=-\sqrt{\left(\frac{\sigma_x-\sigma_y}{2}\right)^2+\tau_x^2}$$

所在截面方位角

$$\tan 2\alpha_0'=\frac{\sigma_x-\sigma_y}{2\tau_x}$$

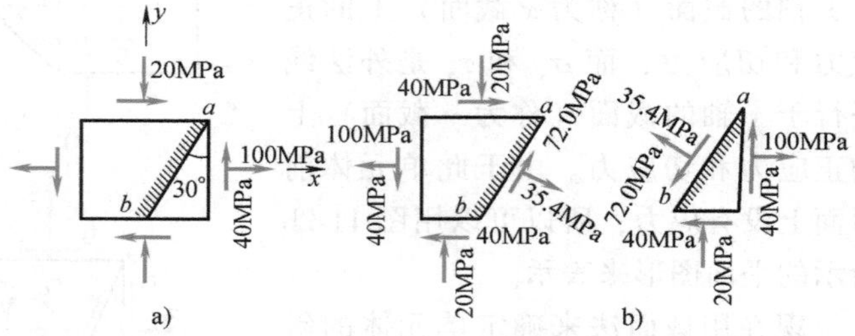

［例 11-1］ 试求图 11-3a 所示应力状态下，单元体斜截面 ab 上的应力，并取分离体画出该面上求得的应力。

图 11-3 单元体斜截面应力计算

解：根据正负号规定有

$$\sigma_x=100\text{MPa}、\sigma_y=-20\text{MPa}、\tau_x=-40\text{MPa}、\alpha=-30^\circ$$

所以得

$$\sigma_{-30^\circ}=\left[\frac{100+(-20)}{2}+\frac{100-(-20)}{2}\times\cos(-60^\circ)-(-40)\times\sin(-60^\circ)\right]\text{MPa}=35.4\text{MPa}$$

$$\tau_{-30^\circ}=\left[\frac{100-(-20)}{2}\times\sin(-60^\circ)+(-40)\times\cos(-60^\circ)\right]\text{MPa}=-72\text{MPa}$$

所得 σ_{-30° 为正值表示斜截面 ab 上的正应力为拉应力，τ_{-30° 为负值表示斜截面 ab 上的切应力有使分离体逆时针方向转动的趋势，它们的指向如图 11-3b 所示。图中同时取斜截面 ab 左侧和右侧的分离体画出了该斜面上的应力，实际上用其中的一个分离体画出即可。

［例 11-2］ 从构件中取出一单元体，各截面的应力如图 11-4 所示。试确定主应力的大小和方位，并画出主单元体。

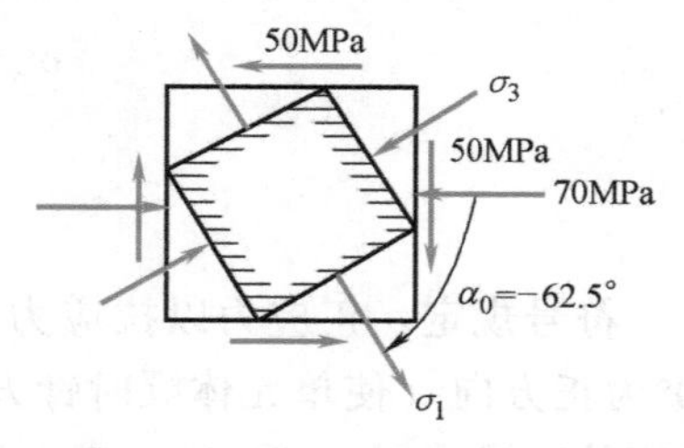

图 11-4 单元体

解：该单元体为二向应力状态，已知一个主应力为零，另外两个主应力为

$$\sigma'=\frac{\sigma_x+\sigma_y}{2}+\sqrt{\left(\frac{\sigma_x-\sigma_y}{2}\right)^2+\tau_x^2}=\left(\frac{-70+0}{2}+\sqrt{\left(\frac{-70-0}{2}\right)^2+50^2}\right)\text{MPa}=26\text{MPa}$$

$$\sigma''=\frac{\sigma_x+\sigma_y}{2}-\sqrt{\left(\frac{\sigma_x-\sigma_y}{2}\right)^2+\tau_x^2}=\left(\frac{-70+0}{2}-\sqrt{\left(\frac{-70-0}{2}\right)^2+50^2}\right)\text{MPa}=-96\text{MPa}$$

因此可得三个主应力

$$\sigma_1=26\text{MPa}、\sigma_2=0、\sigma_3=-96\text{MPa}$$

主平面的方位角

$$\tan 2\alpha_0=-\frac{2\tau_x}{\sigma_x-\sigma_y}=-\frac{2\times 50}{-70-0}=\frac{10}{7}$$

所以

$$\alpha_0=\frac{1}{2}\arctan\frac{10}{7}=27.5°\ （逆时针方向）$$

另一个主平面与之垂直，即 $\alpha_0-90°=-62.5°$。

从原单元体 x 轴顺时针方向转过 62.5°，得 σ_1 所在主平面，再转 90°得 σ_3 所在主平面，得到图 11-4 所示主单元体。

2. 二向应力（平面应力）状态下的胡克定律

各向同性材料在平面应力状态下，当变形微小时，线应变 ε_x 和 ε_y 都只与各点处的正应力 σ_x 和 σ_y 相关，而与切应力 τ_x 和 τ_y 无关。为了导出各向同性材料处于平面应力状态下在线弹性范围内且变形微小时应力与应变间的相互关系，可将任意的平面应力状态（图 11-5a）看作两个单向应力状态（图 11-5b、c）和一个纯剪切应力状态（图 11-5d）的叠加。对于这三个应力状态，根据单向应力状态时的拉伸胡克定律 $\sigma=E\varepsilon$ 和泊松比 μ，以及剪切胡克定律 $\tau=G$，可求得各自沿 x、y、z 方向的线应变以及平面 xy 内的切应变（图 11-5b、c、d）。从而可得原来的平面应力状态下的应变为

$$\varepsilon_x=\frac{\sigma_x}{E}-\mu\frac{\sigma_y}{E}=\frac{1}{E}(\sigma_x-\mu\sigma_y)$$

$$\varepsilon_y=\frac{\sigma_y}{E}-\mu\frac{\sigma_x}{E}=\frac{1}{E}(\sigma_y-\mu\sigma_x)$$

$$\varepsilon_z=-\frac{\mu}{E}(\sigma_x+\sigma_y)$$

$$\gamma_{xy}=\frac{\tau_x}{G}$$

应当注意，在平面应力状态下，尽管 $\sigma_z=0$，但由于横向变形效应，ε_z 一般并不等于零。

稍加变换可得到平面应力状态下胡克定律的另一种表达

$$\sigma_x=\frac{E}{1-\mu^2}(\varepsilon_x+\mu\varepsilon_y)$$

$$\sigma_y=\frac{E}{1-\mu^2}(\varepsilon_y+\mu\varepsilon_x)$$

$$\sigma_z=0$$

$$\tau_x=G\gamma_{xy}$$

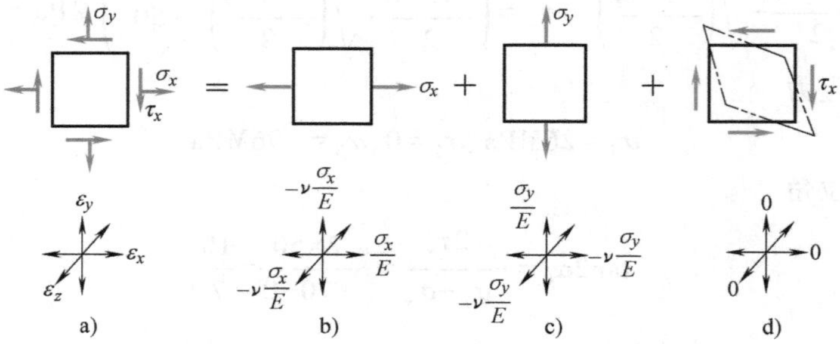

图 11-5 平面应力状态应力和应变

[例 11-3] 对于物体内处于平面应力状态（图 11-6a）的一个点，已测得沿 x、y 及 45° 方向（图 11-6b）的线应变 ε_x、ε_y 及 $\varepsilon_{45°}$。试求该点处的 σ_x、σ_y 及 τ_x。

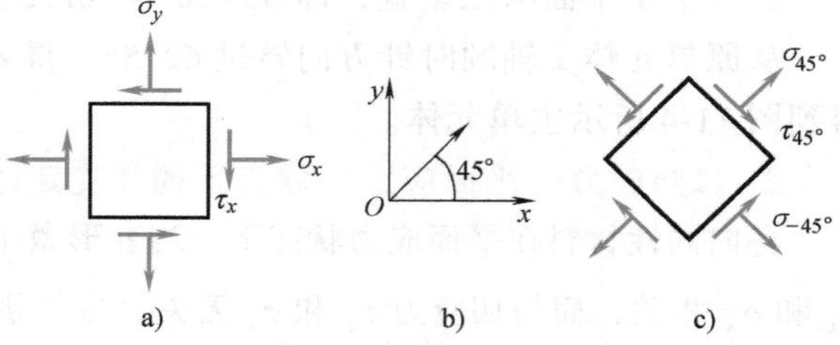

图 11-6 平面应力和应变计算

解：1）求 σ_x、σ_y。该点处的 ε_x、ε_y 直接代入公式得

$$\sigma_x=\frac{E}{1-\mu^2}(\varepsilon_x+\mu\varepsilon_y)、\sigma_y=\frac{E}{1-\mu^2}(\varepsilon_y+\mu\varepsilon_x)$$

2）求 τ_x。为了求出 τ_x 必须利用已知的 $\varepsilon_{45°}$。为此，先求出该单元体 ±45° 面上的正应力 $\sigma_{45°}$ 和 $\sigma_{-45°}$。

$$\sigma_{45°}=\frac{\sigma_x+\sigma_y}{2}-\tau_x、\sigma_{-45°}=\frac{\sigma_x+\sigma_y}{2}+\tau_x$$

对于图 11-6c 所示单元体，利用平面应力状态下的胡克定律得

$$\varepsilon_{45°}=\frac{\sigma_{45°}}{E}-\mu\frac{\sigma_{-45°}}{E}=\frac{1}{E}\left[\left(\frac{\sigma_x+\sigma_y}{2}-\tau_x\right)-\mu\left(\frac{\sigma_x+\sigma_y}{2}+\tau_x\right)\right]$$

将 $\sigma_x=\frac{E}{1-\mu^2}(\varepsilon_x+\mu\varepsilon_y)$、$\sigma_y=\frac{E}{1-\mu^2}(\varepsilon_y+\mu\varepsilon_x)$ 代入整理得

$$\tau_x=\frac{E}{1+\mu}\left(\frac{\varepsilon_x+\varepsilon_y}{2}-\varepsilon_{45°}\right)$$

一般地说，要确定一点处的平面应力状态，必须测定三个方向的线应变。只有在确切知道该点处两个不为零的主应力之方向的情况下，才只需测定沿这两个主应力方向的线应变。

三、三向应力状态

1. 三向应力状态分析

三向应力状态也称为空间应力状态，是指三个主应力均不等于零的应力状态。平面应力

状态和单向应力状态可视为三向应力状态的特例。

如图 11-7a 所示，从受力构件内某点取一主单元体，其上主应力 $\sigma_1>\sigma_2>\sigma_3$。研究与主应力 σ_3 平行任意斜截面 *abcd* 上的应力，如图 11-7b 所示。由于主应力 σ_3 所在的两平面上的力互相平衡，所以此斜截面 *abcd* 上的应力仅与 σ_1 和 σ_2 有关，因而平行于 σ_3 的各斜截面上的应力简化成只受 σ_1 和 σ_2 作用的二向应力状态，其各斜截面上应力可由 σ_1 和 σ_2 所确定的应力圆上相应点的坐标来表示，如图 11-7c 所示。

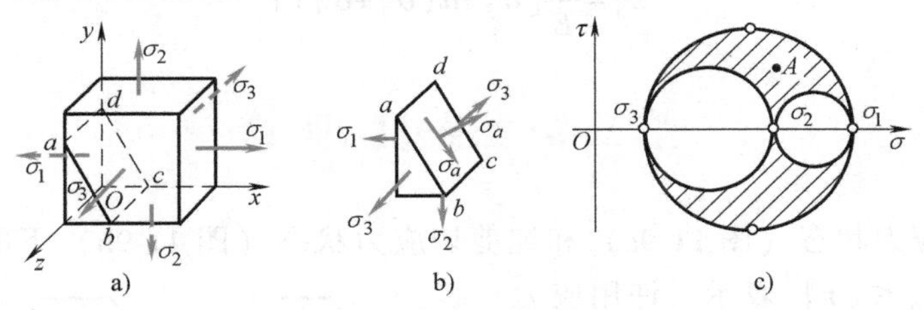

图 11-7 三向应力状态分析

a）三向应力状态 b）与主应力 σ_3 平行的任意斜截面 *abcd* 上的应力 c）三向应力状态下的应力圆

同理，平行于 σ_2 的平面上的应力，由 σ_1 和 σ_3 所确定的应力圆上相应点的坐标来表示；平行于 σ_1 的平面上的应力，由 σ_2 和 σ_3 所确定的应力圆上相应点的坐标来表示。对于与三个主应力均不平行的任意斜截面上的应力，在 $\sigma O\tau$ 直角坐标系中的对应点必定在图 11-7c 中三个应力圆所围成的阴影区域内。因此，在三向应力状态下，一点处的最大和最小正应力为

$$\sigma_{\max}=\sigma_1,\sigma_{\min}=\sigma_3$$

最大切应力为

$$\tau_{\max}=\frac{\sigma_1-\sigma_3}{2}$$

$\tau_{\max}$ 位于与 σ_1 和 σ_3 均成 45°的斜截面。

2. 三向应力状态下的胡克定律

图 11-8a 所示为从受力物体中某点处取出的主单元体，其上作用着已知的主应力 σ_1、σ_2、σ_3。该单元体在受力后，在各个方向的长度都要发生变化，沿三个主应力方向的线应变称为主应变，并分别用 ε_1、ε_2、ε_3 表示。假如材料是各向同性的，且在线弹性范围内工作，同时变形是微小的，那么可以用叠加法求得。

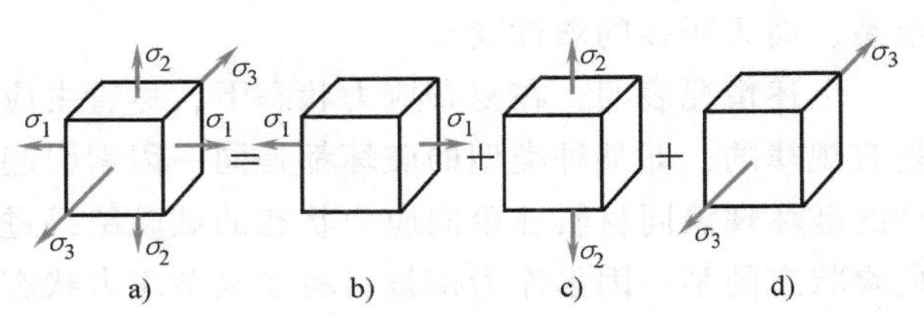

图 11-8 三向应力状态分解

a）三向应力状态下的主单元体 b）σ_1 作用下的单向应力状态 c）σ_2 作用下的单向应力状态 d）σ_3 作用下的单向应力状态

在 σ_1 单独作用下，单元体沿 σ_1 方向的线应变为 $\varepsilon_1'=\frac{\sigma_1}{E}$。在 σ_2 与 σ_3 单独作用下，分别使单元体在 σ_1 方向产生收缩。对于各向同性材料，σ_2 与 σ_3 在 σ_1 方向引起的线应变分别为 $\varepsilon_1''=-\mu\frac{\sigma_2}{E}$、$\varepsilon_1'''=-\mu\frac{\sigma_3}{E}$。将它们叠加起来，得到三个主应力共同作用下在 σ_1 方向的主应变

$$\varepsilon_1=\varepsilon_1'+\varepsilon_1''+\varepsilon_1'''=\frac{1}{E}[\sigma_1-\mu(\sigma_2+\sigma_3)]$$

同理可求得

$$\varepsilon_2=\frac{1}{E}[\sigma_2-\mu(\sigma_1+\sigma_3)]$$

$$\varepsilon_3=\frac{1}{E}[\sigma_3-\mu(\sigma_1+\sigma_2)]$$

第二节　强度理论

材料在单向应力状态（图 11-9a）和纯剪切应力状态（图 11-9b）下的强度条件，可用 $\sigma_{max}\leqslant[\sigma]$ 和 $\tau_{max}\leqslant[\tau]$ 表示，许用应力 $[\sigma]$ 和 $[\tau]$ 是通过试验测出失效（断裂或屈服）时的极限应力除以安全系数得出的，所以材料在单向应力状态或纯剪切应力状态的强度条件是以试验为基础的。

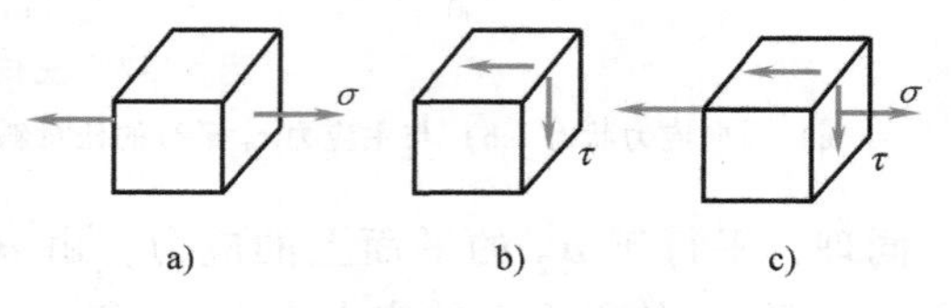

图 11-9　应力状态

a）单向应力状态　b）纯剪切应力状态　c）平面应力状态

然而在复杂应力状态下，情况就不同了。材料在图 11-9c 所示的平面应力状态下，正应力 σ 和切应力 τ 对于材料强度有着综合的影响，而且这种影响又随 σ 与 τ 的比例不同而变化，因此不应该分别按正应力和切应力来建立强度条件 $\sigma_{max}\leqslant[\sigma]$ 和 $\tau_{max}\leqslant[\tau]$，也不可能总是通过试验来确定 σ 与 τ 成每一比例时材料的强度。于是人们不得不从考察材料的破坏原因着手，研究在复杂应力状态下的强度条件。

在长期的生产实践和大量的试验中发现，材料的破坏主要有塑性屈服和脆性断裂两种形式。塑性屈服是指材料由于出现屈服现象或发生显著塑性变形而产生的破坏。例如，低碳钢试件拉伸屈服时在与轴线约成 45°的方向出现滑移线，这与最大切应力有关。脆性断裂是指不出现显著塑性变形的情况下突然断裂的破坏。例如，灰铸铁拉伸时沿拉应力最大的横截面断裂，而无明显的塑性变形。

上述情况表明，在复杂应力状态下，尽管主应力的比值有无穷多种，但是材料的破坏却是有规律的，即某种类型的破坏都是同一因素引起的。据此，人们把在复杂应力状态下观察到的破坏现象同材料在单向应力状态的试验结果进行对比分析，将材料在单向应力状态达到危险状态的某一因素作为衡量材料在复杂应力状态达到危险状态的准则，先后提出了关于材料破坏原因的多种假说，这些假说就称为强度理论。

如上所述，材料的破坏主要有两种形式，因此相应地存在两类强度理论。一类是脆性断裂的强度理论，包括最大拉应力理论和最大拉应变理论；另一类是塑性屈服的强度理论，主要包括最大切应力理论和形状改变比能理论。

1. 最大拉应力理论（第一强度理论）

这一理论认为，最大拉应力是引起材料脆性断裂的主要原因。不论材料处于何种应力状态，只要危险点处的最大拉应力 σ_1 达到材料在单向拉伸断裂时的强度极限 σ_b 时，材料就发生脆性断裂破坏。因此，材料发生脆性断裂破坏的条件为

$$\sigma_1=\sigma_b$$

相应的强度条件为

$$\sigma_{xd1}=\sigma_1\leqslant[\sigma]$$

式中　σ_{xd1}——第一强度理论的相当应力；

$[\sigma]$——单向拉伸断裂时材料的许用应力，$[\sigma]=\frac{\sigma_b}{n}$，$n$ 为安全系数。

2. 最大拉应变理论（第二强度理论）

这一理论认为，最大拉应变是引起材料脆性断裂的主要原因。不论材料处于何种应力状态，只要危险点处的最大伸长线应变 ε_1 达到材料单向拉伸断裂时线应变的极限值 ε'，材料即发生脆性断裂破坏。因此，材料发生脆性断裂破坏的条件为

$$\varepsilon_1=\varepsilon'$$

对于铸铁等脆性材料，如果近似地认为从加载直至破坏，材料服从胡克定律，则有 $\varepsilon'=\frac{\sigma_b}{E}$；由三向应力状态下的胡克定律可知 $\varepsilon_1=\frac{1}{E}[\sigma_1-\mu(\sigma_2+\sigma_3)]$，于是材料发生脆性断裂破坏的条件可写成

$$\sigma_1-\mu(\sigma_2+\sigma_3)=\sigma_b$$

相应的强度条件为

$$\sigma_{xd2}=\sigma_1-\mu(\sigma_2+\sigma_3)\leqslant[\sigma]$$

式中　σ_{xd2}——第二强度理论的相当应力；

$[\sigma]$——单向拉伸断裂时材料的许用应力，$[\sigma]=\frac{\sigma_b}{n}$，$n$ 为安全系数。

3. 最大切应力理论（第三强度理论）

这一理论认为，最大切应力是引起材料塑性屈服破坏的主要原因。不论材料处于何种应力状态，只要危险点处的最大切应力 τ_{max} 达到单向拉伸屈服时的切应力值 τ_s，材料即发生塑性屈服破坏。因此，材料发生塑性屈服破坏的条件为

$$\tau_{max}=\tau_s$$

材料在单向拉伸的情况下，当横截面上的拉应力达到屈服极限 σ_s 时，在与轴线成45°的斜面上有 $\tau_s=\frac{\sigma_s}{2}$；在三向应力状态下的最大切应力为 $\tau_{max}=\frac{\sigma_1-\sigma_3}{2}$，于是材料发生塑性屈服破坏的条件可写成

$$\sigma_1-\sigma_3=\sigma_s$$

相应的强度条件为

$$\sigma_{xd3}=\sigma_1-\sigma_3\leqslant[\sigma]$$

式中　σ_{xd3}——第三强度理论的相当应力；

$[\sigma]$——单向拉伸屈服时材料的许用应力，$[\sigma]=\frac{\sigma_s}{n}$，$n$ 为安全系数。

4. 形状改变比能理论（第四强度理论）

物体受力发生弹性变形后，其各质点的相对位置及质点间的相互作用力也都要发生改变，因而在其内部将储存能量，这种能量称为弹性变形能。弹性变形能包括体积改变能与形

状改变能，单位体积内的形状改变能称为形状改变比能。在三向应力状态下，形状改变比能 u_d 的表达式为

$$u_d=\frac{1+\mu}{6E}[(\sigma_1-\sigma_2)^2+(\sigma_2-\sigma_3)^2+(\sigma_3-\sigma_1)^2]$$

这一理论认为，形状改变比能是引起材料塑性屈服破坏的主要原因。不论材料处于何种应力状态，只要危险点处内部积蓄的形状改变比能 u_d 达到材料在单向拉伸屈服时的形状改变比能值 u_d'，材料即发生塑性屈服破坏。因此，材料发生塑性屈服破坏的条件为

$$u_d=u_d'$$

材料在单向拉伸屈服时的情况下，$\sigma_1=\sigma_s$，$\sigma_2=\sigma_3=0$，因此形状改变比能 $u_d'=\frac{1+\mu}{3E}\sigma_s^2$，于是材料发生塑性屈服破坏的条件可写成

$$\sqrt{\frac{1}{2}[(\sigma_1-\sigma_2)^2+(\sigma_2-\sigma_3)^2+(\sigma_3-\sigma_1)^2]}=\sigma_s$$

相应的强度条件为

$$\sigma_{xd4}=\sqrt{\frac{1}{2}[(\sigma_1-\sigma_2)^2+(\sigma_2-\sigma_3)^2+(\sigma_3-\sigma_1)^2]}\leqslant[\sigma]$$

式中　σ_{xd4}——第四强度理论的相当应力；

$[\sigma]$——单向拉伸屈服时材料的许用应力，$[\sigma]=\frac{\sigma_s}{n}$，$n$ 为安全系数。

[例 11-4]　某点处的应力状态如图 11-10 所示，用第三和第四强度理论建立相应的强度条件。

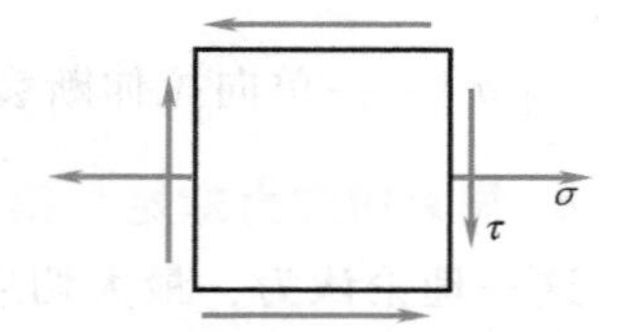

图 11-10　某点处的应力状态

解：1）确定该点的主应力。该单元体为二向应力状态，已知一个主应力为零，另外两个主应力为

$$\sigma'=\frac{\sigma_x+\sigma_y}{2}+\sqrt{\left(\frac{\sigma_x-\sigma_y}{2}\right)^2+\tau_x^2}=\frac{\sigma}{2}+\sqrt{\left(\frac{\sigma}{2}\right)^2+\tau^2}$$

$$\sigma''=\frac{\sigma_x+\sigma_y}{2}-\sqrt{\left(\frac{\sigma_x-\sigma_y}{2}\right)^2+\tau_x^2}=\frac{\sigma}{2}-\sqrt{\left(\frac{\sigma}{2}\right)^2+\tau^2}$$

因此可得三个主应力

$$\sigma_1=\frac{\sigma}{2}+\sqrt{\left(\frac{\sigma}{2}\right)^2+\tau^2}、\sigma_2=0、\sigma_3=\frac{\sigma}{2}-\sqrt{\left(\frac{\sigma}{2}\right)^2+\tau^2}$$

2）第三和第四强度理论的强度条件分别为

$$\sigma_{xd3}=\sigma_1-\sigma_3=\sqrt{\sigma^2+4\tau^2}\leqslant[\sigma]$$

$$\sigma_{xd4}=\sqrt{\sigma^2+3\tau^2}\leqslant[\sigma]$$

力学故事汇

警钟长鸣——韩国三丰百货大楼事故

1995 年夏天，韩国汉城（现更名为首尔）欣欣向荣，堪称 20 世纪末亚洲经济奇迹的代

表。三丰百货大楼是地标性建筑，也是韩国在全球快速成功崛起的象征。6月29日下午，这里却成为一场恐怖浩劫的中心。在30秒内，五层百货大楼层层塌陷，导致501人被压死。到底是什么原因造成韩国历史上和平时期最惨重的灾难？

三丰百货大楼属于“平板”结构，平板结构施工优点多，却很敏感，它的规划必须更精确，完全不能出错。调查小组中的建筑师在检查大楼建筑蓝图后发现，设计图被施工单位大幅度更改，最关键的变动在五楼。五楼本来要当溜冰场，但后被改成传统的韩国餐厅，导致楼面重量增加了三倍。每家餐厅又加装了大型厨房设备，而这些多出的重量从未列入结构计算。紧接着，调查人员又发现屋顶的一项大修改：由于邻居抱怨噪声，大型冷却水塔从地面移至屋顶，水塔装满水重量可以达到30吨。上面楼层重量大增，理应加强支撑，但建筑商却反其道而行。调查小组在进行大楼的骨架与蓝图比对时，发现有些柱子与楼板间没有托板，但托板却是平板结构的要件，因为柱头的托板可以降低压强，分散混凝土楼板的荷载。实际调查的结果是许多托板的尺寸太小，有的柱头甚至没有托板。紧接着发现的是支撑四、五楼的柱子直径大幅缩水。顶楼的重量大幅度增加，结构支撑却大幅度缩水，这两大因素带来了致命的结果。调查人员看完三丰百货的蓝图即可看出灾难迟早发生，但为什么它还正常运营了5年多？压垮它的最后一根稻草又是什么？

具有讽刺意味的是，最后毁了大楼的，竟然是新添的安全设施。根据韩国的法规，百货公司必须在电扶梯旁加装防火墙。防火墙遇到火警会自动关闭，以免火势浓烟蔓延到其他楼层。而为腾出空间加装防火墙，工人切开电扶梯旁的混凝土柱。这个举动严重削弱了大楼的支撑结构。这一系列致命的组合就像颗定时炸弹。三丰百货倒塌的元凶，就是“贯穿剪力”。太细的柱子承受过多的重量，在强大的压强作用下就会像针一样贯穿上方的天花板。

1995年6月29日的情况就是如此。从一早员工开始上班时，三丰百货已经接近崩塌边缘。当天早晨，有员工发现楼板隆起，餐厅的天花板下陷，四楼电扶梯旁的那根被切割过的柱子受到剪力，开始贯穿楼板。建筑物开始摇晃，造成餐具部玻璃器皿晃动作响，但百货公司没人有警觉，还把晃动怪到屋顶的空调。上午9时40分，五楼的餐厅因地板出现裂缝而关闭。1小时后，四楼的柱子继续贯穿天花板，整片混凝土板下陷5厘米。上午11时30分到12时之间，店员听见四、五楼传来连续轰隆声。14时，三丰会长紧急召集主管，决定请结构工程师察看裂缝，评估损害。14时到15时，员工抽干屋顶冷却水塔，以减少负重。但这改变太小又太迟，结构损害已经造成，三丰百货已经踏上倒塌的不归路。16时，结构工程师向三丰主管建议在打烊之后进行补强。17时，百货公司挤满购物人潮。17时47分，四楼的柱子彻底贯穿了天花板，失去承载能力，载荷顿时转移到其余的柱子，但其他柱子无力支撑多出的重量开始发生破坏。17时52分，大楼开始倒塌。30秒内，三丰百货大楼化为飞扬尘土和一堆瓦砾。

由此次事故我们可以知道，在实际的工程与生产中，力学问题不可忽视，一旦发现构件变形或损坏，应引起高度重视，查明原因，防微杜渐，以免引起更严重的事故。2021年5月18日中午12点31分，高达355.8米的深圳华强北赛格大厦发生晃动，大楼管理处立即通过应急广播通知所有人撤离，40分钟内共疏散群众达一万五千人。经专家调查，证实是由于桅杆风致涡激共振引发大厦有感振动，大楼主体结构没有异常。这一事件说明我国民众的安全意识和管理部门的应急管理措施都十分到位。各位同学在今后的生活与工作中，也应牢记力学常识，时刻保持一定警惕性，保证人身安全、生产安全。

第十二章

组合变形

在实际工程中，由于杆件所承受的荷载往往比较复杂，所以大多数杆件在外力作用下所发生的变形同时包含两种或两种以上的基本变形，这类杆件的变形称为组合变形。如图 12-1a 所示钻床立柱，图 12-1b 所示厂房的牛腿形立柱，它们是弯曲和拉伸（压缩）的组合变形；图 12-1c 所示机器中的传动轴是弯曲和扭转的组合变形；图 12-1d 所示船舶的螺旋桨轴是弯曲与扭转、压缩的组合变形。

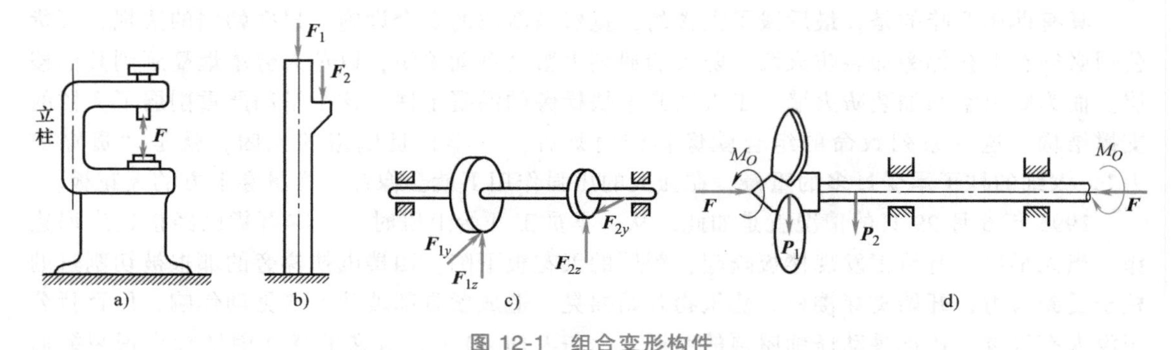

图 12-1　组合变形构件

a）钻床立柱　b）厂房牛腿形立柱　c）传动轴　d）螺旋桨轴

在线弹性、小变形条件下，组合变形中各个基本变形引起的应力和变形，可以认为是各自独立互不影响的，因此可以应用叠加原理。这就需要先将杆件上的外力分成几组，使每一组外力只产生一种基本形式的变形，然后分别算出杆件在每一种基本形式的变形下某一横截面上的应力，再将所得结果叠加，即得此杆件在原有外力作用下该横截面上的应力。

第一节　弯曲与拉伸（压缩）的组合变形

轴向弯曲与拉伸（压缩）的组合变形，根据其受力特点可分为两种情况：一是杆件上同时作用有与轴线重合的轴向力和与轴线垂直的横向力；二是杆件所受的轴向力与杆件的轴线平行，但不通过横截面形心，此时杆件产生拉伸（压缩）与弯曲的组合变形，这种受力形式常称为偏心拉压。

一、杆件上同时作用有与轴线重合的轴向力和与轴线垂直的横向力

对于弯曲刚度较大的杆，由于横向力所引起的挠度与横截面的尺寸相比很小，因此由轴

向力所引起的弯矩忽略不计。于是，可将横向力和轴向力分为两组力，分别计算由每一组力所引起的杆横截面上的正应力，由叠加原理可知，在横向力和轴向力共同作用下，杆横截面上的正应力等于上述两正应力的代数和。

图 12-2a 所示矩形截面悬臂梁，其自由端受轴向力 $\boldsymbol{F}_x$ 和横向力 $\boldsymbol{F}_y$ 作用。轴向力 $\boldsymbol{F}_x$ 使梁拉伸（图 12-2b），横向力 $\boldsymbol{F}_y$ 使梁弯曲（图 12-2c），因此是拉伸和弯曲的组合变形。

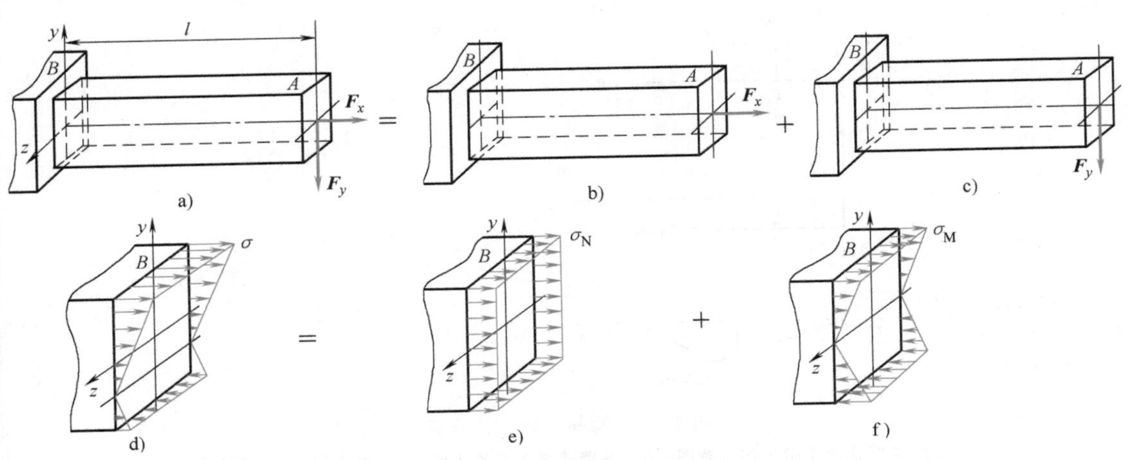

图 12-2　拉弯组合变形杆件

a）悬臂梁受力　b）自由端受轴向力 $\boldsymbol{F}_x$　c）自由端受横向力 $\boldsymbol{F}_y$

d）横截面正应力合成　e）横截面轴向拉伸正应力　f）横截面弯曲正应力

在轴向力 $\boldsymbol{F}_x$ 作用下，杆的各杆截面上有相同的轴力，$F_N=F_x$。横截面的应力均匀分布，如图 12-2e 所示，其值为 $\sigma_N=\dfrac{F_N}{A}$（A 为横截面面积）。横向力 $\boldsymbol{F}_y$ 所产生的弯矩在固定端 B 处最大，$M_{max}=F_y l$。该截面为危险截面，最大弯曲正应力发生在上、下边缘处，如图 12-2f 所示，其值为 $\sigma_M=\dfrac{M_{max}}{W_z}$（$W_z$ 为抗弯截面系数）。

由于变形很小，拉伸和弯曲变形各自独立，即轴力引起的正应力和弯曲引起的正应力互不影响，因此同一个截面上同一点的应力可以叠加，如图 12-2d 所示。危险截面 B 上、下边缘处的最大拉应力和最大压应力分别为

$$\sigma_{max}^{+}=\frac{F_N}{A}+\frac{M_{max}}{W_z},\sigma_{max}^{-}=\left|\frac{F_N}{A}-\frac{M_{max}}{W_z}\right|$$

由拉压应力与弯曲应力叠加后仍为拉压应力，对于拉压强度相等的材料，强度条件为

$$\sigma_{max}^{+}=\frac{F_N}{A}+\frac{M_{max}}{W_z}\leqslant[\sigma]$$

对于抗拉和抗压强度不等的材料，需对最大拉应力和最大压应力分别进行校核。

[例 12-1]　简易悬臂式滑车架如图 12-3a 所示，AB、CD 梁均为 18 号工字钢，查型钢表可得 18 号工字钢的截面面积和抗弯截面系数分别为 $A=30.6\text{cm}^2$，$W_z=185\text{cm}^3$。材料的许用应力为 $[\sigma]=100\text{MPa}$。当起吊物重 $F=10\text{kN}$，$\alpha=30°$时，忽略 AB、CD 梁自重，试校核横梁 AB 的强度。

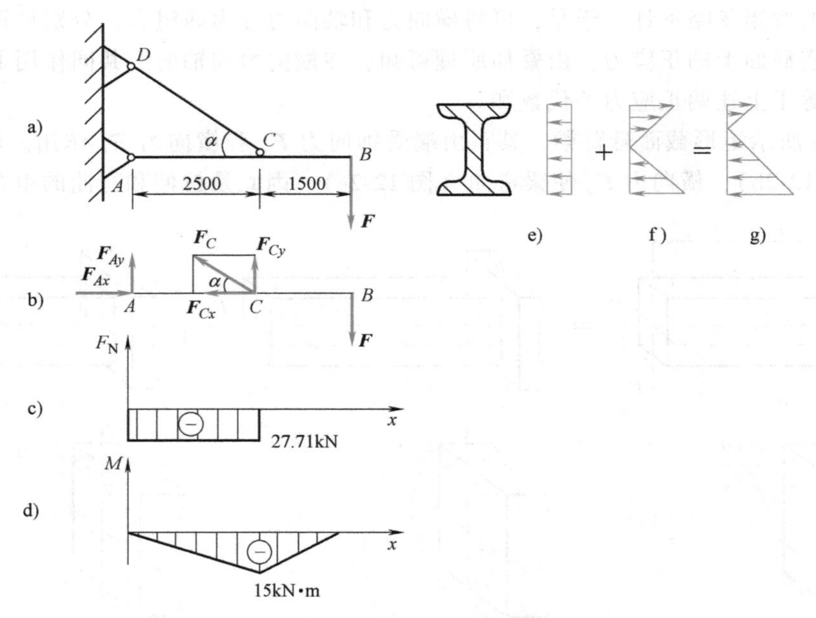

图 12-3　简易悬臂式滑车架

a）悬臂式滑车架工作示意图　b）悬臂式滑车架受力图　c）轴力图　d）弯矩图
e）横截面轴向拉伸正应力　f）横截面弯曲正应力　g）横截面正应力合成

解：1）外力分析。取横梁 AB 为研究对象，CD 为二力杆，受力如图 12-3b 所示。拉杆 CD 对横梁的拉力 F_C 可分解为 F_{Cx} 和 F_{Cy}。轴向力 F_{Cx} 和 A 端的约束反力 F_{Ax} 使横梁 AB 受压缩，而吊重 F、F_{Cy}、F_{Ay} 使梁发生弯曲变形，故 AB 梁是弯曲和压缩的组合变形。

由平衡条件可求得 F_{Cx}、F_{Cy}、F_{Ax} 和 F_{Ay}。

由 $\sum M_A=0$，$F_{Cy}\times 2.5-F\times 4=0$ 得：$F_{Cy}=16\text{kN}$

由 $F_{Cx}=F_{Cy}\cot 30°$ 得：$F_{Cx}=27.7\text{kN}$

由 $F_{Ax}=F_{Cx}$ 得：$F_{Ax}=27.7\text{kN}$

由 $F_{Ay}=F-F_{Cy}$ 得：$F_{Ay}=-6\text{kN}$

2）内力分析。分别计算每组外力引起的内力，作横梁 AB 的轴力图和弯矩图如图 12-3c、d 所示。由图可知，C 截面处为危险截面，其轴力和弯矩分别为

$$F_N=-27.7\text{kN},M_{max}=M_C=15\text{kN}\cdot\text{m}$$

3）应力计算。C 截面上的压缩应力和弯曲正应力的分布如图 12-3e、f 所示。C 截面处由轴向力引起的压应力和由弯曲引起的应力最大值分别是

$$\sigma_N=\frac{F_N}{A}=\frac{-27.7\times 10^3}{30.6\times 10^2}\text{MPa}=-9.05\text{MPa}$$

$$\sigma_M=\frac{M_C}{W_z}=\frac{15\times 10^6}{185\times 10^3}\text{MPa}=81.08\text{MPa}$$

将 C 截面上的两种正应力叠加，如图 12-3g 所示，显然下边缘处是危险点，最大应力为

$$\sigma_{max}^-=\sigma_N+(-\sigma_M)=-90.13\text{MPa}$$

4）强度校核。由于 $\sigma_{max}^-\leqslant[\sigma]$，所以横梁强度足够。

二、偏心拉压

当作用在直杆上的外力沿杆件轴线作用时，产生轴向拉伸或轴向压缩。然而如果外力的作用线平行于杆的轴线，但不通过横截面的形心，则将引起偏心拉伸或偏心压缩，这是拉伸（压缩）与弯曲组合变形的又一种形式。例如图 12-4 所示的钩头螺栓和受压立柱即为偏心拉伸和偏心压缩的实例。

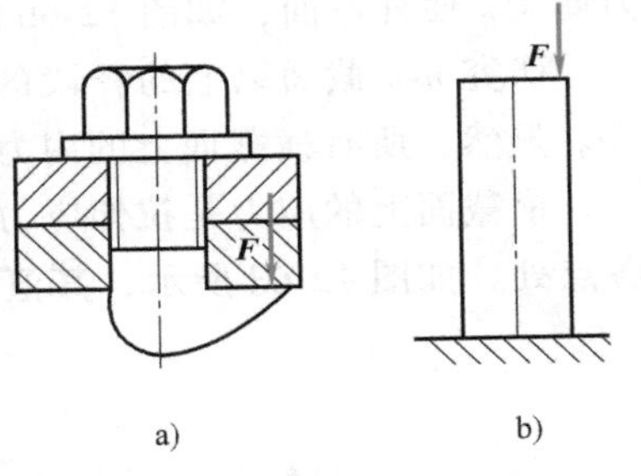

图 12-4　偏心拉压杆件

a）钩头螺栓　b）受压立柱

在偏心外力作用下，杆件横截面上的应力不再均匀分布，即不能按 $\sigma_N=\dfrac{F_N}{A}$ 来计算其应力。为了转化成基本变形形式，可将力 F 向轴线简化，得到通过轴线的力和一个附加力偶。显然，轴向力使杆件产生轴向拉压，而力偶使杆件发生弯曲。

如图 12-5a 所示，杆件受到偏心拉力作用时。首先将偏心力 F 向截面形心 C 平移，得到作用线与轴线一致的轴向力 F' 和力偶矩为 Fe 的力偶，使杆件产生拉伸与弯曲组合变形。由此，杆的任一横截面上的内力分量为：轴力 $F_N=F'=F$、弯矩 $M_z=Fe$。在小变形的情况下，横截面上的正应力是拉伸与弯曲两种应力的代数叠加。横截面上应力分布情况如图 12-5b 所示，其最大拉、压应力分别为

$$\sigma^+_{\max}=\frac{F_N}{A}+\frac{M_z}{W_z},\sigma^-_{\max}=\frac{F_N}{A}-\frac{M_z}{W_z}$$

同理，当杆件受到偏心压力作用时，最大拉、压应力分别为

$$\sigma^+_{\max}=-\frac{F_N}{A}+\frac{M_z}{W_z},\sigma^-_{\max}=-\frac{F_N}{A}-\frac{M_z}{W_z}$$

［例 12-2］　矩形截面的偏心拉杆如图 12-6a 所示。已知拉杆的弹性模量 $E=200\text{MPa}$，

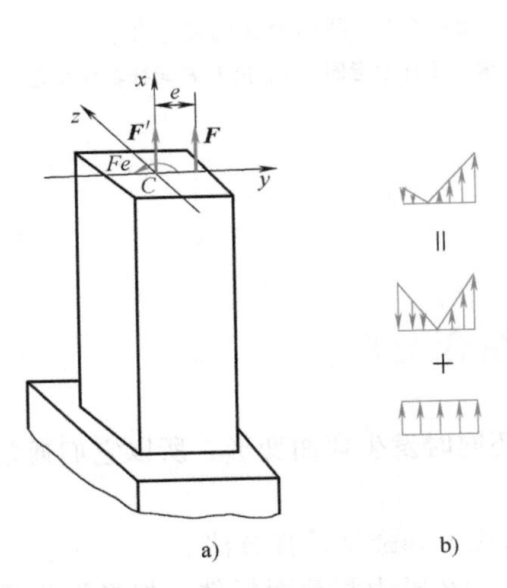

图 12-5　偏心拉伸杆件

a）杆件偏心拉伸示意图

b）横截面正应力合成

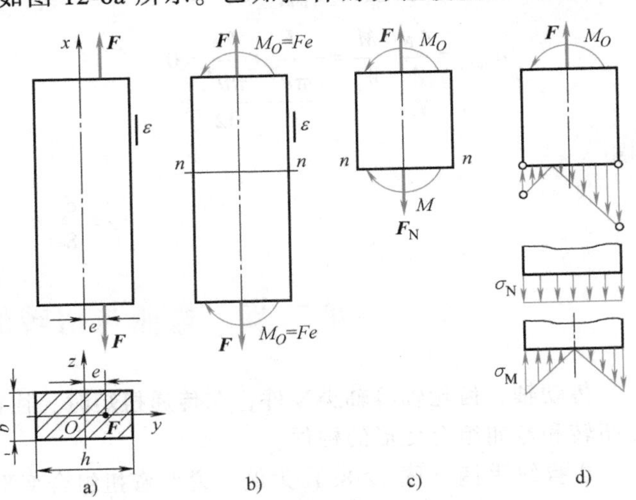

图 12-6　矩形截面的偏心拉杆

a）偏心拉杆示意图　b）拉力 F 向杆轴线简化

c）n-n 截面以上的杆段的受力　d）正应力合成

拉力 F 的偏心距 $e=1\text{cm}$，$b=2\text{cm}$，$h=6\text{cm}$。在拉杆上侧与轴线平行的方向贴有一电阻应变片，若测得应变 $\varepsilon=100\times10^{-6}$，则求拉力 F 的大小。

解：将拉力 $\boldsymbol{F}$ 向杆轴线简化，得到轴向拉力 $\boldsymbol{F}$ 和力偶 $M_O=Fe$。轴向拉力 $\boldsymbol{F}$ 使杆拉伸，力偶 M_O 使杆弯曲，如图 12-6b 所示。

研究 n-n 截面以上的杆段的受力，由图 12-6c 所示，根据平衡条件得轴力 $F_N=F$，$M=Fe$。显然，所有横截面上的内力均相同。

横截面上的应力是拉伸应力 σ_N 和弯曲应力 σ_M 的代数和，最大拉应力发生在拉杆右侧各点处，如图 12-6d 所示，其值为

$$\sigma^+_{\max}=\sigma_N+\sigma_M=\frac{F}{A}+\frac{Fe}{W_z}$$

将 $A=bh$，$W_z=\dfrac{bh^2}{6}$代入，根据胡克定律得

$$\sigma^+_{\max}=\frac{F}{A}+\frac{Fe}{W_z}=\frac{F}{bh}+\frac{6Fe}{bh^2}=\frac{h+6e}{bh^2}F=E\varepsilon$$

所以有

$$F=\frac{Ebh^2}{h+6e}\varepsilon=\frac{200\times10^6\times2\times10^{-2}\times6^2\times10^{-4}}{(6+6\times1)\times10^{-2}}\times100\times10^{-6}\text{N}=12\text{N}$$

[例 12-3]　图 12-7a 所示圆形截面杆，直径为 d，受偏心压力 $\boldsymbol{F}$ 作用。试求该杆中不出现拉应力时的最大偏心距 e。

解：将偏心压力 $\boldsymbol{F}$ 按静力等效的原则移动至截面形心处，如图 12-7b 所示。杆任一横截面上的内力 $F_N=-F$，$M=Fe$。

令杆内的最大拉应力 $\sigma^+_{\max}=0$，即

$$\sigma^+_{\max}=\frac{F_N}{A}+\frac{M}{W_z}=-\frac{F}{\dfrac{\pi d^2}{4}}+\frac{Fe}{\dfrac{\pi d^3}{32}}=0$$

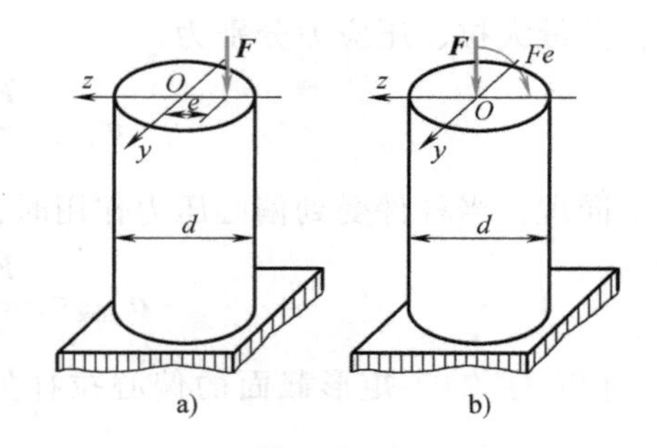

图 12-7　圆形截面的偏心压杆

a）偏心压杆示意图　b）拉力 $\boldsymbol{F}$ 向杆轴线简化

得

$$e=\frac{d}{8}$$

第二节　弯曲与扭转的组合变形

传动轴、齿轮轴等轴类零件，在传递扭矩时，往往还同时发生弯曲变形，所以它们通常是扭转和弯曲组合变形的构件。

以操纵手柄（图 12-8a）为例，说明弯扭组合变形的应力和强度计算方法。

（1）外力分析　操纵手柄端点 C 处作用有集中力 $\boldsymbol{F}$，AB 段为圆截面杆件。如果设想把外力 $\boldsymbol{F}$ 由 C 点平移到 B 点，则得到一个与 $\boldsymbol{F}$ 作用线平行的力和一个附加力偶；这个力将引起 AB 杆铅垂平面内的弯曲，力偶引起杆扭转（图 12-8b），所以 AB 杆为弯扭组合变形杆件。

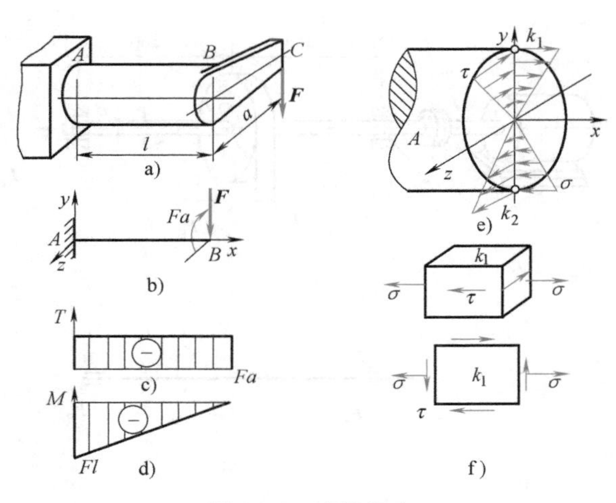

图 12-8　弯扭组合

a）操纵手柄受力示意图　b）受力图　c）扭矩图　d）弯矩图

e）横截面的应力分布情况　f）危险点k_1的应力状态

（2）内力分析　作出 AB 杆的弯矩图和扭矩图（图 12-8c、d）。对 AB 杆而言，固定端 A 是危险截面，其扭矩和弯矩分别是 $T=Fa$，$M=Fl$。

（3）应力分析　沿危险截面 C 边缘点 k_1、k_2 连线上的应力分布情况，如图 12-9e 所示。当圆轴承受弯矩 M 作用时，弯曲发生在铅垂平面内。所以正应力 σ 在 k_1k_2 连线上，垂直于横截面呈两三角形分布。当圆轴承受扭矩作用时，切应力方向相切于横截面，最大切应力 τ_{max} 作用在圆轴横截面的外圆周处。

根据应力计算公式可得

$$\sigma=\frac{M}{W_z},\ \tau=\frac{T}{W_p}$$

对于受弯扭组合的圆周，因为 σ 和 τ 方向不同，其危险点同时受到 σ、τ 时，显然不能采用应力叠加的方法。

（4）强度分析　对于塑性材料而言，通常采用第三或第四强度理论进行强度计算。图 12-8f 所示平面应力状态，按第三、第四强度理论，其强度条件分别为

$$\sigma_{xd3}=\sqrt{\sigma^2+4\tau^2}\leqslant[\sigma]$$

$$\sigma_{xd4}=\sqrt{\sigma^2+3\tau^2}\leqslant[\sigma]$$

将 $\sigma=\frac{M}{W_z}$，$\tau=\frac{T}{W_p}$，$W_p=2W_z$ 代入可得

$$\sigma_{xd3}=\frac{1}{W_z}\sqrt{M^2+T^2}\leqslant[\sigma]$$

$$\sigma_{xd4}=\frac{1}{W_z}\sqrt{M^2+0.75T^2}\leqslant[\sigma]$$

应当指出，以上所述是圆轴只在某一个平面内发生弯曲的情形。如果圆轴在扭转的同时还在两个平面内发生弯曲，其弯矩分别为 M_y 和 M_z，这时对于圆截面杆件，通过圆心的任意直径都是形心主轴，可以直接求出其合弯矩，即 $M=\sqrt{M_x^2+M_y^2}$，然后仍按平面弯曲计算其应力。

［例 12-4］　图 12-9a 所示电动机驱动带轮轴转动，轴的直径 $d=50$mm，轴的许用应力 $[\sigma]=130$MPa，带轮的直径 $D=300$mm，带的紧边拉力 $F_T=5$kN，松边拉力 $F_t=2$kN。按第三强度理论校核轴的强度。

解：1）外力分析。把作用于带轮边缘的紧边拉力 F_T 和松边拉力 F_t 都平移到轴线上，并去掉带轮，得到 AB 轴的受力简图，如图 12-9c 所示。

铅垂力　$F=F_T+F_t=(5+2)\text{kN}=7\text{kN}$

平移后的附加力偶矩　$m_1=\frac{F_T-F_t}{2}D=(5-2)\times10^3\times150\text{N}\cdot\text{mm}=0.45\times10^6\text{N}\cdot\text{mm}$

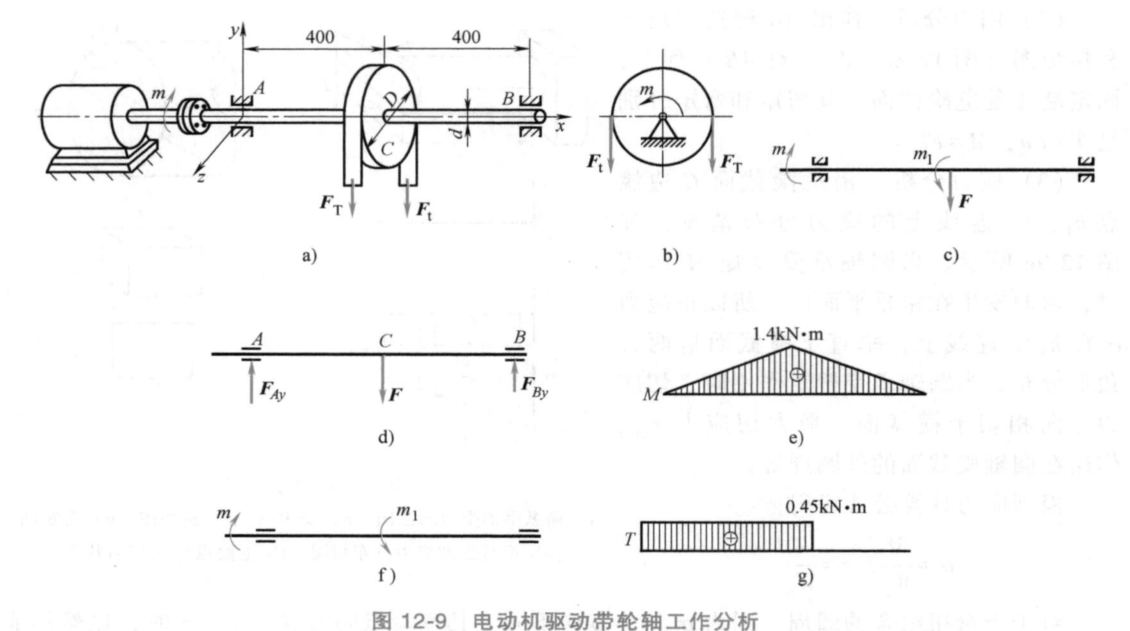

图 12-9　电动机驱动带轮轴工作分析

a）驱动轴工作示意图　b）带轮受力图　c）驱动轴受力图　d）驱动轴弯曲变形示意图

e）驱动轴弯矩图　f）驱动轴扭转变形示意图　g）驱动轴扭矩图

可见，圆轴 AB 在铅垂力 $\boldsymbol{F}$ 的作用下发生弯曲，而圆轴 AC 段在附加力偶 m_1 及电动机驱动力偶 m 的共同作用下发生扭转，CB 段并没有扭转变形，即圆轴的 AC 段发生弯扭组合变形。

2）内力分析。由铅垂力 F 所产生的弯矩如图 12-9d、e 所示，其最大值为

$$M=\frac{Fl}{4}=\frac{7000\times800}{4}\mathrm{N\cdot mm}=1.4\times10^6\mathrm{N\cdot mm}$$

由附加力偶 m_1 所产生的扭矩如图 12-9f、g 所示，其在 AC 段的扭矩值处处相等，即

$$T=m_1=m=0.45\times10^6\mathrm{N\cdot mm}$$

由此可见，轴的中央截面 C 处为危险截面。

3）强度校核。按第三强度理论的强度条件可得

$$\sigma_{xd3}=\frac{1}{W_z}\sqrt{M^2+T^2}=\frac{1}{\frac{\pi\times50^3}{32}}\times\sqrt{(1.4\times10^6)^2+(0.45\times10^6)^2}\mathrm{MPa}=120\mathrm{MPa}<[\sigma]$$

所以此轴强度足够。注意这里没考虑由铅垂力 $\boldsymbol{F}$ 引起的切应力影响。

［例 12-5］　图 12-10a 所示电动机驱动带轮轴转动，传递功率 $P=7.5\mathrm{kW}$，轴的直径 $d=50\mathrm{mm}$，轴的转速 $n=100\mathrm{r/min}$，轴的许用应力 $[\sigma]=150\mathrm{MPa}$。两带轮的直径 $D=600\mathrm{mm}$，带的拉力为 $F_1+F_2=5.4\mathrm{kN}$，且 $F_1>F_2$。按第四强度理论校核轴的强度。

解：1）外力分析。轴的扭转力矩为

$$T=9550\frac{P}{n}=9550\times\frac{7.5}{100}\times10^{-3}\mathrm{kN\cdot m}=0.7\mathrm{kN\cdot m}$$

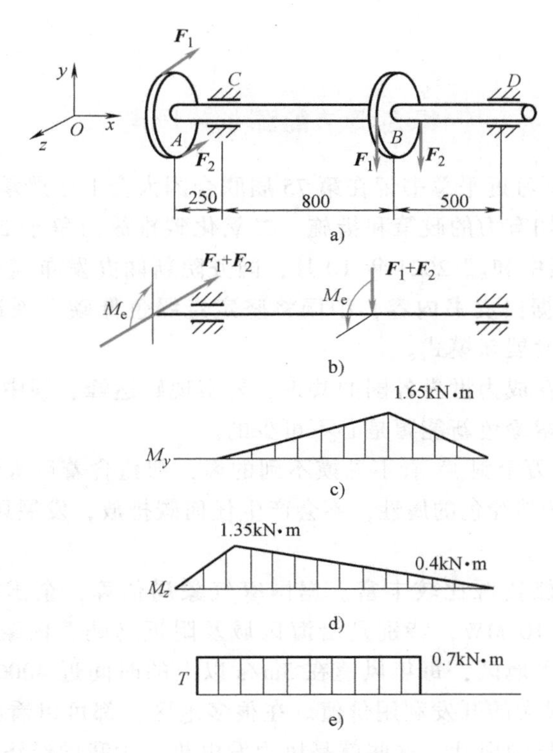

图 12-10　传动轴

a）传动轴工作示意图　b）传动轴受力图　c）铅垂平面弯矩图　d）水平面弯矩图　e）传动轴扭矩图

T 是通过带的拉力 $\boldsymbol{F}_1$ 和 $\boldsymbol{F}_2$ 传递的，$T=\dfrac{F_1-F_2}{2}D$，所以

$$F_1-F_2=\frac{2T}{D}=\frac{2\times0.7}{600\times10^{-3}}\text{kN}=2.3\text{kN}$$

和已知条件 $F_1+F_2=5.4\text{kN}$ 联立，可求得 $F_1=3.85\text{kN}$，$F_2=1.55\text{kN}$。

将力向轴心简化，受力如图 12-10b 所示。力偶 M_e 使轴产生扭转变形，F_1+F_2 分别使轴产生铅垂平面和水平面内的弯曲变形。

2）内力分析。这是两个平面内弯曲和扭转组合的情况。分别作出铅垂平面和水平面的弯矩图，如图 12-10c、d 所示。由内力图可知，在截面 B 处合成弯矩最大，其值为

$$M_B=\sqrt{M_{By}^2+M_{Bz}^2}=\sqrt{1.65^2+0.4^2}\ \text{kN}\cdot\text{m}=1.7\text{kN}\cdot\text{m}$$

扭矩图如图 12-10e 所示，$T=0.7\text{kN}\cdot\text{m}$

3）强度校核。按第四强度理论的强度条件可得

$$\sigma_{xd4}=\frac{1}{W_z}\sqrt{M_B^2+0.75T^2}=\frac{1}{\dfrac{\pi\times50^3}{32}}\times\sqrt{(1.7\times10^6)^2+0.75\times(0.7\times10^6)^2}\text{MPa}$$

$$=147\text{MPa}<[\sigma]$$

所以此轴强度足够。

力学故事汇

绿色清洁能源——风电

2020年9月22日，习近平总书记在第75届联合国大会上庄严承诺："中国将提高国家自主贡献力度，采取更加有力的政策和措施，二氧化碳排放力争于2030年前达到峰值，努力争取2060年前实现碳中和。"2021年10月，国务院新闻办发布《中国应对气候变化的政策与行动》白皮书，根据白皮书内容，中国将坚定走绿色低碳发展道路，实施减污降碳协同治理，积极探索低碳发展新模式。

绿色、低碳发展正在成为世界各国的共识，要实现碳达峰、碳中和，改变能源结构、减少化石能源的使用、探索绿色新能源是必不可少的。

"过江千尺浪，入竹万竿斜。"看不见摸不到的风，却蕴含着巨大的能量。风电作为最具潜力的能源形式，具有天然绿色的属性，不会产生任何碳排放，发展风电正是实现"30·60"双碳目标的有效途径之一。

我国幅员辽阔，风能资源比较丰富。据国家气象局估算，全国风能密度为100W/m^2，风能资源总储量约1.6×10^{5}MW，特别是沿海区域及附近岛屿、内蒙古和甘肃走廊、东北、西北、华北和青藏高原等地区，每年风速在3m/s以上的时间近4000h，一些地区年平均风速可达6~7m/s，具有很大的开发利用价值。在很多地区，都可以看到一座座高大的风车矗立于大地上，转动着修长的扇叶，这些就是风力发电机，为我国经济建设源源不断地提供着动力。

风力发电机由机舱、叶片、齿轮轴、齿轮箱、发电机、液压系统、冷却元件、塔、风速计及风向标、尾舵等组成。风电塔是一种典型的压杆结构，高一般在60m以上，最高可达160m，它的顶端承受着叶片及各种设备的重力载荷，还有叶片受风载转动时产生的水平载荷，风电塔的稳定性是确保风力发电机安全运行的重要指标。此外，由于自然条件的复杂多变，在力学校核时要充分考虑极端天气下风电塔的受力情况。我国各地风电站每年都会发生一些倒塔事故，造成经济损失。风力发电机中的齿轮轴也是关键受力部件，叶片通常日夜不停地转动，将风能转换为机械能，通过齿轮轴传递给齿轮箱，再输入发电机转换为电能。因此，齿轮轴所受的是高频率、低载荷的交变应力，经常会因疲劳破坏产生故障，甚至断裂。选用合理的材料并进行疲劳强度计算，对于风力发电机设计来说至关重要。

目前，我国的风力发电设备已经全部实现国产化，并且开始向其他国家出口。截至2020年，我国风电累计装机容量达262.10GW，累计装机容量处于世界领先地位，新增装机容量位列全球第一。在未来，我国风电规模将继续保持高速增长，助力"30·60"双碳目标的实现。

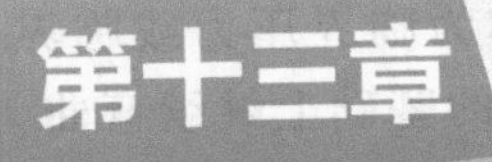

第十三章 压杆的稳定性

第一节　稳定性概念和压杆的临界应力

一、稳定性概念

承受轴向压力作用的直杆，如果杆是短粗的，虽然压力很大，直杆也不会变弯。例如压缩试验用的碳钢短柱，当压应力达到屈服极限时，将发生塑性变形，而铸铁短柱当压应力达到强度极限时，将发生断裂。这些破坏现象是由于强度不足而引起的。

对于承受轴向压力的细长直杆，仅仅满足强度条件，还不能保证安全可靠地工作。当所加的压力还不很大，杆内应力还远小于极限应力时，直杆就可能突然变弯曲，甚至弯断。细长压杆的这种不能维持原有直线平衡状态，而发生突然变弯甚至折断的现象，称为压杆失去稳定性，简称压杆失稳。

工程中，如连杆、桁架中的某些压杆、薄壁筒等，这些构件除了要有足够的强度外，还必须有足够的稳定性，才能保证正常工作。

为了研究压杆的稳定问题，可做如下实验。如图 13-1a 所示压杆，在杆端加轴向力 $\boldsymbol{F}$，当力 $\boldsymbol{F}$ 不大时，压杆将保持直线平衡状态；当给一个微小的横向干扰力时，压杆只发生微小的弯曲，干扰力消除后，杆经过几次摆动后仍恢复到原来直线平衡的位置，压杆处于稳定的平衡状态（图 13-1b）；当轴向力 $\boldsymbol{F}$ 增大到某一值 $\boldsymbol{F}_{cr}$ 时，杆件由原来稳定的平衡状态，

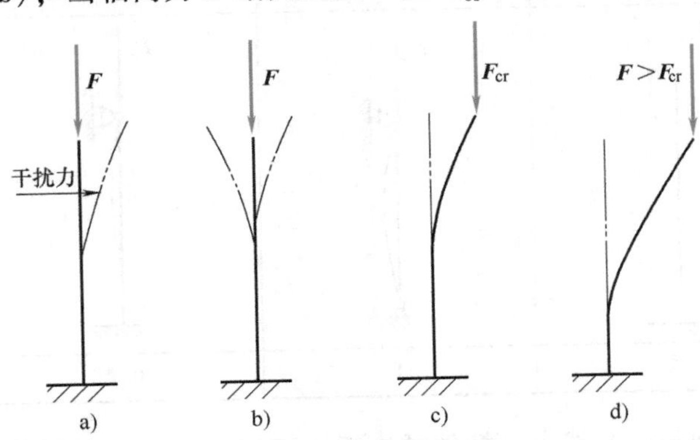

图 13-1　压杆的临界压力

a）压杆受力示意图　b）压杆稳定平衡　c）压杆临界平衡　d）压杆失稳

过渡到不稳定的平衡状态（图 13-1c），这种过渡称为临界状态，F_{cr} 称为临界压力或临界力。当轴向力 F 大于 F_{cr} 时，只要有一点轻微的干扰，杆件就会在微弯的基础上继续弯曲，甚至破坏（图 13-1d），这说明杆件已处于不稳定状态。

二、压杆的临界应力

对于受压杆件来说，由原来稳定的平衡状态过渡到不稳定的平衡状态时，其截面上存在轴向压力，即临界力 F_{cr}，单位面积的临界力即为其临界应力，临界应力与轴向拉（压）的正应力方位相似，即

$$\sigma_{cr}=\frac{F_{cr}}{A}$$

σ_{cr} 的大小不仅与外载荷有关，还与杆件的长度、杆件支承情况、截面的形状和尺寸、杆件的材料有关。综合考虑受压杆件外载荷大小、杆件的长度、杆件支承情况、截面的形状和尺寸、杆件的材料等因素的情况下，得到临界应力的计算总图，如图 13-2 所示。

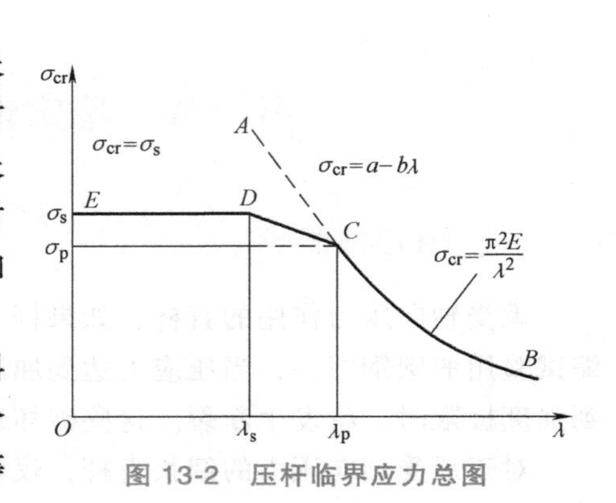

图 13-2 压杆临界应力总图

图中，λ 称为压杆的柔度。λ_p、λ_s 是反映材料特性的数值，不同的材料 λ_p、λ_s 数值不同。λ 综合反映了压杆的长度、横截面尺寸和杆端约束情况等因素对临界应力的影响。

$$\lambda=\frac{\mu l}{i}$$

其中，μ 是与压杆两端的支承情况有关的系数，称为长度系数，不同支承情况下的 μ 值列于表 13-1 中；μl 称为相当长度；i 为惯性半径，单位为 cm 或 m，反映压杆截面形状和尺寸对稳定性的影响，即 $i=\sqrt{\frac{I}{A}}$，对于圆截面 $i=\frac{d}{4}$。

表 13-1 不同支承情况下的长度系数

支承情况	一端固定一端自由	两端铰支	一端固定一端铰支	两端固定
简图				
μ	2	1	0.7	0.5

λ 越大，杆件越细长；λ 越小，杆件越短粗。工程上根据 λ 的数值把受压杆件分为：细长杆（$\lambda \geqslant \lambda_p$）、中长杆（$\lambda_s \leqslant \lambda < \lambda_p$）、粗短杆（$\lambda < \lambda_s$）。

对于不同柔度系数的受压杆件，计算临界应力所用的公式总结归纳为

1）大柔度杆也称为细长杆（$\lambda \geqslant \lambda_p$），用欧拉公式

$$\sigma_{cr}=\frac{\pi^2 E}{\lambda^2}$$

式中　E——材料的弹性模量。

2）中柔度杆也称为中长杆（$\lambda_s \leqslant \lambda < \lambda_p$），用经验公式

$$\sigma_{cr}=a-b\lambda$$

式中　a、b——与材料性质有关的常数，表 13-2 列出了一些材料的 a 与 b 的数值。

表 13-2　一些材料的 a 与 b 的数值

材料	a/MPa	b/MPa	材料	a/MPa	b/MPa
Q235A 钢	304	1.12	铸铁	332.2	1.454
优质碳钢	461	2.568	强铝	373	2.15
硅钢	578	3.744	松木	28.7	0.19
铬钼钢	9807	5.296			

3）小柔度杆也称为短粗杆（$\lambda < \lambda_s$），用压缩强度公式

$$\sigma_{cr}=\sigma_s$$

[例 13-1]　三个圆截面压杆，直径均为 $d=160$mm，材料为 Q235A 钢，$a=304$MPa，$b=1.12$MPa，$E=206$MPa，$\lambda_p=100$，$\lambda_s=61.6$，$\sigma_s=235$MPa，$\sigma_p=200$MPa，各杆两端均为铰支，长度分别为 $l_1=5$m，$l_2=2.5$m，$l_3=1.25$m。计算各杆的临界力。

解：1）对于长度为 $l_1=5$m 的杆件

$$\lambda_1=\frac{\mu l_1}{i}=\frac{1\times5\times10^3}{\frac{160}{4}}=125>\lambda_p$$

所以长度为 $l_1=5$m 的杆件属于细长杆，临界力为

$$F_{cr}=\sigma_{cr}A=\frac{\pi^2 E}{\lambda^2}A=\frac{3.14^2\times206\times10^3}{125^2}\times\frac{3.14\times160^2}{4}\text{N}=2612\text{kN}$$

2）对于长度为 $l_2=2.5$m 的杆件

$$\lambda_2=\frac{\mu l_2}{i}=\frac{1\times2.5\times10^3}{\frac{160}{4}}=62.5$$

由于 $\lambda_s<\lambda_2<\lambda_p$，所以长度为 $l_2=2.5$m 的杆件属于中长杆，临界力为

$$F_{cr}=\sigma_{cr}A=(a-b\lambda)A=(304-1.12\times62.5)\times\frac{3.14\times160^2}{4}\text{N}=4702(\text{kN})$$

3）对于长度为 $l_3=1.25$m 的杆件

$$\lambda_3=\frac{\mu l_3}{i}=\frac{1\times1.25\times10^3}{\frac{160}{4}}=31.25<\lambda_s$$

所以长度为 $l_3=1.25$m 的杆件属于短粗杆，临界力为

$$F_{cr}=\sigma_{cr}A=\sigma_sA=235\times\frac{3.14\times160^2}{4}\text{N}=4723\text{kN}$$

第二节　压杆稳定性校核和提高压杆稳定性的措施

一、压杆稳定性校核

由临界力的意义可知，F_{cr} 相当于稳定性方面的破坏载荷，即临界应力 σ_{cr} 是压杆丧失工作能力时的危险应力。为了保证压杆具有足够的稳定性，能够安全可靠地工作，不但要求压杆的轴向工作压力 F（或工作应力 σ）小于临界力 F_{cr}（或临界应力 σ_{cr}），而且还要有适当的稳定性储备，即要有适当的安全系数，因此压杆的稳定条件为

$$F\leqslant\frac{F_{cr}}{n_w}\text{或}\ \sigma\leqslant\frac{\sigma_{cr}}{n_w}$$

其中，n_w 称为稳定的安全系数。考虑到压杆的初曲率、加载的偏心以及材料的不均匀等因素对临界力的影响，规定的稳定安全系数 n_w 一般比强度安全系数要大些。令

$$\frac{F_{cr}}{F}=n_g\ \text{或}\frac{\sigma_{cr}}{\sigma}=n_g$$

n_g 称为压杆工作过程中的稳定安全系数，于是得

$$n_g\geqslant n_w$$

即实际的稳定安全系数应大于或等于规定的稳定安全系数。

需要指出，压杆的临界力是由整个杆件的弯曲变形来决定的，杆件上的小孔、沟槽等对临界载荷的影响很小，在稳定性的计算中不必考虑。

[例 13-2]　螺旋千斤顶如图 13-3 所示，螺杆旋出的最大长度 $l=375\text{mm}$，螺杆的螺纹内径 $d=40\text{mm}$，材料为硅钢，$\lambda_p=100$，$\lambda_s=60$，千斤顶的最大起重量为 $P=80\text{kN}$，规定的安全系数 $n_w=4$。试校核千斤顶的稳定性。

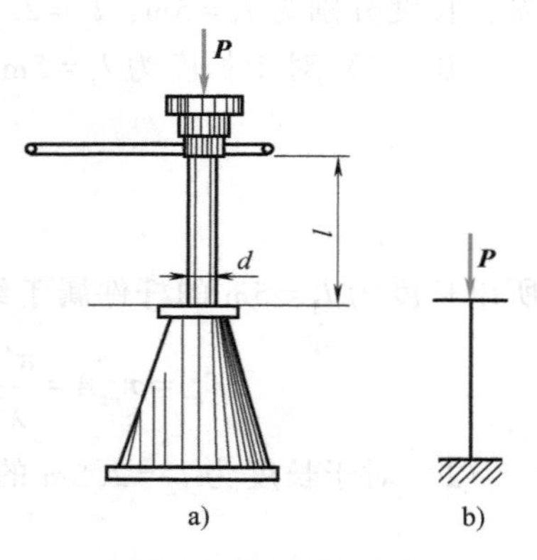

图 13-3　螺旋千斤顶
a）螺旋千斤顶工作简图
b）螺旋千斤顶计算简图

解：把千斤顶螺杆简化为上端自由，下端固定的压杆，故支座系数 $\mu=2$。

1）计算螺杆柔度。

$$\lambda=\frac{\mu l}{i}=\frac{2\times375}{\frac{40}{4}}=75$$

2）计算临界力。由于 $\lambda_s<\lambda_2<\lambda_p$，螺杆属于中长杆，临界力为

$$F_{cr}=\sigma_{cr}A=(a-b\lambda)A=(578-3.744\times75)\times\frac{3.14\times40^2}{4}\text{N}=373\text{kN}$$

3）校核稳定性。螺杆的实际稳定安全系数

$$n_g=\frac{F_{cr}}{P}=\frac{373}{80}=4.66>n_w$$

所以千斤顶螺杆的稳定性是足够的。

二、提高压杆稳定性的措施

如前所述，临界应力 σ_{cr}（或临界力 F_{cr}）的大小表征压杆稳定性的高低，所以要提高压杆的稳定性，就要设法提高压杆的临界应力 σ_{cr}（或临界力 F_{cr}）。临界应力的大小与压杆的材料、长度、横截面的形状和尺寸，以及压杆两端的支承情况等因素有关，因此，应该从这几方面着手，采取相应的措施，来提高压杆的稳定性。

1. 合理选择材料

（1）细长杆　由欧拉公式可知，临界应力 σ_{cr} 与材料的强度指标 σ_s 无关，而与材料的弹性模量 E 成正比。但是优质钢和普通钢的 E 值近似，所以选用优质钢并不能明显提高其稳定性，不如选用普通钢，这样既合理又经济。

（2）中长杆　由经验公式可知，临界应力 σ_{cr} 随着材料的强度指标 σ_s 的增大而提高，所以可以选用优质钢来提高其稳定性。

2. 合理选择横截面的形状

（1）选择惯性矩 I 大的截面形状　当横截面面积 A 一定时，增大惯性矩 I，就增大了惯性半径 i，即减小了压杆的柔度 λ，所以材料的分布远离中性轴或轴线是合理的，因而框形好于方形；空心圆好于实心圆；两条槽钢的组合，"面对面"好于"背对背"，如图 13-4 所示。

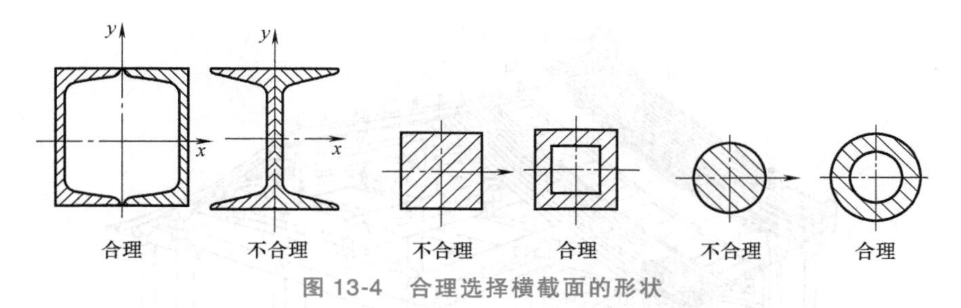

图 13-4　合理选择横截面的形状

（2）根据支座情况选择横截面的形状　当压杆两端的支座是固定端或球形铰链时，横截面应选择正方形或圆形，这样可使各个方向的柔度相当。

3. 减小压杆长度

由柔度公式可知，减小压杆的长度 l，可减小压杆的柔度 λ。当压杆的工作长度不能减小时，可增加中间支座，以提高稳定性，如图 13-5 所示。

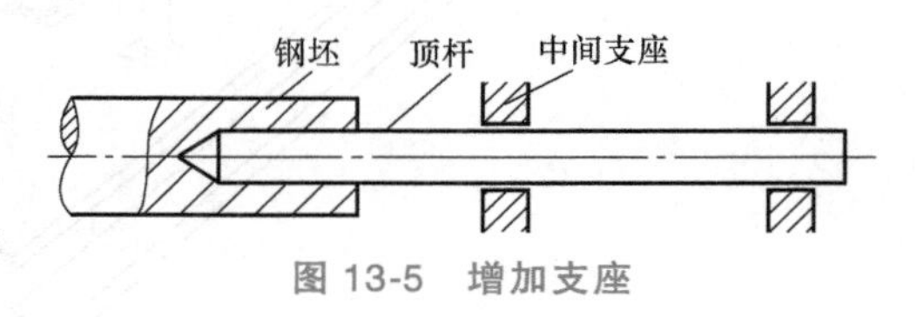

图 13-5　增加支座

4. 提高支座的约束能力

如前所述，两端固定的支座，对构件的约束能力是最强的，所以应尽量采用固定端支座。对于压杆的连接处，应尽可能做成刚性连接或采用紧密的配合，以提高支座的约束能力。如图 13-6 所示，立柱的柱脚与底板的连接方式图 3-16a 好于图 3-16b。

如有可能，可将机械或结构中的压杆转换成拉杆，以从根本上消除失稳的隐患。图 13-7a 中的 BD 杆是压杆，而图 13-7b 中的 BD 杆是拉杆。

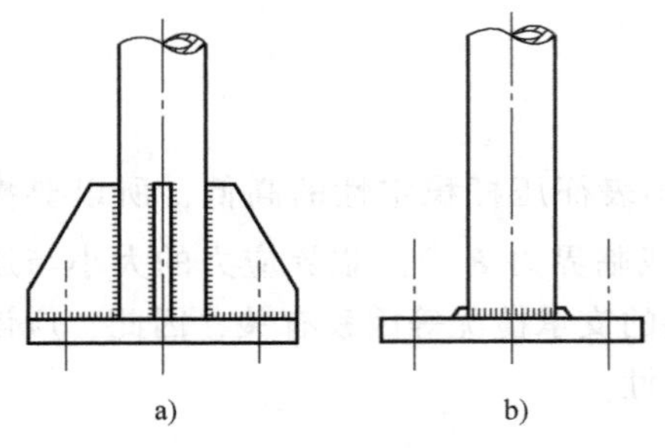

图 13-6 采用固定端支座

a）紧密配合的刚性连接 b）非紧密配合的刚性连接

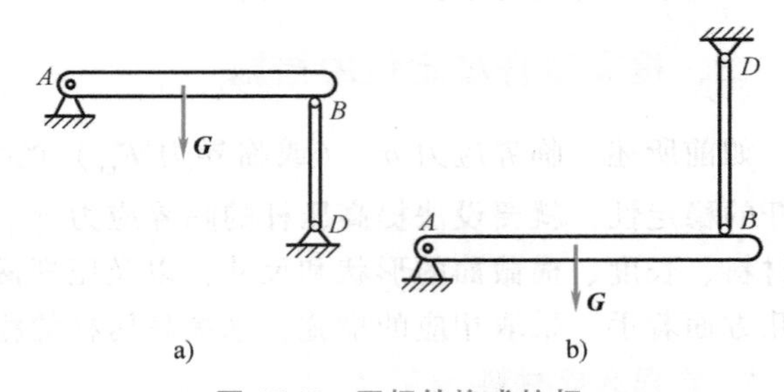

图 13-7 压杆转换成拉杆

a）*BD* 为受压杆件 b）*BD* 为受拉杆件

力学故事汇

我国古建筑的力与美探析

在我国古建筑中，砖石和木结构建筑占有很大比重。人们在游览山川名胜时，远望蓝天白云，不时见到掩映在绿树丛中的亭台楼阁和寺庙陵墓，其景象格外引人注目，或者雍容华丽，或者雄伟庄严，人们禁不住为这些巧夺天工的古建筑发出赞叹！这其中力与美的结合是何等奇妙啊！图 13-8 就是一个古建筑结构的典例。

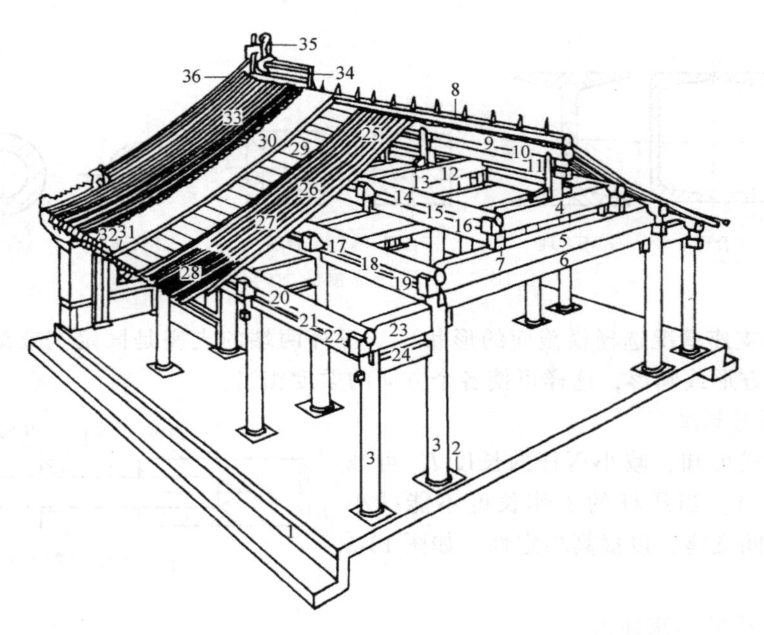

图 13-8 古建筑结构

1—台基 2—柱础 3—柱 4—三架梁 5—五架梁 6—随梁枋 7—瓜柱 8—扶脊木 9—脊檩 10—脊垫板 11—脊枋 12—脊瓜柱 13—角背 14—上金檩 15—上金垫板 16—上金枋 17—老檐檩 18—老檐垫板 19—老檐枋 20—檐檩 21—檐垫板 22—檐枋 23—抱头梁 24—穿插枋 25—脑椽 26—花架椽 27—檐椽 28—飞椽 29—望板 30—苫背 31~36（略）

一、压杆——沉稳的立柱

古建筑中的立柱，在靠近地面的一端多采用横断面较大的石头作为基座，外观给人以沉稳之感。然而从力学上讲在靠近地面的一端多采用横断面较大的石头作为基座，外观给人以沉稳之感。然而从力学上讲显然起到了减小木质立柱横截面压应力的作用。

另外值得注意的是，立柱高与横断面直径的比多为9：1左右，这样的长细比，对木质立柱来说，属于小柔度杆，可以不考虑失稳。古时候人们并不知道用稳定理论设计木柱，完全是由材料的实际力学性能和外观美，再依据大量的经验来建造房屋的，于此达到了力与美的统一。

二、合理的截面几何形状——檩条、枋子

在木结构建筑中，沿屋顶纵向常用檩条和枋子来联系，而檩和枋之间有垫板联接，这实际上使两者结合成了一长梁，以承受屋面传来的垂直载荷，其横截面呈工字形，与现代的工字梁截面很相似，无疑具有良好的承载性能。其中枋子和垫板正面为平面，能方便工匠在上面绘制美丽的彩画，显示了古代劳动者有着合理利用材料的聪明才智和对建筑的审美素质。

三、拱——优美的古桥

建于公元600年前后的河北赵县安济桥，是我国现存最古老的桥，建桥至今1400多年来，已经历过无数次各种载荷的考验。又如，北京颐和园的玉带桥，拱洞宽度与高度比1：1.2，极有力度感。玉带桥拱顶做得很薄，之所以如此，与这一点的弯矩、剪力和轴力较小有关，而且还很省料。这样结构的拱桥，既实现了合理的受力，又显得美观，与周围的自然环境融为一体，实现了力与美的相得益彰。

综合练习题

第一章 静力学基础练习题

一、填空题

1. 力作用在（　　）上具有可传性。

2. 刚体是指在任何情况下受力后都不会（　　）的物体。

3. 静力学是研究物体在力系作用下（　　）规律的科学。

4. 力的三要素是力的（　　）、（　　）、（　　）。

5. 力作用于物体将产生两种效应：使（　　）发生变化的外效应；使（　　）的内效应。

6. 在任意一个力系上加上或减去一个（　　），不会改变原力系对物体的作用效果。

7. 作用力与反作用力是作用在（　　）物体上性质相同的一对力。

8. 一对平衡力是作用在（　　）物体上的等值、反向、共线的力。

9. 在（　　）公理中，等值、反向、共线的二力同时存在于相互作用的两物体上。

10. 物体的平衡状态是指物体相对于地球处于（　　）或（　　）的状态。

11. “刚体”是一种理想化的力学模型，指的是受力后大小和（　　）均不改变的物体。

12. 受等值、反向、共线的二力作用的刚体，必处于（　　）状态。

13. 作用于刚体上的力，（　　），不会改变它对刚体的作用效果。

14. 力的可传性原理只适用于（　　）体，而不适用于（　　）体。

15. 约束反力的方向与约束所能限制的位移方向（　　）。

16. 二力构件所受二力的作用线必沿（　　）。

17. 铰链约束的本质为光滑面约束，其约束反力必沿圆柱面接触点的（　　）的方向。

18. 活动铰链支座的约束反力必定通过（　　）并（　　）。

19. 对绕过轮子的柔索进行受力分析时，假想在柔索直线部分切开，并与轮子一起作为研究对象，不考虑柔索与轮子间的内力，此时作用于轮子与柔索上的力是沿轮缘的（　　）方向的（　　）力。

20. 光滑面约束反力必过接触点，沿接触面的（　　），并指向（　　　　）。

21. 解除约束原理的含义是：在简图上除去约束，使研究对象成为自由体，添上代表约束作用的（　　　　）。

22. 一物体受到周围物体限制时，这种限制就称为（　　）。

23. 约束反力的方向总是与物体（　　　　　　　　　　　　）。

24. 受力物体上的外力，一般可分为（　　　）和（　　　　）两大类。

25. 基本约束类型是：柔性约束、（　　　　　）、铰链连接约束和（　　　　）。

26. 对于受力物体，柔性约束只有（　　）力作用。

27. 对于受力物体，光滑面约束只有（　　　）力作用。

28. 固定端（又称为插入端）约束反力一般包括力和（　　）。

二、判断题

29. 由力的平行四边形公理可知，二共点力的合成结果是唯一的。（　　）

30. 由力的平行四边形公理可知，二共点力可合成为一个合力，因此可推知，当一个力分解成两个共点的分力时，其结果也是唯一的。（　　）

31. 世界万物间有作用力，就必有反作用力。（　　）

32. 作用力与反作用力是一对等值、反向、共线的力，因此可以互相平衡。（　　）

33. 用力的三角形法则求合力时，二分力的顺序可变，方向也可变。（　　）

34. 空中飞行的足球受到重力作用，它对施力体地球并没有什么反作用力。（　　）

35. 起重机的提升力大于物体重力，才能将物体匀速吊起。（　　）

36. 刚体的平衡条件是变形体平衡的必要条件，但不是充分条件。（　　）

37. 作用在刚体上的力的等效条件是：力的大小相等、方向相反，力的作用线相同。（　　）

38. 在同一平面内的三力平衡必汇交于一点。（　　）

39. 在同一平面内三力不平衡必不汇交于一点。（　　）

40. 在同一平面内三力不汇交必不平衡。（　　）

41. 在同一平面内互不平行的三力若平衡，必汇交于一点。（　　）

42. 由力的平行四边形法则可知，合力一定比分力大。（　　）

43. 二力平衡公理和力的可传性原理可适用于任何物体。（　　）

44. 作用在刚体上的力可沿其作用线滑动，或沿其作用线平行移动，都不会改变力对刚体的作用效果。（　　）

45. 如题 45 图所示刚体在 A、B、C 三处各受力 $\boldsymbol{F}_1$、$\boldsymbol{F}_2$、$\boldsymbol{F}_3$ 的作用，此三力恰好自行封闭，则此刚体处于平衡状态。（　　）

46. 如题 46 图所示，一刚体某平面上的 A、B、C、D 四点分别受到力 $\boldsymbol{F}_1$、$\boldsymbol{F}_2$、$\boldsymbol{F}_3$、$\boldsymbol{F}_4$ 的作用，此四力恰好组成封闭的力多边形，则此刚体一定处于平衡状态。（　　）

47. 光滑面约束和活动铰约束的反力方向均垂直于支承面。（　　）

48. 受约束的物体一定处于平衡状态。（　　）

49. 约束反力方向一定和物体的运动方向相反。（　　）

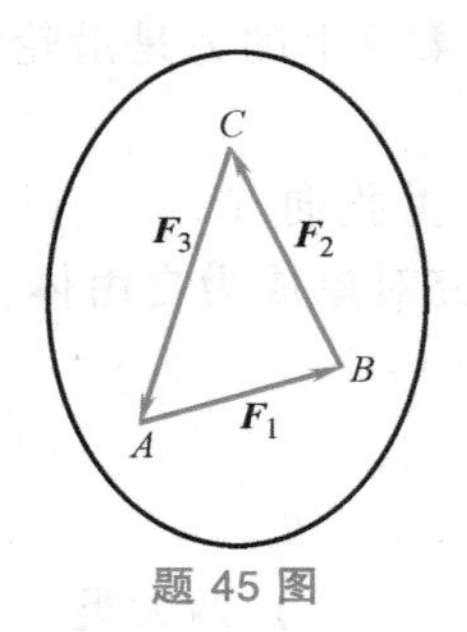

题 45 图

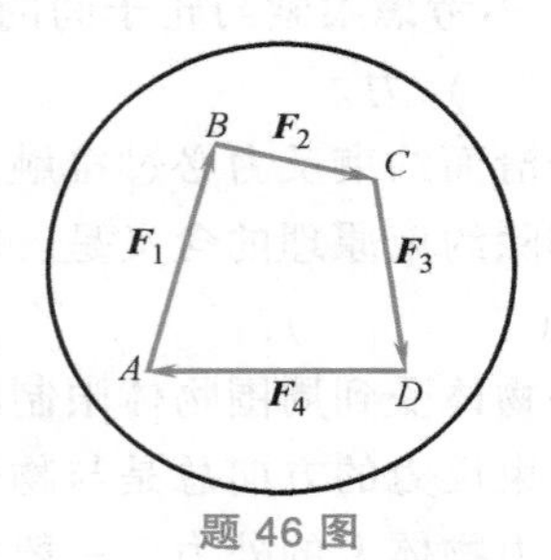

题 46 图

50. 约束一定对物体运动构成限制。(　　)

51. 二力杆约束反力，其作用线沿二受力点的连线，指向可假设。(　　)

52. 柔索类约束反力的作用线沿柔索，指向可假设。(　　)

53. 固定端约束既能限制物体的移动，又能限制物体的转动。前者的作用以力的形式体现，后者的作用以力偶的形式体现。(　　)

54. 所有约束反力的指向均可以假设。(　　)

55. 如题 55 图所示的三铰刚架，根据力的可传性原理将作用于 *D* 点的力 ***F*** 沿其作用线移至 *E* 点，则支座 *A*、*B* 处的约束反力及铰链 *C* 所受的力不会改变。(　　)

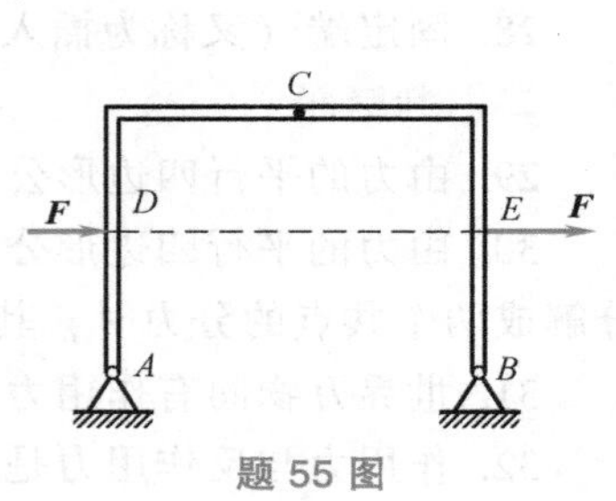

题 55 图

三、选择题

56. 物体的机械运动是指物体的（　　）随时间的变化。

A. 空间位置　　B. 形状尺寸　　C. 材料性质

57. 静力学研究的对象主要是（　　）。

A. 受力物体　　B. 施力物体　　C. 运动物体　　D. 平衡物体

58. 力是物体之间相互的（　　）。

A. 机械运动　　B. 机械作用　　C. 冲击和摩擦

59. 受力后不变形的物体称为刚体，它是（　　）。

A. 一种理想的力学模型

B. 由物体的材料性质决定的

C. 由物体受力大小决定的

60. 物体处于平衡状态指的是（　　）。

A. 物体没有受到力的作用

B. 物体相对于地球静止或做匀速直线运动

C. 物体受对平衡力作用

61. 在题 61 图所示刚体的 *B* 点加一个力，则刚体（　　）处于平衡状态。

A. 一定不能

B. 可能

C. 一定能

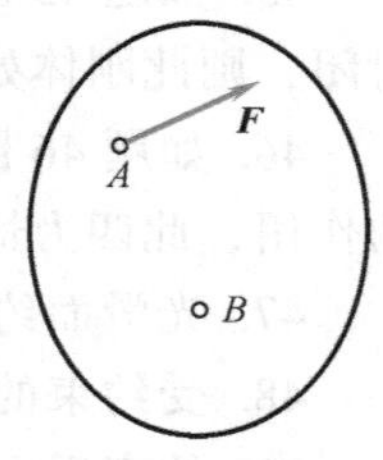

题 61 图

62. 受等值、反向、共线的两个外力作用的刚体（　　）。

A. 一定处于平衡状态

B. 一定处于不平衡状态

C. 不一定处于平衡状态

63. 平行四边形法则说明力按（　　）关系合成。

A. 算术和　　B. 代数和　　C. 几何和

64. 一刚体受汇交于一点且作用在同一平面内的三个力作用，则此刚体（　　）状态。

A. 一定处于平衡　　B. 不一定处于平衡状态　　C. 一定处于不平衡状态

65. 若刚体在汇交于一点的三个力的作用下处于平衡状态，那么这三个力的作用线必定（　　）。

A. 在同一直线上　　B. 在同一平面内　　C. 在空间任意分布

66. 合力和分力的大小关系是（　　）。

A. 合力一定比分力大　　B. 分力一定比合力大　　C. 不一定

67. 作用力与反作用力公理适用于（　　）。

A. 刚体　　B. 变形体　　C. 刚体和变形体

68. 将一个已知力 $\boldsymbol{F}$ 分解为 $\boldsymbol{F}_1$、$\boldsymbol{F}_2$ 两个分力，要得到唯一的解，其可能的条件有（　　）。

A. 已知 $\boldsymbol{F}_1$ 和 $\boldsymbol{F}_2$ 的大小

B. 已知 $\boldsymbol{F}_1$ 和 $\boldsymbol{F}_2$ 的方向

C. 已知 $\boldsymbol{F}_1$ 的大小和 $\boldsymbol{F}_2$ 的方向

D. 已知 $\boldsymbol{F}_1$ 的大小和方向

69. 力的平行四边形法则的适用范围是（　　）。

A. 只能用于力的合成，不能用于力的分解　　B. 只适用于刚体

C. 只适用于变形体　　D. 对刚体和变形体都适用

70. 加减平衡力系公理的适用范围是（　　）。

A. 对刚体和变形体都适用　　B. 只适用于刚体

C. 只适用于变形体　　D. 只适用于处于平衡状态的物体

71. 力的可传性原理适用于（　　）。

A. 同一刚体　　B. 变形体　　C. 刚体和变形体

72. 作用在同一平面内的四个力构成平行四边形，如题 72 图所示，该物体在此力系作用下处于（　　）。

A. 平衡状态

B. 不平衡状态，因为可合成为一合力偶

C. 不平衡状态，因为可合成为一合力

D. 不平衡状态，因为可合成为一合力和一合力偶

73. 如题 73 图所示，作用在同一平面内的四个力，它们首尾相接自身构成封闭的平行四边形，则该物体在此力系作用下（　　）。

A. 处于平衡状态，因为四个力自行封闭

B. 处于不平衡状态，因为可合成为一合力

C. 处于不平衡状态，因为可合成为一合力偶

D. 处于不平衡状态，因为可合成为一合力和一合力偶

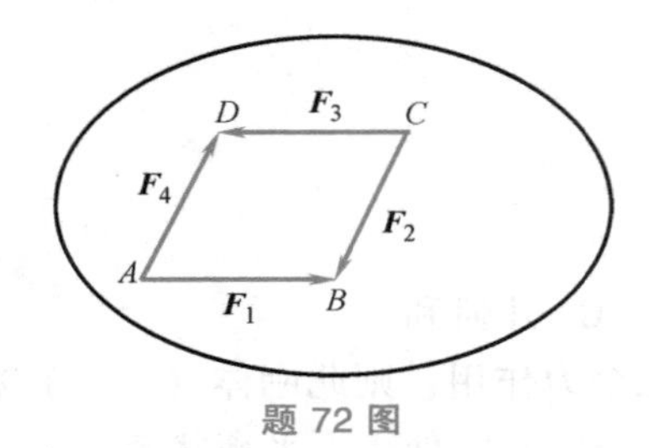

题 72 图

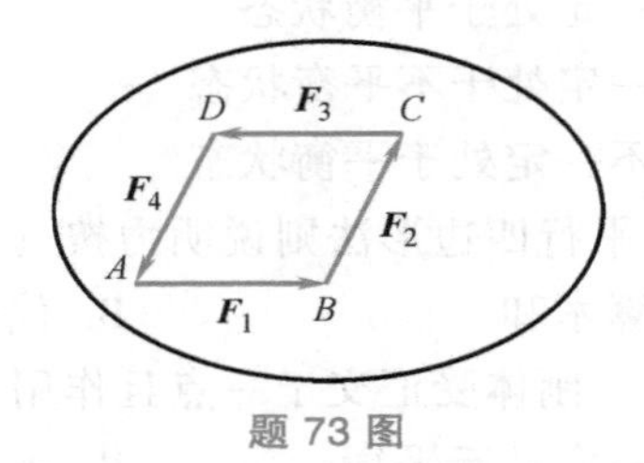

题 73 图

四、作图题

74. 如题 74 图所示，画出轮 1、轮 2 的受力图。
75. 如题 75 图所示，画出物体 B、C 和节点 A 的受力图。
76. 如题 76 图所示，画出直杆的受力图。

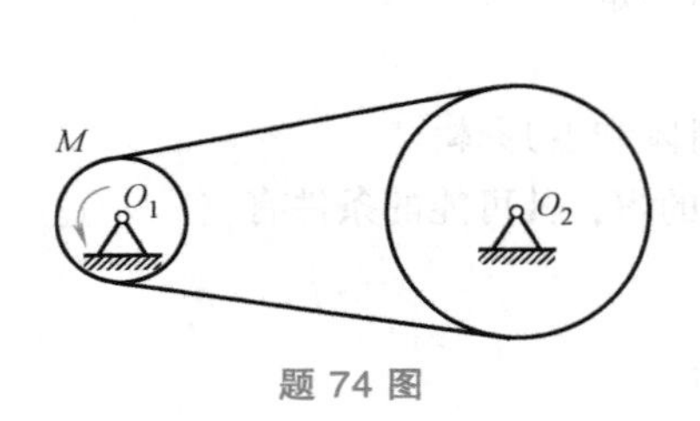

题 74 图

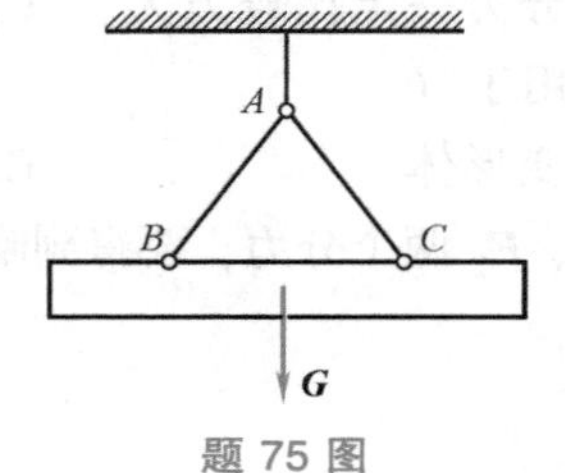

题 75 图

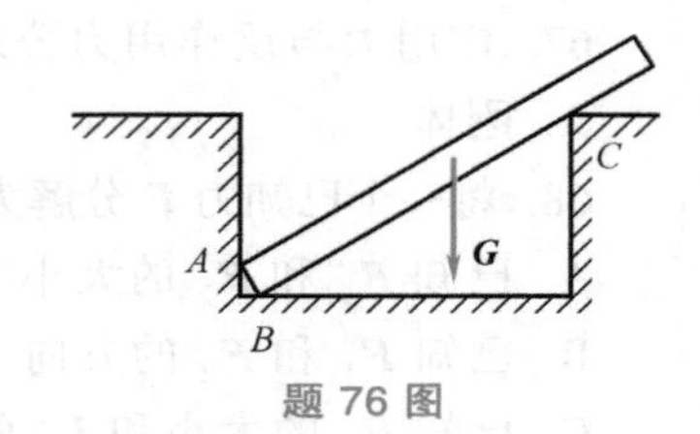

题 76 图

77. 如题 77 图所示，画出圆球的受力图。
78. 如题 78 图所示，画出直杆 AB 的受力图（不计摩擦）。
79. 如题 79 图所示，画出刚性构件 ACB 的受力图。

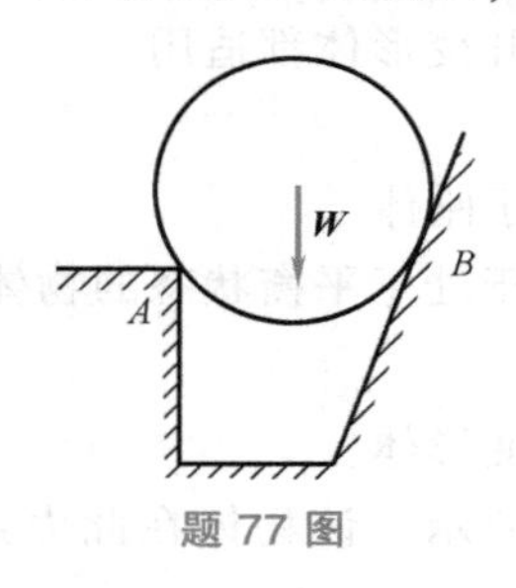

题 77 图

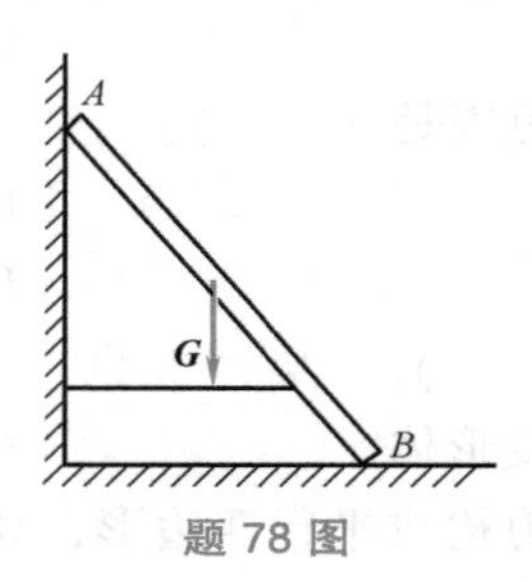

题 78 图

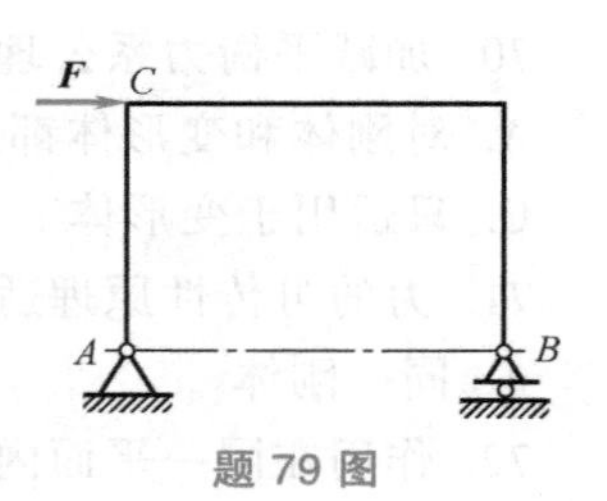

题 79 图

80. 如题 80 图所示，画出重球的受力图。
81. 如题 81 图所示，画出构件 AB 的受力图。
82. 如题 82 图所示，画出刚体 ACB 的受力图。

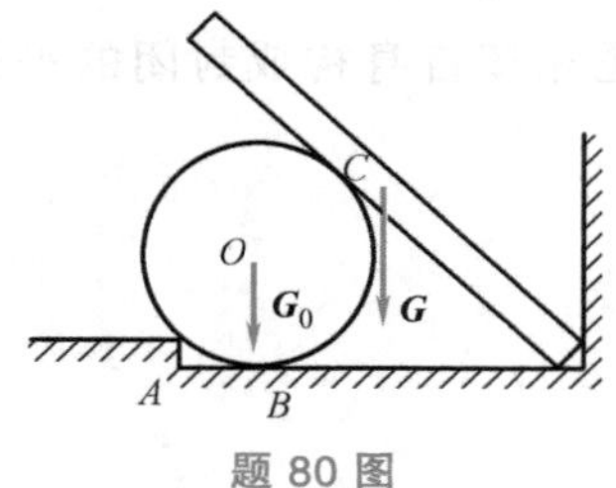

题 80 图

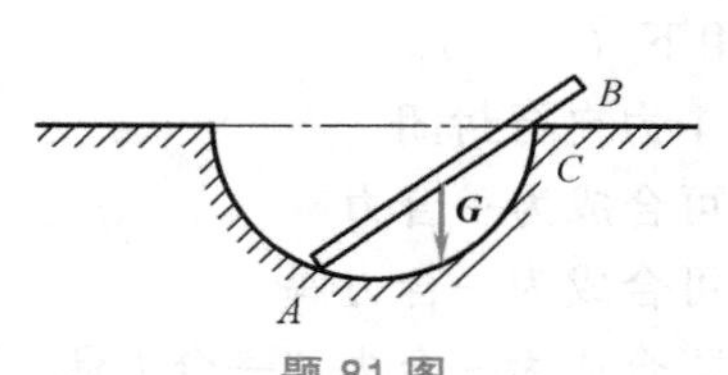

题 81 图

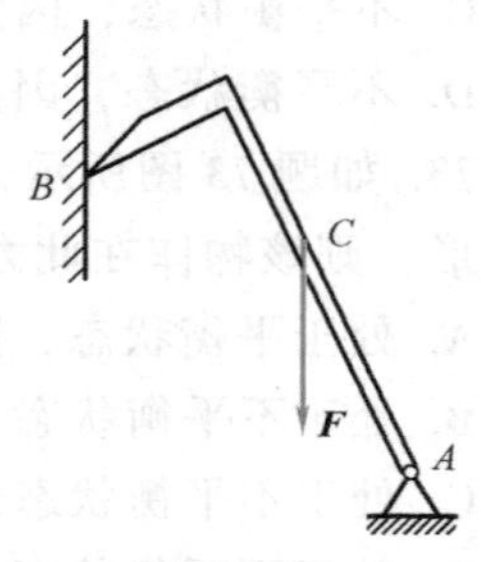

题 82 图

83. 如题 83 图所示，画出杆 *AB* 的受力图。
84. 如题 84 图所示，画出构件 *ACB* 的受力图。
85. 如题 85 图所示，画出梁 *AB* 的受力图。

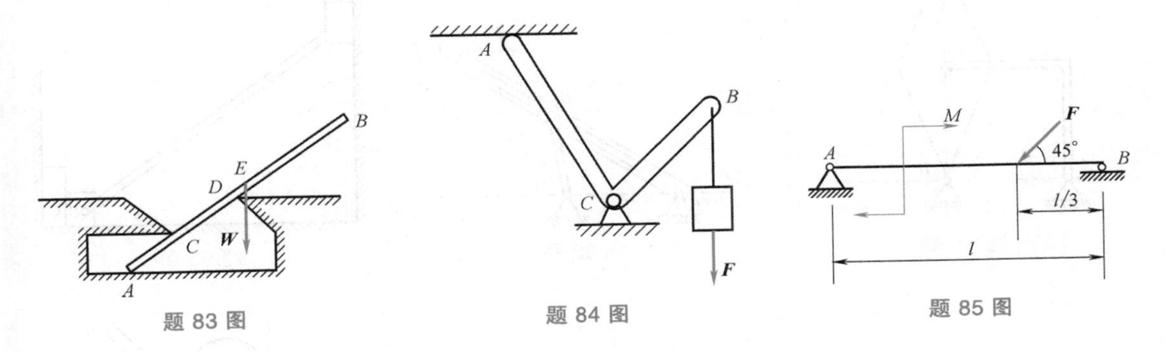

题 83 图　　题 84 图　　题 85 图

86. 如题 86 图所示，画出杆 *AB* 和 *BC* 的受力图。
87. 如题 87 图所示，画出曲柄 *AB* 和滑块 *C* 的受力图。

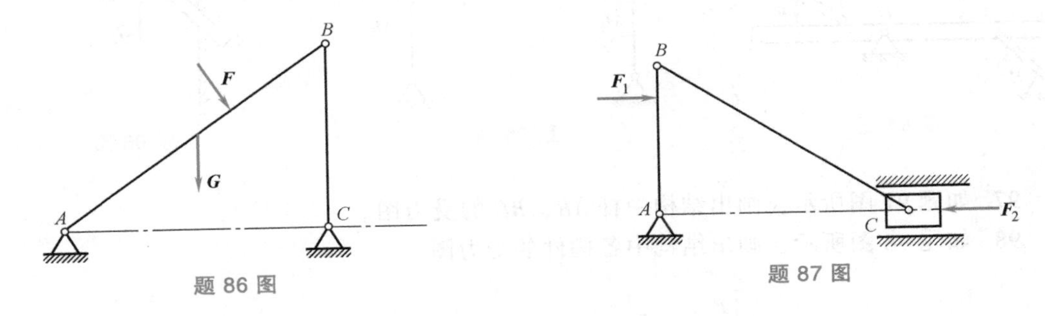

题 86 图　　题 87 图

88. 如题 88 图所示，画出球的受力图。
89. 如题 89 图所示，画出构件 *AC* 和 *CB* 的受力图。
90. 如题 90 图所示，画出各构件的受力图。

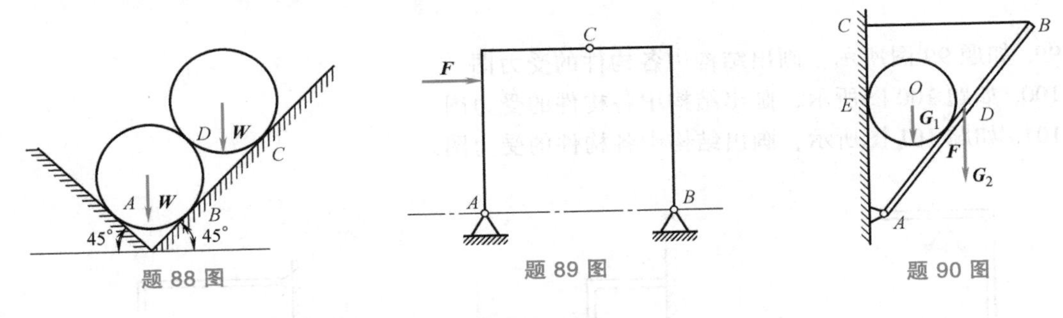

题 88 图　　题 89 图　　题 90 图

91. 如题 91 图所示，画出构架整体的受力图。
92. 如题 92 图所示，画出机构中各构件的受力图。
93. 如题 93 图所示，画出滑块 *A* 和 *B* 的受力图。
94. 如题 94 图所示，画出 *EC* 杆的受力图。
95. 如题 95 图所示，画出结构中各构件的受力图。

96. 如题 96 图所示，画出圆盘和均质梁 *AB* 的受力图。

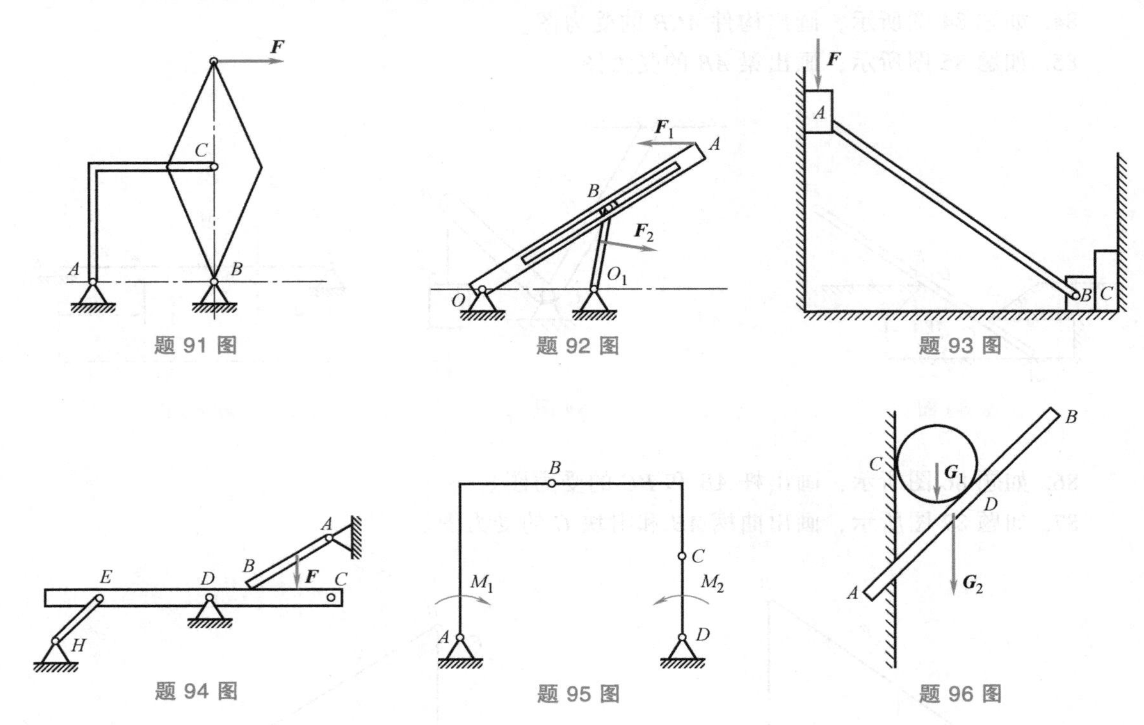

97. 如题 97 图所示，画出结构中杆 *AB*、*BC* 的受力图。

98. 如题 98 图所示，画出结构中各构件的受力图。

99. 如题 99 图所示，画出结构中各构件的受力图。

100. 如题 100 图所示，画出结构中各构件的受力图。

101. 如题 101 图所示，画出结构中各构件的受力图。

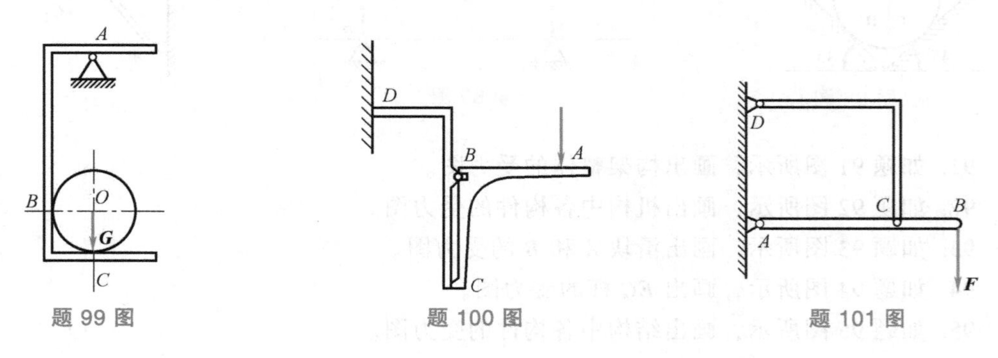

102. 如题 102 图所示，画出结构中各构件的受力图。

103. 如题 103 图所示，画出球 1 和球 2 的受力图。

104. 如题 104 图所示，画出结构中各构件的受力图。

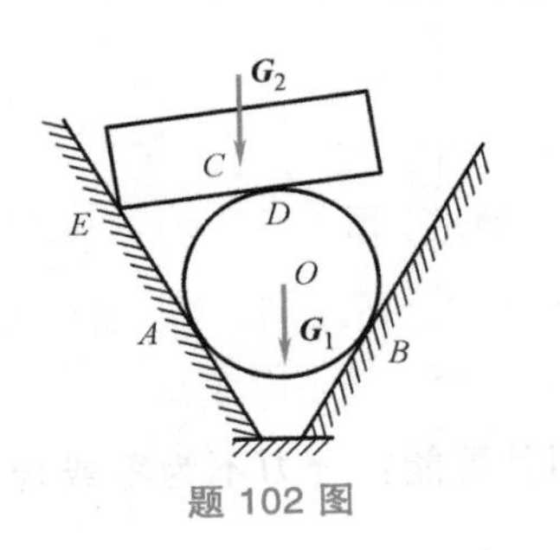

题 102 图

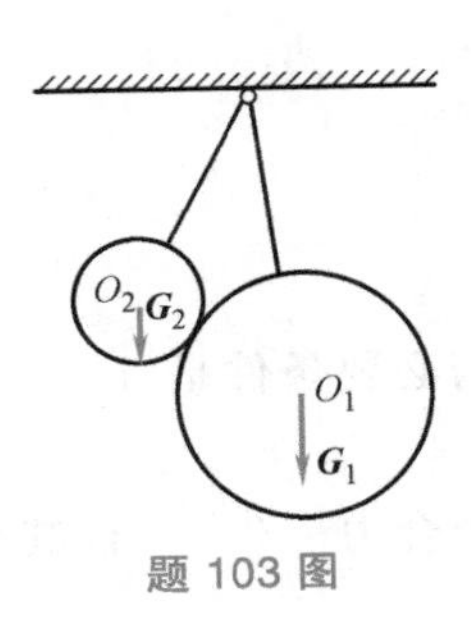

题 103 图

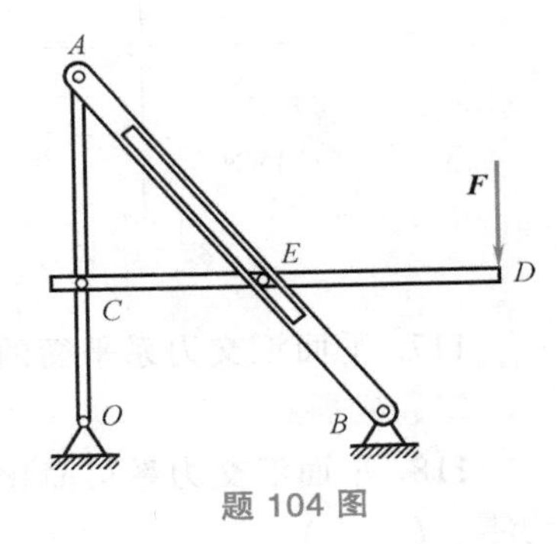

题 104 图

105. 如题 105 图所示，受力图是否有错？若有，请改正。

106. 如题 106 图所示，画出各杆的受力图。

107. 如题 107 图所示，画出杆 BC 及整体的受力图。

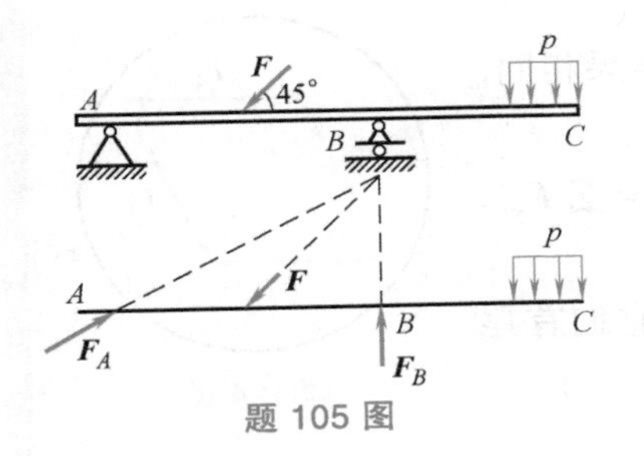

题 105 图

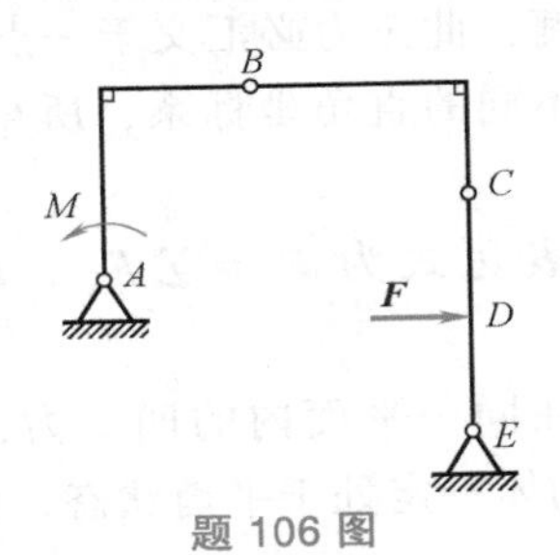

题 106 图

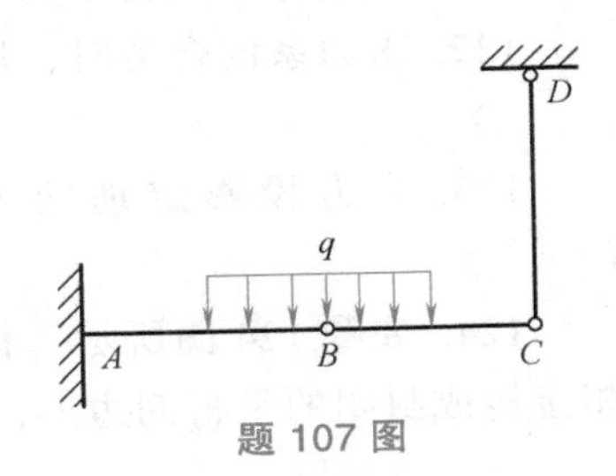

题 107 图

第二章　平面汇交力系练习题

一、填空题

108. 力在正交坐标轴上的投影的值与力沿这两个轴的分力的大小（　　）。

109. 力在不相互垂直的两个坐标轴上的投影的值与力沿这两个轴的分力的大小（　　）。

110. 平面汇交力系有（　　）个独立的平衡方程，最多可求解（　　）个未知数。

111. 平面汇交力系可以合成为（　　）个合力，其结果有两种可能，即（

）。

112. 合力投影定理是指合力在某一坐标轴上的投影等于（

）。

113. 平面汇交力系的合力等于力系中各力的（　　）。

114. 平面汇交力系的平衡方程是（　　）。

115. 如题 115 图所示，力 $\boldsymbol{F}$ 在 x、y 轴上的投影分别为（　　）和（　　）。

116. 如题 116 图所示，已知 $F=200\text{N}$，力 $\boldsymbol{F}$ 在 x、y 轴上的投影分别为（　　）和（　　）。

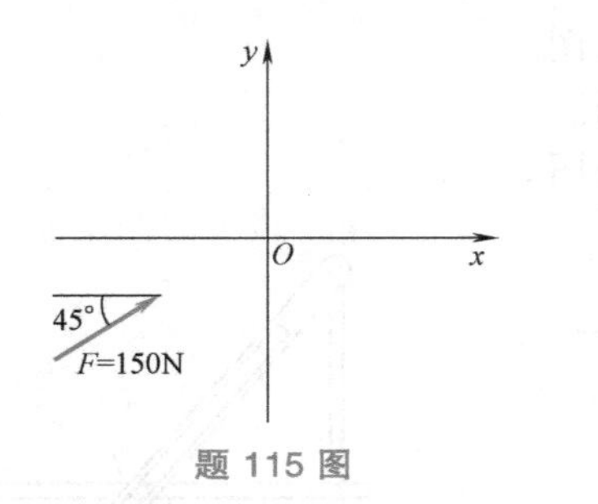

题 115 图

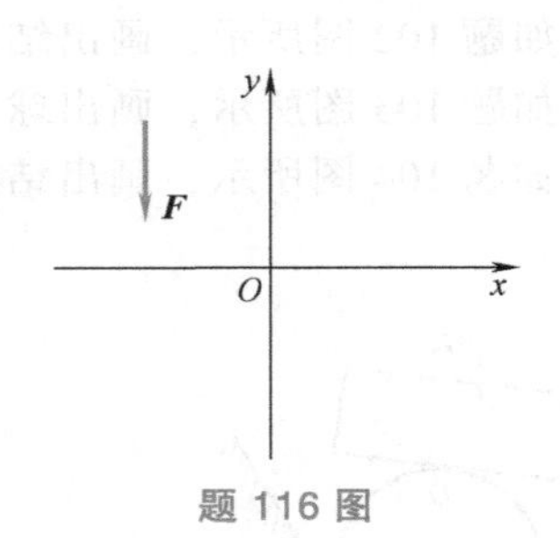

题 116 图

117. 平面汇交力系平衡的充分与必要条件是（　　　）。

二、判断题

118. 平面汇交力系可简化为一个合力。（　　）其结果有两种可能：合力不为零或合力为零。（　　）

119. 平面汇交力系合成的结果是一个合力，合力矢等于原力系中各力的矢量和，合力的作用线通过原力系的汇交点。（　　）

120. 一力在某轴投影的大小一定等于该力在同一轴上的分力的大小。（　　）

121. 一刚体受三力作用而平衡，此三力必汇交于一点。（　　）

122. 求力系的合力时，选用不同的直角坐标系，所得结果相同。（　　）

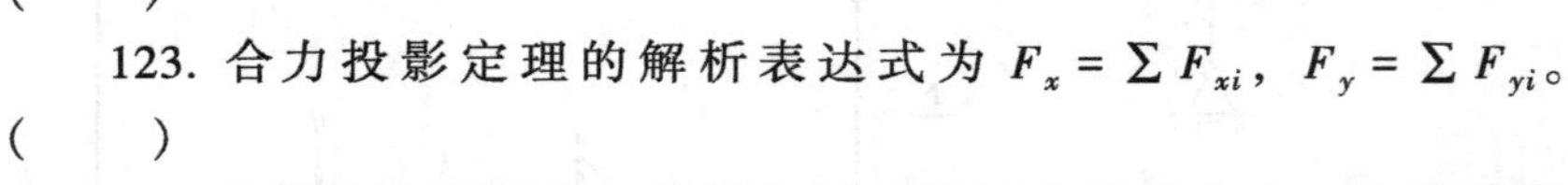

123. 合力投影定理的解析表达式为 $F_x = \sum F_{xi}$，$F_y = \sum F_{yi}$。（　　）

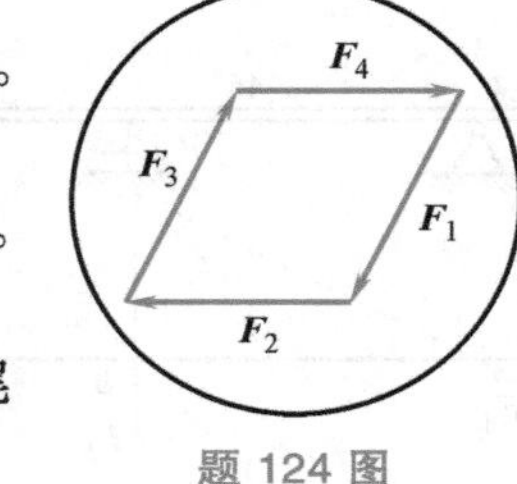

题 124 图

124. 如题 124 图所示，作用在同一平面内的四个力，它们首尾相接构成封闭的平行四边形，该物体一定处于平衡状态。（　　）

三、选择题

125. 若两个力在同一轴上的投影相等，则此二力的大小（　　）。

A. 必定相等　　B. 一定不相等　　C. 不一定相等

126. 用解析法求平面汇交力系的合力时，若取不同的直角坐标轴，则所求得的合力（　　）。

A. 相同　　B. 不相同　　C. 不一定相同

127. 若平面汇交力系中的各力在任意两个互不平行的轴上投影的代数和均为零，说明该力系一定平衡（　　）。

A. 正确　　B. 不正确　　C. 不一定正确

128. Oxy 直角坐标系如题 128 图所示，$|F_x|$、$|F_y|$表示力 $\boldsymbol{F}$ 在 x 轴和 y 轴上的投影的大小；$|\boldsymbol{F}_x|$、$|\boldsymbol{F}_y|$表示力 $\boldsymbol{F}$ 沿 x 轴和 y 轴方向分力的大小，则（　　）正确。

A. $|F_x| = |\boldsymbol{F}_x|$　　B. $|F_y| = |\boldsymbol{F}_y|$

C. $|F_x| \neq |\boldsymbol{F}_x|$　　D. $|F_y| \neq |\boldsymbol{F}_y|$

129. Oxy 为非直角坐标系，如题 129 图所示，$|F_x|$、$|F_y|$表示力 $\boldsymbol{F}$ 在 x 轴和 y 轴上的投影的大小；$|\boldsymbol{F}_x|$、$|\boldsymbol{F}_y|$表示力 $\boldsymbol{F}$ 沿 x 轴和 y 轴方向分力的大小，则（　　）正确。

A. $|F_x| = |\boldsymbol{F}_x|$　　B. $|F_y| = |\boldsymbol{F}_y|$

C. $|F_x| \neq |\boldsymbol{F}_x|$　　D. $|F_y| \neq |\boldsymbol{F}_y|$

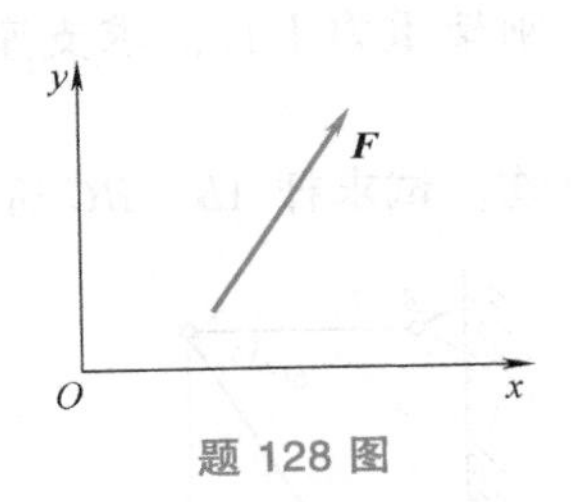

题 128 图

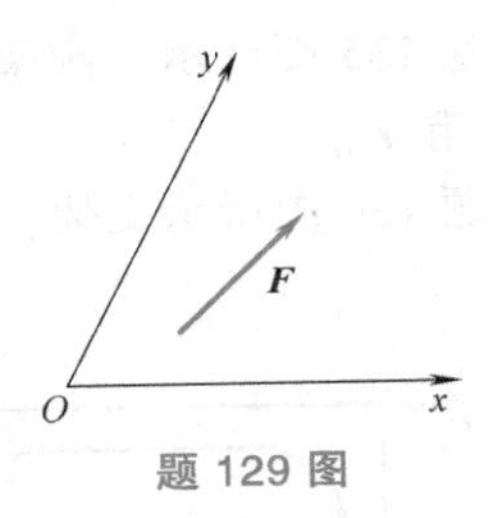

题 129 图

130. 如题 130 图所示，已知 $\boldsymbol{F}_1$ 与 $\boldsymbol{F}_2$ 为作用于某刚体同一直线上的两个力，且 $F_1=2F_2$，其方向相反，因此合力 $\boldsymbol{F}$ 可表示为（　　）。

A. $\boldsymbol{F}=\boldsymbol{F}_1-\boldsymbol{F}_2$　　B. $\boldsymbol{F}=\boldsymbol{F}_2-\boldsymbol{F}_1$　　C. $\boldsymbol{F}=\boldsymbol{F}_1+\boldsymbol{F}_2$　　D. $\boldsymbol{F}=\boldsymbol{F}_1/2$

E. $\boldsymbol{F}=-\boldsymbol{F}_2$　　F. $\boldsymbol{F}=-\boldsymbol{F}_1/2$　　G. $\boldsymbol{F}=\boldsymbol{F}_2$

131. 如题 131 图所示，刚体受一平面汇交力系的作用，且 $|\boldsymbol{F}_1|=|\boldsymbol{F}_2|=|\boldsymbol{F}_3|$，如若保持刚体原来所处的状态不变，则可去掉图中的（　　）力。

A. $\boldsymbol{F}_1$ 和 $\boldsymbol{F}_2$　　B. $\boldsymbol{F}_2$ 和 $\boldsymbol{F}_3$　　C. $\boldsymbol{F}_3$ 和 $\boldsymbol{F}_1$　　D. $\boldsymbol{F}_1$、$\boldsymbol{F}_2$ 和 $\boldsymbol{F}_3$

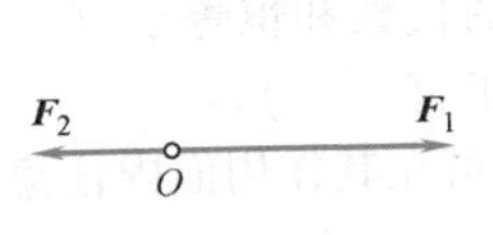

题 130 图

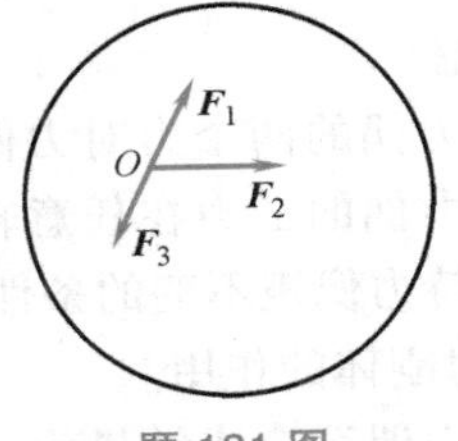

题 131 图

132. 若某刚体在汇交于一点的三个力的作用下处于平衡状态，那么这三个力的作用线必在（　　）。

A. 同一直线上　　B. 同一平面内　　C. 空间任意分布

四、计算题

133. 如题 133 图所示，固定在墙壁上的圆环受三条绳索的拉力作用，力 $\boldsymbol{F}_1$ 沿水平方向，力 $\boldsymbol{F}_3$ 沿铅直方向，力 $\boldsymbol{F}_2$ 与水平线成 40° 角。三力的大小分别为 $F_1=2000\text{N}$，$F_2=2500\text{N}$，$F_3=1500\text{N}$，求三力的合力。

134. 如题 134 图所示，物体重 $G=20\text{kN}$，用绳子挂在支架的滑轮 B 上，绳子的另一端系在绞车 D 上。转动绞车，物体便能升起。A、B、C 处均为光滑铰链连接。钢丝绳、杆和滑轮的自重均不计，并忽略摩擦和滑轮的大小。试求平衡时杆 AB 和 BC 所受的力。

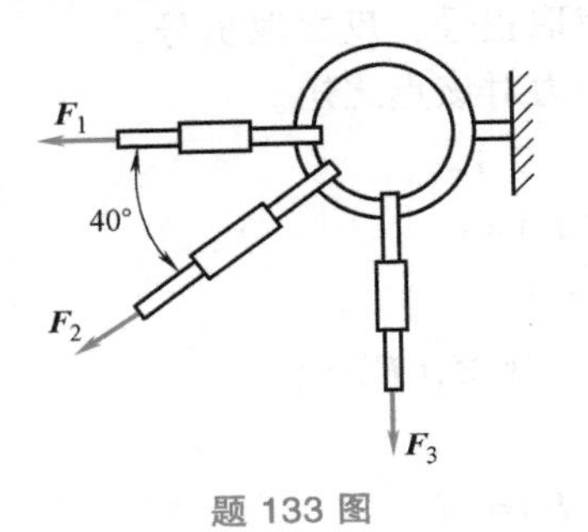

题 133 图

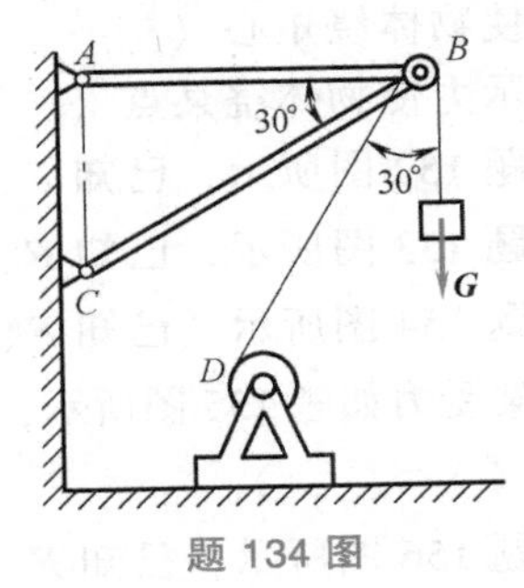

题 134 图

135. 如题 135 图所示，刚架的点 B 作用一水平力 $\boldsymbol{F}$，刚架重力不计。求支座 A 和 D 的约束反力 $\boldsymbol{F}_A$ 和 $\boldsymbol{F}_D$。

136. 如题 136 图所示支架，在 B 处悬挂 $G=10\text{kN}$ 的重物。试求杆 AB、BC 所受的力。

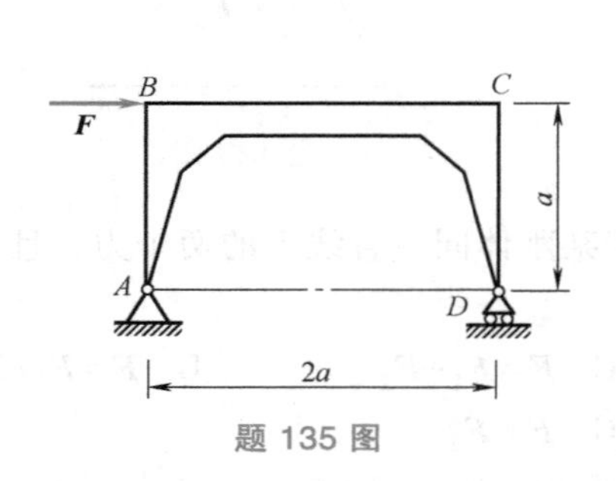

题 135 图

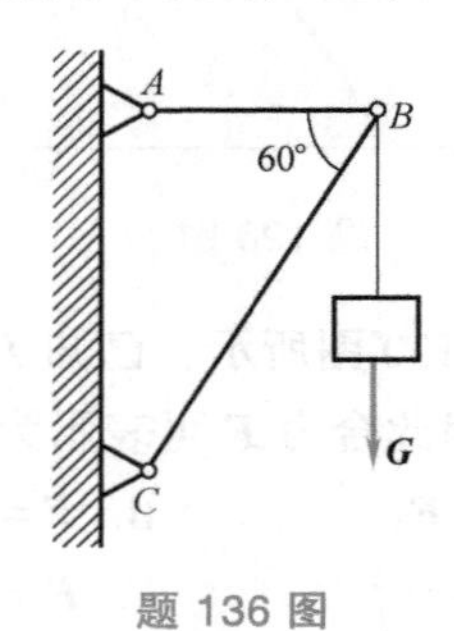

题 136 图

第三章 平面力偶系练习题

一、填空题

137. 组成力偶的两个力对力偶作用平面内任意点之矩的代数和恒等于（　　　）。

138. 组成力偶的二力在任意轴上的投影的代数和恒等于（　　）。

139. 在保持力偶矩不变的条件下，作用在刚体上的力偶可在其作用面内任意（　　　　）而不会改变其对刚体的作用。

140. 平面力偶系合成结果为一合力偶，合力偶矩的数值等于（　　　　　　　　）。

141. 力偶对物体作用的外效果是（　　　　　　）。

142. 力偶的三要素是（　　　　　　　　　　　）。

143. 凡（　　　）相同的力偶，彼此等效，即可以互相置换。

144. 力偶对其作用面内任意点的力矩值恒等于此力偶的力偶矩，而合力偶与矩心间的相对位置（　　）。

145. 当力的作用线通过矩心时，力矩值为（　　）。

146. 力沿其作用线滑移时，其力矩值（　　）。

147. 平面汇交力系的合力，对平面上任一点之矩，等于（　　　　　　　　　　）。

148. $\boldsymbol{M_O(F)}=\sum \boldsymbol{M_O(F_i)}$ 表示的意思是（　　　　　　　　　　　　　　　　　　　　　　　　）。

149. 平面内的力对物体的转动效果完全取决于（　　　　　　）和（　　　）。

150. 力使物体绕矩心（　　　　　）转动，力矩取正号，反之取负号。

151. 表示力使物体绕某点（　　　　　）的量称为力对该点之矩。

152. 如题 152 图所示，已知 $\boldsymbol{F}$、l，则 $\boldsymbol{M_A(F)}=$(　　　)。

153. 如题 153 图所示，已知 $\boldsymbol{F}$、β、θ、l，则 $\boldsymbol{M_O(F)}=$(　　　　　)。

154. 如题 154 图所示，已知 $\boldsymbol{F}$、a、r，则 $\boldsymbol{M_O(F)}=$(　　　)。

155. 拱架受力如题 155 图所示，已知 $\boldsymbol{F}$、φ、a、b，则 $\boldsymbol{M_A(F)}=$(　　　　　　　)，$\boldsymbol{M_B(F)}=$(　　　　　　　　)。

156. 如题 156 图所示，已知 $\boldsymbol{F}$、l、h、α，则 $\boldsymbol{M_A(F)}=$（　　　　　　　　　）。

157. 如题 157 图所示，已知 $\boldsymbol{F}$、β、h、r，则 $M_O(\boldsymbol{F})$ =（　　　　　　　　　　　　　　）。

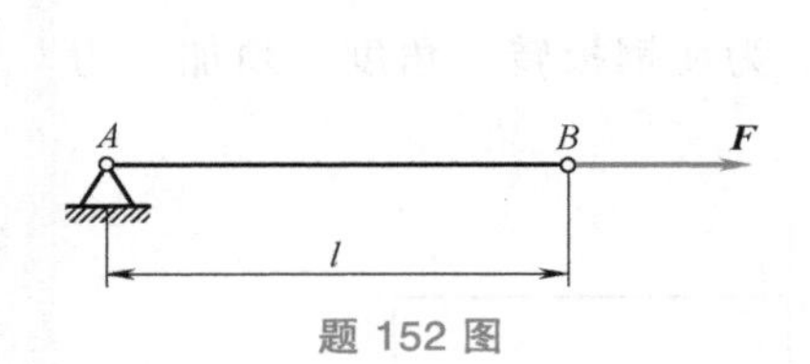

题 152 图

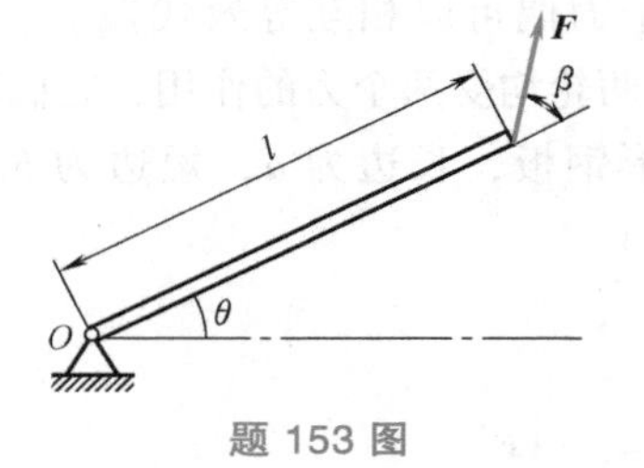

题 153 图

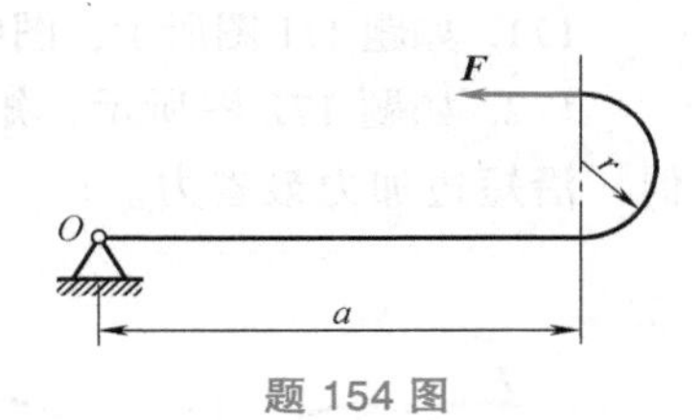

题 154 图

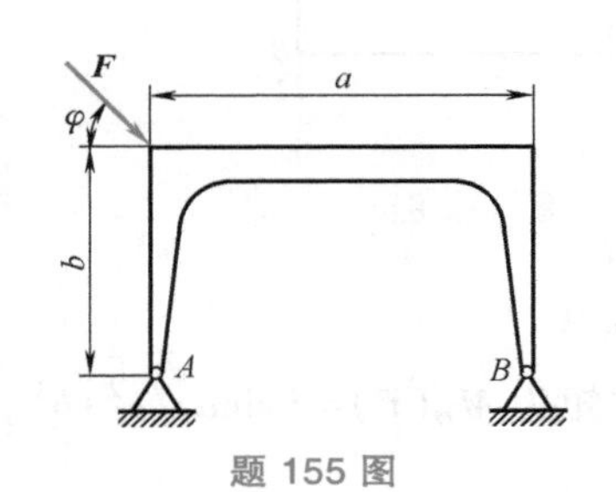

题 155 图

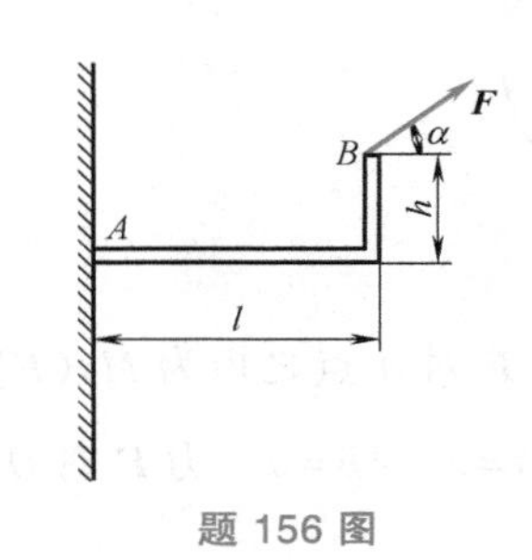

题 156 图

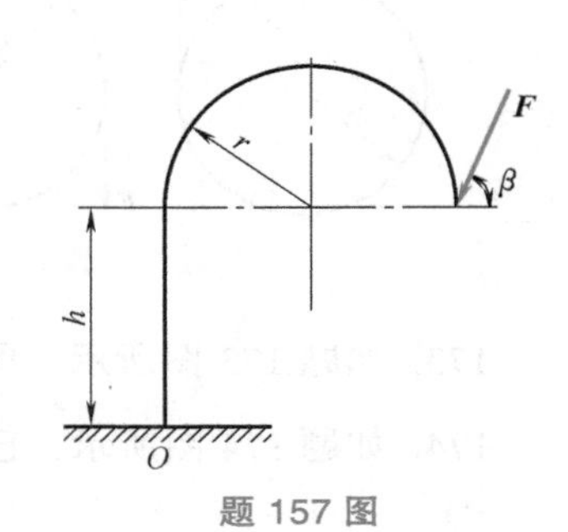

题 157 图

158. 平面力偶系平衡的必要与充分条件是（　　　　　　　　　　　　　　　　　　）。

159. 如果已知平面力偶系处于平衡状态，那么必有（　　　　　）成立。

160. 对于平面力偶系，如果有 $\sum M = 0$ 成立，则该力偶系必然（　　）。

二、判断题

161. 平面力偶系可简化为一个合力偶。（　　）

162. 力偶各力在其作用面内任意轴上的投影的代数和都等于零。（　　）

163. 作用在刚体上的力偶可以移到其作用面内的任意位置，而不会改变它对刚体的作用效果。（　　）

164. 如题 164 图所示，系统处于平衡状态，说明了力偶 M 与力 $\boldsymbol{F}$ 等效。（　　）

165. 一矩形钢板，尺寸如题 165 图所示，为使钢板转过一角度，须加一力偶，沿长边加力最省力。（　　）

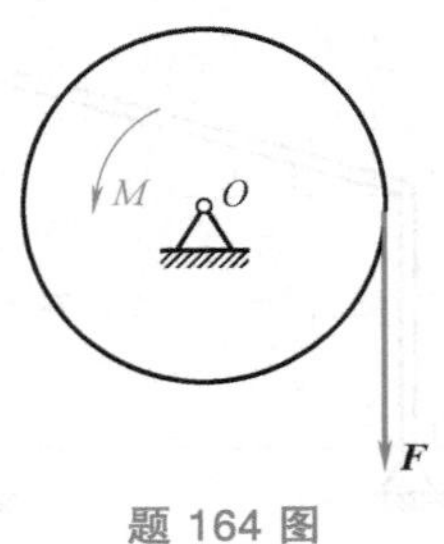

题 164 图

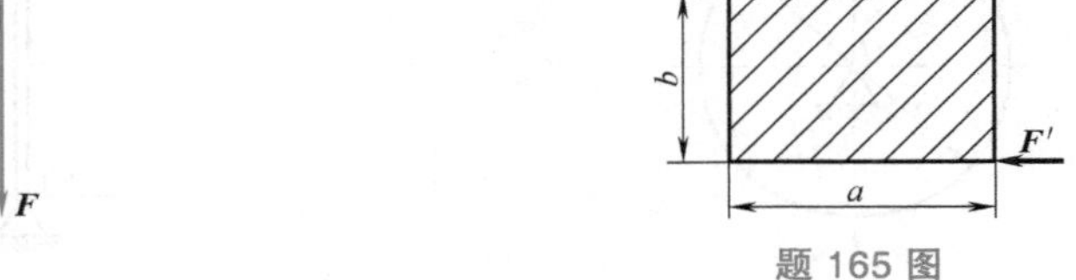

题 165 图

166. 因力偶中的二力等值、反向，且向任何轴投影的代数和均为零，故力偶是一平衡力系。（　　）

167. 在一定条件下，力偶也可以用一个力来平衡。（　　）

168. 力偶的三要素是：两个力的大小、方向和力偶臂的大小。（　　）

169. 任何两个力组成的力系都可以简化为一个合力。(　　)

170. “三要素”相同的两个力偶可以相互等效代换。(　　)

171. 如题 171 图所示，图中两轮均受两个力的作用，它们对物体的作用效果相同。(　　)

172. 如题 172 图所示，矩形钢板，长边为 a，短边为 b。为使钢板转一角度，须加一力偶，沿短边加力最省力。(　　)

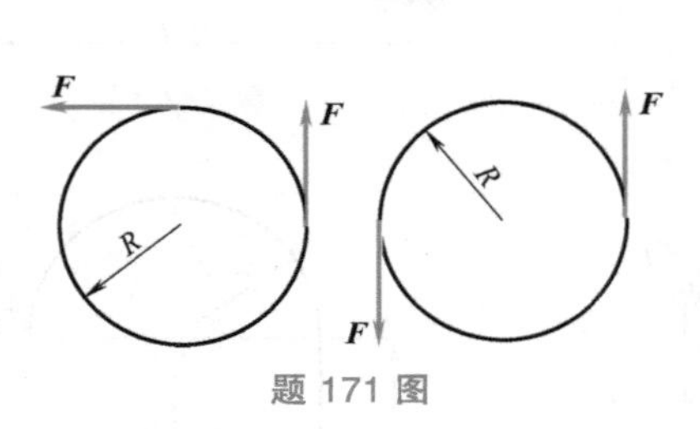

题 171 图

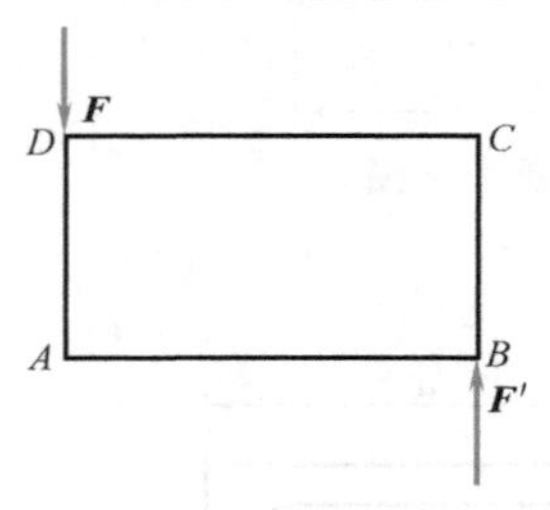

题 172 图

173. 如题 173 图所示，图中力 $\boldsymbol{F}$ 对 A 点之矩为 $M_A(\boldsymbol{F})=0$。(　　)

174. 如题 174 图所示，已知 $OA=b$，$AB=a$，力 $\boldsymbol{F}$ 对 O 点之矩为 $M_O(\boldsymbol{F})=F\sin\alpha\sqrt{a^2+b^2}$。(　　)

175. 如题 175 图所示，图中力 $\boldsymbol{F}$ 对 O 点之矩 $M_O(\boldsymbol{F})=2\Delta OAB$。(　　)

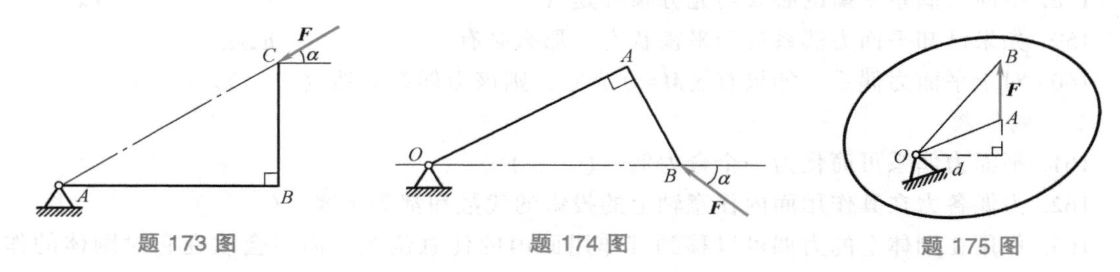

题 173 图　　题 174 图　　题 175 图

176. 如题 176 图所示，图中力 $\boldsymbol{F}$ 对 O 点之矩 $M_O(\boldsymbol{F})=\dfrac{1}{2}Fd\cos\alpha$。(　　)

177. 四杆机构如题 177 图所示，若 $T_1=T_2$，此机构平衡。(　　)

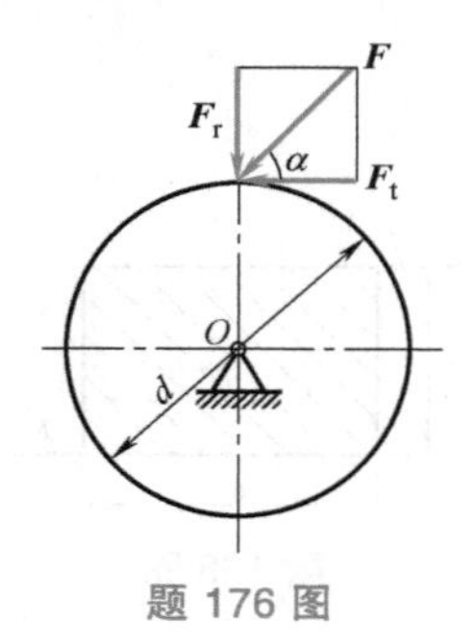

题 176 图

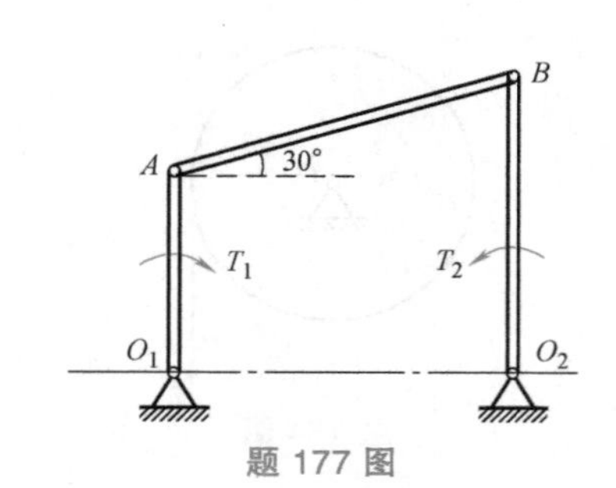

题 177 图

三、选择题

178. 合力矩定理的适用范围是（　　）。

A. 平面汇交力系，其他力系不适用

B. 平面任意力系，空间力系不适用

C. 不仅适用于平面任意力系，而且也适用于空间力系

179. 力沿其作用线滑移，(　　) 改变力矩的大小。

A. 必定　　B. 不会　　C. 不一定

180. 如题 180 图所示，图中力 $\boldsymbol{F}$ 对 O 点的力矩的大小等于 (　　)。

A. $2\Delta OAB$　　B. ΔOAB　　C. $\Delta OAB/2$

181. 力使物体绕定点转动的效果用 (　　) 来度量。

A. 力矩　　B. 力偶矩　　C. 力的矢量　　D. 功

182. 如题 182 图所示，力 $\boldsymbol{F}$ 对 B 点的力矩为 (　　)。

A. Fl　　B. $-Fl$　　C. $Fl\sin\alpha$　　D. $-Fl\sin\alpha$

E. $Fl\cos\alpha$　　F. $-Fl\cos\alpha$

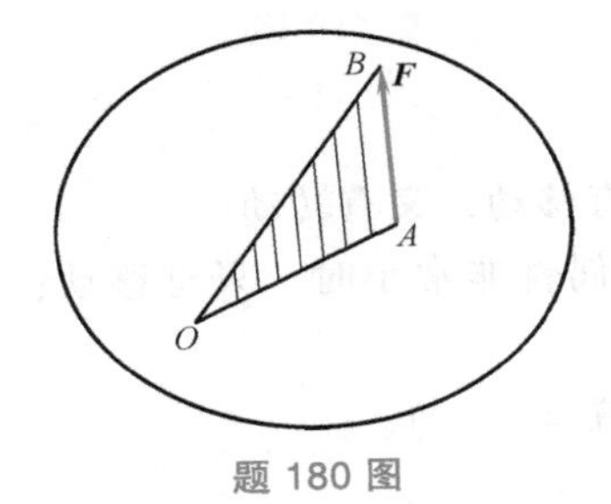

题 180 图

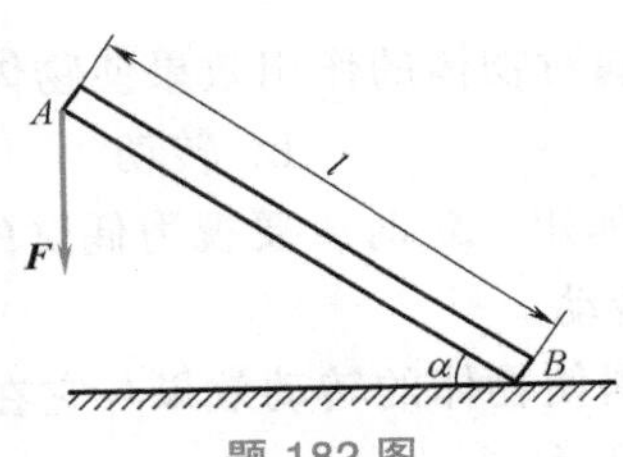

题 182 图

183. 如题 183 图所示，图中力 $\boldsymbol{F}$ 对 A 点之矩为 (　　)。

A. $F(l+h)\sin\alpha$　　B. $F(l\sin\alpha+h\cos\alpha)$　　C. $F(l+h)\cos\alpha$　　D. $F(l\cos\alpha+h\sin\alpha)$

184. 如题 184 图所示，图中 $\boldsymbol{F}$ 力的大小为 2kN，则它对 A 点之矩为 (　　)。

A. 20kN · m　　B. 17.32kN · m　　C. 10kN · m　　D. 8.66kN · m

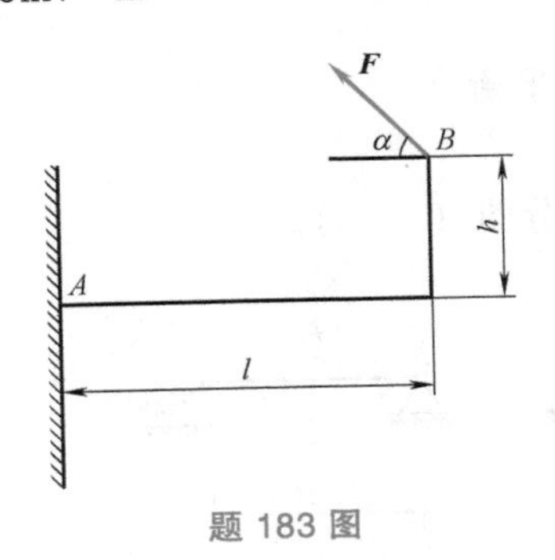

题 183 图

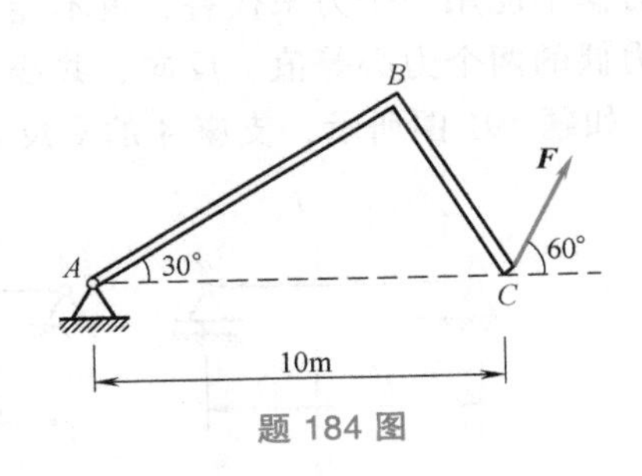

题 184 图

185. 力偶向互相垂直的坐标轴投影与向互相不垂直的坐标轴投影，结果为 (　　)。

A. 不相等

B. 一个对应轴的投影结果相等，另一对应轴投影结果不相等

C. 结果相等，均为零

186. 如题 186 图所示，力偶中互相等效的是 (　　)。

A. a 与 c，b 与 d　　B. a 与 b，c 与 d　　C. 都等效　　D. 都不等效

187. 一矩形钢板，尺寸如题 187 图所示，为使钢板转过一角度，须加一力偶，最省力

的是（　　）。

A. 沿短边加力　　B. 沿长边加力　　C. 沿与对角线垂直的方向加力

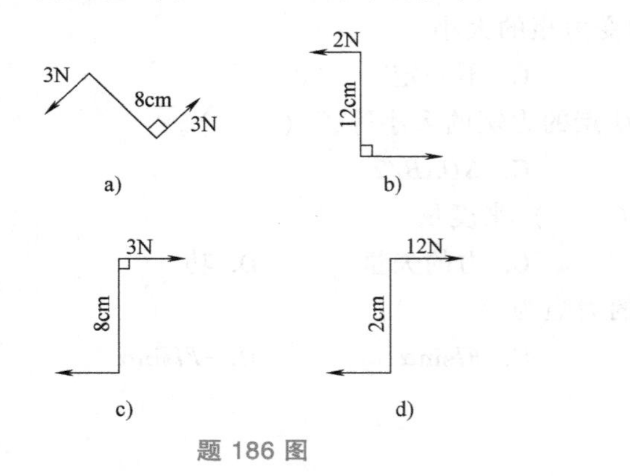

题 186 图

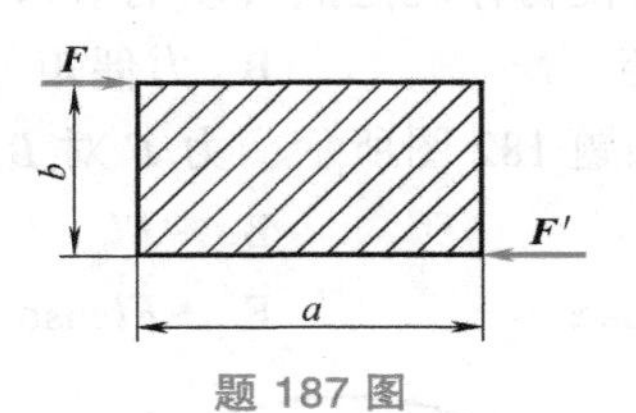

题 187 图

188. 力偶对物体的作用效果使物体（　　）。

A. 移动　　B. 转动　　C. 既有移动，又有转动

D. 当力偶矩一定时，要视力偶臂的大小而定。力偶臂非常小时，只有移动；力偶臂较大时，只有转动

189. 力偶使物体的转动效果与它在作用面内的位置（　　）。

A. 关系很大

B. 与它到物体重心的距离成正比，即作用在重心处，转动最慢；作用在边缘，转动最快

C. 无关

190. 力偶无合力，就是说（　　）。

A. 力偶的合力等于零

B. 力偶不能用一个力来代替，也不能用一个力来平衡

C. 力偶的两个力必等值、反向、共线

191. 如题 191 图所示，支座 A 的支反力最大的是分图（　　）。

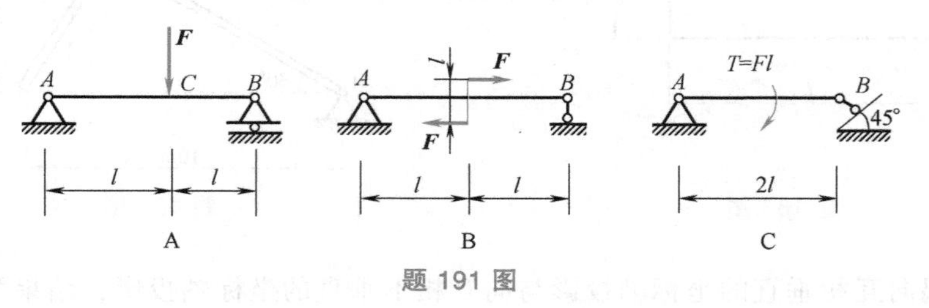

题 191 图

192. 如题 192 图所示，刚体 A 点处作用一力 $\boldsymbol{F}$，A、B 两点连线与 $\boldsymbol{F}$ 垂直，欲使刚体平衡，则需（　　）。

A. 在 B 点加一力 $\boldsymbol{F}'=-\boldsymbol{F}$

B. 在 B 点加一力偶 $M=F\cdot AB$

C. 在 B 点加一力 $\boldsymbol{F}'=-\boldsymbol{F}$ 和一力偶 $M=F\cdot AB$

193. 如题 193 图所示，梁的总长度和力偶矩大小都相同，则该二梁 B、D 处的支反力的

大小关系为（　　）。

A. $F_B=F_D$　　B. $F_B>F_D$　　C. $F_B<F_D$

194. 如题194图所示，力偶 T_1 作用在四杆机构的杆 AB 上，T_2 作用在 CD 杆上，因为力偶只能用力偶平衡，所以此机构平衡时，有（　　）。

A. T_2 必等于 T_1　　B. T_2 必不等于 T_1　　C. T_2 有可能等于 T_1（T_2、T_1 均指大小）

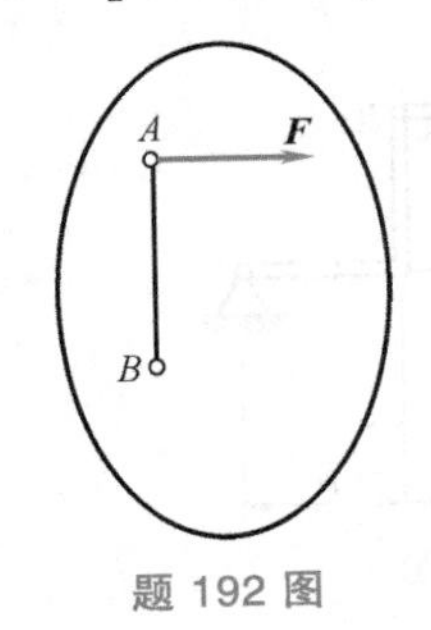

题192图

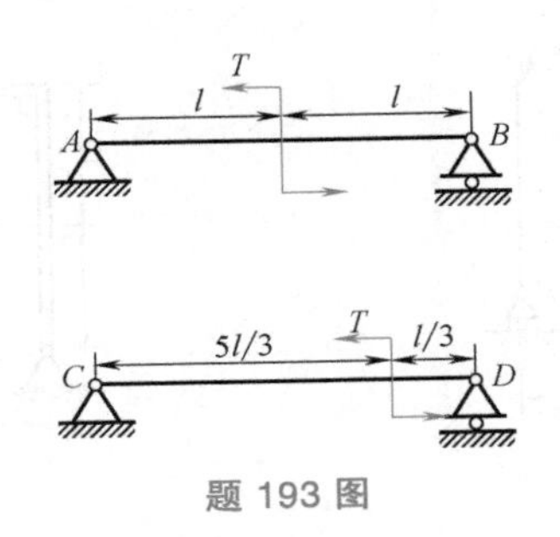

题193图

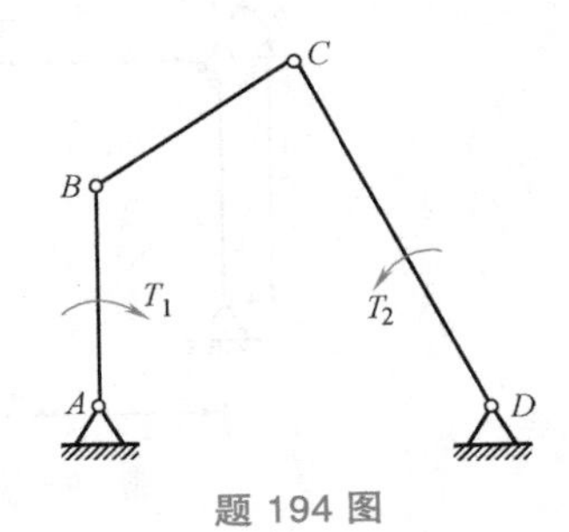

题194图

195. 如题195图所示，A、B 两处支反力正确的是（　　）。

196. 梁 AB 的受力如题196图所示，A、B 两处支反力正确的是（　　）。

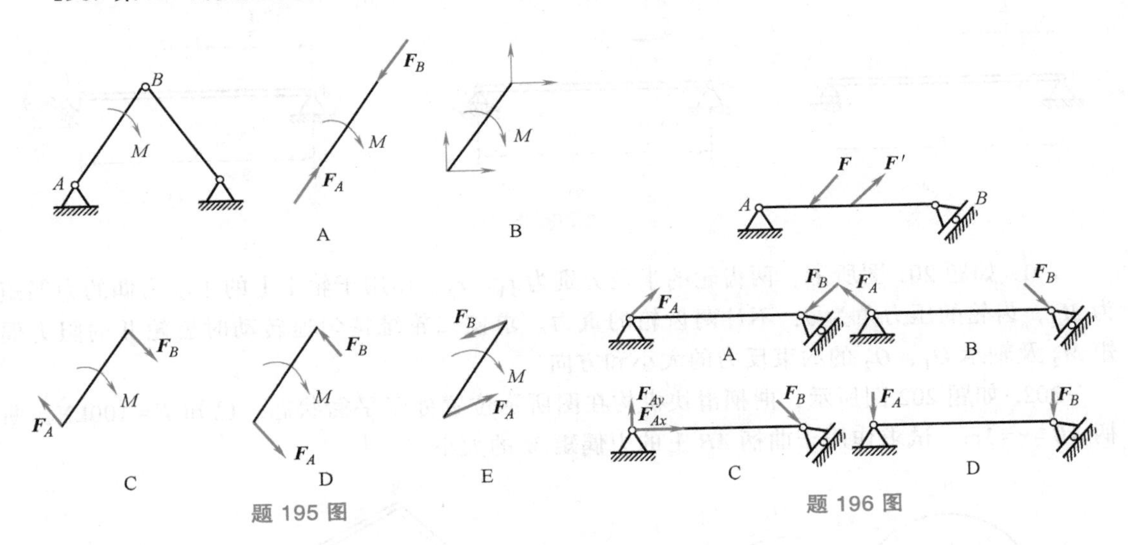

题195图　　题196图

197. 如题197图所示，外伸梁 A 支座处的约束反力为（　　）。图中 $AB=CD=l$，$BC=0.1l$。

A. $F_A=0$　　B. $F_A=F$（↓）　　C. $F_A=F$（↑）　　D. $F_A=\frac{11}{10}F$（↑）

E. $F_A=\frac{9}{10}F$（↑）　　F. $F_A=\frac{11}{10}F$（↓）　　G. $F_A=\frac{9}{10}F$（↓）

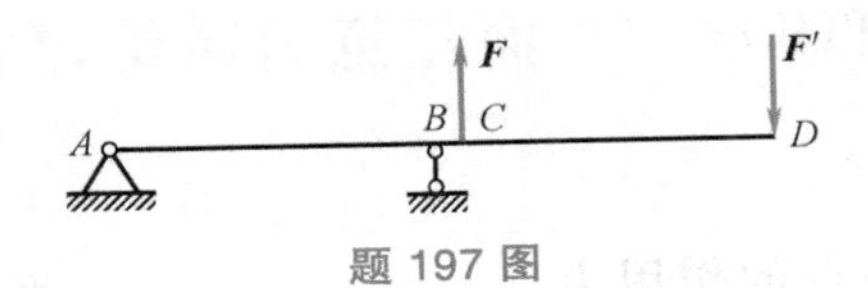

题197图

四、计算题

198. 如题 198 图所示，刚架上有一作用力 F。试分别计算力 F 对点 A 和 B 的力矩。

199. 在题 199 图所示结构中，各构件的自重略去不计。在构件 AB 上作用一力偶矩为 M 的力偶，求支座 A 和 C 的约束反力。

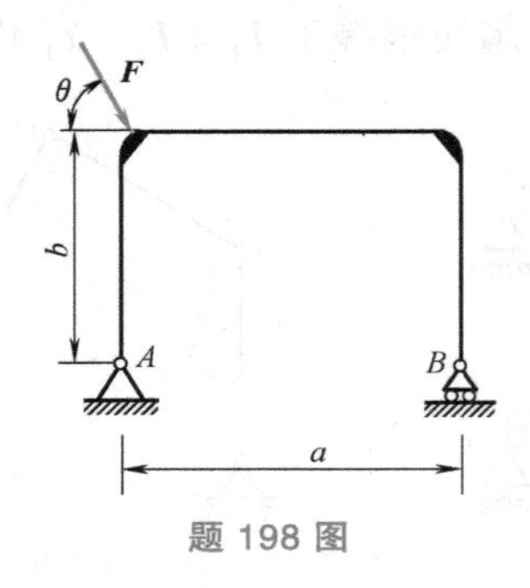

题 198 图

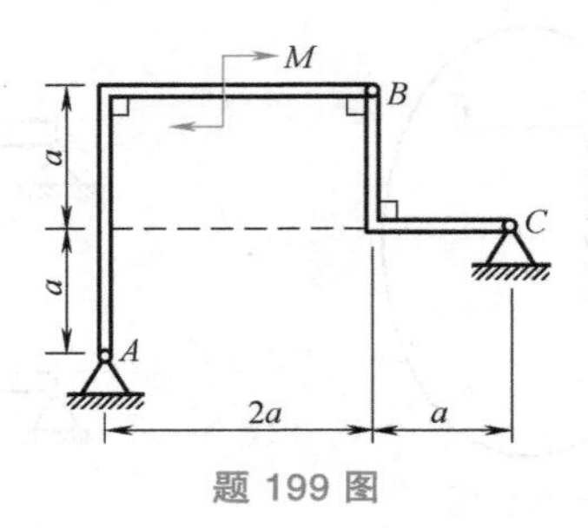

题 199 图

200. 如题 200 图所示，已知梁 AB 上作用一力偶，其力偶矩为 M，梁长为 l，梁重不计。求支座 A 和 B 的约束反力。

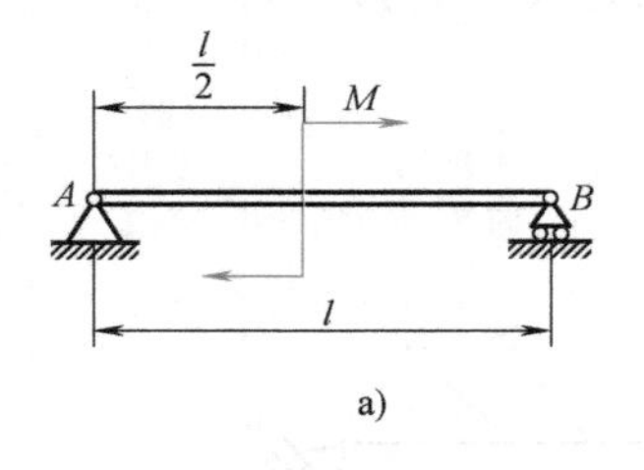

a)

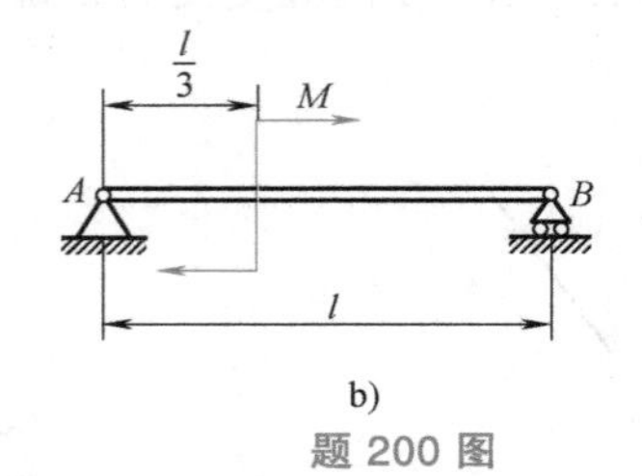

b)

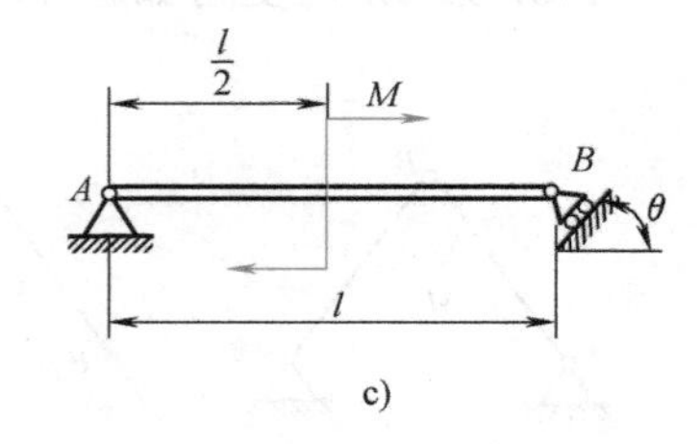

c)

题 200 图

201. 如题 201 图所示，两齿轮的半径分别为 r_1、r_2，作用于轮Ⅰ上的主动力偶的力偶矩为 M_1，齿轮的压力角为 θ，不计两齿轮的重力。求使二轮维持匀速转动时齿轮Ⅱ的阻力偶矩 M_2 及轴承 O_1、O_2 的约束反力的大小和方向。

202. 如题 202 图所示，曲柄滑块机构在图所示位置处于平衡状态。已知 $F=100\text{kN}$，曲柄 $AB=r=1\text{m}$。试求作用于曲柄 AB 上的力偶矩 M 的大小。

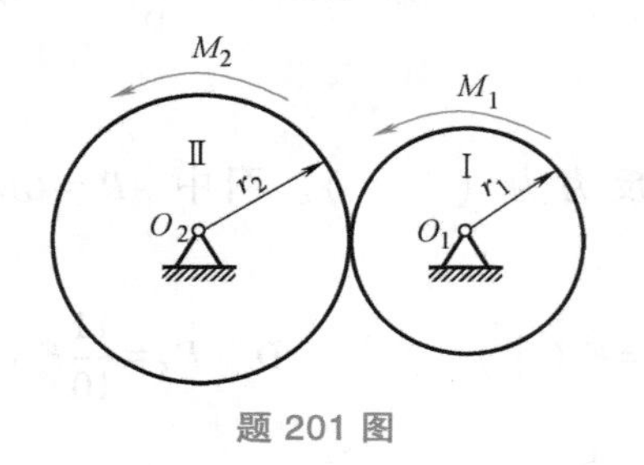

题 201 图

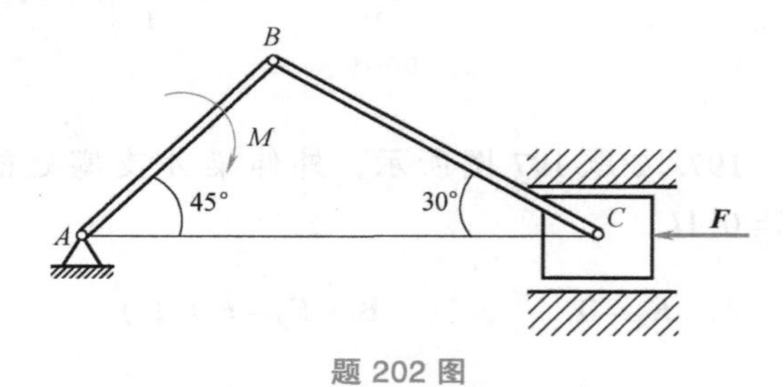

题 202 图

第四章　平面任意力系练习题

一、填空题

203. 力对其作用线外一点的作用为（　　　　　　）和（　　　　　　）的共同

作用。

204. 作用于刚体上的力，均可平移到刚体内任一点，但必须同时增加一个（　　　　），其矩等于（　　　　　）。

205. 力对作用线外的转动中心有两种作用，一是（　　　　　　　　　　　　），二是（　　　　　）。

206. 力的平移定理指的是：力可以（　　　　　　　　　　　　　　　），为保持其对物体的外效果不变，应附加一力偶。

207. 平面任意力系向平面内任一点简化的一般结果是一个（　　）和一个（　　）。

208. 平面任意力系向平面内任一点简化的一般结果是一个主矢和一个主矩。主矢等于（　　　　　　　　），其大小和方向与简化中心位置（　　）；主矩等于（　　），其大小和转向与简化中心位置（　　）。

209. 若平面任意力系向某一点简化后的主矩为零，主矢不为零，则该力系合力作用线必过（　　　　）。

210. 若平面任意力系向某点简化后的主矩为零，主矢不为零，则该主矢就是原力系的（　　）。

211. 若平面任意力系向某点简化后的主矢为零，主矩也为零，则该力系为（　　）力系。

212. 若平面任意力系简化后，主矢、主矩均不为零，则该力系可以进一步简化为一个（　　）。

213. 若平面任意力系简化后，主矢 F_O、主矩 M_O 均不为零，则该力系可以进一步简化为一合力，合力与简化中心的距离 $d=$（　　）。

214. 若平面任意力系简化后，主矢为零，主矩不为零，此时该主矩为该力系的（　　），在这种情况下，主矩与简化中心的位置（　　）。

215. 若某平面任意力系向某点简化后，主矢、主矩均为零，则该力系的主矢和主矩都与简化中心位置（　　）。

216. 如题 216 图所示，平面力系中，若 $F_1=F_2=F_3=F_4=F$，且各夹角均为直角，力系向 A 点简化的主矢 $F_A=$（　　），主矩 $M_A=$（　　）；向 B 点简化的主矢 $F_B=$（　　），主矩 $M_B=$（　　）。

217. 如题 217 图所示，平面力系中，若 $F_1=F_2=F_3=F_4=F$，且各夹角均为直角，力系向 A 点简化的主矢 $F_A=$（　　），主矩 $M_A=$（　　）；向 B 点简化的主矢 $F_B=$（　　），主矩 $M_B=$（　　）。

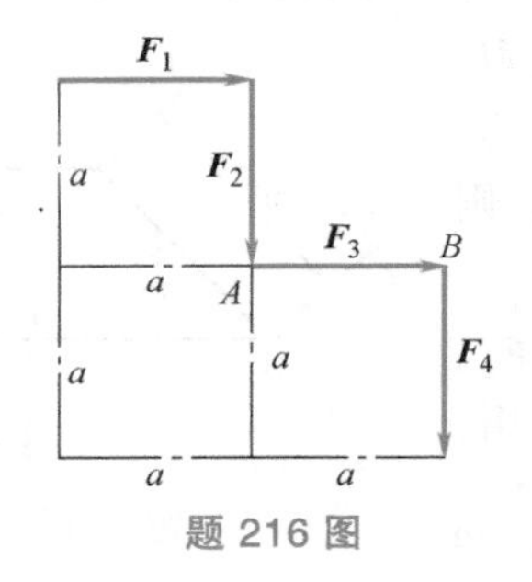

题 216 图

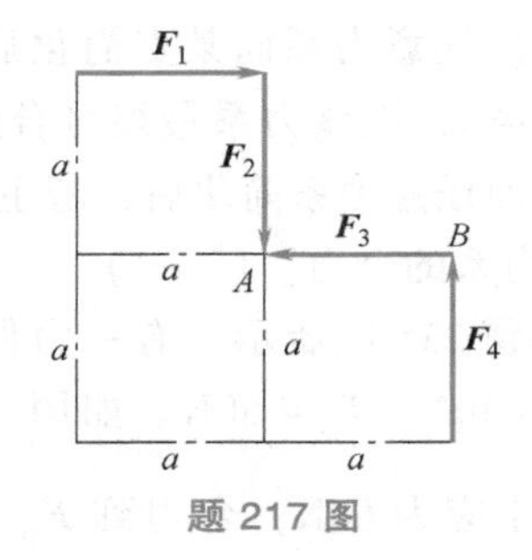

题 217 图

218. 如题218图所示，若某力系向A点简化的结果为$F_A=10\text{N}$，$M_A=200\text{N}\cdot\text{mm}$，则该力系向$D$点简化结果为$F_D=$（　　），$M_D=$（　　）；向$C$点简化结果为$F_C=$（　　），$M_C=$（　　）。

219. 如题219图所示，若某力系向B点简化的结果为$F_B=10\text{N}$，$M_B=20\text{N}\cdot\text{mm}$，则向$A$点简化结果为（　　　　　　　　　　　　）。

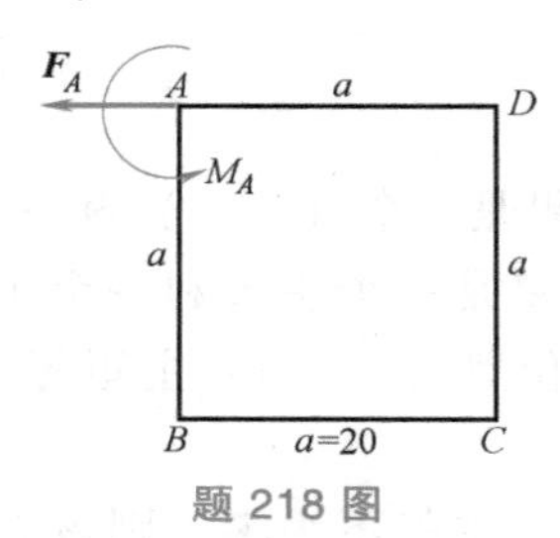

题218图

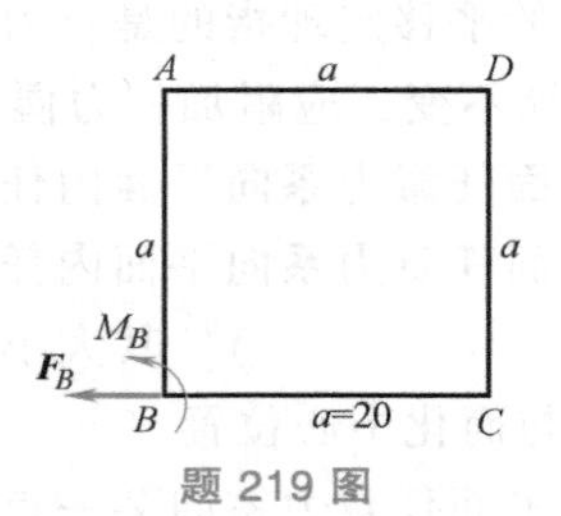

题219图

220. 平面任意力系的平衡方程最多可解（　　）个未知量。

221. 平衡方程$\sum F_x=0$、$\sum M_A(\boldsymbol{F})=0$和$\sum M_B(\boldsymbol{F})=0$适用于（　　）力系，其使用的限制条件是（　　　　　　　　　　）。

222. 平面平行力系二矩式平衡方程$\sum M_A(\boldsymbol{F})=0$和$\sum M_B(\boldsymbol{F})=0$在使用时的限制条件是（　　　　　　　　　　　）。

223. 平面任意力系平衡的充分与必要条件是（　　　　　　　　　　）。

224. 平衡方程$\sum M_A(\boldsymbol{F})=0$、$\sum M_B(\boldsymbol{F})=0$和$\sum M_C(\boldsymbol{F})=0$在使用时的附加条件是（　　　　　　　）。

二、判断题

225. 平面任意力系的主矢和主矩的方向（转向）均与简化中心位置有关。（　　）

226. 平面任意力系的主矢的方向和主矩的转向均与简化中心的位置无关。（　　）

227. 平面任意力系的主矢和主矩的大小均与简化中心的位置无关。（　　）

228. 平面任意力系的主矢的大小和方向与简化中心无关，主矩的大小及转向与简化中心的位置有关。（　　）

229. 平面任意力系的主矢和主矩都与简化中心的位置无关。（　　）

230. 平面任意力系的主矢与合力实质上是一致的，即主矢就是合力，合力就是主矢。（　　）

231. 平面任意力系向简化中心简化是依据力的平移定理进行的。（　　）

232. 平面任意力系的主矢与主矩共同作用的效果与原力系等效。（　　）

233. 平面任意力系向某点简化后得到主矢$\boldsymbol{F}$和主矩$\boldsymbol{M}$，若$\boldsymbol{F}\neq0$、$\boldsymbol{M}\neq0$，则该力系最终可合成为一个合力。（　　）

234. 平面任意力系简化后，若主矢$\boldsymbol{F}\neq0$、主矩$\boldsymbol{M}=0$，则主矢就是该力系的合力。（　　）

235. 如题235图所示，有一力偶（$\boldsymbol{F}$、$\boldsymbol{F}'$）和一力$\boldsymbol{F}_\text{p}$、已知$F=F'=40\text{N}$，$F_\text{p}=60\text{N}$。如用一合力代替它们的作用，则合力的大小应为60N，合力到$\boldsymbol{F}_\text{p}$力之间的距离应为$\dfrac{40}{3}\text{cm}$

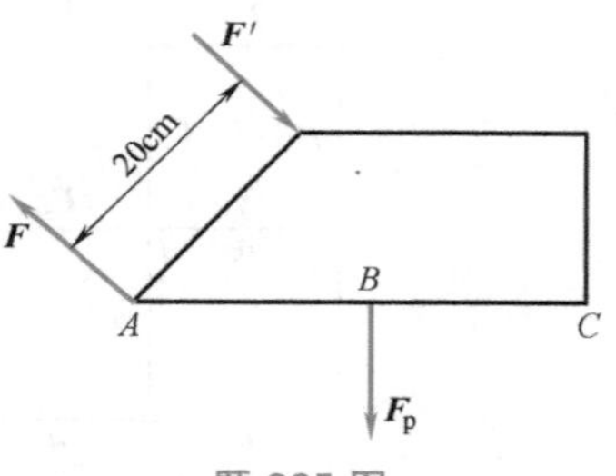

题235图

($\boldsymbol{F}_P$ 右侧)。(   )

236. 若平面任意力系简化后，主矢 $F=0$，主矩 $M\neq0$。则此主矩与该力系等效。(   )

237. 若平面任意力系简化后，主矢与主矩都等于零，则此力系是平衡力系。(   )

238. 平面任意力系平衡的必要与充分条件是：力系中诸力的矢量和为零。(   )

239. 平面任意力系平衡的必要与充分条件是：主矢为零，对任意点简化的主矩为零。(   )

三、选择题

240. 一个力作平行移动后，新作用点上的附加力偶矩一定（   ）。

A. 存在，其大小与平行移动的距离成反比

B. 存在，其大小与平移距离成正比

C. 存在，其大小与平移距离无关

D. 不存在

241. 一个力向新作用点平移后，新作用点上有（   ），才能使作用效果与原力相同。

A. 一个力　　B. 一个力偶　　C. 一个力和一个力偶

242. 作用在刚体上的力平移后，对刚体的作用效果不变，是因为（   ）。

A. 所得的力与原力等效　　B. 所得的附加力偶与原力等效

C. 所得的力和附加力偶与原力等效

243. 平面任意力系对任意简化中心之矩为零，则受此力系作用的刚体一定（   ）。

A. 平衡　　B. 无移动效果　　C. 无转动效果

244. 平面任意力系向一点简化时，下列四种说法：①主矢与简化中心有关；②主矩与简化中心有关；③主矢与简化中心无关；④主矩与简化中心无关。其中（   ）正确。

A. ②、④正确　　B. ②、③正确　　C. ③、④正确　　D. ①、④正确

245. 若平面任意力系向某点简化后合力矩为零，则其合力（   ）。

A. 一定为零　　B. 一定不为零　　C. 不一定为零

246. 在适当的简化中心上，（   ）把作用在同一平面内的一个力和一个力偶合成为一个力。

A. 一定能　　B. 一定不能　　C. 不一定能

247. 如题 247 图所示，在某刚体上同一平面内的 A、B、C 三点分别作用有 $\boldsymbol{F}_1$、$\boldsymbol{F}_2$、$\boldsymbol{F}_3$ 三个力，并构成封闭三角形，此力系（   ）。

A. 是平面汇交力系　　B. 可简化为一合力

C. 可简化为一合力及一合力偶　　D. 可简化为一合力偶

248. 设一平面任意力系向某点简化得到一合力，O' 点为该合力作用线外的一点，则力系向 O' 点简化将得到（   ）。

A. 一力偶　　B. 一个合力

C. 一力和一力偶　　D. 视具体情况而定

249. 各刚体受力如题 249 图所示。已知 $|\boldsymbol{F}_1|=|\boldsymbol{F}_2|=|\boldsymbol{F}_3|=|\boldsymbol{F}_4|$，处于平衡状态的是（   ）。

A. 都平衡　　B. 图 a、图 b 平衡　　C. 图 a、图 c 平衡

D. 图 b 平衡　　E、图 b、图 c 平衡

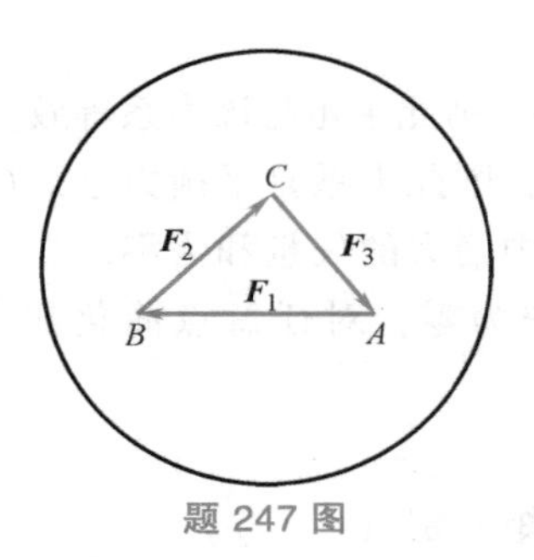

题 247 图

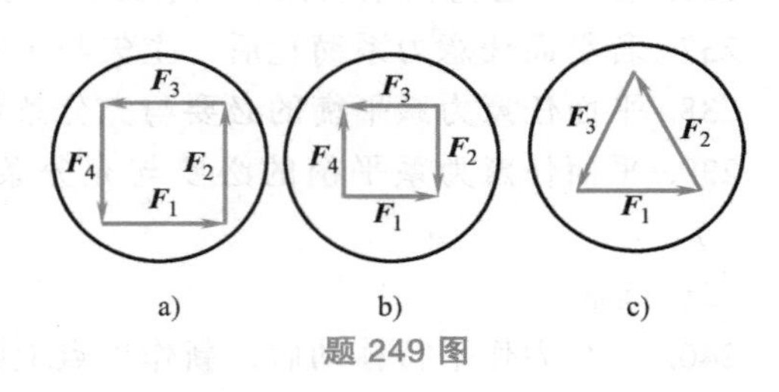

题 249 图

250. 某一平面平行力系中各力的大小和方向如题250图所示，则此力系的简化结果与简化中心是否有关（　　）。

A. 主矢与简化中心有关，主矩与简化中心无关

B. 主矢与简化中心无关，主矩与简化中心有关

C. 主矢、主矩都与简化中心有关

D. 主矢、主矩都与简化中心无关

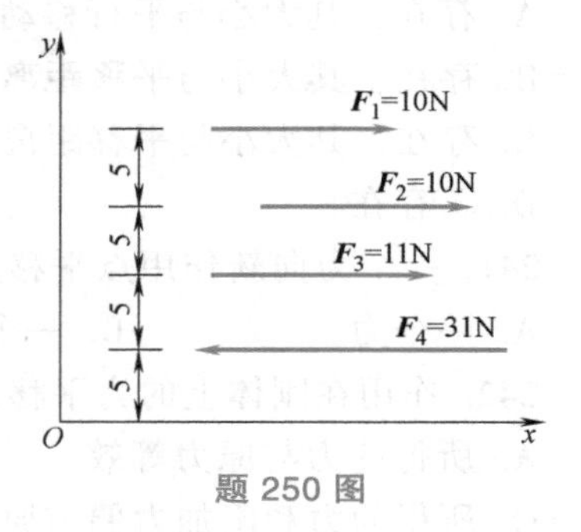

题 250 图

251. 某一平面平行力系中各力的大小、方向和作用线位置如题251图所示，此力系的简化结果与简化中心位置（　　）。

A. 有关　　　　B. 无关

252. $\boldsymbol{F}_1$、$\boldsymbol{F}_2$、$\boldsymbol{F}_3$、$\boldsymbol{F}_4$ 分别作用于物体上 A、B、C、D 四点，正好首尾相连，如题252图所示，那么物体（　　）。

A. 可能平衡　　　　B. 一定平衡　　　　C. 不平衡

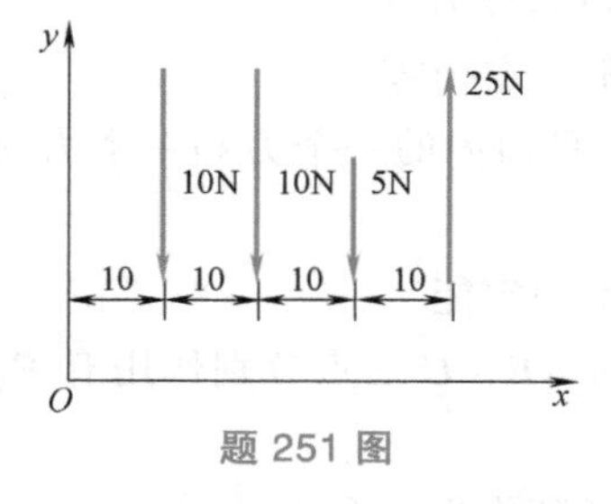

题 251 图

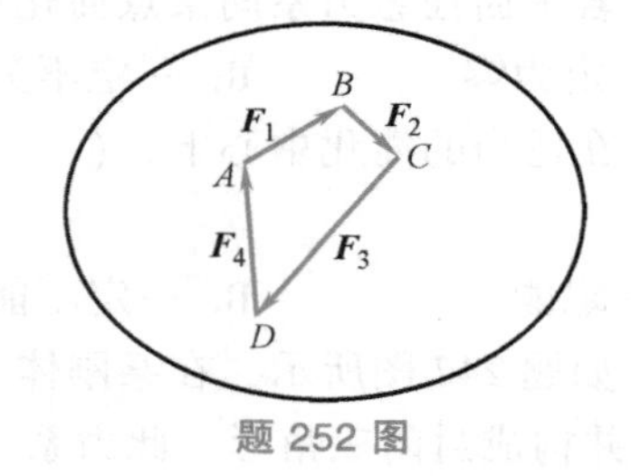

题 252 图

253. 如题253图所示，圆盘边缘上受到 $\boldsymbol{F}_1$、$\boldsymbol{F}_2$、$\boldsymbol{F}_3$、$\boldsymbol{F}_4$ 四个力作用，将这四个力向 A 点简化，求得主矢为 $\boldsymbol{F}$，则其关系是（　　）。

A. 主矢 $\boldsymbol{F}$ 是这四个力的合力

B. 主矢 $\boldsymbol{F}$ 不是这四个力的合力

C. 主矢是否是这四个力的合力，不能确定

254. 如题254图所示，一绞车三臂互成120°且等长，在距 O 点相等的位置 A、B、C 处分别作用有力 $\boldsymbol{F}$，则此三力向 O 点简化的结果是（　　）。

A. $F_R=\sqrt{3}F$，$M_O=3aF$　　　　B. $F_R=0$，$M_O=3aF$

C. $F_R=\dfrac{3}{2}F$，$M_O=3aF$　　　　D. $F_R=0$，$M_O=-3aF$

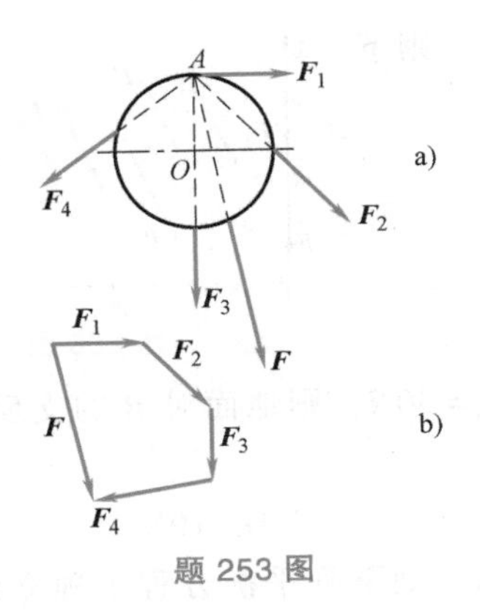

题 253 图

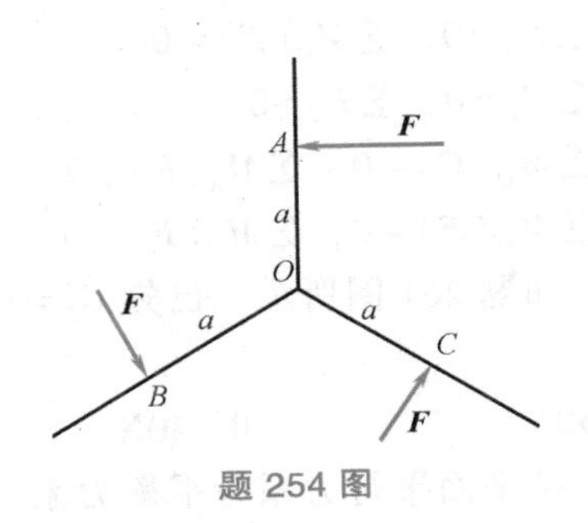

题 254 图

255. 如题 255 图所示的平面任意力系，每方格边长 10cm，$F_1=F_2=10\text{N}$，$F_3=F_4=10\sqrt{2}\text{N}$，该力系向 O 点简化的结果是（　　）。

A. $F=10\text{N}$（方向水平向左），$M_O=200\text{N}\cdot\text{cm}$

B. $F=0$，$M_O=200\text{N}\cdot\text{cm}$

C. $F=10\text{N}$（方向向下），$M_O=200\text{N}\cdot\text{cm}$

D. $F=10\sqrt{2}\text{N}$（与 x 轴成 135°夹角），$M_O=200\text{N}\cdot\text{cm}$

256. 一等边三角形薄板置于水平光滑面上，开始时处于静止状态，若沿其三边 AB、BC、CA 分别作用力 $\boldsymbol{F}_1$、$\boldsymbol{F}_2$、$\boldsymbol{F}_3$，且该三力大小相等，方向如题 256 图所示，则发生（　　）现象。

A. 板仍会保持静止　　B. 板只发生移动

C. 板既会发生移动，又会发生转动　　D. 板只会发生转动。

257. 题 257 图所示结构中，如果将作用力偶从构件 AC 移到构件 BC 上，则（　　）。

A. 支座 A 的反力 F_A 不会发生改变　　B. 支座 B 的反力 F_B 不会发生改变

C. F_A、F_B 都会发生改变　　D. 铰链 C 所受的力 F_C 不会发生改变

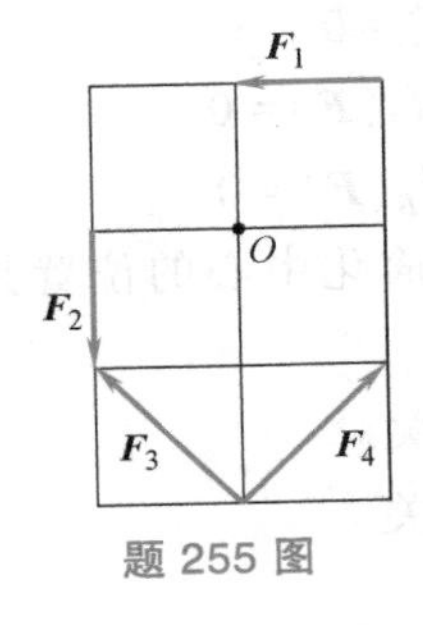

题 255 图

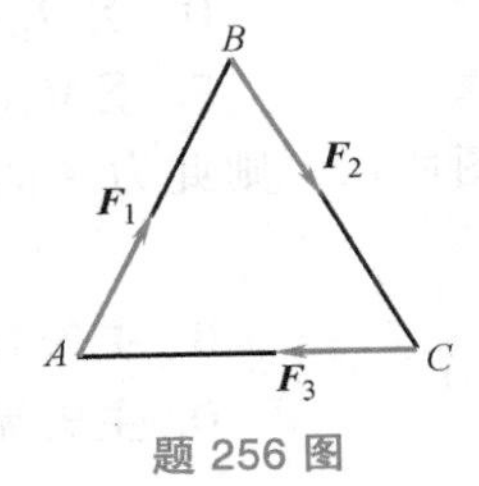

题 256 图

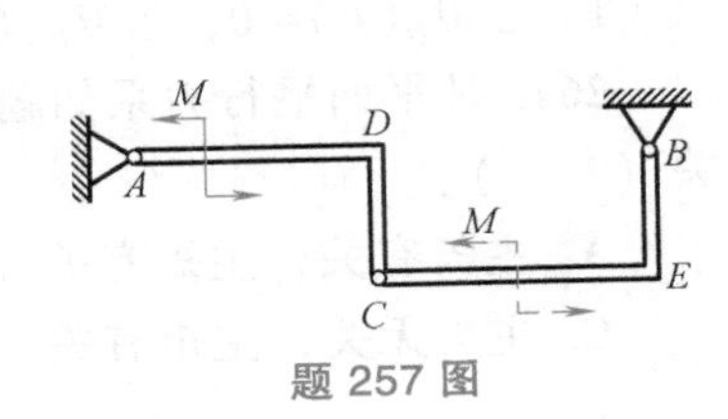

题 257 图

258. 若刚体在平面任意力系作用下平衡，则此力系各分力对刚体（　　）矩的代数和必为零。

A. 重心　　B. 形心　　C. 任意点

259. 矩平衡方程 $\sum M_O(\boldsymbol{F})=0$ 中的每一个单项必须是（　　）。

A. 力　　B. 力偶　　C. 力矩

D. 力对坐标轴的投影　　E. 力的矢量

260. 如题 260 图所示，某平面平行力系为平衡力系。则下列平衡方程中独立的方程组有（　　）。

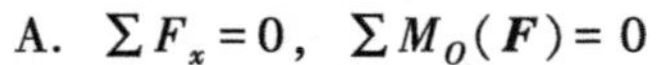

A. $\sum F_x=0$，$\sum M_O(\boldsymbol{F})=0$

B. $\sum F_x=0$，$\sum F_y=0$

C. $\sum M_O(\boldsymbol{F})=0$，$\sum M_A(\boldsymbol{F})=0$

D. $\sum M_O(\boldsymbol{F})=0$，$\sum M_B(\boldsymbol{F})=0$

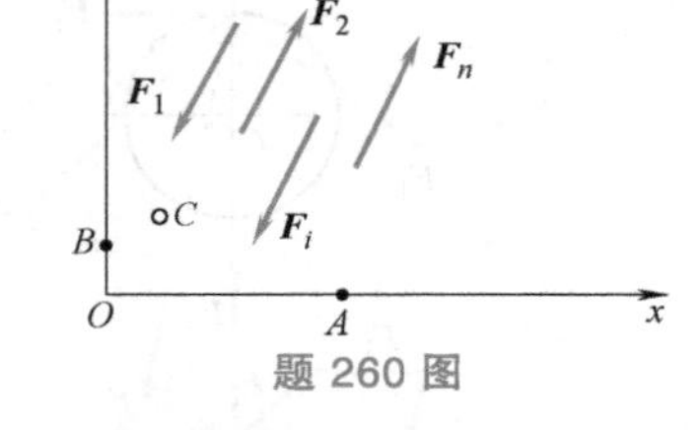

题 260 图

261. 如题 261 图所示，已知 $G_1=10\text{N}$，$G_2=20\text{N}$，$G_3=30\text{N}$，则地面对 B 的支反力 $\boldsymbol{F}_\text{B}$ 是（　　）。

A. 50N　　B. 40N　　C. 60N　　D. 10N

262. 某平面平行力系为平衡力系，如题 262 图所示，则下列平衡方程中独立的方程组有（　　）。

A. $\sum F_x=0$，$\sum M_O(\boldsymbol{F})=0$

B. $\sum F_x=0$，$\sum F_y=0$

C. $\sum F_y=0$，$\sum M_O(\boldsymbol{F})=0$

D. $\sum M_O(\boldsymbol{F})=0$，$\sum M_B(\boldsymbol{F})=0$

E. $\sum M_O(\boldsymbol{F})=0$，$\sum M_A(\boldsymbol{F})=0$

F. $\sum M_A(\boldsymbol{F})=0$，$\sum M_C(\boldsymbol{F})=0$

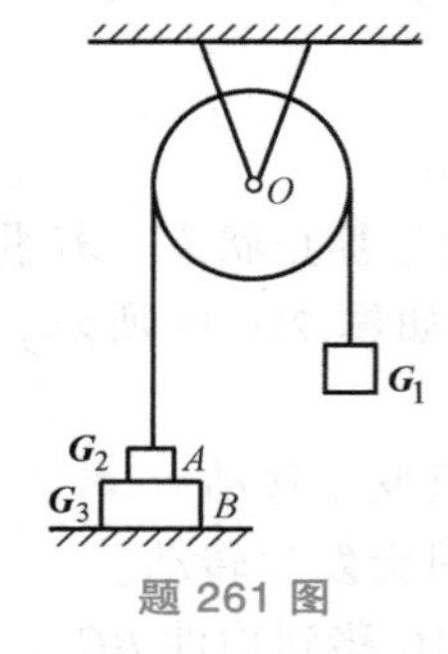

题 261 图

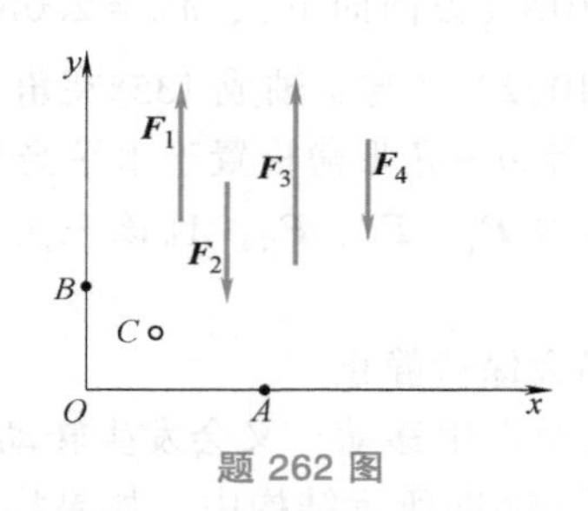

题 262 图

263. 某平面平行力系处于平衡状态，如题 263 图所示，则下列方程中独立的平衡方程为（　　）。

A. $\sum F_x=0$，$\sum M_O(\boldsymbol{F})=0$

B. $\sum F_y=0$，$\sum M_O(\boldsymbol{F})=0$

C. $\sum F_x=0$，$\sum F_y=0$

D. $\sum M_O(\boldsymbol{F})=0$，$\sum M_A(\boldsymbol{F})=0$

E. $\sum M_O(\boldsymbol{F})=0$，$\sum M_B(\boldsymbol{F})=0$

F. $\sum M_A(\boldsymbol{F})=0$，$\sum M_B(\boldsymbol{F})=0$

264. 某平面平行力系如题 264 图所示，则此力系的简化结果与简化中心的位置是否有关（　　）。

A. 主矢有关，主矩有关

B. 主矢有关，主矩无关

C. 主矢无关，主矩有关

D. 主矢无关，主矩无关

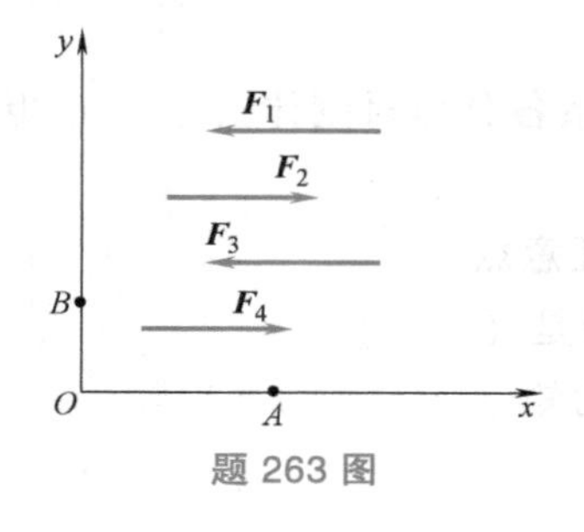

题 263 图

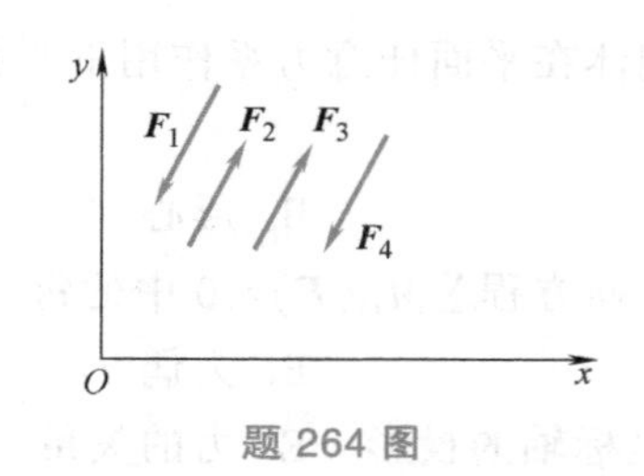

题 264 图

265. 如题 265 图所示，一等边三角形板 ABC，沿三边作用有力 $\boldsymbol{F}_1$、$\boldsymbol{F}_2$、$\boldsymbol{F}_3$，$|\boldsymbol{F}_1|=|\boldsymbol{F}_2|=|\boldsymbol{F}_3|$。欲使其保持平衡状态，则需加（　　）。

A. 一个力和一个力偶　　B. 一个力

C. 一个力偶　　D. 什么也不用加

266. 一边长为 a 的正方形板在 $A.B.C$ 三点受到力 $\boldsymbol{F}$ 的作用，如题 266 图所示，若加一力 $F_R=F$，使板处于平衡状态，则该力应加在（　　）。

A. B 点右方的 C 点处铅垂向上　　B. B 点左方，距 B 为 a 处铅垂向上

C. D 处铅垂向上　　D. A 处铅垂向上

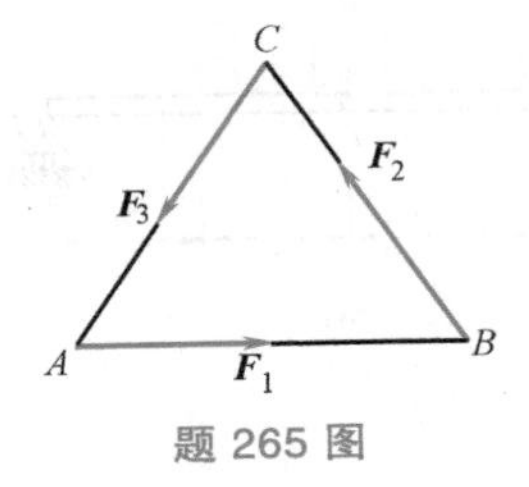

题 265 图

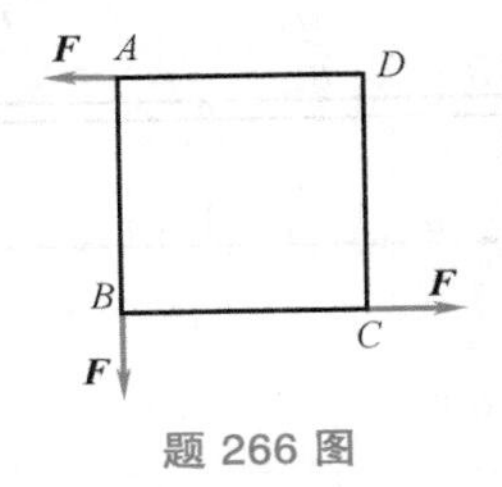

题 266 图

四、计算题

267. 如题 267 图所示，汽车地秤，已知砝码重 $\boldsymbol{G}_1$，$OA=l$、$OB=a$，O、B、C、D 四处均为光滑铰链，CD 为二力杆，各部分的自重不计。求汽车的重量 $\boldsymbol{G}_2$。

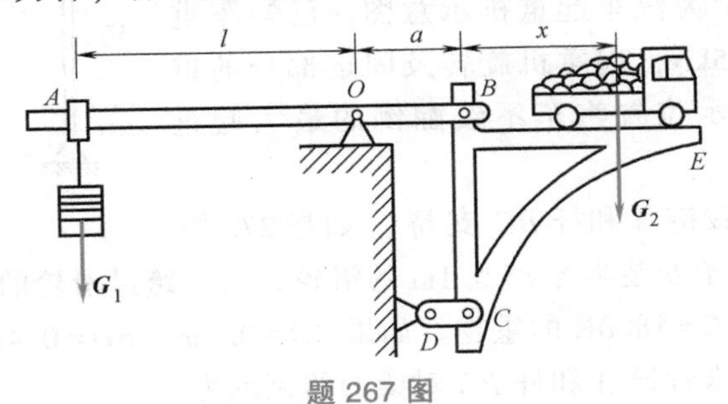

题 267 图

268. 如题 268 图所示，已知 q、a，且 $F=qa$、$M=qa^2$。求图中各梁的支座约束反力。

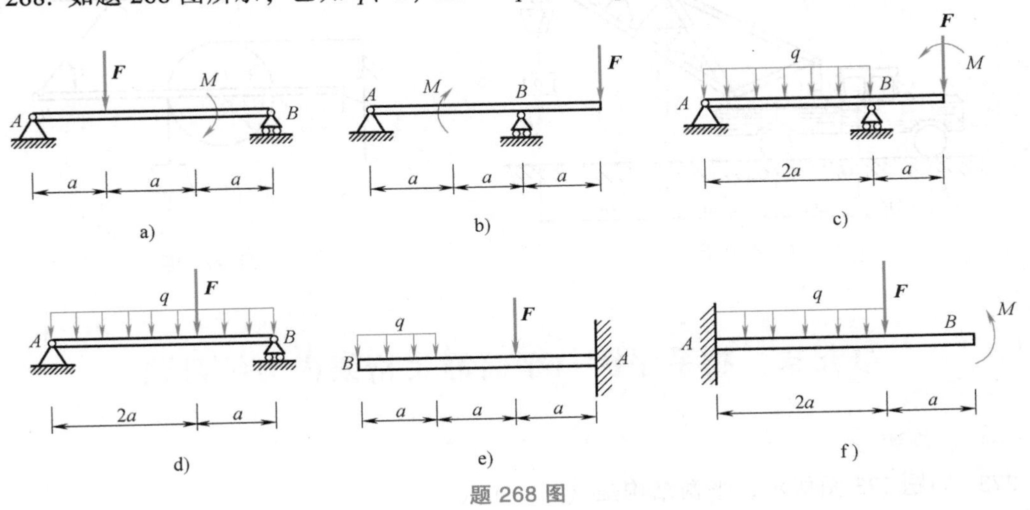

题 268 图

269. 如题 269 图所示，组合梁的载荷及尺寸为：均布载荷 $q=30\text{kN/m}$，集中力 $F=10\text{kN}$，集中力偶 $M=20\text{kN}\cdot\text{m}$，$a=3\text{m}$。求支座反力和中间铰链的约束反力。

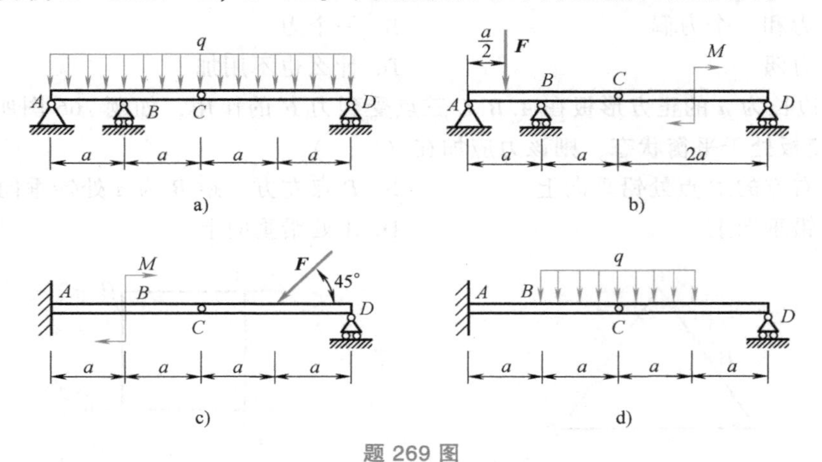

题 269 图

270. 四连杆机构如题 270 图所示，已知 $OA=0.4\text{m}$，$O_1B=0.6\text{m}$，$M_1=1\text{N}\cdot\text{m}$。各杆自重不计。机构在图示位置平衡时，求力偶 M_2 的大小和杆 AB 所受的力。

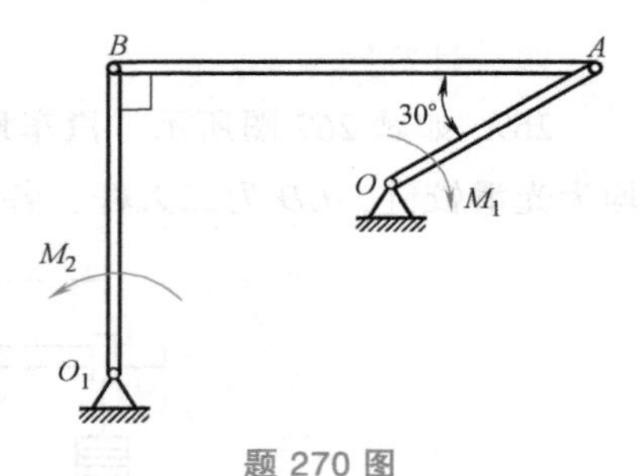

题 270 图

271. 题 271 图所示为汽车起重机示意图。已知车重 $G_Q=26\text{kN}$，臂重 $G=4.5\text{kN}$，起重机旋转及固定部分的重量 $G_W=31\text{kN}$。试求图示位置汽车不致翻倒的最大起重量 $G_{P\max}$。

272. 水平梁 AB 由铰链 A 和杆 BC 支持，如题272 图所示，在梁上 D 处用销子安装半径 $r=0.1\text{m}$ 的滑轮。有一跨过滑轮的绳子，其一端水平地系于墙上，另一端挂有重 $G=1800\text{N}$ 的重物。如果 $AD=0.2\text{m}$，$BD=0.4\text{m}$，$\varphi=45°$，且不计梁、杆、滑轮和绳的重量。求铰链 A 和杆 BC 对梁的约束反力。

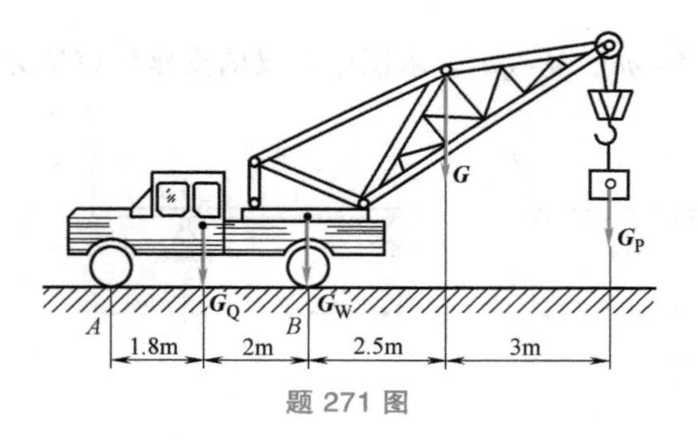

题 271 图

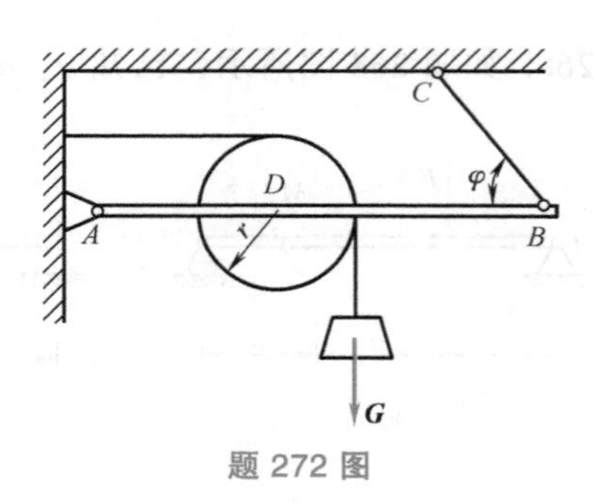

题 272 图

第五章　物系平衡与平面静定桁架内力练习题

一、选择题

273. 如题 273 图所示，平衡结构是（　　）。

A. 静定的　　　B. 静不定的

274. 如题 274 图所示，平衡结构是（　　）。

A. 静定的　　　B. 静不定的

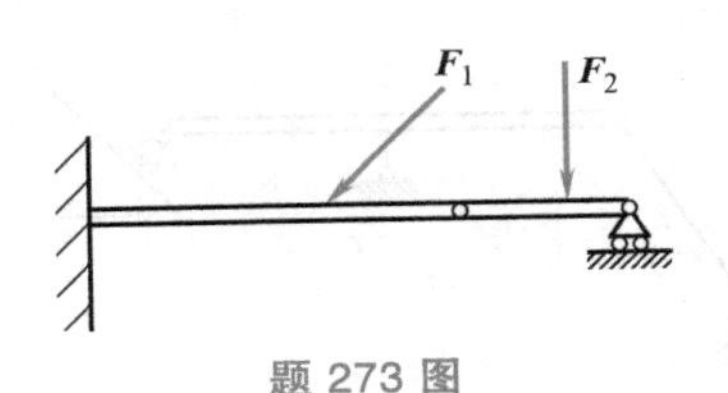

题 273 图

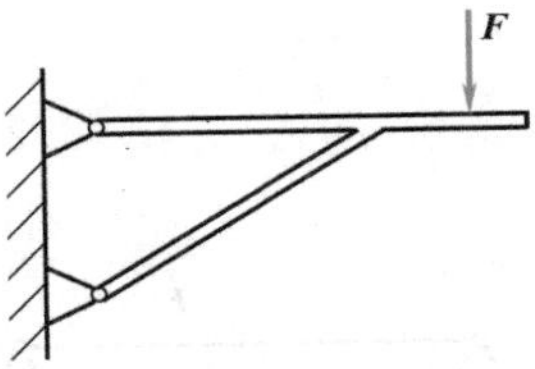

题 274 图

275. 如题 275 图所示，平衡结构是（　　）。

A. 静定的　　　B. 静不定的

276. 如题 276 图所示，平衡结构是（　　）。

A. 静定的　　　B. 静不定的

277. 如题 277 图所示，结构是（　　）。

A. 静定的　　　B. 静不定的

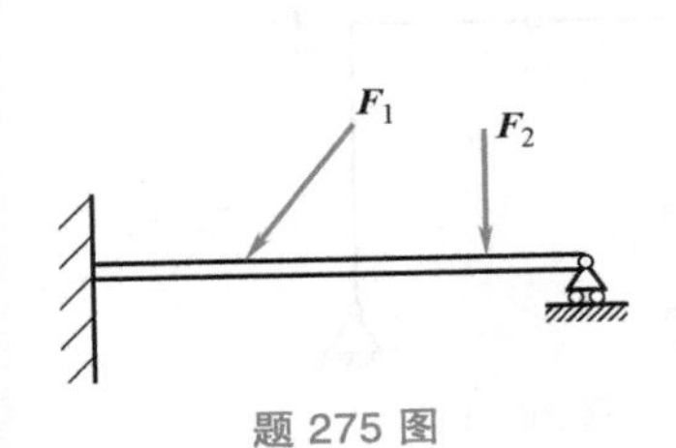

题 275 图

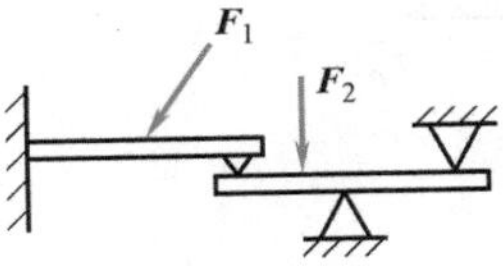

题 276 图

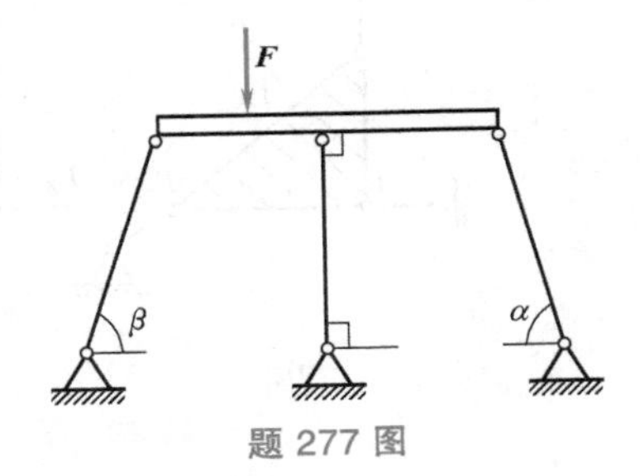

题 277 图

278. 如题 278 图所示，各结构都处于平衡状态，已知 $\boldsymbol{F}$ 及 $\boldsymbol{F}_{\mathrm{Q}}$，各杆自重不计。下列答案中正确的是（　　）。

A. 图 a、图 b 静定，图 c 静不定

B. 图 a、图 c 静定，图 b 静不定

C. 图 b 静定，图 a、图 c 静不定

D. 图 a 静定，图 b、图 c 静不定

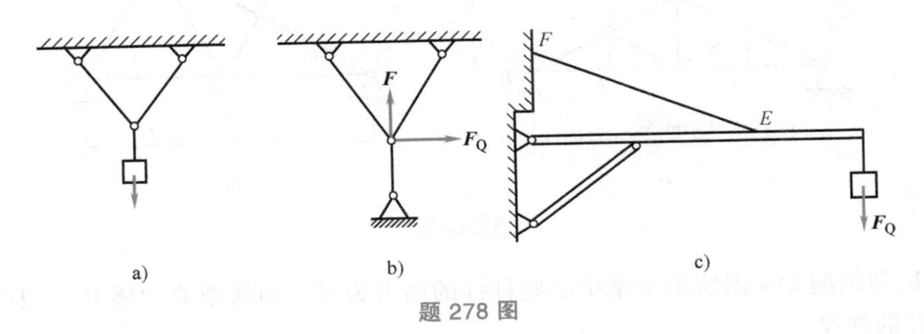

题 278 图

279. 如题 279 图所示，结构是（　　）。

A. 静定的　　　　　　B. 静不定的

280. 如题 280 图所示，结构是（　　）。

A. 静定的　　　　　　B. 静不定的

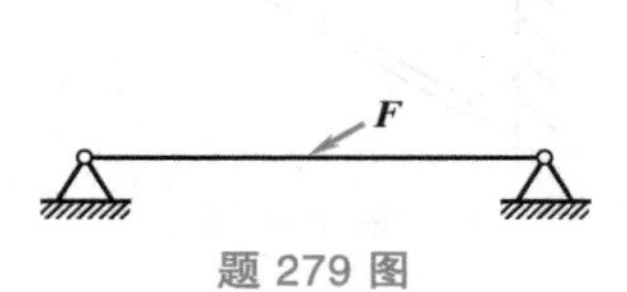

题 279 图

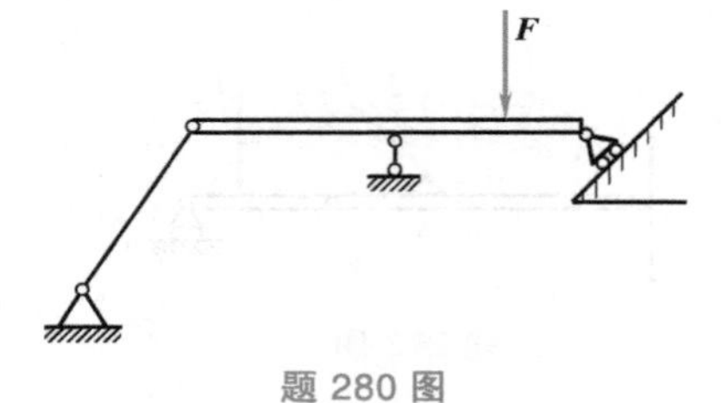

题 280 图

281. 如题 281 图所示，结构是（　　）。

A. 静定的　　　　　　B. 静不定的

282. 如题 282 图所示，结构是（　　）。

A. 静定的　　　　　　B. 静不定的

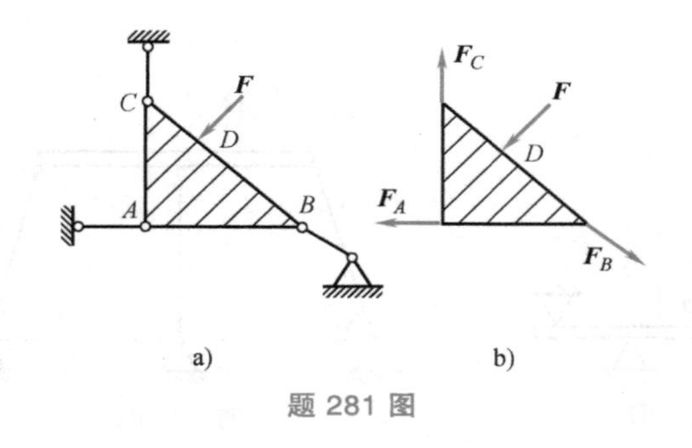

题 281 图

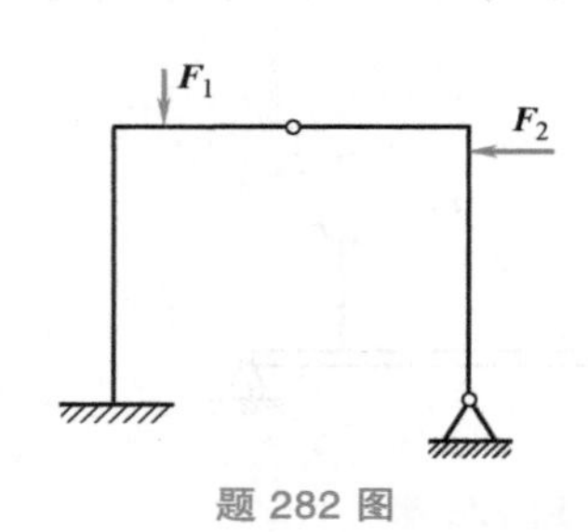

题 282 图

二、计算题

283. 已知 $F=10\text{kN}$，$F_1=2F$。试用节点法计算题 283 图所示各桁架中各杆件的内力。

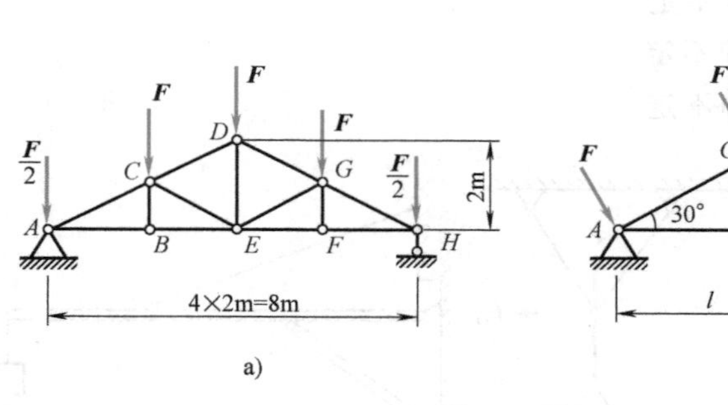

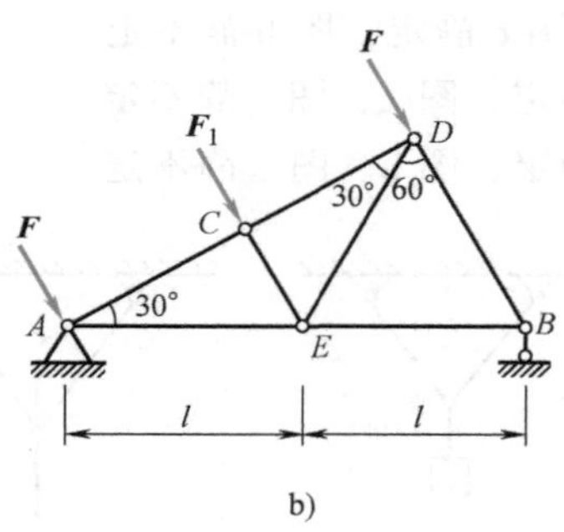

题 283 图

284. 试判别题 284 图所示桁架中哪些杆件的内力为零，即所谓的“零杆”。你能否总结出判别零杆的规律？

285. 试用截面法计算题 285 图所示各桁架中指定杆件（1，2，…）的内力。

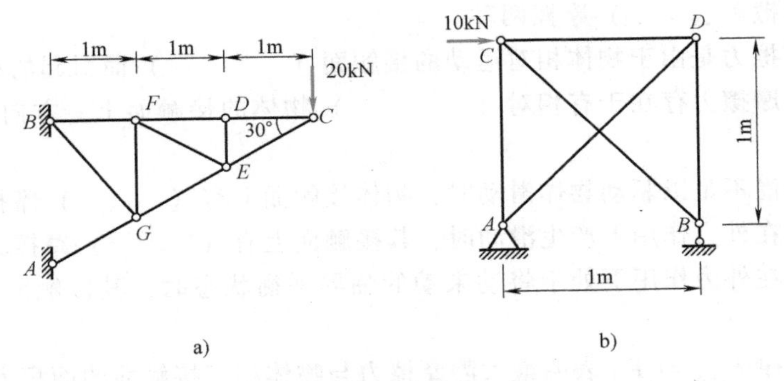

题 284 图

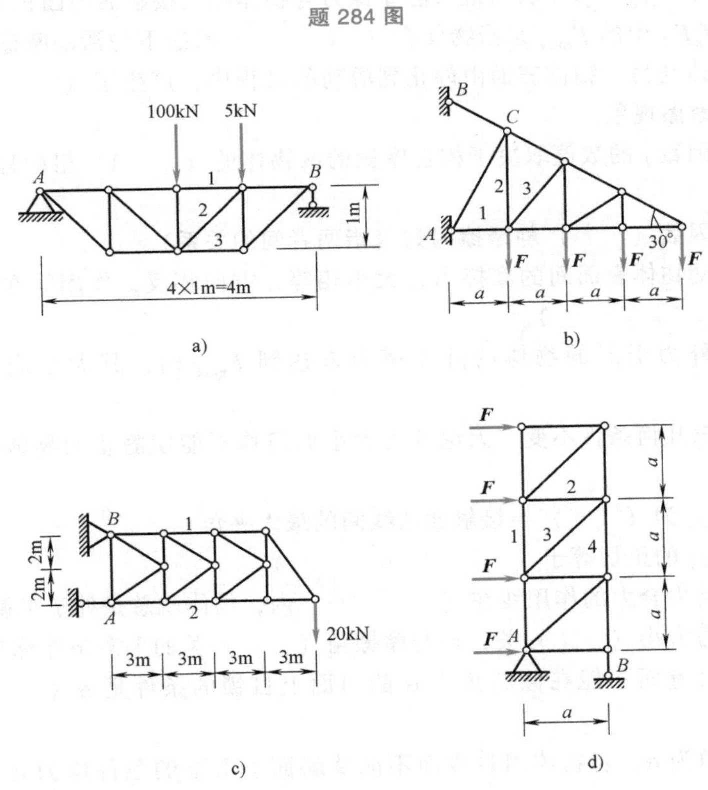

题 285 图

第六章 摩擦练习题

一、填空题

286. 两物体间有（　　　　　　）或（　　　　　　）时，接触处有切向阻力，称为滑动摩擦力。

287. 最大静摩擦力大小等于（　　　　　　），方向和（　　　　　　）。

288. 摩擦定律中，$F_{\max}=f_sF_N$ 中的 F_N 为约束对物体的（　　　　　　）。

289. "摩擦"是相对运动物体间普遍存在的物理现象，按接触面间相对运动的性质可分为（　　）摩擦和（　　）摩擦两种。

290. 滑动摩擦力是由于物体相对运动的接触面（　　　　）而引起的相互机械作用。

291. 静滑动摩擦力存在于有相对（　　　　）物体的接触面上，方向与（　　）相反。

292. 当外力尚不足以驱动物体滑动时，物体接触面上有（　　　）摩擦力。

293. 当物体在外力作用下产生滑动时，其接触面上有（　　　）摩擦力。

294. 当物体在外力作用下处于将动未动的临界平衡状态时，其接触面上有（　　）。

295. 摩擦定律 $F_{max}=f_s F_N$ 表明最大静摩擦力与物体相互接触面的面积大小（　　）关。

296. $F_{max}=f_s F_N$ 中的 F_{max} 是指物体在（　　　　）状态下的滑动摩擦力。

297. 在一物体与另一物体表面由静止到滑动的过程中，产生了（　　　　　）和（　　）两种摩擦现象。

298. 动摩擦因数 f 的数值取决于相互摩擦的两物体的（　　）、粗糙程度、温度、湿度和润滑等因素。

299. 动摩擦因数（　　）静摩擦因数（指两者间的关系）。

300. 相对滑动物体表面间的摩擦力，大小相等，方向相反，作用线在同一直线上，是一对（　　　　　　　　）。

301. 当驱动外力引起的物体的静摩擦力未达到 F_{max} 时，其大小应由（　　　　）计算。

302. 只要摩擦几何条件不变，无论外力大小如何均不能使静止的物体产生滑动的现象称为（　　）。

303. 摩擦角 φ_f 为（　　）与接触面法线间的最大夹角。

304. 摩擦角 φ_f 的正切等于（　　　　　　　　）。

305. 只要主动力合力的作用线在（　　　　）内，物体就总是处于平衡状态。

306. 与主动力大小（　　）关，而与摩擦角（　　）关的平衡条件称为自锁条件。

307. 物体因自重而不能在倾斜角为 α 的斜面上自锁的条件是 α（　　）φ_f（φ_f 为摩擦角）。

308. 斜面倾角为 α，若物体因自重而不能从斜面上滑下的条件应为 α（　　）φ_f（φ_f 为摩擦角）。

309. 摩擦角是（　　　　　　　　）及法向反力的合力与支承面的法线间的夹角。

310. 在有摩擦的物体平衡计算中，总是以（　　　　　　）作为补充方程，以弥补静力平衡方程数量的不足。

311. 以摩擦定律作为补充方程计算物体平衡时，是指物体处于（　　　　）状态或运动状态。

312. 分析受摩擦力的物体的平衡时，摩擦力的方向须按（　　　　）确定。

313. 如题 313 图所示，重为 $\boldsymbol{G}$ 的物块与铅垂面间的摩擦因数为 f，在水平力 $\boldsymbol{F}$ 的作用下处于平衡状态，则物块与铅垂面间的摩擦力的大小为（　　）。

314. 如题 314 图所示，重 10N 的物块放在倾斜为 30°的斜面上，物块与斜面间的摩擦因数为 0.6，则物体处于（　　　）。

315. 相同的物块上作用有大小相等、方向不同的力，如题 315 图所示，若接触面间的摩擦因数均相同，则（　　）先滑动。

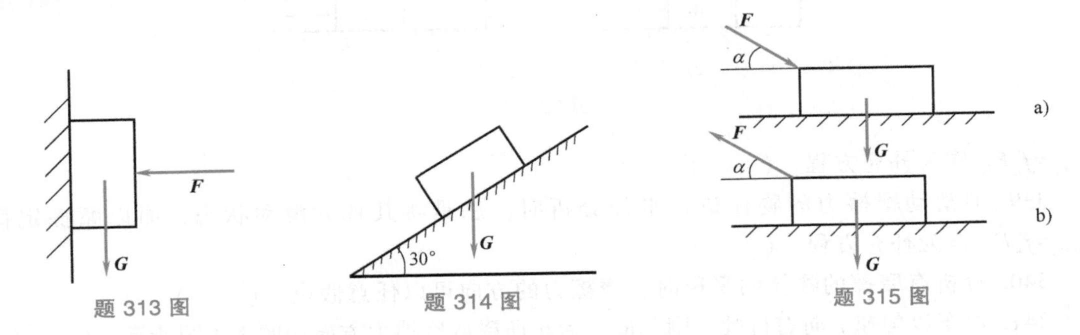

题 313 图　　题 314 图　　题 315 图

316. 在对有摩擦的物体进行受力分析时，若物体静止（未达到临界状态），那么摩擦力的方向（　　　　　　）。

二、判断题

317. 摩擦是相对机械运动的物体间普遍存在的物理现象。（　　）

318. 摩擦会造成功率损耗、发热和机械磨损。（　　）

319. 工程中的各种摩擦均有害，必须尽量减小。（　　）

320. 当物体处于平衡状态时，摩擦力是个恒定值。（　　）

321. 当物体与接触面间有法向反力时，沿接触面的切线方向有静滑动摩擦力存在。（　　）

322. 汽车主动轮加速前进和制动时，车轮受路面作用的摩擦力方向相同。（　　）

323. 刚体在水平面内静止并有运动趋势时，其接触面的摩擦力数值可在一定范围内变化。（　　）

324. 因为刚体在粗糙的水平面上滑动，故接触面的摩擦力等于零。（　　）

325. 物体处于静止状态时，静摩擦力的数值在 $0 \sim F_{max}$ 范围之内。（　　）

326. 两物体相对接触面面积越大，其最大静摩擦力数值就越大。（　　）

327. 两物体相对接触面面积越小，其最大静摩擦力数值就越大。（　　）

328. 摩擦力与接触面的面积无关。（　　）

329. 由于滚动比滑动的摩擦阻力小得多，故工程上尽量用滚动摩擦代替滑动摩擦。（　　）

330. 多数材料的动滑动摩擦因数随相对滑动的速度的增大而减小。（　　）

331. 滑动摩擦力仅存在于做相对运动的物体的接触面上。（　　）

332. 当物体间无相对滑动时，接触面上的滑动摩擦力一定为零。（　　）

333. 重物置于水平面上，无驱动力作用时静摩擦力等于零。（　　）

334. 摩擦定律 $F_{max}=f_s F_N$ 中的 F_N 为约束支持物体的重量。（　　）

335. 静滑动摩擦力的大小一定等于法向反力 F_N 与静滑动摩擦因数 f 的乘积。（　　）

336. 静滑动摩擦力的大小与接触面的法向反力成正比。（　　）

337. 如题 337 图所示，物块 A 重 $\boldsymbol{W}_1$，B 重 $\boldsymbol{W}_2$，A、B 间的摩擦因数为 f_1，B 和水平面间的摩擦因数为 f_2。在 a、b 所示两种情况中，当 F 由 0 逐渐增大时，图 b 的物块 B 先被拉动。（　　）

338. 有滑动摩擦力的物体进行平衡分析时，总是将其视为静止状态，而以摩擦定律

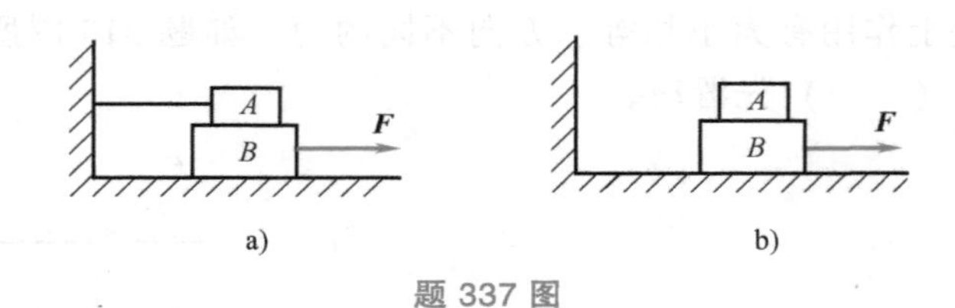

题 337 图

$F_{\max}=f_sF_N$ 作为补充方程。(　　)

339. 有滑动摩擦力的物体进行平衡分析时，总是将其视为滑动状态，而以摩擦定律 $F_{\max}=f_sF_N$ 作为补充方程。(　　)

340. 分析有摩擦的物体的平衡时，摩擦力的方向可以任意假设。(　　)

341. 汽车以匀速 v 向右行驶，则其前、后轮所受的摩擦力方向如题 341 图所示。(　　)

342. 汽车制动时，后轮所受的摩擦力方向向后，如题 342 图所示。(　　)

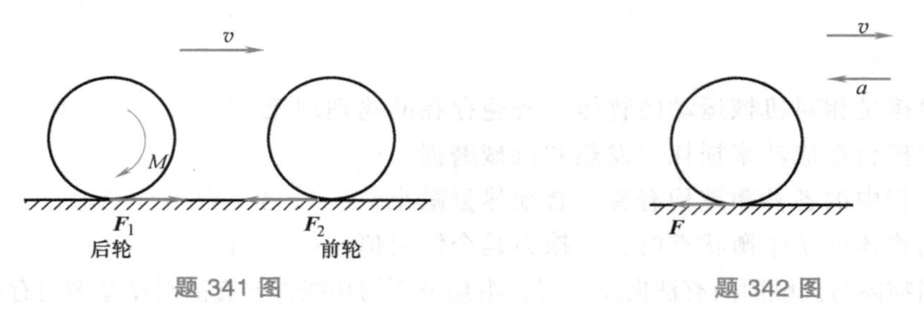

题 341 图　　　　题 342 图

343. 分析带摩擦的平衡问题时，摩擦力的方向须根据相对滑动或相对滑动趋势方向确定。(　　)

三、选择题

344. 车轮与路面间的摩擦属于（　　）。

A. 有害摩擦　　B. 有利摩擦　　C. 无所谓有害、有利摩擦

345. 工作台与导轨间的摩擦属于（　　）。

A. 有害摩擦　　B. 有利摩擦　　C. 无所谓有害、有利摩擦

346. 带传动的摩擦属于（　　）。

A. 有害摩擦　　B. 有利摩擦　　C. 无所谓有害、有利摩擦

347. 制动器的摩擦属于（　　）。

A. 有害摩擦　　B. 有利摩擦　　C. 无所谓有害、有利摩擦

348. 滑动轴承中的摩擦属于（　　）。

A. 有害摩擦　　B. 有利摩擦　　C. 无所谓有害、有利摩擦

349. 滑动摩擦力的方向总是和（　　）方向相反。

A. 相对运动或相对运动趋势　　B. 驱动力

C. 被约束的运动　　D. 正压力

350. 临界状态下，最大静滑动摩擦力与两物体间的（　　）大小成正比。

A. 重力　　B. 法向反力　　C. 合外力

351. 物体受力如题 351 图所示，则物体所受的法向反力 $F_N=$（　　）。

A. G　　B. $G-F\sin\alpha$　　C. $G-F\cos\alpha$。

352. 物体受力如题 352 图所示，它与水平面间的摩擦因数为 f。当 $F=$（　　）时，物体处于临界平衡状态。

A. $f(G-F\sin\alpha)/\sin\alpha$　　B. $f(G-F\sin\alpha)/\cos\alpha$　　C. $fG/\cos\alpha$

353. 如题 353 图所示，物块重为 G，与斜面间的静、动摩擦因数均为 f。当物块未达到临界状态时，所受摩擦力为（　　）。

A. $fG\tan\alpha$　　B. fG　　C. $G\sin\alpha$　　D. $fG\cos\alpha$

354. 上题中，当物块自动下滑时，所受摩擦力为（　　）。

A. $fG\tan\alpha$　　B. fG　　C. $G\sin\alpha$　　D. $fG\cos\alpha$

355. 重 10N 的物块放在倾角为 30°的斜面上，接触面间的摩擦因数为 0.5，则物块（　　）。

A. 静止　　B. 处于临界状态　　C. 下滑

356. 如题 356 图所示，重为 G 的物块放在粗糙的水平面上，物块与水平面间的静摩擦因数为 f。若物块在水平推力 F 的作用下处于静止状态，则水平面的全反力 $F_R=$（　　）。

A. $\sqrt{G^2+F^2}$　　B. $\sqrt{G^2+(fG)^2}$　　C. fG

D. $\sqrt{F^2+(fF)^2)}$　　E. G　　F. F

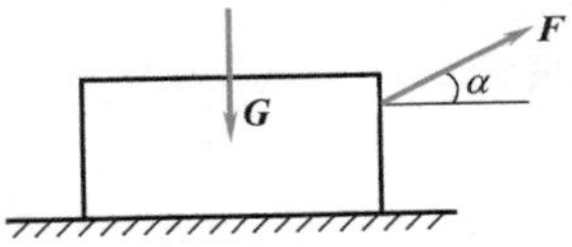

题 351、352 图 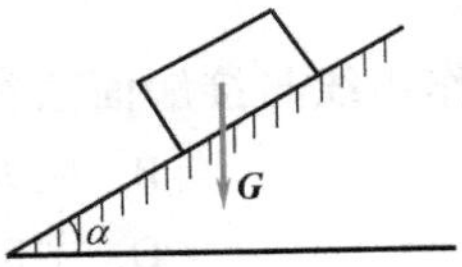　　题 353 图 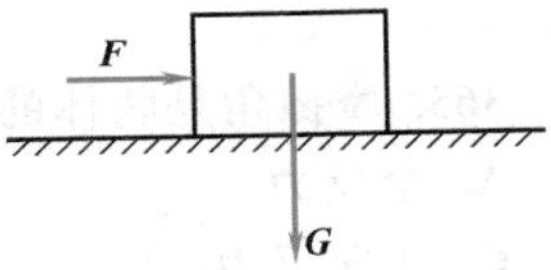　　题 356 图

357. 物体的最大静摩擦力是否总是与物体的重量成正比？（　　）。

A. 是　　B. 不是

358. 如题 358 图所示，一物块重为 G，与水平面间的摩擦因数为 f。欲使之向右移动，则应按图（　　）那样施力才较省力。

A. （1）　　B. （2）　　C. （3）

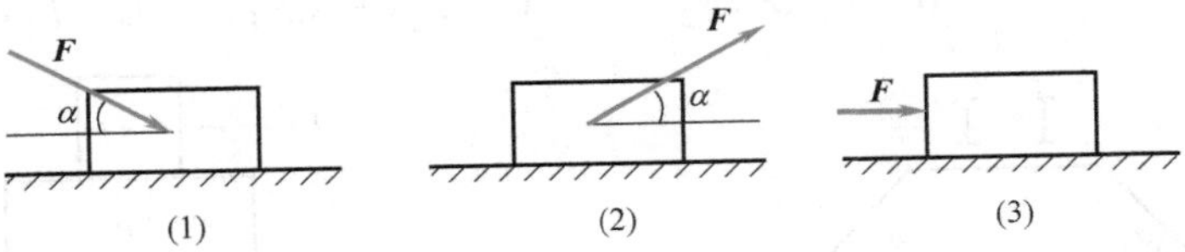

(1)　　(2)　　(3)

题 358 图

359. 题 359 图所示的物块重量 $G=100$N，用水平力 $F=400$N 将其压在铅垂墙上。物块与墙面间的摩擦因数 $f=0.3$，则此时它们之间的摩擦力是（　　）。

A. 120N　　B. 100N　　C. 50N　　D. 30N

360. 静摩擦因数等于摩擦角 φ_f 的（　　）。

A. 正弦　　B. 正切　　C. 余切　　D. 余弦

361. 当主动力合力的作用线与摩擦面法线间的夹角不大于摩擦角时，物体总是处于（　　）状态。

A. 平衡　　B. 运动　　C. 自由

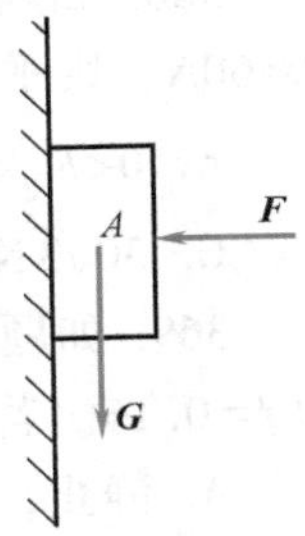

362. 螺纹连接能否自锁，主要取决于两零件螺纹间的（　　）与螺纹

题 359 图

升角所形成的关系。

A. 摩擦角　　　　B. 拧力矩　　　　C. 螺纹牙型角

363. 如题 363 图所示，重为 $\boldsymbol{G}$ 的物块放在粗糙的水平面上。已知物块与水平面间的摩擦角 $\varphi_f=20°$，当受一与法线成 30°夹角的力 $\boldsymbol{F}=\boldsymbol{G}$ 的作用时，此物块所处状态为（　　）。

A. 静止　　　　B. 临界平衡　　　　C. 运动

364. 重为 $\boldsymbol{G}$ 的物块放在粗糙的水平面上，其摩擦角 $\varphi_m=20°$。若一力 $\boldsymbol{F}$ 作用在摩擦角之外，且 $\alpha=25°$，$\boldsymbol{F}=\boldsymbol{G}$，如题 364 图所示，问物块能否保持静止（　　）。

A. 能　　　　B. 不能　　　　C. 无法判断

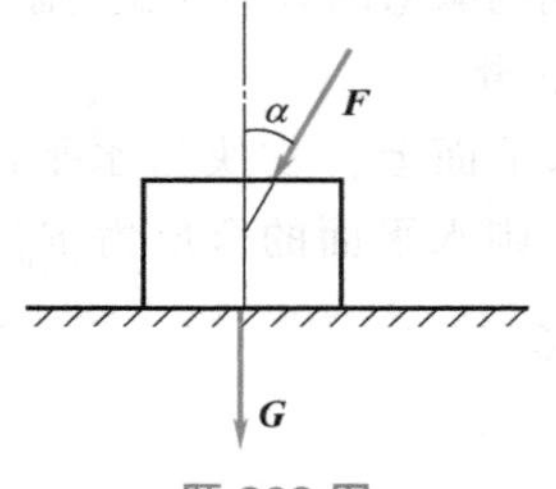

题 363 图

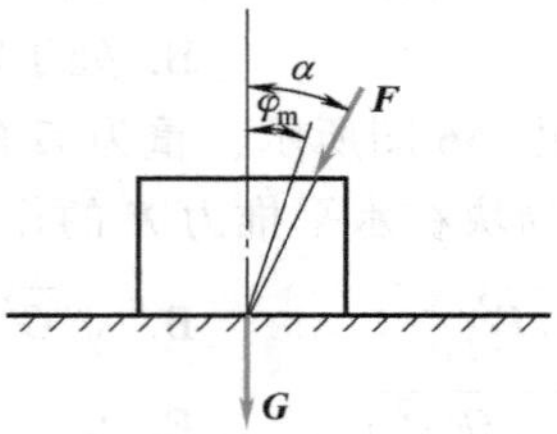

题 364 图

365. 摩擦角是物体的（　　）作用线与接触面法线间的最大夹角。

A. 全反力　　　　B. 最大静摩擦力

C. 法向反力　　　　D. 主动力

366. 如题 366 图所示，保证铁路路基不致滑坡的条件是（　　）。

A. $\alpha>\varphi_f$　　　　B. $\alpha=\varphi_f$

C. $\alpha<\varphi_f$　　　　D. 火车自重与载荷重量不能过大

367. 如题 367 图所示，有 A、B 两物块叠放在粗糙水平面上。设 A、B 间的最大静摩擦力为 $\boldsymbol{F}_1$，B 与地面间的最大静摩擦力为 $\boldsymbol{F}_2$。若在物块 A 上加一个水平力 $\boldsymbol{F}$ 使其运动，而 B 物体静止，则力 $\boldsymbol{F}$ 应为（　　）。

A. $F<F_1<F_2$　　　　B. $F_1<F<F_2$　　　　C. $F_2<F_1<F$;　　　　D. $F_2<F<F_1$

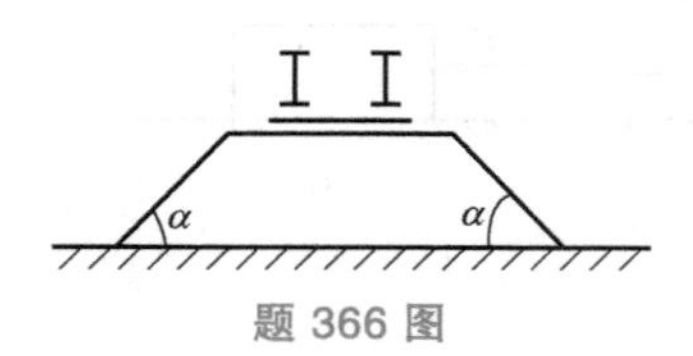

题 366 图

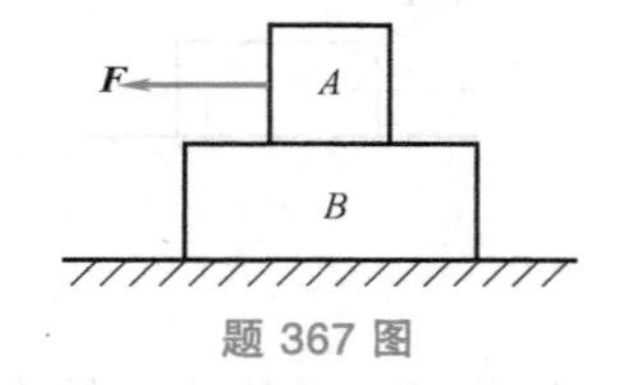

题 367 图

368. 如题 368 图所示，若斜拉重 $G=120\text{N}$ 的物块使其沿粗糙平面滑动时需用最小的力 $F=60\text{N}$，则平拉此物块滑动时所用的力 F_Q 应为（　　）。

A. $0<F_Q<30\sqrt{3}\,\text{N}$　　　　B. $F_Q=30\sqrt{3}\,\text{N}$

C. $30\sqrt{3}\,\text{N}<F_Q<40\sqrt{3}\,\text{N}$　　　　D. $F_Q=40\sqrt{3}\,\text{N}$

369. 如题 369 图所示，滑块 A 重 $G=100\text{N}$，放在倾角为 30°的斜面上，其间的摩擦因数为 $f=0.15$。若施以水平力 $F=50\text{N}$，则滑块在斜面上处于（　　）。

A. 静止，有下滑趋势　　　　B. 静止，有上滑趋势

C. 上滑　　　　D. 下滑

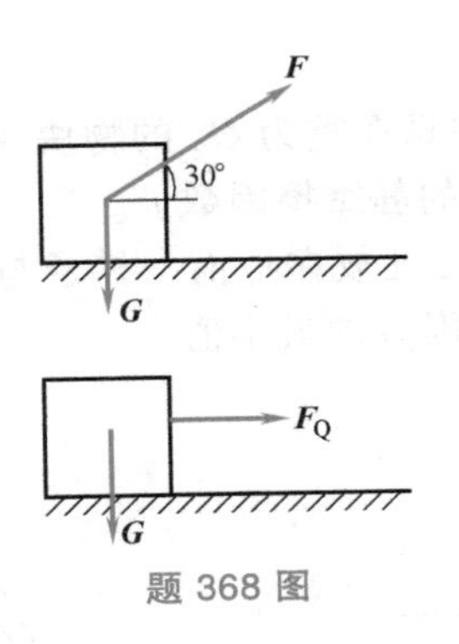

题 368 图

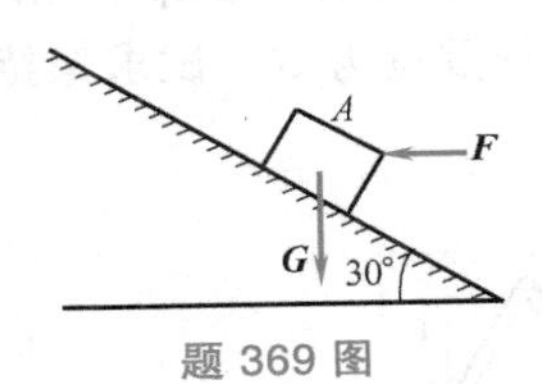

题 369 图

370. 如题 370 图所示，滑块重 $G=100\text{N}$，放在倾角为 30°的斜面上，其间的摩擦因数为 $f=0.15$。物块在斜面上所处的状态是（　　）。

A. 静止，有下滑趋势　　B. 静止，有上滑趋势

C. 临界平衡状态　　D. 下滑

371. 如题 371 图所示，滑块重为 100N，放在倾角为 30°的斜面上，水平力 $F=39\text{N}$，则滑块在斜面上处于（　　）状态（摩擦因数 $f=0.15$）。

A. 静止，有下滑趋势　　B. 静止，有上滑趋势

C. 临界平衡　　D. 下滑

E. 上滑

372. 题 371 中，若水平力 $F=80\text{N}$，其他条件不变，则滑块在斜面上处于（　　）状态。

A. 静止，有下滑趋势　　B. 静止，有上滑趋势

C. 临界平衡　　D. 下滑

E. 上滑

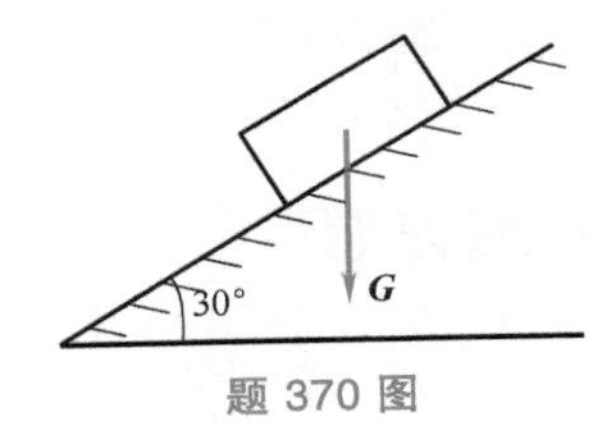

题 370 图

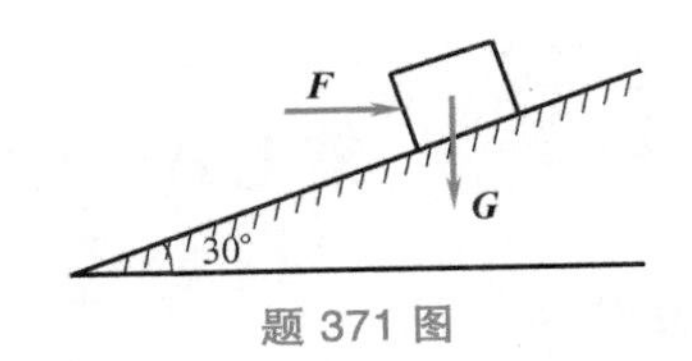

题 371 图

四、计算题

373. 题 373 图所示物块 A 置于斜面上，斜面倾角 $\theta=30°$，物块自重 $G=350\text{N}$，在物块上施加水平力 $F_T=100\text{N}$，物块与斜面间的静摩擦因数 $f_s=0.3$，动摩擦因数 $f=0.3$。试问物块是否平衡？并求出摩擦力的大小和方向。

374. 如果题 373 中 $\theta=40°$，水平力 $F_T=50\text{N}$，其余条件不变。试问物块是否平衡？并求出摩擦力的大小和方向。

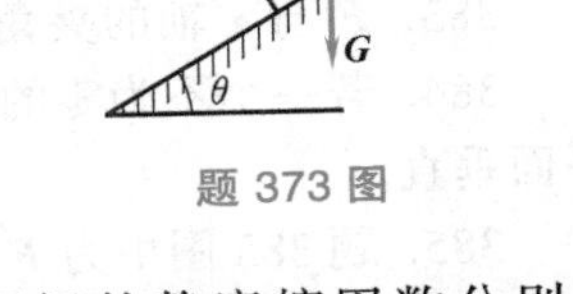

题 373 图

375. 题 375 图所示折梯置于水平面上，倾角为 60°，在点 E 作用一铅垂力 $F=500\text{N}$，$BC=l$，$CE=l/3$。折梯 A、B 处于水平面间的静摩擦因数分别是 $f_{sA}=0.4$，$f_{sB}=0.35$，动摩擦因数分别是 $f_A=0.35$，$f_B=0.25$，不计折梯自重。试问折梯是

否平衡？

376. 均质光滑球重 G_1，与无重杆 OA 铰接支承，并靠在重为 G_2 的物块 M 上，如题 376 图所示，试求物块平衡被破坏开始时，物块与水平面间的静摩擦因数 f_s。

377. 题 377 图所示均质梯子 AB 在 B 处靠在墙上，A 处放在地面，梯子与墙的摩擦忽略不计，梯子自身重量为 G。试求保持梯子平衡时静摩擦因数的最小值。

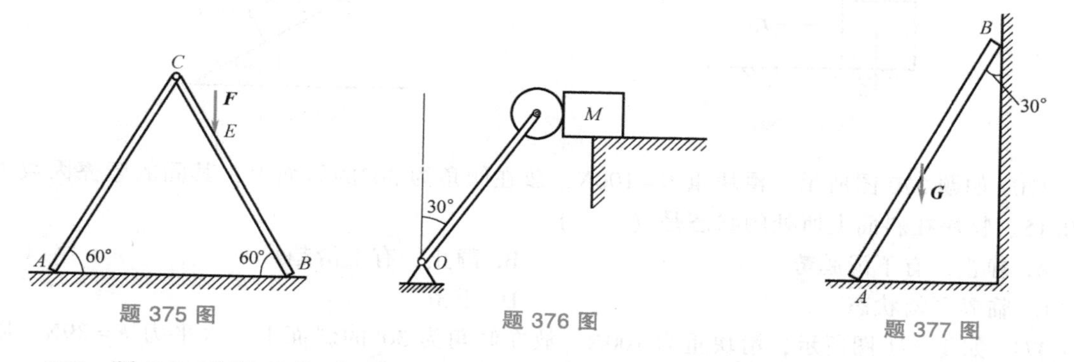

题 375 图　　题 376 图　　题 377 图

378. 题 378 图所示均质圆柱自重 $G=100$kN，半径 $r=280$mm，滚动摩擦因数 $\delta=1.26$mm。试求使圆柱做匀速滚动所需的水平力的大小。

379. 题 379 图所示均质圆柱可在斜面上滚而不滑，自重为 G，半径 $r=100$mm，滚动摩擦因数 $\delta=5$mm。试求保持圆柱平衡时墙角 θ 的值。

题 378 图　　题 379 图

第七章　空间力系与重心练习题

一、填空题

380. 互相垂直的三个分 F_1、F_2 和 F_3 的合力 F 的大小 $|F|=$(　　　　　　　　　)。

381. 互相垂直的三个分力 F_1、F_2 和 F_3 的合力的大小等于以 $|F_1|$、$|F_2|$、$|F_3|$ 为棱的正平行六面体（　　　　　）。

382. F 与 x 轴的夹角为 α，且 $F_y=F\sin\alpha$，则力 F 位于（　　　　　　　　　　　）平面内。

383. F 与 x 轴的夹角为 α，且 $F_y=F\sin\alpha$，则 $F_x=$（　　）。

384. 若一个不为零的力 F 在 x 轴和 y 轴上的投影均为零，则该力的作用线一定与（　　）平面垂直。

385. 题 385 图中力 F 在 x 轴上的投影为（　　　　　　　）；在 y 轴上的投影为（　　）。

386. 题 386 图中力 F 在 x、y 轴上的投影 $F_x=$（　　　　　　　），$F_y=$（　　　　　）。

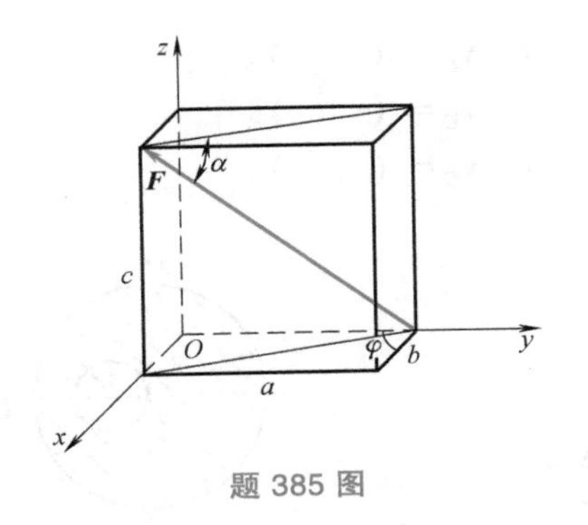

题 385 图

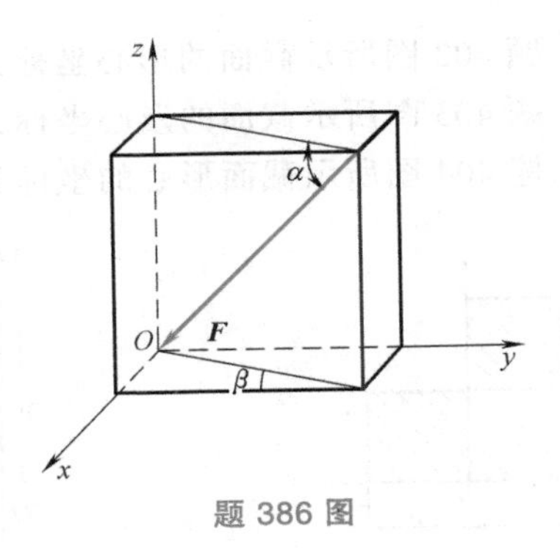

题 386 图

387. 图中 A. B 分别为所在棱的中点，各棱长如题 387 图所示，F_x = （　　　　），F_y = （　　　　）。

388. 如题 388 图所示，K 为 OC 边中点，其上作用有空间力 $\boldsymbol{F}$，正方体边长为 a，则 F_x = （　　），F_y = （　　）。

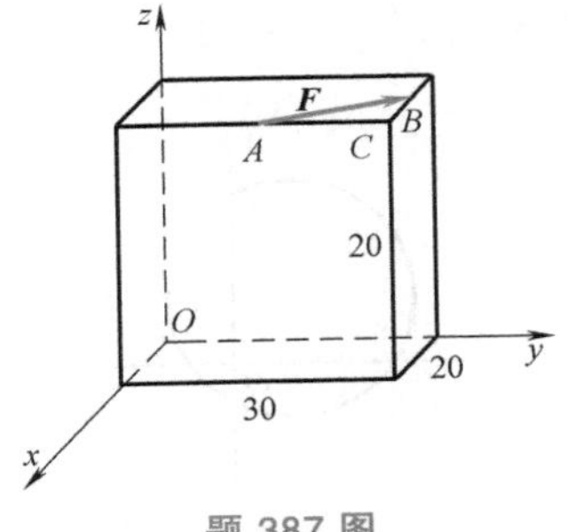

题 387 图

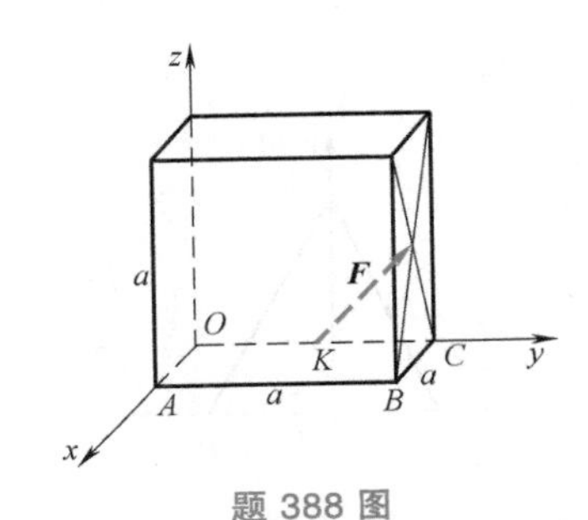

题 388 图

389. 若 $M_x(\boldsymbol{F})=0$，$M_y(\boldsymbol{F})=0$，$M_z(\boldsymbol{F})\neq 0$，则力 $\boldsymbol{F}$ 必在（　　）平面内。

390. 若 $F_x=0$，M_x（$\boldsymbol{F}$）$\neq 0$，则力 $\boldsymbol{F}$ 必在（　　　　　　　　　　　　）平面内且不与（　　）轴相交。

391. 若 $F_x\neq 0$，$M_x(\boldsymbol{F})=0$，则 $\boldsymbol{F}$ 一定不在（　　　　　　　　　　　　）平面内。

392. 若 $F_x=0$，$M_x(\boldsymbol{F})=0$，则 $\boldsymbol{F}$ 必在（　　　　　　　　　　　　）平面内且 $\boldsymbol{F}$ 必与（　　）相交。

393. 一空间力系 $\boldsymbol{F}_1$，$\boldsymbol{F}_2$，…，$\boldsymbol{F}_n$ 的合力为 $\boldsymbol{F}_R$，则合力对某轴之矩等于（　　　　　　　　）。

394. 若力 $\boldsymbol{F}$ 对 z 轴之矩为零，则该力与 z 轴必（　　）。

395. 力 $\boldsymbol{F}$ 与 x 轴共面，则 $M_x(\boldsymbol{F})$ = （　　）。

396. 空间任意力系平衡的充分与必要条件是（　　　　　　　　　　　　　　　　）。

397. 地球上一般物体所受的重力系实际上是个（　　　　）力系，但由于物体的尺寸与地球的半径相比要小得多，因此可近似认为这个力系是（　　　）力系。

398. 物体的重心是（　　　　　　　　　　　　　　　　）。

399. 物体的形心是（　　　　　　　　　）。

400. 均质物体的重心与形心位置（　　）。

401. 均质物体具有对称面、对称轴或对称中心时，其重心在（　　　　　　　）。

402. 题 402 图所示截面的形心坐标为 $x_C=$（　　），$y_C=$（　　）。

403. 题 403 图所示截面的形心坐标为 $x_C=$（　　），$y_C=$（　　）。

404. 题 404 图所示截面形心的坐标为 $x_C=$（　　），$y_C=$（　　）。

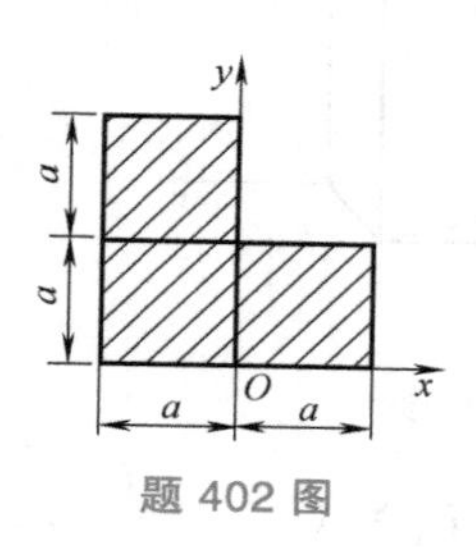

题 402 图

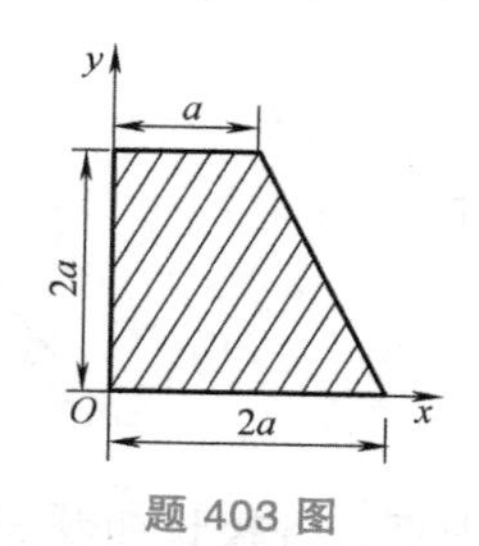

题 403 图

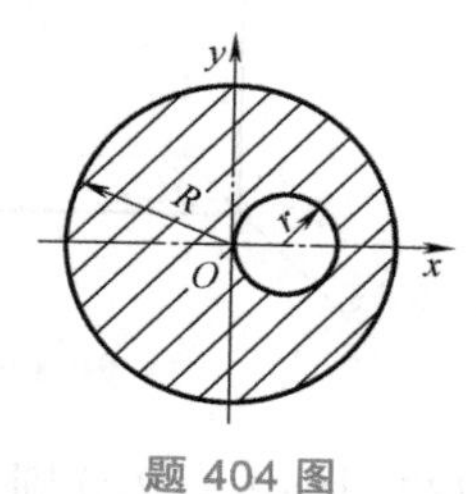

题 404 图

405. 题 405 图所示等腰三角形的形心为 C，若绕 y 轴旋转半周即得圆锥，此圆锥的形心与 C 点（　　）重合。

406. 如题 406 图所示，圆截面对 x、y 轴的静矩的正负号为：对 x 轴为（　　），对 y 轴为（　　）。

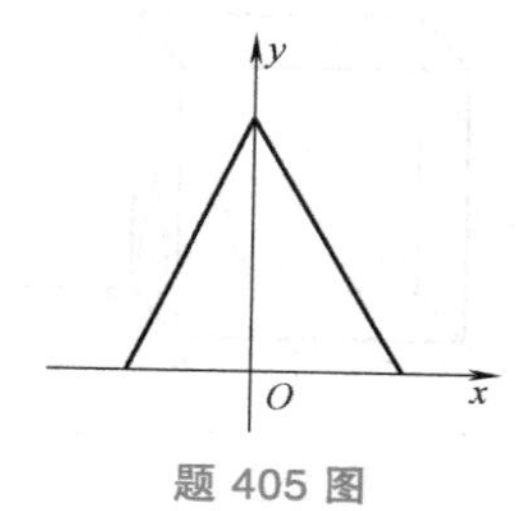

题 405 图

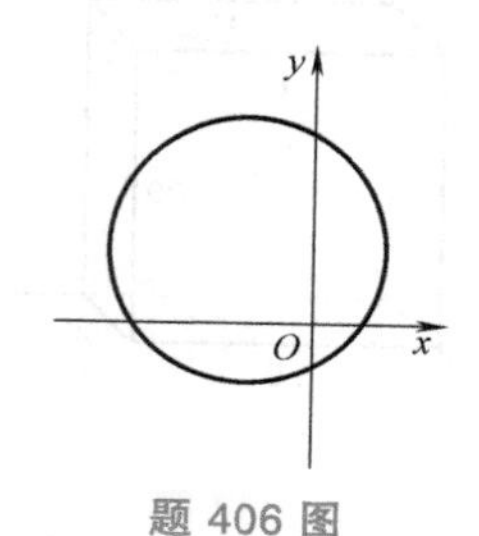

题 406 图

407. 平面图形对通过其形心之轴的静矩必等于（　　）。

二、判断题

408. 题 408 图所示空间力 $\boldsymbol{F}$ 在三个坐标轴上的投影分别为：$F_x>0$，$F_y=0$，$F_z>0$。（　　）

409. 题 409 图所示空间力 $\boldsymbol{F}$ 在三个坐标轴上的投影分别为：$F_x>0$，$F_y>0$，$F_z<0$。（　　）

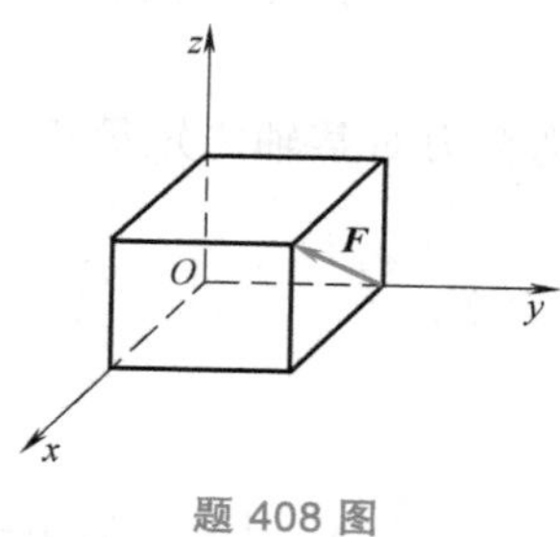

题 408 图

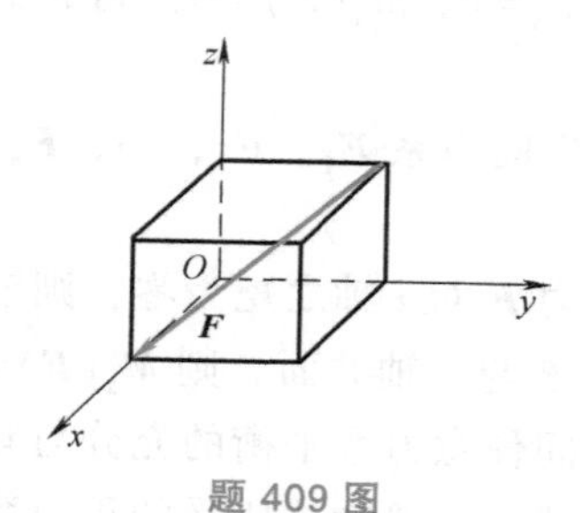

题 409 图

410. 力 $\boldsymbol{F}$ 如题 410 图所示，由于 $\boldsymbol{F}$ 的作用点在 y 轴上，所以只能求出 $\boldsymbol{F}_y$，而不能求出 $\boldsymbol{F}_x$ 和 $\boldsymbol{F}_z$。（　　）

411. 当力的作用线在空间直角坐标系的某一坐标平面内时，它在三个坐标轴上的投影必有两个为零。（　　）

412. 当力的作用线在空间直角坐标系的某一坐标平面内时，它对三个坐标轴之矩中至

少有两个为零。(　　)

413. 题413图所示平面$A'B'C'O'$内的力$\boldsymbol{F}$对z轴之矩为$M_z(\boldsymbol{F})=\sqrt{2}(a-b)F/2$。(　　)

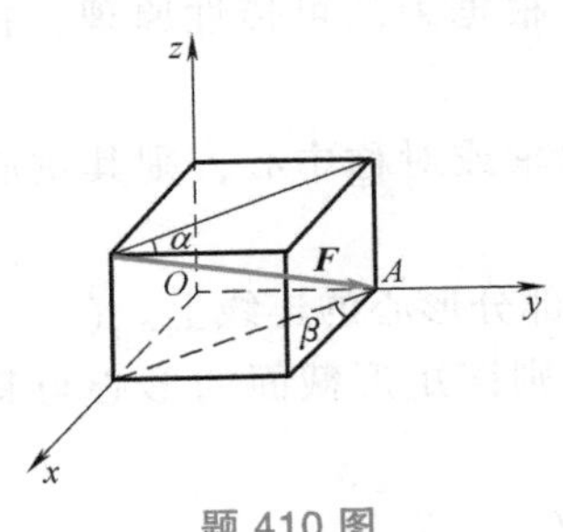

题410图

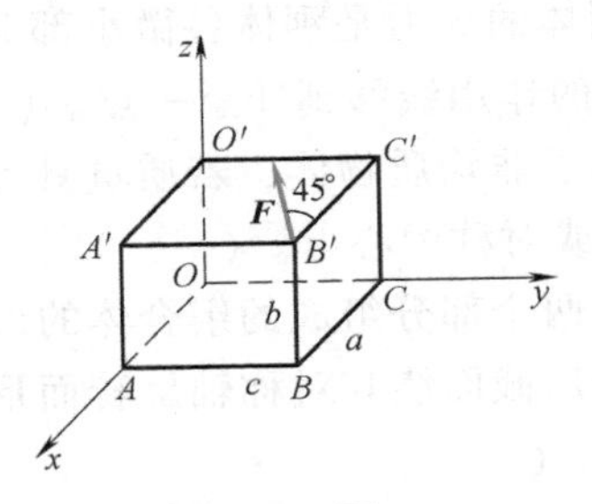

题413图

414. 空间有一力$\boldsymbol{F}$如题414图所示，已知$F=10\text{kN}$，图中各边几何尺寸如图，单位为m，则$M_x(\boldsymbol{F})=-40\sqrt{2}\,\text{kN}\cdot\text{m}$，$M_y(\boldsymbol{F})=-15\sqrt{2}\,\text{kN}\cdot\text{m}$，$M_z(\boldsymbol{F})=12\sqrt{2}\,\text{kN}\cdot\text{m}$。(　　)

415. 题415图所示正方体棱长为a，则$M_z(\boldsymbol{F})=\sqrt{2}(F_1-F_2)a/2$，$M_x(\boldsymbol{F})=\sqrt{2}(F_1+F_2)a/2$。(　　)

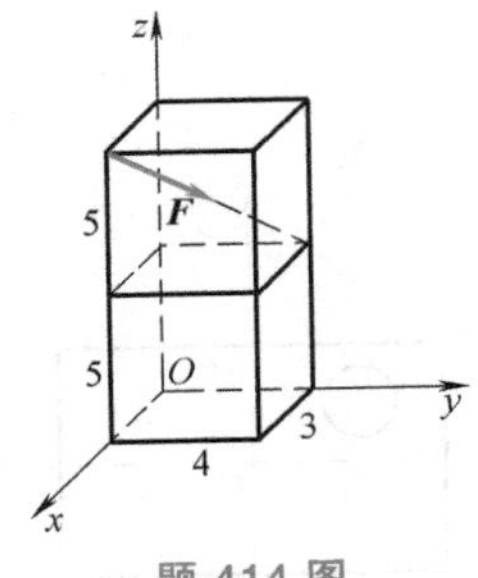

题414图

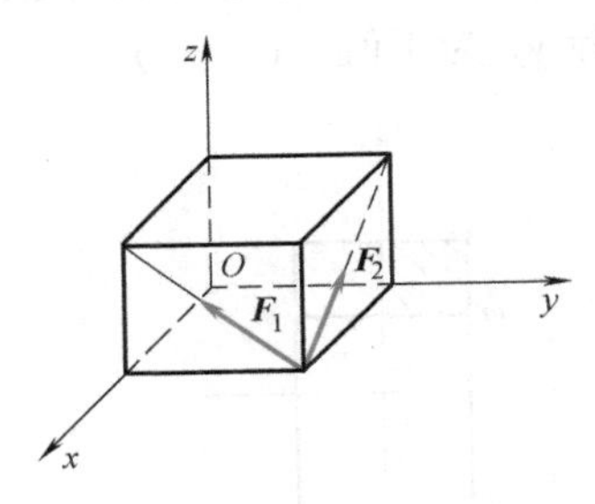

题415图

416. 如题416图所示，棱长为a的正方体，在A点作用有力$\boldsymbol{F}$，则此力对x轴之矩为：$M_x(\boldsymbol{F})=Fa$。(　　)

417. 如题417图所示，力$\boldsymbol{F}$对x、y轴的力矩分别为：$M_x(\boldsymbol{F})=\sqrt{2}Fa/2$，$M_y(\boldsymbol{F})=\sqrt{2}Fc/2$。(　　)

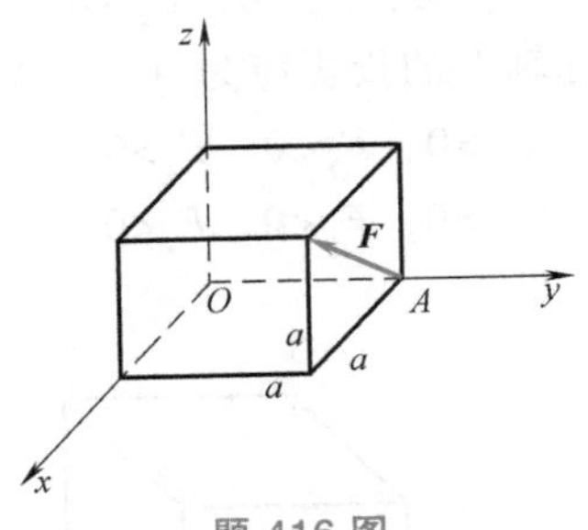

题416图

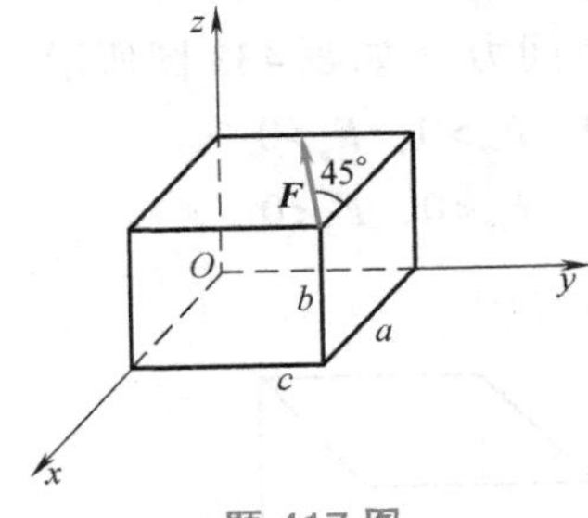

题417图

418. 物体的重心一定在物体之内。(　　)

419. 非均质物体的重心与形心一定不重合。(　　)

420. 一等截面均质细杆，若弯成“U”“V”或“L”形，其重心位置一定会改变。(　　)

421. 物体的重心相对于物体的位置不会因物体放置的方位而改变。(　　)

422. 物体的重心坐标与坐标系的选择无关。(　　)

423. 刚体的重力是刚体各微小部分重力的合力。根据力的可传性原理，在刚体内可将重心沿重力的作用线移到任意一点。(　　)

424. 对于非均质物体，若质量具有对称面、对称轴或对称中心，则其重心必在该对称面、对称轴或对称中心上。(　　)

425. 由两个部分组成的组合体的形心一定在该两部分形心的连线上。(　　)

426. 矩形截面绕其对称轴旋转而形成一旋转体，则该矩形截面的形心与其旋转体的形心一定重合。(　　)

427. 静矩是一个代数量，可为正值、负值或零。(　　)

428. 若平面图形对某轴的静矩为零，则该轴必通过平面图形的形心。(　　)

429. 若平面图形对某轴的静矩为零，则平面图形一定相对于该轴对称。(　　)

430. 如题 430 图所示矩形截面，m-m 线以上部分和以下部分对形心轴 z 的两个静矩的绝对值相等，符号相反。(　　)

431. 如题 431 图所示，在矩形中挖去一圆形，由组合法知，该截面形心的横坐标 x_C 为负值，纵坐标 y_C 为正值。(　　)

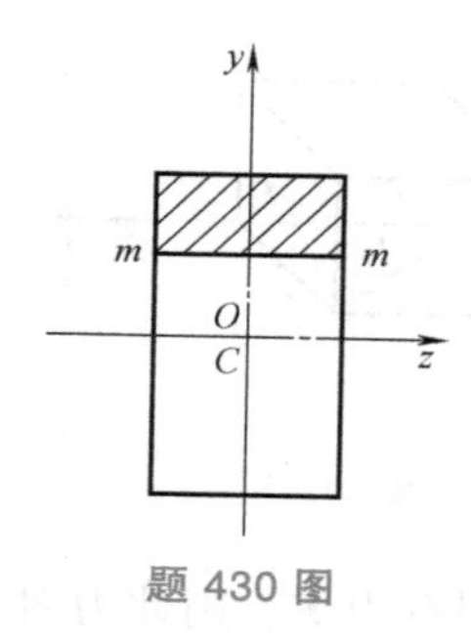

题 430 图

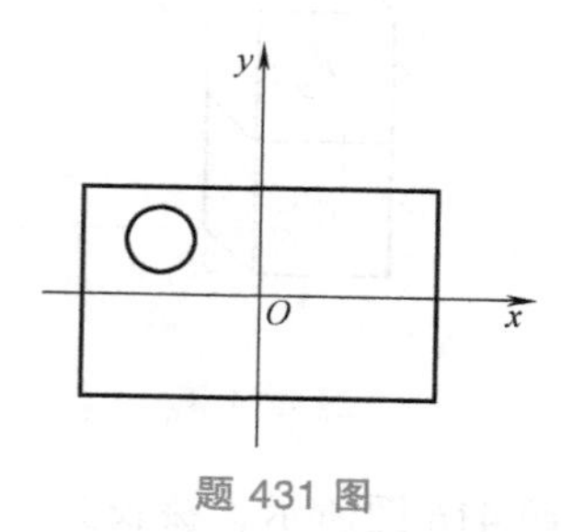

题 431 图

三、选择题

432. 题 432 图中力 $\boldsymbol{F}$ 在 x 轴、y 轴和 z 轴上的投影是（　　）。

A. $F_x=F$，$F_y=0$，$F_z=F$

B. $F_x=F$，$F_y=F$，$F_z=0$

C. $F_x=0$，$F_y=0$，$F_z=F$

D. $F_x=0$，$F_y=0$，$F_z=0$

433. 一空间力 $\boldsymbol{F}$ 如题 433 图所示，它在三个坐标轴上的投影应为（　　）。

A. $F_x>0$，$F_y>0$，$F_z>0$

B. $F_x>0$，$F_y<0$，$F_z>0$

C. $F_x<0$，$F_y<0$，$F_z<0$

D. $F_x>0$，$F_y<0$，$F_z<0$

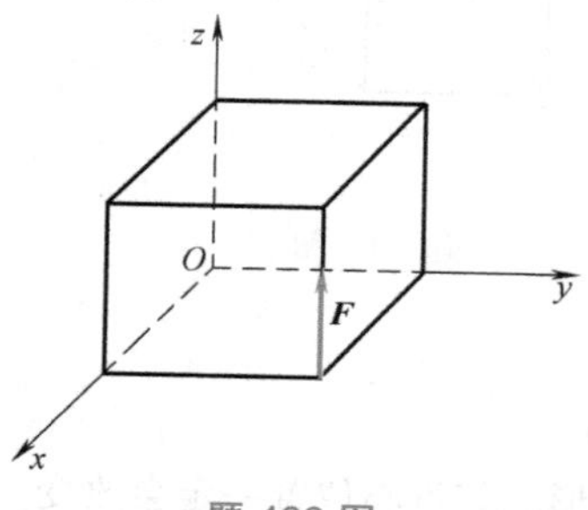

题 432 图

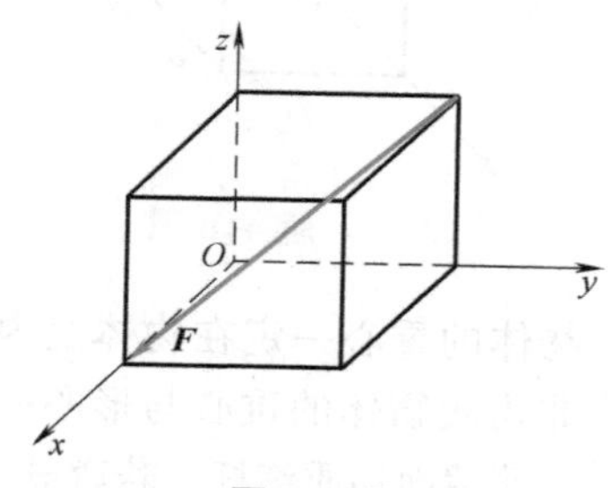

题 433 图

434. 一空间力 $\boldsymbol{F}$ 如题 434 图所示，它在三个坐标轴上的投影应为（　　）。

A. $F_x>0$，$F_y>0$，$F_z>0$　　B. $F_x<0$，$F_y>0$，$F_z>0$

C. $F_x<0$，$F_y<0$，$F_z>0$　　D. $F_x<0$，$F_y<0$，$F_z<0$

435. 一空间力 $\boldsymbol{F}$ 与三维直角坐标系的关系如题 435 图所示，求力 $\boldsymbol{F}$ 在三个坐标轴上的投影时，应该使用（　　）。

A. 直接投影法　　B. 二次投影法　　C. 力多边形法则

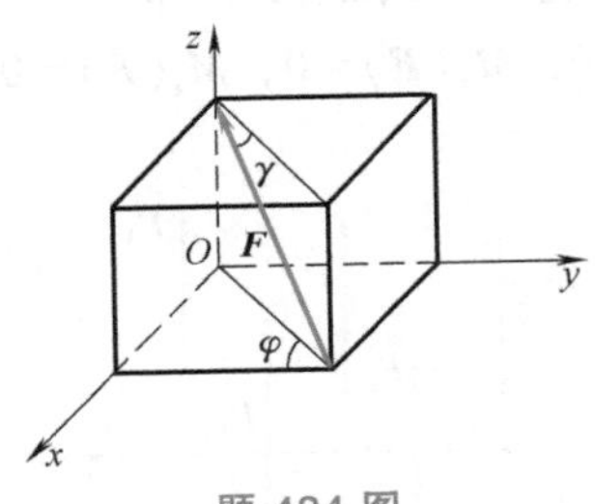

题 434 图

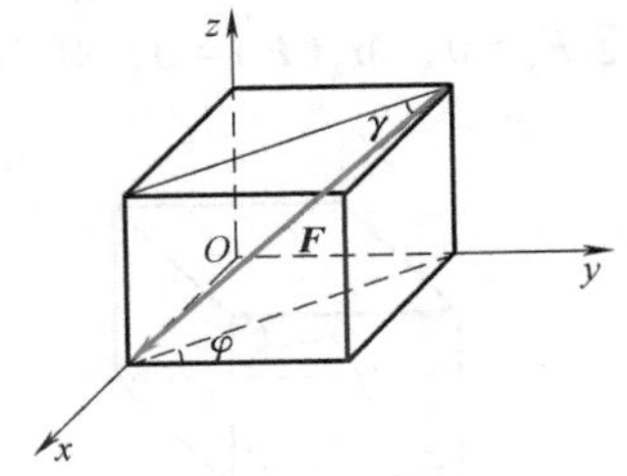

题 435 图

436. 将空间过同一点的互相垂直的三个分力合成为一个合力的原理，相当于两次使用平面力系的（　　）。

A. 平行四边形法则　　B. 力的平移定理

C. 合力投影定理　　D. 三力平衡汇交定理

437. 在题 437 图所示立方体的右上棱边上作用有一力 $\boldsymbol{F}$，方向如图所示，则（　　）。

A. $M_x(\boldsymbol{F})>0$，$M_y(\boldsymbol{F})=0$，$M_z(\boldsymbol{F})=0$　　B. $M_x(\boldsymbol{F})=0$，$M_y(\boldsymbol{F})>0$，$M_z(\boldsymbol{F})<0$

C. $M_x(\boldsymbol{F})=0$，$M_y(\boldsymbol{F})<0$，$M_z(\boldsymbol{F})>0$　　D. $M_x(\boldsymbol{F})=0$，$M_y(\boldsymbol{F})=0$，$M_z(\boldsymbol{F})=0$

438. 如题 438 图所示，力 $\boldsymbol{F}$ 作用在 $OABC$ 平面内，$\boldsymbol{F}$ 对 x、y、z 三轴的力矩是（　　）。

A. $M_x(\boldsymbol{F})=0$，$M_y(\boldsymbol{F})=0$，$M_z(\boldsymbol{F})=0$　　B. $M_x(\boldsymbol{F})=0$，$M_y(\boldsymbol{F})=0$，$M_z(\boldsymbol{F})\neq0$

C. $M_x(\boldsymbol{F})\neq0$，$M_y(\boldsymbol{F})\neq0$，$M_z(\boldsymbol{F})=0$　　D. $M_x(\boldsymbol{F})\neq0$，$M_y(\boldsymbol{F})\neq0$，$M_z(\boldsymbol{F})\neq0$

E. $M_x(\boldsymbol{F})\neq0$，$M_y(\boldsymbol{F})=0$，$M_z(\boldsymbol{F})=0$

439. 如题 439 图所示，力 $\boldsymbol{F}$ 作用在长方体侧面 $BCDH$ 内，则 $\boldsymbol{F}$ 对三轴的力矩是（　　）。

A. $M_x(\boldsymbol{F})=Fa$，$M_y(\boldsymbol{F})=-Fb$，$M_z(\boldsymbol{F})=0$

B. $M_x(\boldsymbol{F})=acF/\sqrt{b^2+c^2}$，$M_y(\boldsymbol{F})=-bcF/\sqrt{b^2+c^2}$，$M_z(\boldsymbol{F})=abF/\sqrt{b^2+c^2}$

C. $M_x(\boldsymbol{F})=0$，$M_y(\boldsymbol{F})=0$，$M_z(\boldsymbol{F})=F\sqrt{a^2+b^2}$

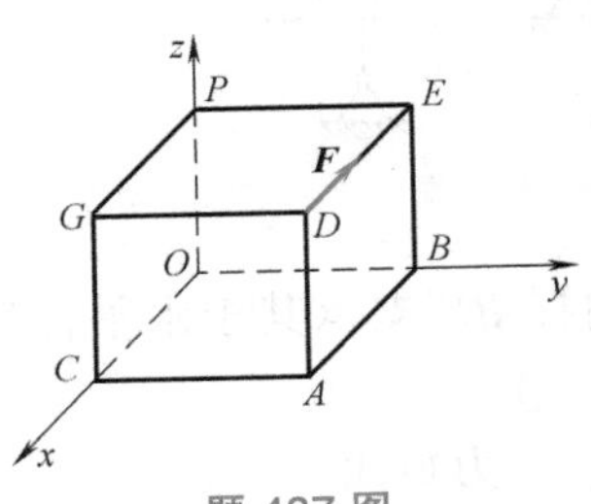

题 437 图

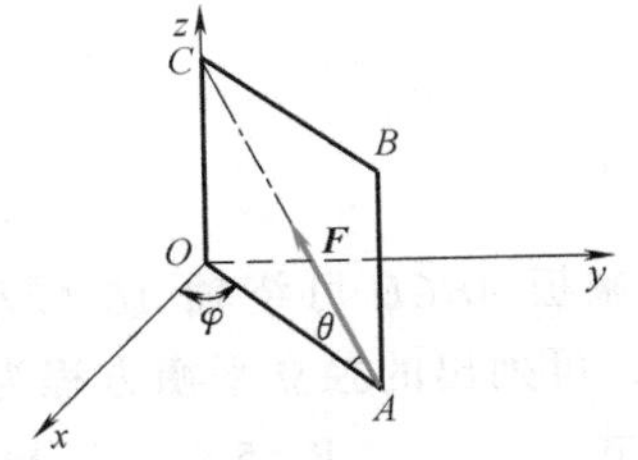

题 438 图

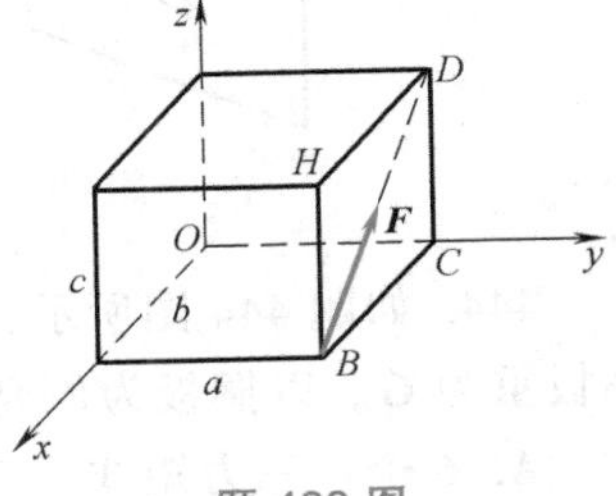

题 439 图

440. 题 440 图所示力 $\boldsymbol{F}$ 对 x、y、z 轴的力矩是（　　）。

A. $M_x(\boldsymbol{F})=\sqrt{2}Fa/\sqrt{3}$，$M_y(\boldsymbol{F})=0$，$M_z(\boldsymbol{F})=Fa/\sqrt{3}$

B. $M_x(\boldsymbol{F})=Fa/\sqrt{3}$，$M_y(\boldsymbol{F})=0$，$M_z(\boldsymbol{F})=Fa/\sqrt{3}$

C. $M_x(\boldsymbol{F})=\sqrt{2}Fa/\sqrt{3}$，$M_y(\boldsymbol{F})=0$，$M_z(\boldsymbol{F})=Fa$

D. $M_x(\boldsymbol{F})=Fa/\sqrt{3}$，$M_y(\boldsymbol{F})=0$，$M_z(\boldsymbol{F})=-Fa/\sqrt{3}$

441. 题 441 图所示为一空间平行力系，各力作用线与 Oz 轴平行，则此力系相互独立的平衡方程是（　　）。

A. $\sum F_x=0$，$\sum F_y=0$，$M_x(\boldsymbol{F})=0$　　B. $\sum F_x=0$，$\sum F_y=0$，$M_z(\boldsymbol{F})=0$

C. $\sum F_x=0$，$M_x(\boldsymbol{F})=0$，$M_y(\boldsymbol{F})=0$　　D. $M_x(\boldsymbol{F})=0$，$M_y(\boldsymbol{F})=0$，$M_z(\boldsymbol{F})=0$

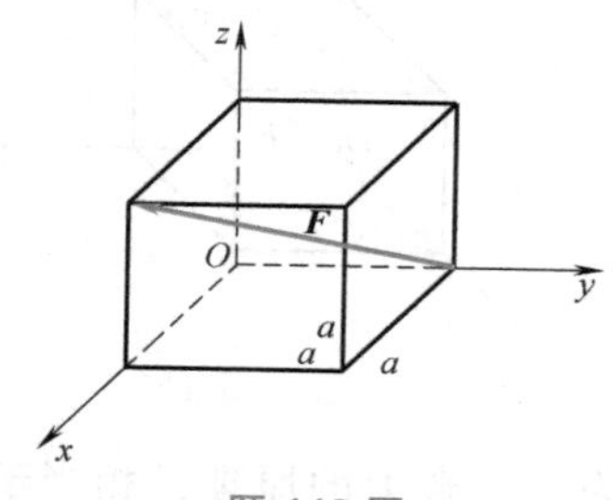

题 440 图

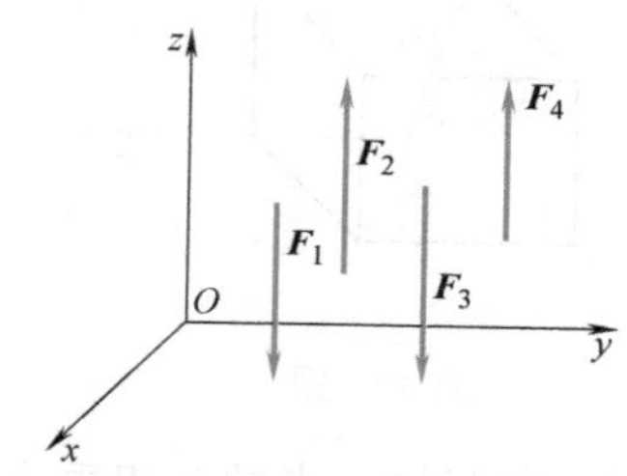

题 441 图

442. 题 442 图所示结构中 $AC=AD$，$AE\perp CD$。对 A 点可列出的独立平衡方程为（　　）。

A. 6 个：三力矩式、三投影式　　B. 3 个：二投影式、一力矩式

C. 3 个：三力矩式　　D. 3 个：三投影式

E. 3 个：一投影式、二力矩式

443. 题 443 图所示空间结构中的刚性板 $ABCD$ 由七根直杆支承。以刚性板 $ABCD$ 为研究对象，可列出的独立平衡方程为（　　）。

A. 6 个：三投影式、三力矩式　　B. 3 个：三投影式

C. 3 个：三力矩式　　D. 3 个：二投影式、一力矩式

E. 3 个：二力矩式、一投影式

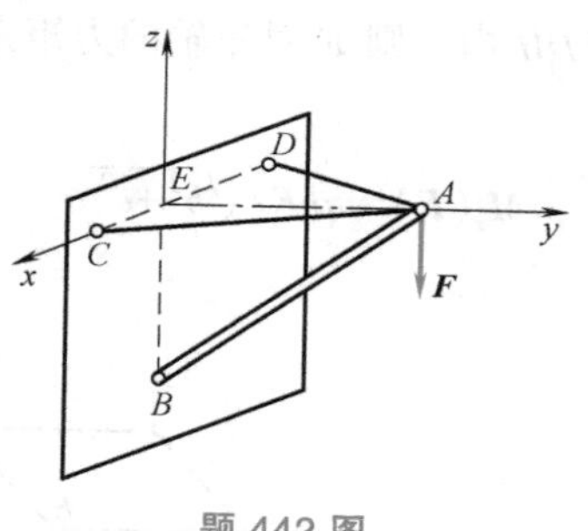

题 442 图

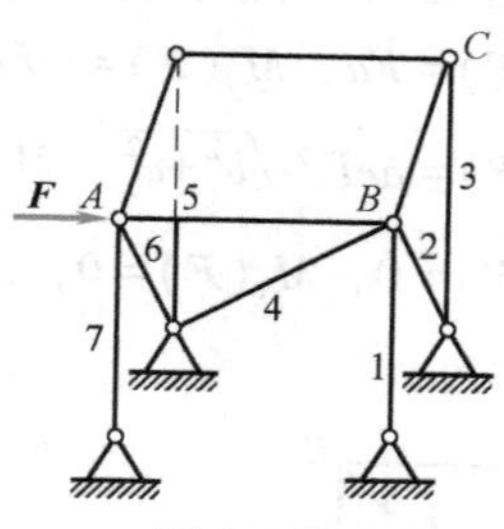

题 443 图

444. 如题 444 图所示，矩形搁板 $ABCD$ 可绕轴 AD 转动，用杆 BE 支承其于水平位置，搁板重为 $\boldsymbol{G}$。以搁板为研究对象，可列出的独立平衡方程为（　　）。

A. 6 个：三力矩式、三投影式　　B. 5 个：二投影式、三力矩式

C. 5 个：三投影式、二力矩式　　D. 3 个：三投影式

E. 3 个：三力矩式

445. 空间力系的平面解法是将空间问题分散转化为三个平面问题的方法，它最多可求

解（　　）个未知量。

A. 3　　B. 5　　C. 6　　D. 9

446. 如题 446 图所示，三轮车连同上面的货物共重 $\boldsymbol{G}$。以三轮车和货物总体为研究对象，可列出相互独立的平衡方程为（　　）。

A. 6 个：三力矩式、三投影式　　B. 3 个：三投影式

C. 3 个：一投影式、二力矩式　　D. 3 个：三力矩式

E. 3 个：二投影式、力矩式

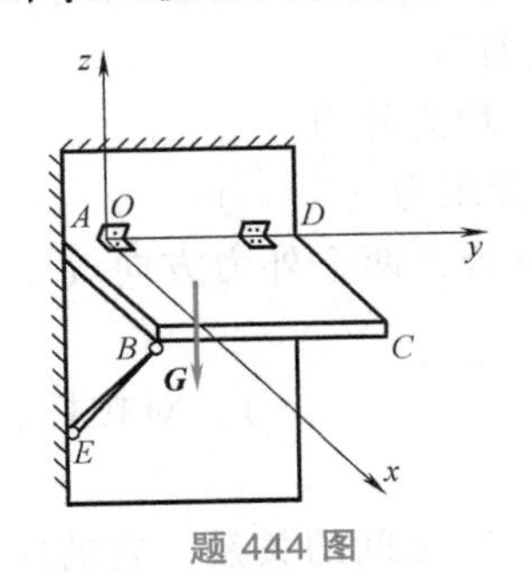

题 444 图

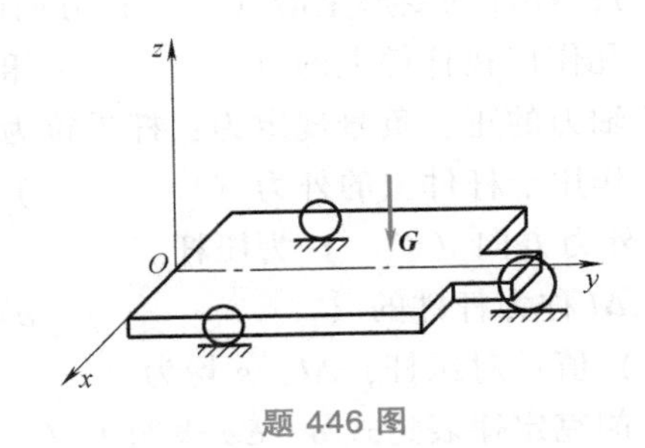

题 446 图

四、计算题

447. 如题 447 图所示，变速器中间轴装有两直齿圆柱齿轮，其分度圆半径 $r_1=100\text{mm}$，$r_2=72\text{mm}$，啮合点分别在两齿轮的最高与最低位置，齿轮 1 上的圆周力 $F_{t1}=1.58\text{kN}$，两齿轮的径向力与圆周力之间的关系为 $F_r=F_t\tan20°$。试求当轴平衡时作用于齿轮 2 上的圆周力 F_{t2} 与轴承 A、B 处的约束反力。

448. 试求题 448 图所示各图形的形心位置，设 D 点为坐标原点，单位为 mm。

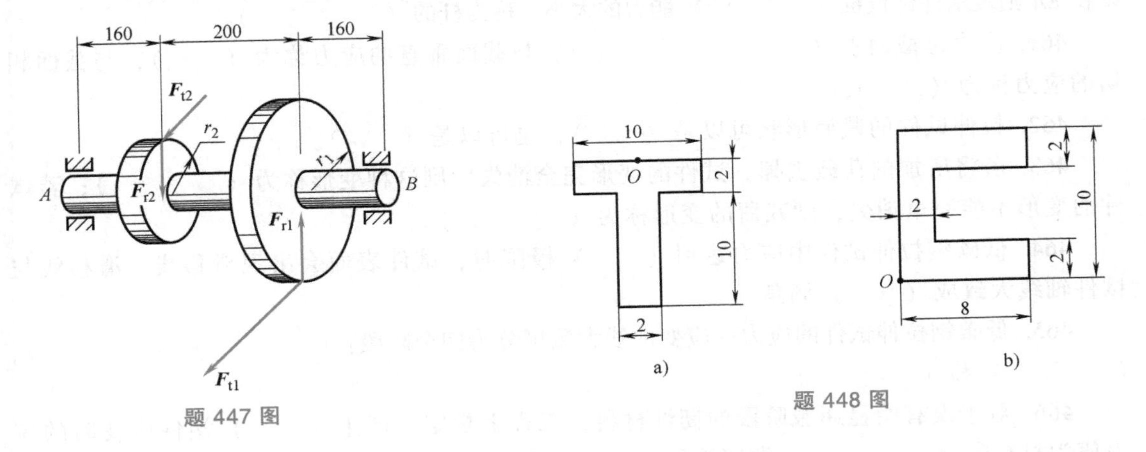

题 447 图

题 448 图

第八章　拉伸与压缩练习题

一、填空题

449. 杆件受力如题 449 图所示，截面 Ⅰ-Ⅰ、Ⅱ-Ⅱ 和 Ⅲ-Ⅲ 的内力合力（　　）。

450. 折杆 ABC 受力如题 450 图所示，AB 段产生（　　　　）变形，BC 段产生（　　）变形。

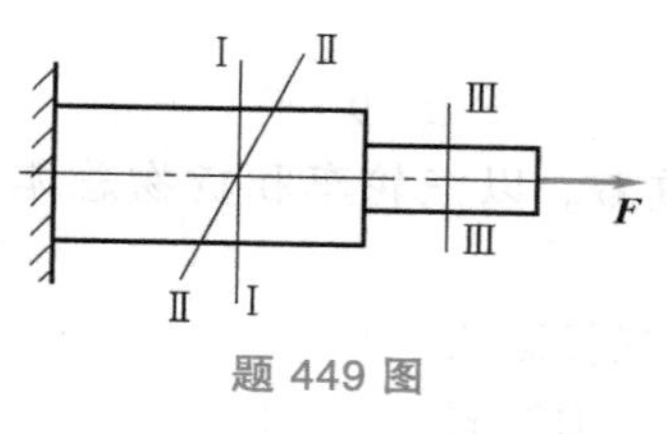

题 449 图

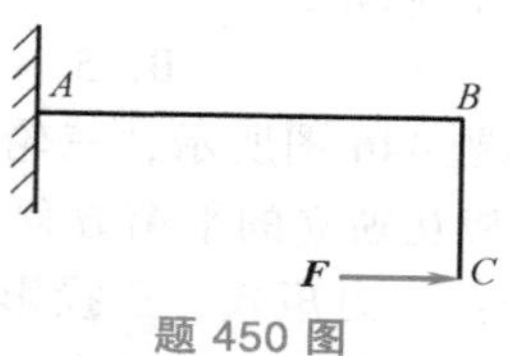

题 450 图

451. 杆件受拉伸或压缩变形时的受力特点是：作用于杆件上的外力作用线和杆件的轴线（　　）；杆件的变形是沿（　　）方向的（　　）或缩短。

452. 凡作用在杆件上的（　　　　）和（　　　　）均为外力。

453. 轴力的正、负号规定为：杆受拉为（　　）、杆受压为（　　）。

454. 作用于杆件上的外力（　　　　）和杆的轴线重合，两个外力方向（　　）为拉杆；两个外力方向（　　）为压杆。

455. Δl 称为杆件的（　　　　），ε 称为杆件的（　　　　）。对拉杆，Δl、ε 均为（　　）值；对压杆，Δl、ε 均为（　　）值。

456. 胡克定律表达式 $\sigma=E\varepsilon$ 表明了（　　）与（　　）之间的关系，它的应用条件是（　　　　　　　　）。

457. 杆件轴向拉伸或压缩时，其横截面上的正应力是（　　）分布的。

458. 一铸铁直杆受轴向压缩时，其斜截面上的应力是（　　）分布的。

459. 在轴向拉压杆的斜截面上，有正应力和切应力两种应力，在正应力为最大的截面上，切应力为（　　）。

460. 对拉压杆而言，E 表示材料抵抗拉压变形能力的一个系数，称为材料的（　　　　），乘积 EA 则表示杆件抵抗（　　　　）能力的大小，称为杆的（　　　　）。

461. 应力是截面上（　　　　　　　　），与截面垂直的应力称为（　　），与截面相切的应力称为（　　）。

462. 拉伸试件的截面形状可以是（　　），也可以是（　　）。

463. 若将所加的荷载去掉，试件的变形完全消失，则这种变形称为（　　　　）；若试件的变形不能完全消失，则残留的变形称为（　　　　）。

464. 低碳钢拉伸试件中应力达到（　　）极限时，试件表面会出现滑移线，滑移线与试件轴线大致成（　　）倾角。

465. 低碳钢拉伸试件的应力—应变曲线大致可分为四个阶段：（　　　　）、（　　　　）、（　　　　）和（　　　　）。

466. 对于没有明显屈服阶段的韧性材料，工程上规定：产生（　　）塑性应变时的应力值为材料的（　　　　），常用符号（　　）表示。

467. 工程上通常把伸长率 $\delta>5\%$ 的材料称为（　　　　），把 $\delta<5\%$ 的材料称为（　　　　）。

468. 金属材料的压缩试件形状一般为（　　　　）。

469. 铸铁压缩破坏时，其破坏面与轴线大致成（　　）角，表明铸铁的抗（　　）能力比抗（　　）能力差。

470. 材料的两种典型失效形式是（　　　　）和（　　　　）。

471. 金属拉伸试样在进入屈服阶段后，其光滑表面将出现与轴线成（　　）角的条纹，此条纹称为（　　）。

472. 在低碳钢的应力-应变图上，开始的一段直线的斜率相当于低碳钢（　　）的值。

473. 三种材料应力——应变曲线分别如题473图所示，强度最高的材料是（　　），刚度最大的材料为（　　），塑性最好的材料是（　　）。

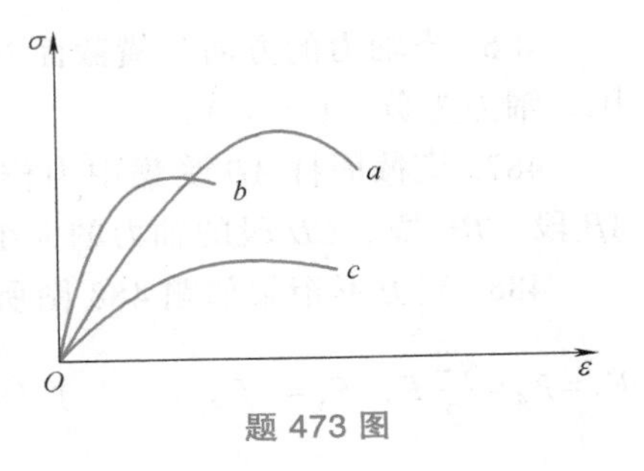

题473图

474. 一圆截面阶梯杆受力如题474图所示，已知材料的弹性模量 $E=200\text{GPa}$，则各段的应变 $\varepsilon_{AC}=($　　$)$、$\varepsilon_{CB}=($　　$)$。

475. 题475图所示钢制阶梯形直杆各段截面面积分别为 $A_1=A_3=300\text{mm}^2$ 和 $A_2=300\text{mm}^2$、$E=200\text{GPa}$，那么杆的总变形为（　　）。

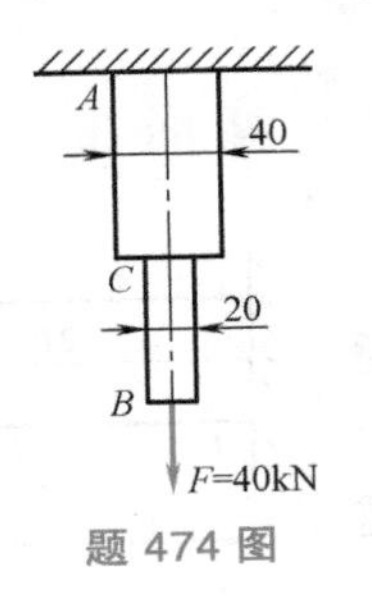

题474图

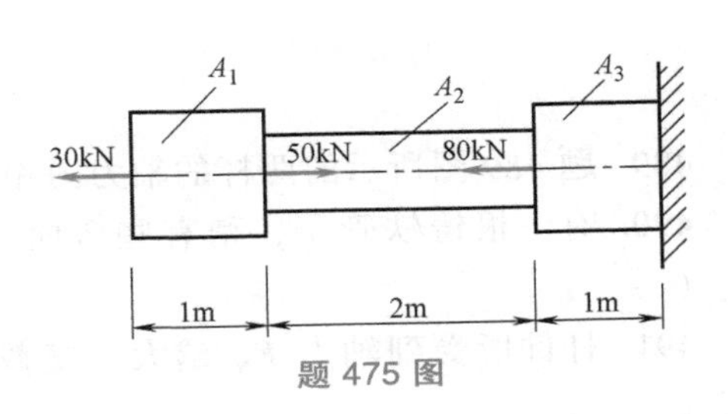

题475图

476. 某直杆长0.43m，横截面面积为 300mm^2，受拉力30kN后，伸长0.2mm，则该材料的弹性模量 $E=($　　$)$。

477. 一长为0.3m的钢杆，受力如题477图所示，已知其横截面面积 $A=1000\text{mm}^2$，$E=200\text{GPa}$，那么 $\Delta l_{AC}=($　　$)$、$\Delta l_{CD}=($　　$)$、$\Delta l_{DB}=($　　$)$、而 $\Delta l_{AB}=($　　$)$。

478. 剪切的受力特点是作用于构件某一截面两侧的外力（　　）、（　　），作用线相互（　　）且相距（　　）。

479. 剪切变形的特点是：使构件两部分沿剪切面有发生（　　）的趋势。

480. 剪切的实用计算中，假设了切应力在剪切面上是（　　）分布的。

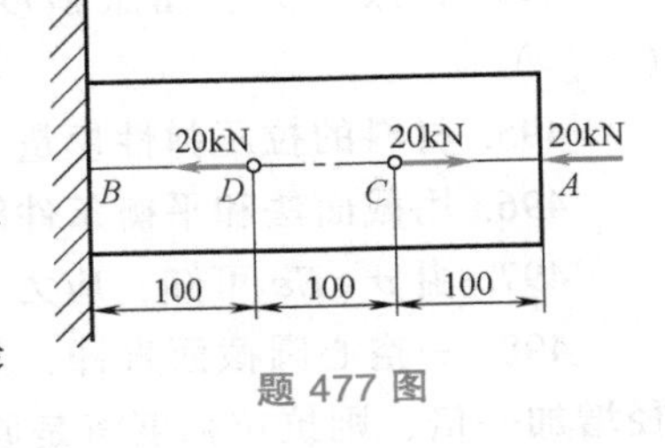

题477图

481. 剪切胡克定律运用于（　　）变形范围。

482. 挤压面是两构件的接触面，其方位（　　）于挤压力。

483. 对螺栓连接，挤压面面积取为接触面面积在直径平面上的（　　），即挤压接触面的（　　）。

484. 抗剪强度条件是构件的工作切应力（　　）或（　　）材料的许用应力。

二、判断题

485. 利用截面法求杆件某截面上内力时，任取截面一侧的杆件部分为研究对象，所得结果一样。（　　）

486. 当轴力的方向与横截面外法线方向一致时，则杆受拉，轴力为正，反之，则杆受压，轴力为负。(　　)

487. 变截面杆 AD 受集中力作用，如题 487 图所示，用 F_{AB}、F_{BC}、F_{CD} 分别表示该杆 AB 段、BC 段、CD 段的轴力的大小，则 $F_{AB}>F_{BC}>F_{CD}$。(　　)

488. 正方形桁架如题 488 图所示，受力 F 作用而平衡，则其各杆的内力为：$F_1=F_2=F_3=F_4=\frac{\sqrt{2}}{2}F$，$F_5=-F$。(　　)

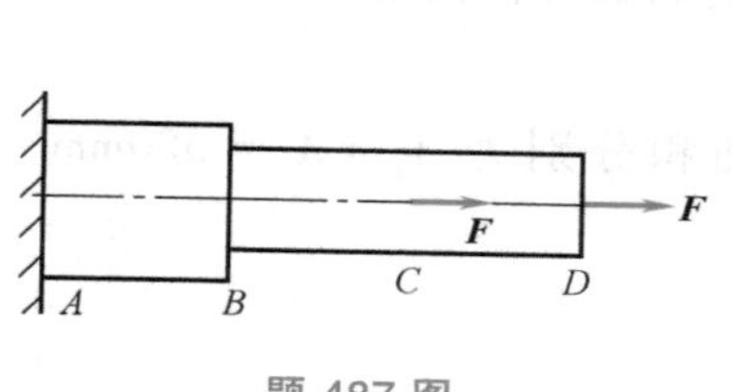

题 487 图

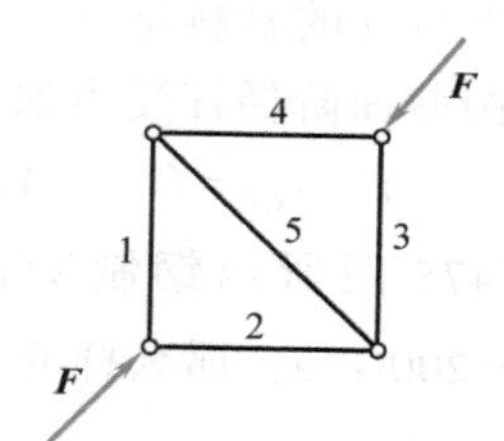

题 488 图

489. 题 489 图所示的两杆的轴力图相同。(　　)

490. 有一根铸铁管子，稍有些弯曲，可用大铁锤把它锤直。(　　)

491. 杆件所受到轴力 F_N 越大，横截面上的正应力 σ 越大。(　　)

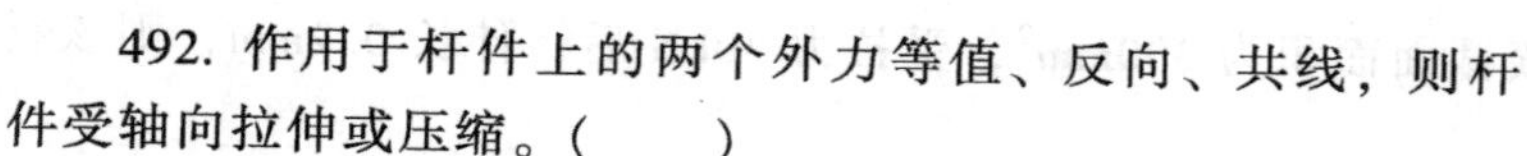

492. 作用于杆件上的两个外力等值、反向、共线，则杆件受轴向拉伸或压缩。(　　)

493. 由平面假设可知，受轴向拉压杆件，横截面上的应力是均匀分布的。(　　)

494. 极限应力、屈服强度和许用应力三者是不相等的。(　　)

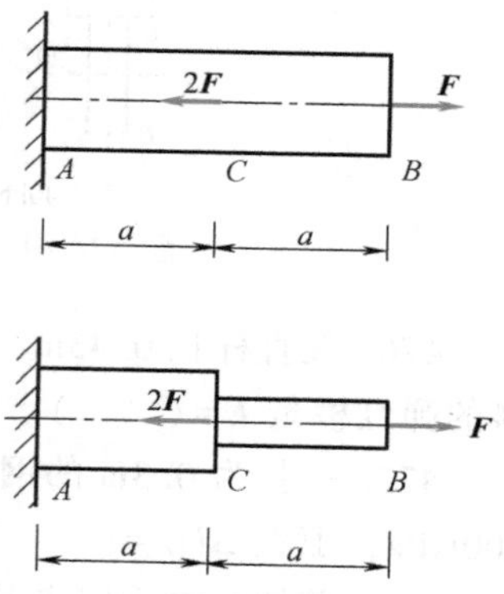

题 489 图

495. 材料的拉压弹性模量 E 越大，杆的变形 Δl 越小。(　　)

496. 用截面法和平衡条件能求出轴力的大小、方向及正负。(　　)

497. 由 $\sigma=E\varepsilon$ 可知，应力与应变成正比，所以应变越大，应力越大。(　　)

498. 一空心圆截面直杆，其内、外径之比为 0.5，两端承受拉力作用。如将杆的内、外径增加一倍，则抗拉强度将是原来的 4 倍。(　　)

499. 对于低碳钢，当单向拉伸应力不大于 σ_p 时，胡克定律 $\sigma=E\varepsilon$ 成立。(　　)

500. 进入屈服阶段以后，材料发生塑性变形。(　　)

501. 为保证构件能正常工作，应尽量提高构件的强度。(　　)

502. 对于没有明显屈服阶段的韧性材料，通常以产生 0.2%的塑性应变所对应的应力作为名义屈服强度，并记为 $\sigma_{0.2}$。(　　)

503. 只产生轴向拉伸或压缩的杆件，其横截面上的内力一定是轴力。(　　)

504. 轴向拉伸或压缩杆件的轴向线应变和横向线应变符号一定相反。(　　)

505. 弹性模量 E 值不相同的两根杆件，在产生相同弹性应变的情况下，其弹性模量 E

值大的杆件的应力必然大。(　　)

506. 铸铁拉伸时的应力-应变图没有明显的直线部分，故不服从胡克定律。(　　)

507. 轴向拉伸或压缩的杆件横截面上的应力一定正交于横截面。(　　)

508. 材料相同的两拉杆，受力一样，若两杆的绝对变形相同，则其相对变形也一定相同。(　　)

509. 钢材经过冷作硬化处理后其弹性模量基本不变。(　　)

510. 轴向拉（压）杆的抗拉刚度用 E 来衡量。(　　)

511. 受拉（压）直杆的［σ］越大，某抗拉（压）变形性能越强。(　　)

512. 一般情况下，同种材料制成的杆件，所受轴力越大，其变形越大。(　　)

513. 若拉伸试件处于弹性阶段，则试件工作段的应力 σ 与应变 ε 必成正比关系。(　　)

514. 受力的试件变形若已超出弹性阶段而进入塑性阶段，则试件只出现塑性变形而无弹性变形。(　　)

515. 用 σ_p、σ_e、σ_s 和 σ_b 分别表示拉伸试件的比例极限、弹性极限、屈服强度和抗拉强度，则 $\sigma_p<\sigma_e<\sigma_s<\sigma_b$。(　　)

516. 伸长率 δ 值越大，表示材料的塑性性能越好。(　　)

517. 韧性材料经过冷作硬化处理后，可提高其比例极限。(　　)

518. 一般有色金属材料拉伸时，应力-应变图上无锯齿状波动区，所以它们不产生屈服。(　　)

519. $\sigma_{0.2}$ 是试件的应变等于 0.2%时所对应的应力值。(　　)

520. 对于脆性材料，抗压强度极限比抗拉强度极限高出许多。(　　)

521. 进行挤压实用计算时，所取的挤压面面积就是挤压接触面的正投影面积。(　　)

522. 连接件切应力的实用计算是以假设切应力在剪切面上均匀分布为基础的。(　　)

523. 挤压面积就是传力的接触面面积。(　　)

524. 切应力在剪切面内是均匀分布的，方向垂直于剪切面。(　　)

525. 用剪刀剪的纸张和用刀切的菜，均受到了剪切破坏。(　　)

526. 在构件上有多个面积相同的剪切面，当材料一定时，若校核该构件的抗切强度，则只对剪力较大的剪切面进行校核即可。(　　)

527. 剪切面上的剪切力是一个集中力。(　　)

528. 切应力 τ 与剪切应变 γ 成正比，所以切应力越小，剪切应变越小；切应变越大，切应力也越大。(　　)

529. 一般情况下，挤压常伴随着剪切同时产生，但挤压应力与切应力是有区别的。(　　)

三、选择题

530. 在下列关于轴向拉压杆轴力的说法中，(　　) 是错误的。

A. 拉压杆的内力只有轴力　　B. 轴力的作用线与杆轴线重合

C. 轴力是沿杆轴作用的外力　　D. 轴力与杆的横截面积和材料无关

531. 题 531 图所示阶梯杆，AB 段为钢，BD 段为铸铁，在力 $\boldsymbol{F}$ 作用下 (　　)。

A. AB 段轴力最大　　B. BC 段轴力最大

C. CD 段轴力最大　　D. 三段轴力一样大

532. 如题 532 图所示，铰接的正方形结构，由五根杆件组成，这五根杆件的情况是（　　）。

A. 全部是拉杆　　B. 全部是压杆

C. 杆 5 是拉杆，其余是压杆　　D. 杆 5 是压杆，其余是拉杆

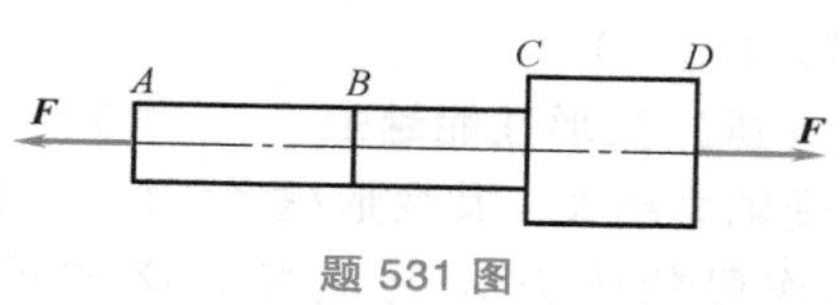

题 531 图

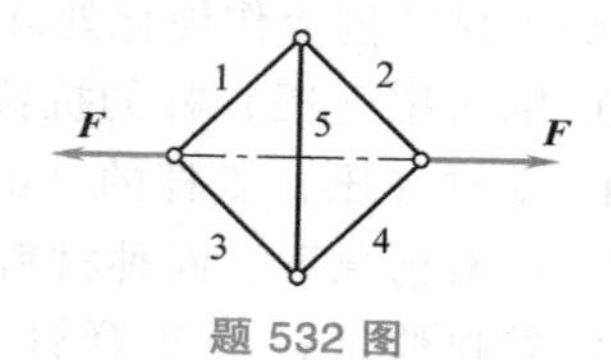

题 532 图

533. 下列说法中正确的是（　　）。

A. 材料力学主要研究各种材料的力学问题

B. 材料力学主要研究各种材料的力学性质

C. 材料力学主要研究杆件受力后变形与破坏的规律

D. 材料力学主要研究各类杆件中力与材料的关系

534. 在其他条件不变时，若受轴向拉伸的杆件的长度增加一倍，则杆件的绝对变形将增加（　　）。

A. 1 倍　　B. 2 倍　　C. 3 倍　　D. 4 倍

535. 二根不同材料的等截面直杆，它们的横截面面积和长度都相同，承受相等的轴向拉力，在比例极限内，二杆有（　　）。

A. Δl、ε 和 σ 都分别相等　　B. l 和 ε 分别不相等，σ 相等

C. Δl、ε 和 σ 都不相等　　D. Δl 和 σ 分别相等，ε 不相等

536. A、B 是二根材料相同、横截面面积相等的直杆，承受相等的轴向载荷，若 $l_A>l_B$，A、B 二杆的绝对变形和相对变形的关系为（　　）。

A. $\Delta l_A=\Delta l_B$，$\varepsilon_A=\varepsilon_B$　　B. $\Delta l_A>\Delta l_B$，$\varepsilon_A=\varepsilon_B$

C. $\Delta l_A>\Delta l_B$，$\varepsilon_A>\varepsilon_B$　　D. $\Delta l_A<\Delta l_B$，$\varepsilon_A<\varepsilon_B$

537. 在 σ-ε 曲线和 F-Δl 曲线中，能反映材料本身性能的曲线是（　　）。

A. σ-ε 曲线　　B. F-Δl 曲线　　C. 两种曲线都是　　D. 两种曲线都不是

538. 下列命题正确的是（　　）。

A. 同种材料的弹性模量 E 是随外力不同而变化的

B. 反映材料塑性的力学性能指标是弹性模量 E 和泊松比 μ

C. 无论是纵向变形还是横向变形都可用 $\sigma=E\varepsilon$ 计算

D. 线应变的正负号和单位与 Δl 一致

539. 轴向拉伸杆正应力最大的截面和切应力最大的截面（　　）。

A. 分别是横截面和 45°斜截面　　B. 都是横截面

C. 分别是 45°斜截面和横截面　　D. 都是 45°斜截面

540. 现有钢、铸铁两种棒材，其直径相同，从承载能力和经济效益两方面考虑，题 540 图所示结构中两杆的合理选材方案是（　　）。

A. 1 杆为钢，2 杆为铸铁　　B. 1 杆为铸铁，2 杆为钢

C. 两杆均为钢　　D. 两杆均为铸铁

541. 设一阶梯形扞的轴力沿杆轴是变化的，则在发生破坏的截面上（　）。

A. 外力一定最大，且面积一定最小　　B. 轴力一定最大，且面积一定最大

C. 轴力不一定最大，但面积一定最小　　D. 轴力与面积之比一定最小

542. 一单向均匀拉伸的板条如题 542 图所示，若受力前在其表面画上两个正方形 a 和 b，则受力后，正方形 a 和 b 分别为（　）。

A. 正方形和正方形　　B. 正方形和菱形

C. 矩形和菱形　　D. 矩形和正方形

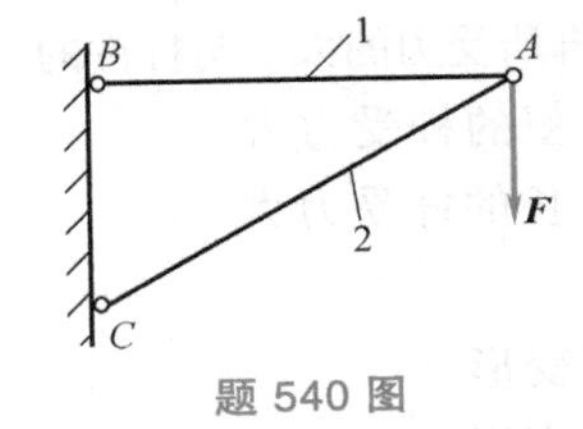

题 540 图

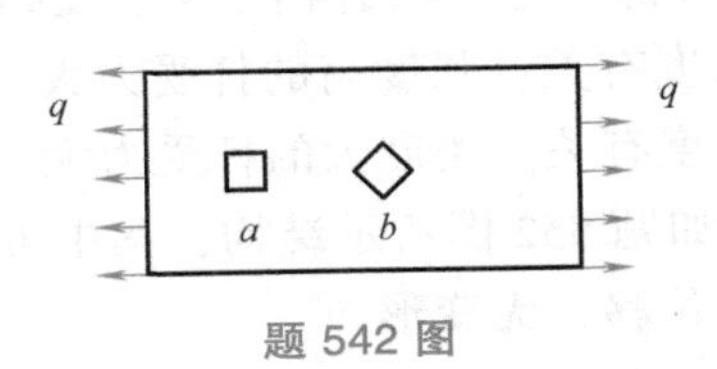

题 542 图

543. 圆管轴向拉伸时，若变形在线弹性范围内，则其（　）。

A. 外径和壁厚都增大　　B. 外径和壁厚都减小

C. 外径减小，壁厚增大　　D. 外径增大，壁厚减小

544. 在下列关于拉、压的说法中，正确的是（　）。

A. 若构件内各点的应变均为零，则构件无变形

B. 若杆的总伸长量为零，则各个截面无位移

C. 若某一段的变形为零，则该段内各截面无位移

D. 若某一截面位移为零，则该截面上各点无应变

545. 有两杆，一为圆截面，一为正方形截面，若两杆材料，横截面面积及所受载荷相同，长度不同，则两杆的（　）不同。

A. 轴向正应力 σ　B. 轴向线应变 ε　C. 轴向伸长 Δl　D. 横向线应变

546. 如题 546 图所示，铰接的正方形结构，由五根杆件组成，各杆的杆长变化为（　）。

A. 全部都伸长　B. 5 杆伸长其余杆不变

C. 全部都缩短　D. 5 杆不伸长其余都伸长

547. 一圆截面直杆，两端承受拉力作用，若将其直径增加一倍，则杆的抗拉强度将是原来的（　）倍。

A. 8　　B. 6

C. 4　　D. 2

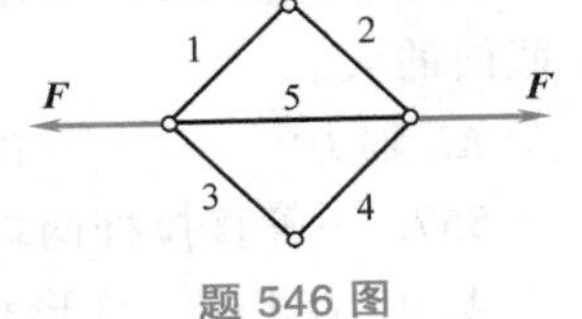

题 546 图

548. 低碳钢拉伸试件的 σ-ε 曲线大致可分为四个阶段，这四个阶段是（　）。

A. 弹性变形阶段，塑性变形阶段，屈服阶段，断裂阶段

B. 弹性变形阶段，塑性变形阶段，强化阶段，颈缩阶段

C. 弹性变形阶段，屈服阶段，强化阶段，缩颈阶段

D. 弹性变形阶段，屈服阶段，强化阶段，断裂阶段

549. 对于脆性材料，下列说法中哪些是正确的（　　）

A. 试件受拉过程中不出现屈服和缩颈现象

B. 抗压强度极限比抗拉强度极限高出许多

C. 抗冲击的性能好

D. 若构件中存在气孔，对构件的强度无明显影响

550. 铸铁试样在做压缩试验时，试样沿倾斜面破坏，说明铸铁的（　　）。

A. 抗剪强度小于抗压强度　　B. 抗压强度小于抗剪强度

C. 抗拉强度小于抗压强度　　D. 抗压强度小于抗拉强度

551. 在静不定杆系结构中，各杆受到拉力或压力的作用，杆所受力的大小与杆件的（　　）。

A. 强度有关，强度高的杆受力大　　B. 粗细有关，粗的杆受力大

C. 刚度有关，刚度大的杆受力大　　D. 长短有关，长的杆受力大

552. 如题 552 图所示结构，其中 BC 段内（　　）。

A. 有位移，无变形　　B. 有位移，有变形

C. 无位移，无变形　　D. 无位移，有变形

553. 如题 553 图所示，阶梯形杆件的总变形 Δl=（　　）。

A. 0　　B. $FL/2EA$　　C. FL/EA　　D. $3FL/2EA$

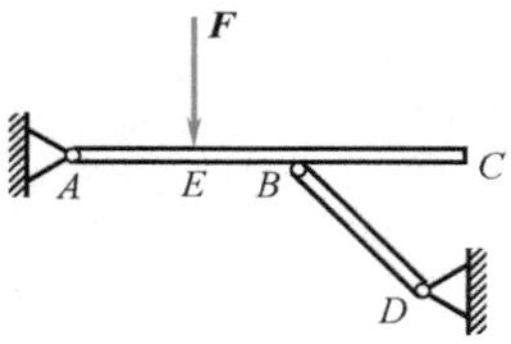

题 552 图

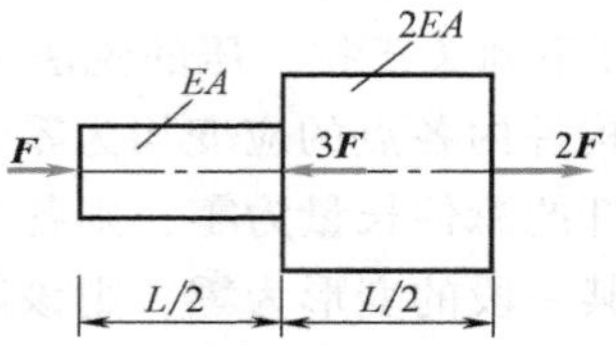

题 553 图

554. 一拉压杆的抗拉刚度 EA 为常量，若使总伸长量为零，则（　　）必为零。

A. 杆内各点处的应变　　B. 杆内各点处的位移

C. 杆内各点处的正应力　　D. 杆轴力图面积的代数和

555. 由公式 $\Delta l = FL/EA$ 得 $E = FL/A\Delta l$，弹性模量 E=（　　）。

A. 与应力的量纲相同　　B. 与载荷成正比

C. 与杆长成正比　　D. 与横截面面积成反比

556. 如题 556 图所示，轴向拉伸阶梯形杆，在外力 $\boldsymbol{F}$ 作用下 m-m 截面的（　　）比 n-n 截面的大。

A. 轴力　　B. 应力　　C. 轴向线应变　　D. 轴向线位移

557. 一等直拉杆两端承受拉力作用，若其一半为钢，另一半为铝，则两段的（　　）。

A. 应力相同，变形相同　　B. 应力相同，变形不同

C. 应力不同，变形相同　　D. 应力不同，变形不同。

558. 若二拉杆受力如题 558 图所示，$E_1>E_2$，$\mu_1 \neq \mu_2$，但 $E_1A_1 = E_2A_2$，那么它们的（　　）

A. 应力相同，变形不同　　B. 应力相同，变形不同

C. 应力不同，变形相同　　D. 应力不同，变形不同

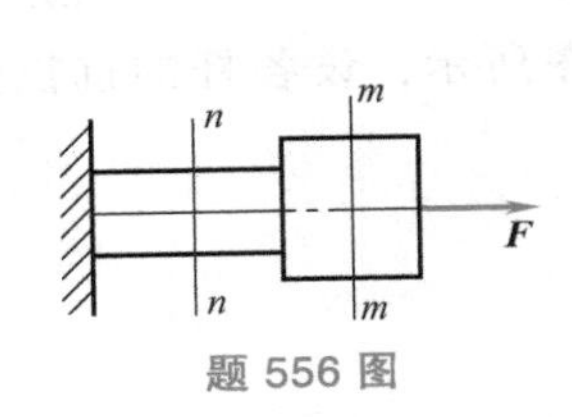

题 556 图

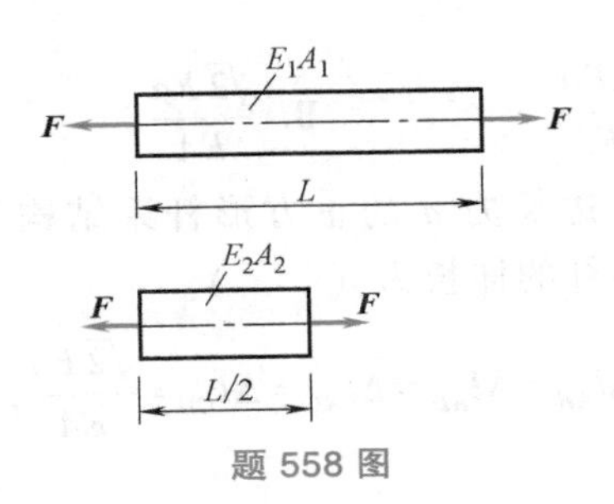

题 558 图

559. 一圆截面轴向拉压杆，若其直径增加一倍，则抗拉（　　）。

A. 强度和刚度分别是原来的 2 倍、4 倍

B. 强度和刚度分别是原来的 4 倍，2 倍

C. 强度和刚度都是原来的 2 倍

D. 强度和刚度都是原来的 4 倍

560. 两拉杆的材料和所受拉力都相同，且均处在弹性范围内，若两杆横截面面积相等，长度 $l_1>l_2$。则（　　）。

A. $\Delta l_1>\Delta l_2$，$\varepsilon_1=\varepsilon_2$　　B. $\Delta l_1=\Delta l_2$，$\varepsilon_1<\varepsilon_2$

C. $\Delta l_1>\Delta l_2$，$\varepsilon_1<\varepsilon_2$　　D. $\Delta l_1=\Delta l_2$，$\varepsilon_1=\varepsilon_2$

561. 题 560 中，若 $l_1=l_2$，$A_1>A_2$，其他条件不变，则（　　）。

A. $\Delta l_1<\Delta l_2$，$\varepsilon_1<\varepsilon_2$　　B. $\Delta l_1<\Delta l_2$，$\varepsilon_1=\varepsilon_2$

C. $\Delta l_1=\Delta l_2$，$\varepsilon_1<\varepsilon_2$　　D. $\Delta l_1=\Delta l_2$，$\varepsilon_1=\varepsilon_2$

562. 阶梯杆 ABC 受拉力 $\boldsymbol{F}$ 作用，如题 562 图所示，AB 段的横截面积为 A_1、BC 段的横截面积为 A_2，各段杆长均为 l，材料的弹性模量为 E，此杆的最大线应变 $\varepsilon_{\max}$ 为（　　）。

A. $\dfrac{F}{EA_1}+\dfrac{F}{EA_2}$　　B. $\dfrac{F}{2EA_1}+\dfrac{F}{2EA_2}$　　C. $\dfrac{F}{EA_1}$　　D. $\dfrac{F}{EA_2}$

563. 刚性杆 AB 上连接三根水平拉杆，其材料、截面面积均相同，配置如题 563 图所示，设在外力 $\boldsymbol{F}$ 作用下，杆①、②、③的应变分别为 ε_1、ε_2、ε_3，则它们之间的关系为（　　）。

A. $\varepsilon_1=\varepsilon_2=\varepsilon_3$　　B. $\varepsilon_1<\varepsilon_2<\varepsilon_3$

C. $\varepsilon_3=\dfrac{3}{2}\varepsilon_2$，$\varepsilon_2=2\varepsilon_1$　　D. $\varepsilon_3:\varepsilon_2:\varepsilon_1=3:2:1$

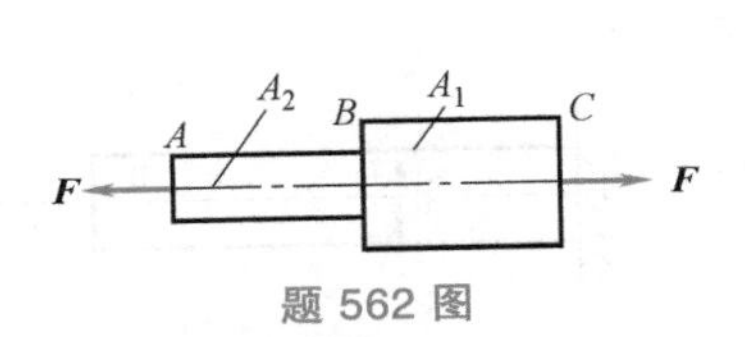

题 562 图

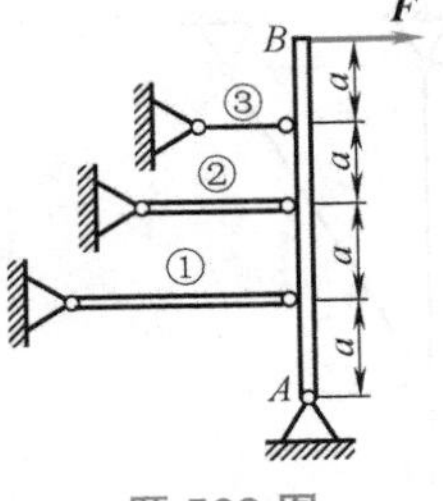

题 563 图

564. 如题 564 图所示，铰接的正方形结构边长为 a。如杆材料及截面面积均相同，弹性模量为 E，截面面积为 A，在外力 $\boldsymbol{F}$ 作用下，A、C 两点间距离的改变为（　　）。

A. $\frac{2Fa}{EA}$ B. $\frac{\sqrt{2}Fa}{EA}$ C. $(2-\sqrt{2})\frac{Fa}{EA}$ D. $(2+\sqrt{2})\frac{2Fa}{EA}$

565. 边长力 a 的正方形杆系结构受力情况如题 565 图所示，设各杆的抗拉强度均为 EA，则各杆的伸长为（　　）。

A. $\Delta l_{AB}=\Delta l_{AD}=\Delta l_{BC}=\Delta l_{CD}=\frac{\sqrt{2}Fa}{EA}$，$\Delta l_{AC}=0$

B. $\Delta l_{AB}=\Delta l_{AD}=\Delta l_{BC}=\Delta l_{CD}=\Delta l_{AC}=\frac{\sqrt{2}Fa}{EA}$

C. $\Delta l_{AB}=\Delta l_{AD}=\Delta l_{BC}=\Delta l_{CD}=0$，$\Delta l_{AC}=\frac{\sqrt{2}Fa}{EA}$

D. $\Delta l_{AB}=\Delta l_{AD}=\Delta l_{BC}=\Delta l_{CD}=\frac{\sqrt{2}Fa}{EA}$，$\Delta l_{AC}=\frac{\sqrt{2}Fa}{EA}$

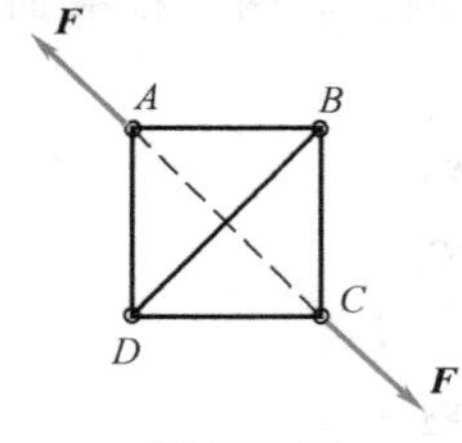

题 564 图

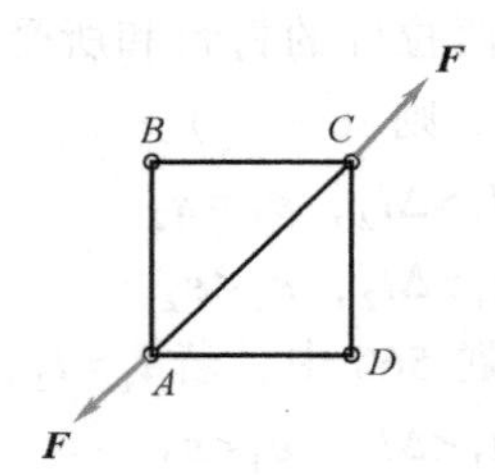

题 565 图

566. 如题 566 图所示的桁架，两杆横截面积均为 A，弹性模量均为 E，当节点处受竖向荷载 F 作用时，杆 AB 和 CB 的变形分别为（　　）。

A. $\frac{FL}{EA}$，0 B. 0，$\frac{FL}{EA}$ C. $\frac{FL}{2EA}$，$\frac{FL}{\sqrt{3}EA}$ D. $\frac{FL}{EA}$，$\frac{4FL}{3EA}$

567. 如题 567 图所示，杆 Ⅰ 为变截面圆杆，杆 Ⅱ 为等截面圆杆，二杆材料相同，下列结论中（　　）是正确的。

A. 杆 Ⅰ 的伸长小于杆 Ⅱ 的伸长　　B. 杆 Ⅰ 的伸长等于杆 Ⅱ 的伸长

C. 杆 Ⅰ 的伸长为杆 Ⅱ 的伸长的 2.5 倍　　D. 杆 Ⅰ 的伸长为杆 Ⅱ 的伸长的 2 倍

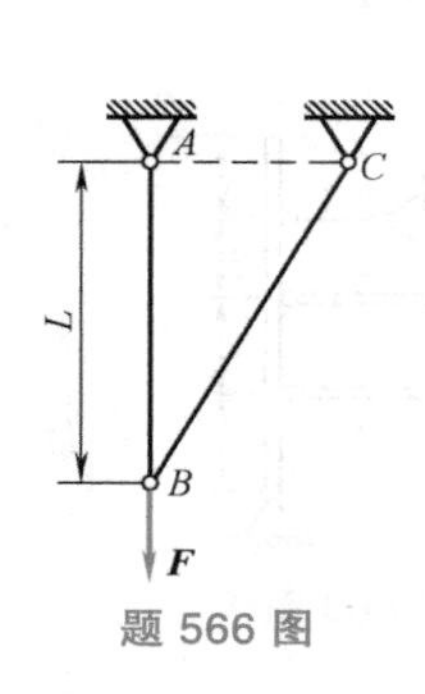

题 566 图

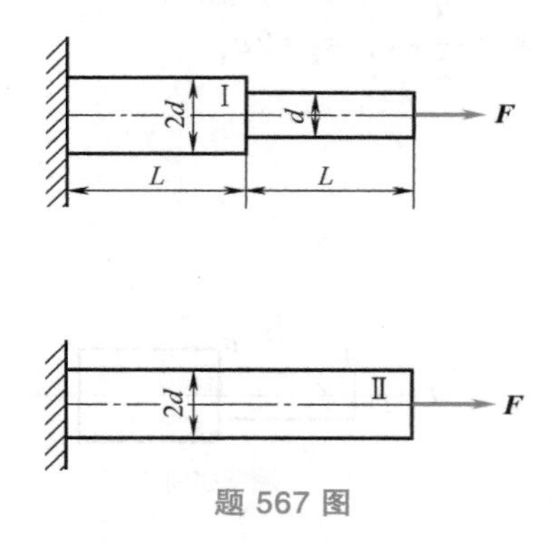

题 567 图

568. 在点 A 和 B 之间水平地连结一钢丝，如题 568 图所示，钢丝的直径 $d=1\text{mm}$，其中点 C 处有载荷 F 作用。当钢丝的相对伸长达到 0.5%时，即被拉断。如不计钢丝自重，拉断前的瞬时，C 点下降的距离为（　　）mm。

A. 5　　B. 10

C. 100　　D. 1000

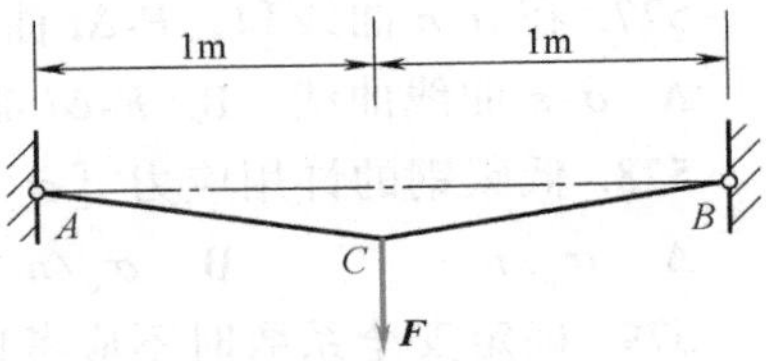

1m　1m

A　C　B

F

题 568 图

569. 直径为 d 的标准圆柱形拉伸试件，其标距长度 l（　　）。

A. 只能为 $5d$　　B. 只能为 $10d$

C. 为 $10d$ 或 $5d$　　D. 不少于 $10d$

E. 可任取

570. 对于用万能试验机进行拉伸或压缩试验，下列说法正确的是（　　）。

A. 一般的万能试验机上均有较精确测量试件变形的装置

B. 万能试验机上的测力度盘均能较精确地显示作用于试件的载荷量

C. 万能试验机均备有绘图装置，能自动绘出 σ-ε 曲线

D. 以上说法都不对

571. 解除外力后，消失的变形和遗留的变形（　　）。

A. 分别是弹性变形和塑性变形　　B. 都是弹性变形

C. 分别是塑性变形和弹性变形　　D. 都是塑性变形

572. 低碳钢的应力-应变曲线如题 572 图所示，其上（　　）点的纵坐标为该钢的抗拉强度 σ_b。

A. a　　B. b　　C. c　　D. d

E. e

573. 题 572 图中，当应力加至应力-应变曲线上 f 点后卸载时，相应的应力应变关系如图中的（　　）所示。

A. 曲线 $fcbO$　　B. 折线 fgO　　C. 直线 fg　　D. 直线 fh

574. 三种不同材料拉伸时的 σ-ε 曲线如题 574 图所示，其中强度最高、刚度最大和塑性最好的材料分别是（　　）。

A. a、b 和 c　　B. a、c 和 b　　C. b、c 和 a　　D. b、a 和 c

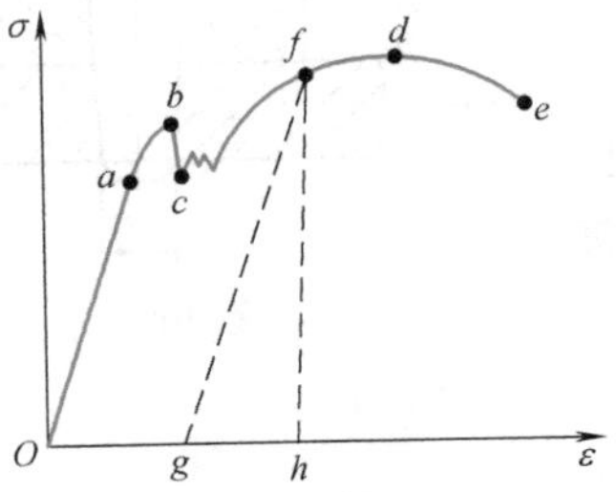

σ　f　d　b　a　c　e　O　g　h　ε

题 572 图

σ　a　b　c　O　ε

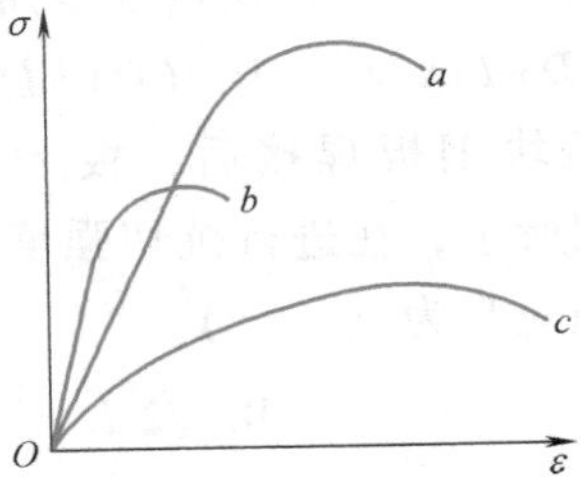

题 574 图

575. 材料的塑性指标有（　　）。

A. σ_s 和 δ　　B. σ_s 和 ψ　　C. δ 和 ψ　　D. σ_s、δ 和 ψ

576. 在高温下，当拉伸试件中的应力超过一定限度时，试件的塑性变形会在某一固定的应力和不变的温度下，随着时间的增加而缓慢增加，这种现象称为（　　）。

A. 塑性屈服　　B. 应力松弛　　C. 疲劳　　D. 蠕变

577. 在 σ-ε 曲线和，F-Δl 曲线中，能反映材料本身性能的曲线是（ ）。

A. σ-ε 曲线曲线　B. F-Δl 曲线　C. 两种曲线都是　D. 两种曲线都不是

578. 低碳钢的许用应力 $[\sigma]$ =（　　）。

A. σ_p/n　B. σ_e/n　C. σ_s/n　D. σ_b/n

579. 确定安全系数时不应考虑（　　）。

A. 材料的均匀性　B. 构件的工作条件　C. 载荷的性质　D. 载荷的大小

580. 铸铁的许用应力与杆件的（　　）有关。

A. 载荷大小　B. 横截面面积

C. 横截面形状　D. 拉伸或压缩的受力状态

581. 受切构件剪切面上的切应力大小（　　）。

A. 外力越大，切应力越大

B. 剪切力越大，切应力越大

C. 当剪切面面积一定时，剪切力越大，切应力越大

D. 切应变越大，切应力越大

582. 受切螺栓的直径增加一倍，当其他条件不变时，剪切面上的切应力将减小（　　）。

A. 1 倍　B. 1/2 倍　C. 1/4 倍　D. 3/4 倍

583. 用螺栓连接两块钢板，当其他条件不变时，螺栓的直径增加一倍，挤压应力将减少（　　）。

A. 1 倍　B. 1/2 倍　C. 1/4 倍　D. 3/4 倍

584. 在连接件上，剪切面和挤压面分别（　　）于外力方向。

A. 垂直和平行　B. 平行和垂直　C. 平行　D. 垂直

585. 在平板和受拉螺栓之间垫上一个垫圈，可以提高（　　）强度。

A. 螺栓的抗拉　B. 螺栓的抗剪　C. 螺栓的挤压　D. 平板的挤压

586. 如题 586 图所示的连接，按实用计算校核圆锥销的挤压强度时，其挤压面面积应为（　　）。

A. $2dh$　B. $(D+d)h$

C. $(3D+d)h/4$　D. $(D+3d)h/4$

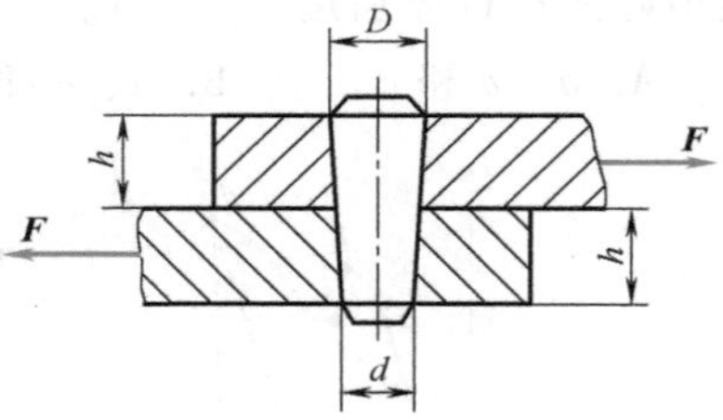

题 586 图

587. 两块钢板焊接后，板上受到拉力 $\boldsymbol{F}$ 的作用，如题 587 图所示，在进行抗切强度计算时。钢板焊缝剪切面的面积应当为（　　）。

A. tl　B. $\sqrt{2}tl$

C. $2tl$　D. $\sqrt{2}/2tl$

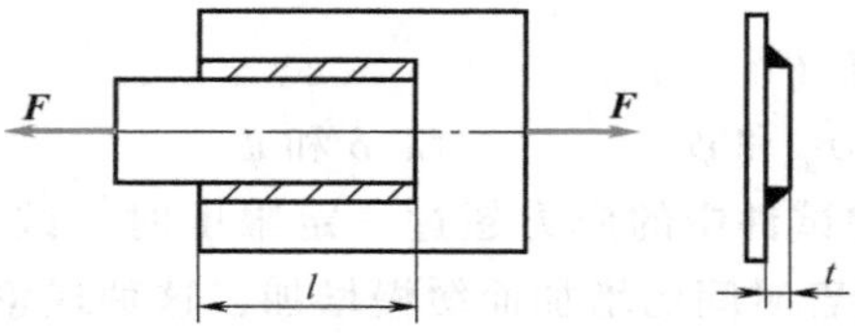

题 587 图

588. 切应力互等定理是由单元体的（　　）导出的。

A. 静力平衡关系　B. 几何关系

C. 物理关系　D. 强度条件

589. 如题 589 图所示，接头的挤压面积等于（　　）。

A. ab　B. cb

C. lb　D. lc

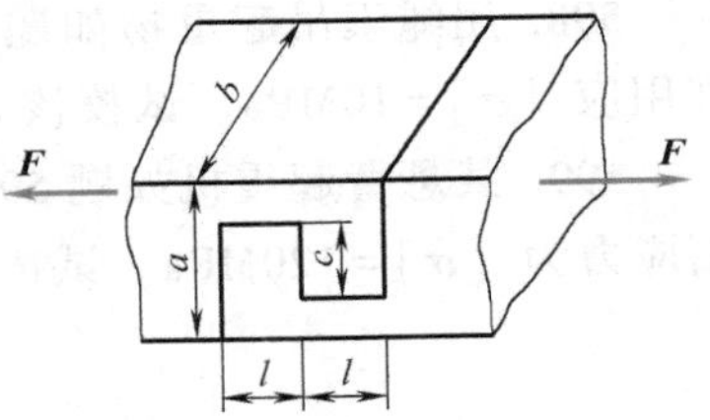

题 589 图

590. 切应力互等定理的运用条件是（　　）。

A. 纯切应力状态　B. 平衡应力状态　C. 线弹性范围　D. 各向同性材料

591. 剪切胡克定律的表达式是（　　）。

A. $\tau=E\gamma$　B. $\tau=G\varepsilon$　C. $\tau=F\gamma$　D. $\tau=F/A$

592. 当切应力超过材料的剪切比例极限时，剪切胡克定律与切应力互等定理（　　）。

A. 前者成立，后者不成立　B. 前者不成立，后者成立

C. 都成立　D. 都不成立

593. 将构件的许用挤压应力和许用压应力的大小对比，可知（　　），因为挤压变形发生在局部范围，而压缩变形发生在整个构件上。

A. 前者要小些　B. 前者要大些　C. 二者大小相当　D. 二者可大可小

四、计算题

594. 试求题 594 图所示各杆指定截面的轴力，并画出各杆的轴力图。

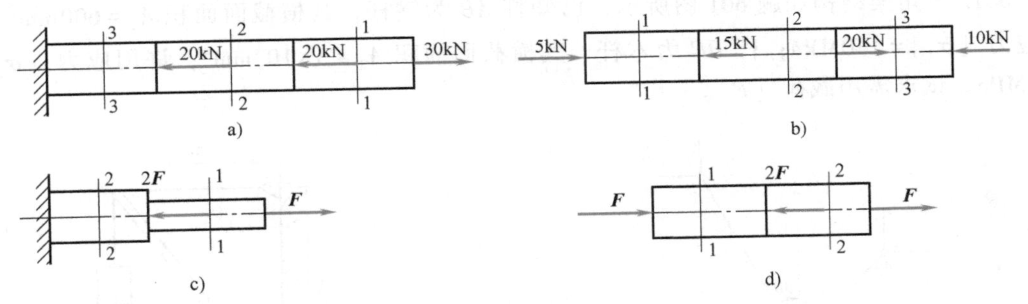

题 594 图

595. 圆截面钢杆长 $l=3\text{m}$，直径 $d=25\text{mm}$，两端受到 $F=100\text{kN}$ 的轴向拉力作用时伸长 $\Delta l=2.5\text{mm}$。试计算钢杆横截面上的正应力 σ 和纵向线应变 ε。

596. 阶梯状直杆受力如题 596 图所示，已知 AD 段横截面面积为 $A_{AD}=1000\text{mm}^2$，DB 段横截面面积为 $A_{DB}=500\text{mm}^2$，材料的弹性模量 $E=200\text{GPa}$。求该杆的总变形量 Δl_{AB}。

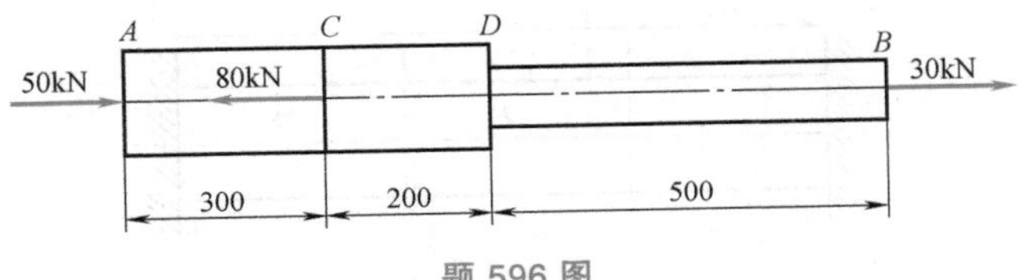

题 596 图

597. 用一根灰铸铁管作受压杆件。已知材料的许用应力为 $[\sigma]=200\text{MPa}$，轴向压力 $F=1000\text{kN}$，管的外径 $D=130\text{mm}$，内径 $d=100\text{mm}$。试校核其强度。

598. 用绳索吊起重物如题 598 图所示，已知 $F=20\text{kN}$，绳索横截面面积 $A=12.6\text{cm}^2$，许用应［σ］$=10\text{MPa}$。试校核 $\alpha=45°$ 和 $\alpha=60°$ 两种情况下绳索的强度。

599. 某悬臂起重机如题 599 图所示，最大起重载荷 $G=20\text{kN}$，杆 BC 为 $Q235A$ 圆钢，许用应力为［σ］$=120\text{MPa}$。试按图示位置设计 BC 杆的直径 d。

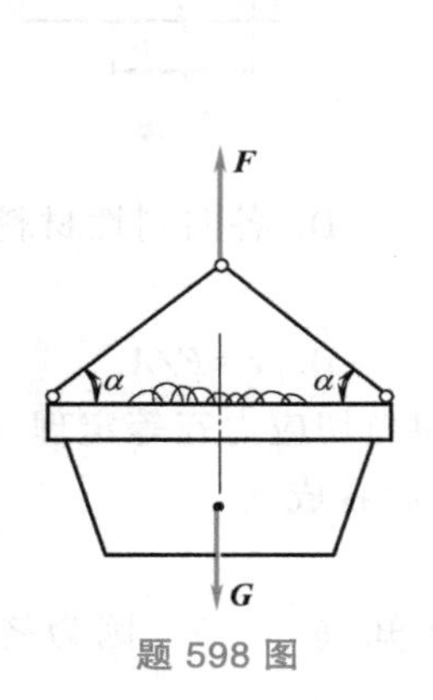

题 598 图

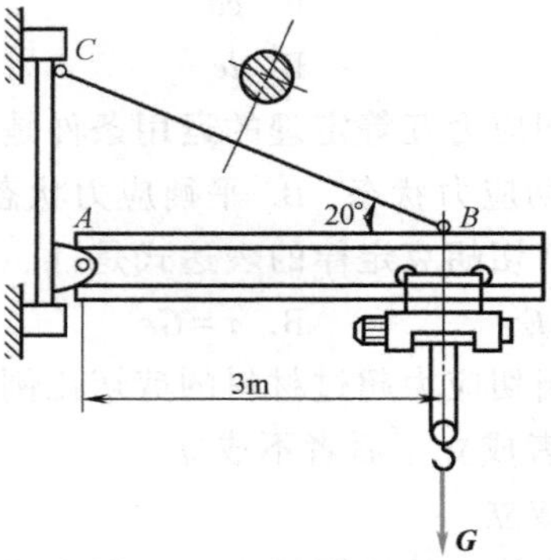

题 599 图

600. 如题 600 图所示，AC 和 BC 两杆铰接于 C，并吊重物 G。已知杆 BC 许用应力［σ_1］$=200\text{MPa}$，杆 AC 许用应力［σ_2］$=100\text{MPa}$，两杆截面接为 $A=2\text{cm}^2$。求所吊重物的最大重量。

601. 三角架结构如题 601 图所示，已知杆 AB 为钢杆，其横截面面积 $A_1=600\text{mm}^2$，许用应力［σ_1］$=140\text{MPa}$；杆 BC 为木杆，其横截面面积 $A_2=3\times10^4\text{mm}^2$，许用应力［$\sigma_2$］$=3.5\text{MPa}$。试求需用载荷［$F$］。

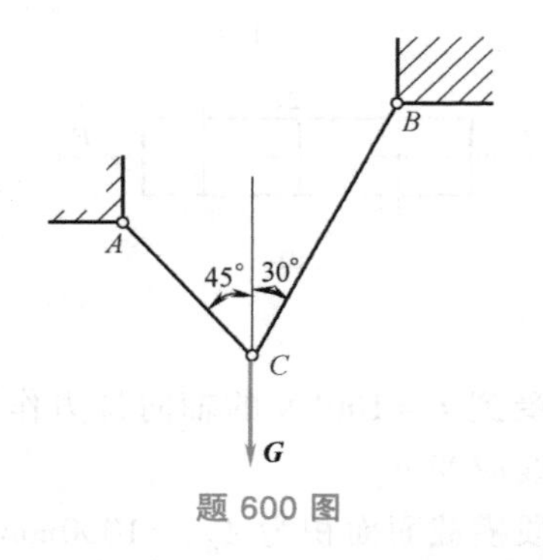

题 600 图

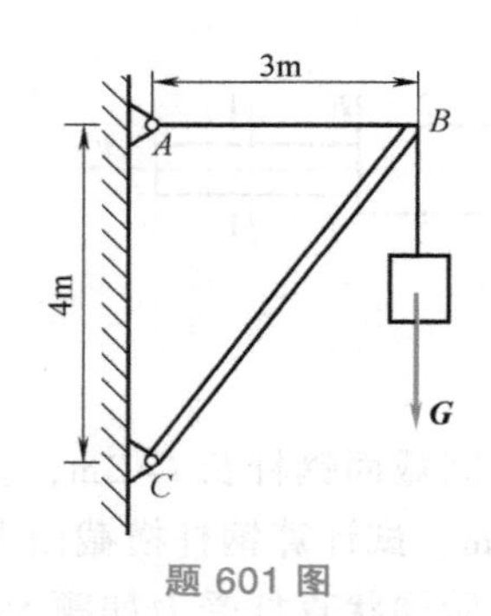

题 601 图

602. 两端固定的等截面直杆受力如题 602 图所示，求两端的支座反力。

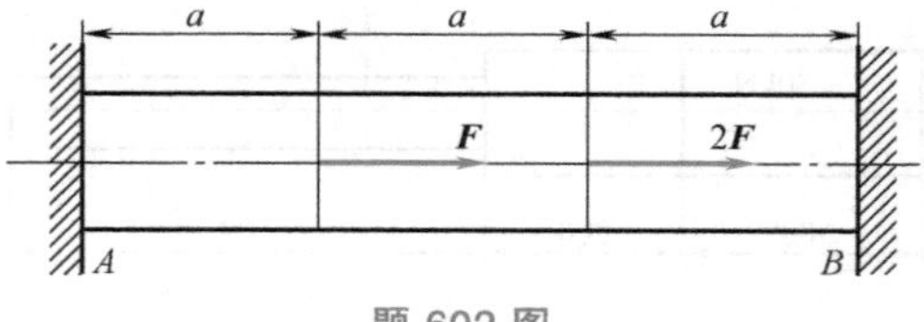

题 602 图

603. 题 603 图所示为拖车挂钩用的销钉连接，已知挂钩部分钢板厚度为 $\delta=8\text{mm}$，销钉材料为 20 钢，许用切应力［τ］$=60\text{MPa}$，许用挤压应力为［σ_j］$=100\text{MPa}$，又知拖车的拉

力 $F=15\text{kN}$，试设计销钉的直径。

604. 如题 604 图所示，压力机的最大冲力 $F=400\text{kN}$，冲头材料的许用应力为 $[\sigma]=440\text{MPa}$，被冲剪的钢板的许用切应力 $[\tau]=360\text{MPa}$。求在最大冲力作用下所能冲剪的圆孔最小直径 d 和板的最大厚度 t。

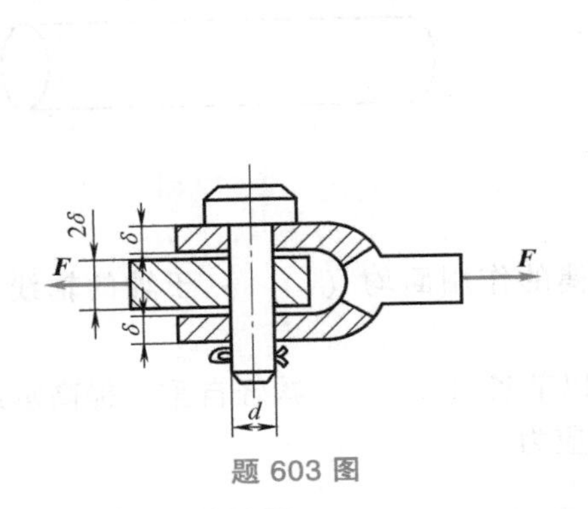

题 603 图

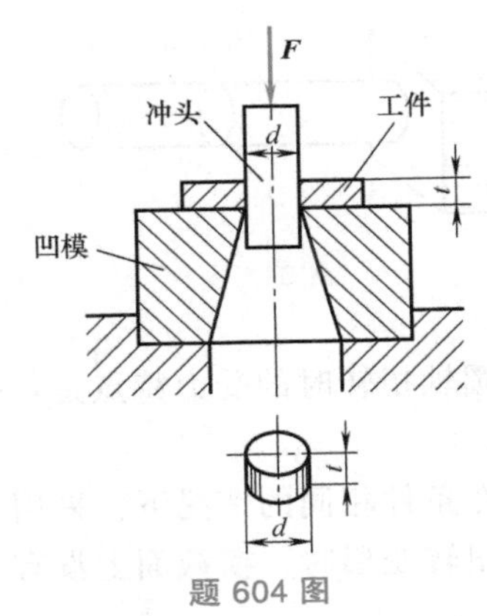

题 604 图

605. 如题 605 图所示，矩形截面木拉杆的接头，已知轴向拉力 $F=50\text{kN}$，截面的宽度 $b=250\text{mm}$，木材顺纹的许用挤压应力 $[\sigma_j]=10\text{MPa}$，顺纹的许用切应力 $[\tau]=1\text{MPa}$。试求接头处所需的尺寸 l 和 a。

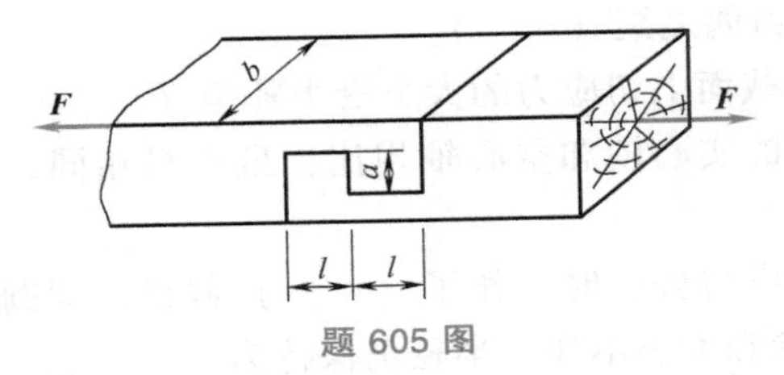

题 605 图

第九章　扭转练习题

一、填空题

606. 某电动机的转速为 1440r/min，输出功率为 10kW，则输出轴的转矩为（　　）。

607. 若圆轴上同时受几个外力偶的作用而平衡时，则任一横截面上的扭矩等于该截面（　　）的外力偶矩的（　　）和。

608. 扭矩图表示整个圆轴上各横截面上扭矩沿（　　）变化的规律。

609. 在同一减速器中，高速轴的直径比低速轴的直径（　　）。

610. 如题 610 图所示的各轴上，只产生扭转变形的是（　　）。

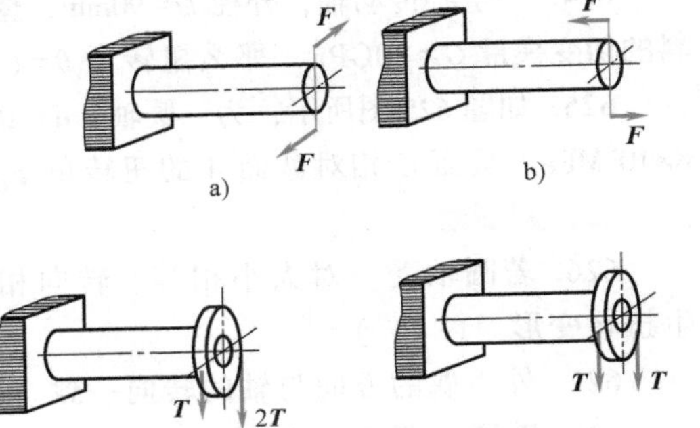

题 610 图

611. 如题 611 图所示，轴 AB 段为钢，BC

段为铜，则 AB 段与 BC 段的扭矩值分别为 M_{AB} =(　　)，M_{BC} =(　　)。

612. 如题 612 图所示，圆轴承受四个外力偶：M_1 = 10kN · m，M_2 = 3kN · m，M_3 = 2kN · m，M_4 = 5kN · m。将 M_1 与（　　）的作用位置互换后，可使轴内的最大扭矩绝对值最小。

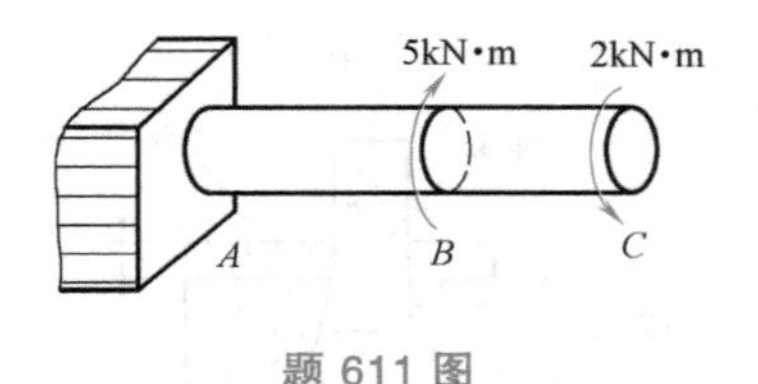

题 611 图

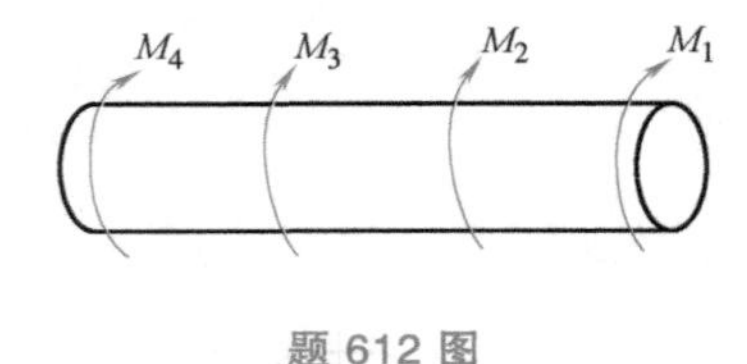

题 612 图

613. 圆轴扭转时的受力特点是：一对外力偶的作用面均（　　）于轴的轴线，其转向（　　）。

614. 在条件相同的情况下，采用空心轴可以节省（　　），减轻自重，提高承载能力。

615. 扭转变形时，横截面上没有（　　）应力。

616. 最大切应力 $\tau_{\max} = \dfrac{T}{W_p}$ 公式中，W_p 称为（　　　　）系数，它表示横截面抵抗（　　）能力的一个几何量。

617. 在扭转杆件上作用集中外力偶的地方，所对应的扭矩图要发生（　　），（　　）值的大小和杆件上集中外力偶之矩（　　）。

618. 圆轴扭转时，横截面上切应力的大小沿半径呈（　　）规律分布。

619. 横截面面积相等的实心轴和空心轴相比，虽材料相同，但（　　）轴的抗扭承载能力要强。

620. 推导圆轴扭转切应力公式时，作了（　　）假设，即圆轴变形前的横截面，变形后仍保持为（　　）；形状和大小不变，半径仍保持为（　　）。

621. 扭转变形的大小是用两个横截面间绕轴线的（　　　）来度量，它称为（　　　）。

622. 若圆轴上同时受几个力偶的作用而平衡，则任一横截面上的扭矩等于该截面左侧或右侧的外力偶矩的（　　）和。

623. 直径相同材料不同的两根实心圆轴，在相同扭矩作用下，其最大扭转角 $\theta_{\max}$（　　）。

624. 一空心传动轴，外径 D=90mm，壁厚 t=2.5mm，传递的最大力偶矩 M=1700N · m，材料的切变模量 G=80GPa，那么扭转角 θ=(　　　　)。

625. 如题 625 图所示，为一圆轴，d=100mm，L=500mm，M_1=7kN · m，M_2=5kN · m，G= 8×10^4MPa，截面 C 相对截面 A 的扭转角 φ_{CA} =(　　)。

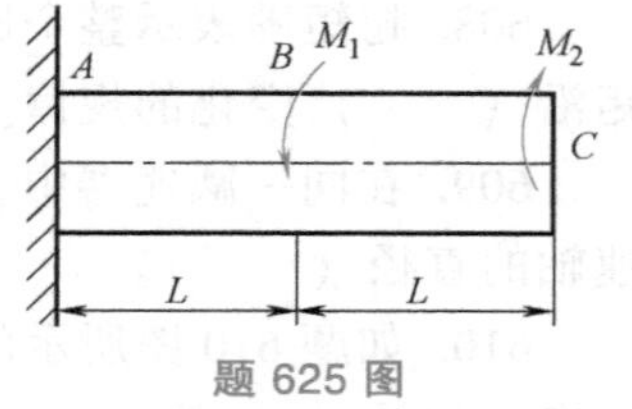

题 625 图

二、判断题

626. 若圆轴受一对大小相等、转向相反的力偶作用，则产生扭转变形。(　　)

627. 外力偶的方向与轴的转向一致。(　　)

628. 若圆轴只产生扭转变形，则在外力偶作用的截面处，扭矩图发生突变，突变的大小等于该外力偶的力偶矩。(　　)

629. 如题629图所示，传动轴的转速 $n = 300r/min$，主动轮 A 的输入功率为 $P_A = 500kW$，从动轮 B、C 和 D 的输出功率分别为 $P_B = P_C = 150kW$ 和 $P_D = 200kW$。则该图各轮的位置布置最合理。（　　）

630. 如题630图所示圆轴，由于截面I-I的左侧没有外力偶作用，故该截面的扭矩为零。（　　）

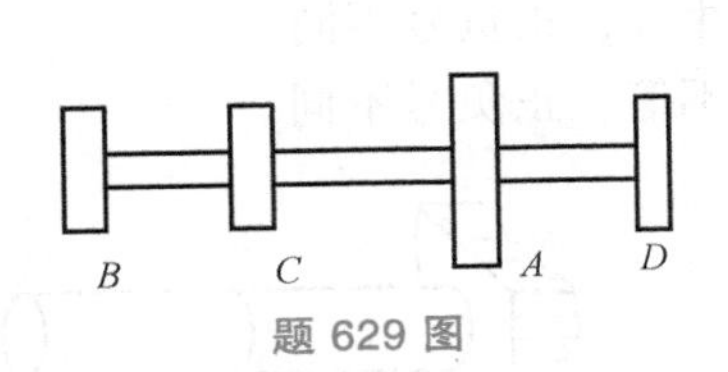

题629图

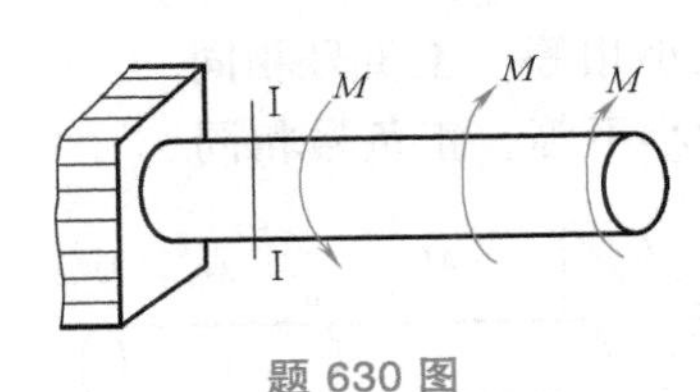

题630图

631. 铸铁圆杆在扭转和轴向拉伸时，都将在最大拉应力的作用面发生断裂。（　　）

632. 直径相同的两根实心轴，横截面上的扭矩也相等，当两轴的材料不同时，其单位长度扭转角也不同。（　　）

633. 传递一定功率的传动轴的转速越高．其横截面上所受扭矩也就越大。（　　）

634. 等直径圆轴扭转时，横截面上的切应力是线性分布的。（　　）

635. 圆轴扭转变形时，各横截面仍为垂直于轴线的平面，只是绕轴线做了相对转动。（　　）

636. 当轴两端受到一对大小相等、方向相反的力偶作用时，轴将产生扭转变形。（　　）

637. 在材料和质量相同的情况下，等长的实心轴与空心轴的承载能力一样。（　　）

638. 外力偶矩 M 的方向与轴的转向一致。（　　）

639. 受扭杆件横截面上扭矩的大小，不仅与杆件所受外力偶矩大小有关，而且与杆件横截面的形状、尺寸有关。（　　）

640. 一空心圆轴在产生扭转变形时，其危险截面外缘处具有全轴的最大切应力，而危险截面内缘处的切应力为零。（　　）

641. 扭矩就是受扭件某一横截面左、右两部分在该横截面上相互作用的分布内力系的合力偶矩。（　　）

642. 在扭矩一定的情况下，GI_p 越大，单位长度上的扭转角 θ 越小。（　　）

643. 当轴在 l 范围内 T_n、G 和 I_p 均为定值时，才能使用公式 $\varphi = \dfrac{T_n l}{GI_p}$；否则，要分段计算。（　　）

644. 在圆轴扭转变形问题中，相对扭转角 φ 和单位扭转角 θ 都能准确反映扭转变形的程度。（　　）

645. 一实心圆轴所受扭矩 $T = 1080N \cdot m$，切变模量 $G = 80GPa$，许用扭角 $[\theta] = 0.50°$，那么该轴直径 $d \geqslant \sqrt[4]{\dfrac{1080 \times 180}{8 \times 10^4 \times 0.1 \times 3.14 \times 0.5}}\ m = 0.0628m$，就取 $d = 63mm$。（　　）

三、选择题

646. 电动机传动轴横截面上扭矩与传动轴的（　　）成正比。

A. 转速　　　　B. 直径　　　　C. 传递功率　　　　D. 长度

647. 一受扭圆轴如题 647 图所示，其截面 m-m 上的扭矩等于（　　）。

A. M_0　　　　B. $2M_0$　　　　C. $-M_0$　　　　D. 0

648. 如题 648 图所示圆轴，力偶 $2M_0$、M_0 分别作用于截面 C、B。则截面 C 左、右两侧的扭矩 M_{C-}和 C_{C+}的（　　）。

A. 大小相等，正负号相同　　　　B. 大小相等，正负号不同

C. 大小不等，正负号相同　　　　D. 大小不等，正负号不同

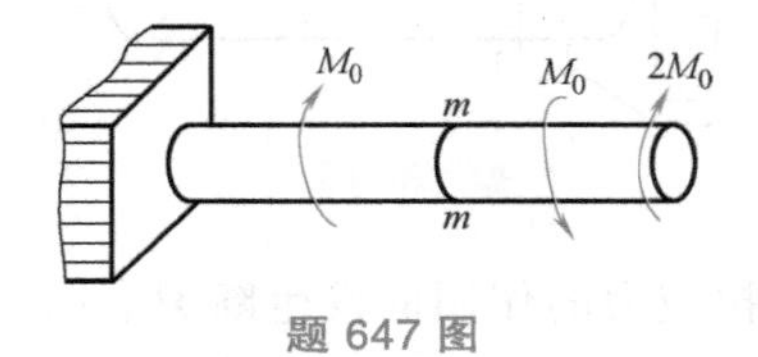

题 647 图

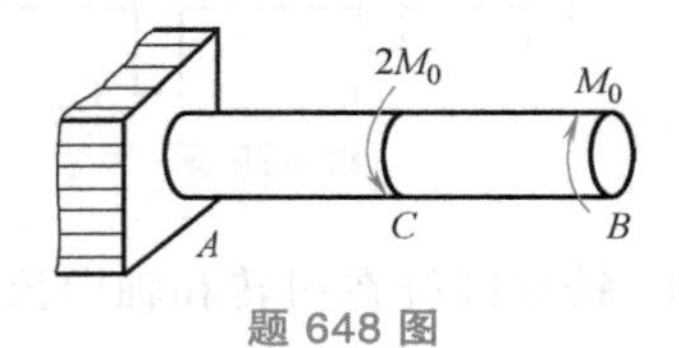

题 648 图

649. 汽车传动主轴所传递的功率不变，主轴的转速降低为原来的 1/2 时，轴所受的外力偶的力偶矩较之转速降低前将（　　）。

A. 增大一倍　　　　B. 增大三倍　　　　C. 减小一半　　　　D. 不改变

650. 如题 650 图所示，空心圆轴受扭转力偶作用，横截面上的扭矩为 M_n，那么在横截面上沿径向的应力分布图为（　　）。

A. 图 a)　　　　B. 图 b)　　　　C. 图 c)　　　　D. 图 d)

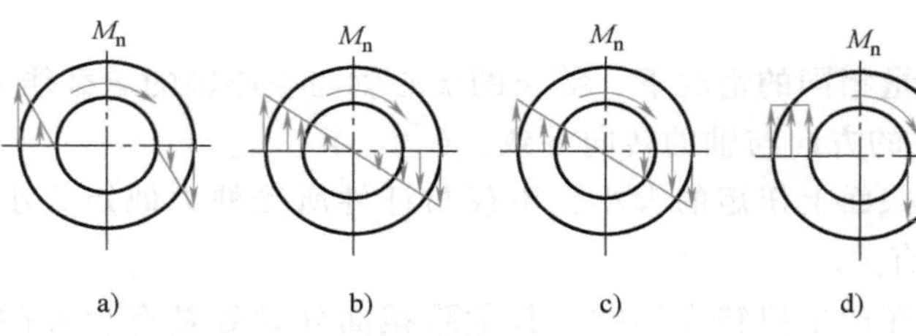

题 650 图

651. 一实心圆轴，两端受扭转力矩作用，若将轴的直径减小一半，其他条件不变，则轴内的最大切应力将为原来的（　　）。

A. 2 倍　　　　B. 4 倍　　　　C. 8 倍　　　　D. 16 倍

652. 一实心圆轴，两端受扭转力矩作用，最大许可载荷为 T。若将轴的横截面面积增加一倍，则其最大许可载荷为（　　）。

A. $\sqrt{2}T$　　　　B. 2T　　　　C. $2\sqrt{2}T$　　　　D. $4T$

653. 分别用低碳钢、铸铁和木材制成圆截面扭转试件，这三种试件破坏的形式是否相同？（　　）

A. 低碳钢试件与铸铁试件相同　　　　B. 铸铁试件与木材试件相同

C. 三种试件破坏形式相同　　　　D. 三种试件破坏形式各不相同

654. 一圆轴用低碳钢材料制作，若抗扭强度不够，以下几种措施中，采用哪一种对于提高其强度最为有效？（　　）

A. 改用合金钢材料　　　　B. 改用铸铁材料

C. 增加圆轴直径，且改成空心环形截面　　D. 减小轴的长度

655. 一空心钢轴和一实心铝轴的外径相同，比较两者的抗扭截面系数，可知（　　）。

A. 空心钢轴的较大　　B. 实心铝轴的较大

C. 其值一样大　　D. 其大小与轴的 G 有关

656. 钻机的空心钻杆工作时，其横截面上的最小切应力（　　）为零。

A. 一定不　　B. 不一定　　C. 一定　　D. 有可能

657. 横截面面积相等的四根空心轴两端受到扭转力矩作用，其中内外径比值 $d/D=\alpha$ 为（　　）的轴的承载能力最大。

A. 0.8　　B. 0.6　　C. 0.4　　D. 0.2

658. 对于材料相同，横截面面积相同的空心圆轴和实心圆轴，前者的抗扭刚度一定（　　）于后者的抗扭刚度。

A. 小　　B. 等　　C. 大　　D. 无法对比

659. 等直圆轴扭转，横截面上的切应力的合成结果是（　　）。

A. 一集中力　　B. 一内力偶　　C. 一外力偶　　D. 以上都不正确

660. 在变速器中，高速轴与低速轴的直径相比，直径大的是（　　）。

A. 高速轴　　B. 低速轴　　C. 无法判定　　D. 以上都不正确

661. 当传递的功率 P 不变时，增加轴的转速对轴的强度将（　　）。

A. 有所提高　　B. 有所削弱　　C. 没有变化　　D. 以上都不正确

662. 根据圆轴扭转的平面假设，可以认为圆轴扭转时其横截面（　　）。

A. 形状尺寸不变，直径仍为直线　　B. 形状尺寸改变，直径仍为直线

C. 形状尺寸不变，直径不保持直线　　D. 形状尺寸改变，直径不保持直线

663. 扭转应力公式 $\tau_p = T\rho/I_p$，适用于（　　）杆件。

A. 任意截面形状

B. 任意实心截面形状

C. 任意材料的圆截面

D. 脆性材料的圆截面，不适用于韧性材料的圆截面

664. 单位长度扭转角 θ 与（　　）无关。

A. 轴长　　B. 扭矩　　C. 材料　　D. 截面形状

665. 低碳钢试件扭转破坏是（　　）。

A. 沿横截面拉断　　B. 沿 45°螺旋面拉断

C. 沿横截面剪断　　D. 沿 45°螺旋面剪断

666. 铸铁试件扭转破坏是（　　）。

A. 沿横截面拉断　　B. 沿横截面剪断

C. 沿 45°螺旋面拉断　　D. 沿 45°螺旋面剪断

667. 如题 667 图所示，正方形单元体 $ABCD$，受力后变形为 $ABC'D'$，则单元体的切应变为（　　）。

A. 0　　B. α

C. 2α　　D. $90°-\alpha$

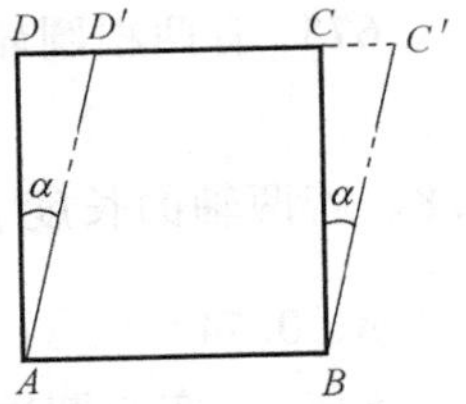

题 667 图

668. 表示扭转变形程度的量（　　）。

A. 是扭转角 φ，不是单位长度扭转角 θ　　B. 是 θ 不是 φ

C. 是 φ 和 θ　　D. 既不是 φ 也不是 θ

669. 在抗扭刚度条件 $\theta_{max}=\dfrac{T_{max}}{GI_p}\cdot\dfrac{180}{\pi}\leqslant[\theta]$ 中，$[\theta]$ 的单位是（　　）

A. 度　　B. 弧度　　C. 度/米　　D. 弧度/米

670. 半径为 R 的圆轴，抗扭刚度为（　　）

A. $\dfrac{\pi GR^3}{2}$　　B. $\dfrac{\pi GR^3}{4}$　　C. $\dfrac{\pi GR^4}{2}$　　D. $\dfrac{\pi GR^4}{4}$

671. 一空心轴的内、外径分别为 d、D，当 $D=2d$ 时，其抗扭截面系数为（　　）

A. $\dfrac{7}{16}\pi d^3$　　B. $\dfrac{15}{32}\pi d^3$　　C. $\dfrac{15}{32}\pi d^4$　　D. $\dfrac{7}{16}\pi d^4$

672. 如题 672 图所示四根圆轴，横截面面积相同。单位长度扭转角最小的轴是（　　）。

A. a　　B. b　　C. c　　D. d

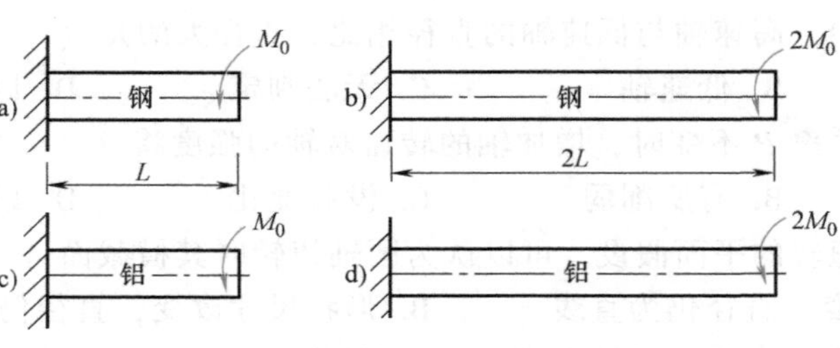

题 672 图

673. 如题 673 图所示，直圆轴，若截面 B、A 的相对扭转角 $\varphi_{AB}=0$，则外力偶 M_1 和 M_2 的关系为（　　）。

A. $M_1=M_2$　　B. $M_1=2M_2$　　C. $M_2=2M_1$　　D. $M_1=4M_2$

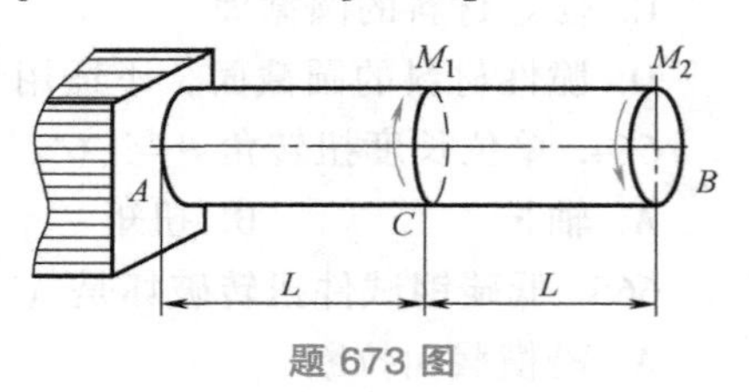

题 673 图

674. 有两根材料相同的圆轴，一根为实心轴，直径 D_1；另一根为空心轴，内、外径之比 $\dfrac{d_2}{D_2}=0.8$。若两轴所受的扭矩及产生的单位长度扭转角均相同，则它们的直径之比 $\dfrac{D_2}{D_1}$ 为（　　）。

A. 1.52　　B. 1.34　　C. 1.14　　D. 0.96

675. 有两根圆轴，一根为实心轴，直径为 D_1；另一根为空心轴，内、外径之比 $\dfrac{d_2}{D_2}=0.8$。若两轴的长度、材料、轴内扭矩和产生扭转角均相同，则它们的重量比 $\dfrac{W_2}{W_1}$ 为（　　）。

A. 0.74　　B. 0.62　　C. 0.55　　D. 0.47

676. 一实心圆轴，两端受扭转力偶作用，若将轴的截面面积增加 1 倍，则其抗扭刚度变为原来的（　　）倍。

A. 16　　B. 8　　C. 4　　D. 2

677. 一空心圆轴，内外径之比为 0.5，两端受扭转力偶作用，若将轴的截面面积增加 1 倍，则其抗扭刚度变为原来的（　　）倍。

A. 2　　B. 4　　C. 8　　D. 16

678. 一实心圆轴受扭，当其直径减少到原来的一半时，则圆轴的单位扭转角为原来的（　　）倍。

A. 2　　B. 4　　C. 8　　D. 16

679. 一空心圆轴$\left(\text{其直径比}\frac{D}{d}=2\right)$受扭，当内外径都减少到原尺寸的一半时，则圆轴的单位扭转角为原来的（　　）倍。

A. 16　　B. 8　　C. 4　　D. 2

680. 当圆轴横截面上的切应力超过剪切比例极限时，扭转切应力公式 $\tau=\frac{T}{I_p}\cdot\rho$ 和 $\varphi=\frac{Tl}{GI_p}$（　　）。

A. 前者适用，后者不适用　　B. 前者不适用，后者适用

C. 两者都通用　　D. 两者都不适用

681. 设实心轴的直径为 D_1，空心轴内、外径之比 $\frac{d_2}{D_2}=0.5$。为使二者具有相同的强度，则两轴单位扭转角比 $\frac{\theta_1}{\theta_2}$ 为（　　）。

A. 1.02　　B. 1.14　　C. 1.25　　D. 1.36

682. 一碳钢圆轴，当校核该轴抗扭刚度时，发现其单位长度的扭转角超过了许用值。为保证此轴的抗扭刚度，以下几种措施中，采用哪一种最有效？（　　）。

A. 改用合金钢材料　　B. 改用铸铁材料

C. 增加圆轴直径　　D. 减小轴的长度

683. 圆轴两端受扭转力偶矩 $T=150\text{kN}\cdot\text{m}$ 作用，若 $[\theta]=0.5°/\text{m}$，$G=80\text{GPa}$，则按刚度条件其直径应不小于（　　）mm。

A. 257　　B. 245　　C. 232　　D. 216

684. 如题 684 图所示，圆截面等直轴，左段为钢，右段为铝，两端承受扭转力矩后，左、右两段（　　）。

A. τ_{max} 相同，θ 不相同　　B. τ_{max} 不相同，θ 相同

C. τ_{max}、θ 都不相同　　D. τ_{max}、θ 都相同

685. 如题 685 图所示，AB、CD、EF 材料相同，截面形状大小相同，BDF 为刚性杆，则（　　）。

A. $\theta_{AB}=\theta_{EF}=\frac{\theta_{CD}}{2}$　　B. $\theta_{AB}=\theta_{CD}=\frac{\theta_{EF}}{2}$

C. $\theta_{CD}=\theta_{EF}=\frac{\theta_{AB}}{2}$　　D. $\theta_{AB}=\theta_{EF}=\theta_{CD}$

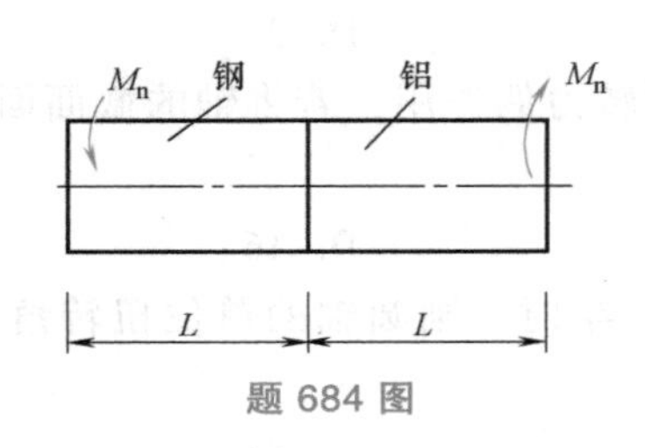

题 684 图

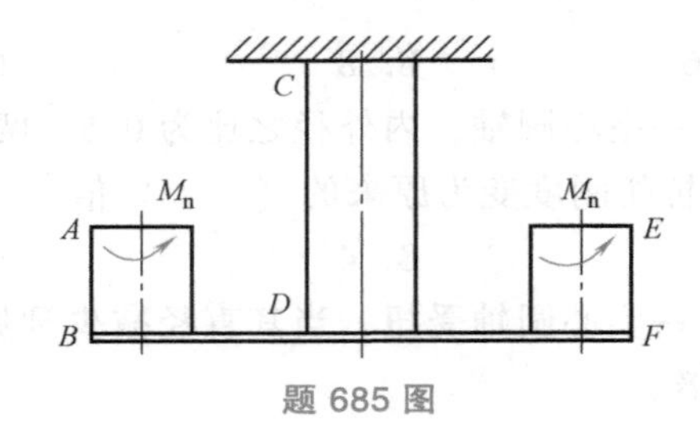

题 685 图

四、计算题

686. 画出题 686 图所示各轴的扭矩图，并指出最大扭矩值。

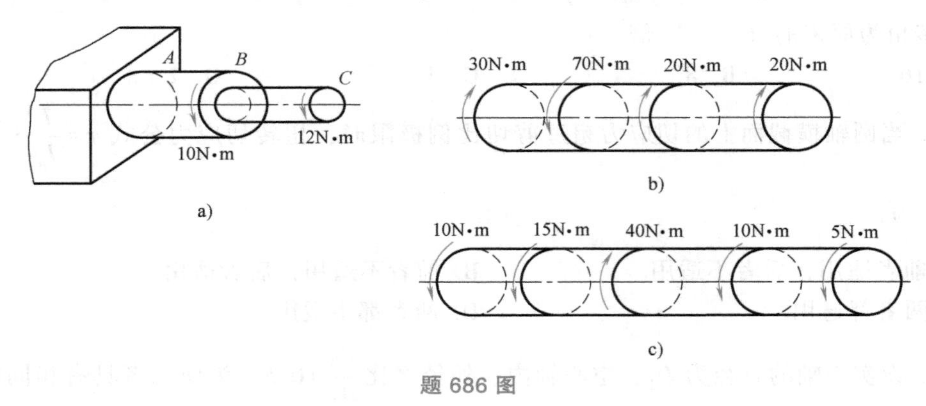

题 686 图

687. 如题 687 图所示的传动轴，其转速 $n=300\mathrm{r/min}$，轮 1 为主动轮，输入功率 $P_1=50\mathrm{kW}$，轮 2、3、4 均为从动轮，输出功率分别为 $P_2=10\mathrm{kW}$，$P_3=P_2=20\mathrm{kW}$。

（1）试绘出轴的扭矩图。

（2）如果将轮 1 和轮 3 的位置对调，试分析对轴的受力是否有利。

688. 如题 688 图所示为圆截面轴，直径 $d=50\mathrm{mm}$，扭矩 $T=1\mathrm{kN\cdot m}$。试计算 A 点处（$\rho_A=20\mathrm{mm}$）的扭转切应力 τ_A，以及横截面上的最大扭转切应力 τ_{max} 与最小切应力 τ_{min}。

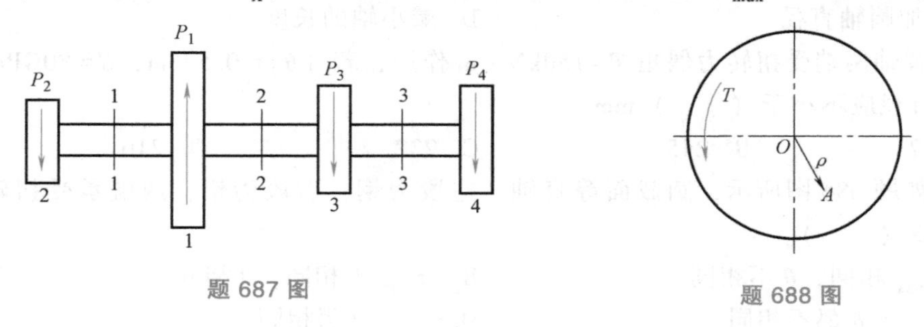

题 687 图

题 688 图

689. 某受扭圆管，外径 $D=44\mathrm{mm}$，内径 $d=40\mathrm{mm}$，横截面上的扭矩 $T=750\mathrm{N\cdot m}$，试计算圆管横截面上的最大切应力。

690. 如题 690 图所示，一直径 $d=80\mathrm{mm}$ 的传动轴，其上作用着外力偶矩 $M_1=1000\mathrm{N\cdot m}$，$M_2=600\mathrm{N\cdot m}$，$M_3=200\mathrm{N\cdot m}$，$M_4=200\mathrm{N\cdot m}$，试求：

（1）各段内的切应力。

（2）若材料的切变模量 $G=79\mathrm{GPa}$，求轴的总扭转角。

691. 一阶梯轴如题691图所示，直径 $d_1=40\text{mm}$，$d_2=70\text{mm}$。轴上装有三个带轮，由轮3输入功率 $P_3=30\text{kW}$，轮1输出功率 $P_1=13\text{kW}$，轴转速 $n=200\text{r/min}$，材料的许用切应力 $[\tau]=60\text{MPa}$，许用扭转角 $[\theta]=2°/\text{m}$，切变模量 $G=80\text{GPa}$。校核轴的强度和刚度。

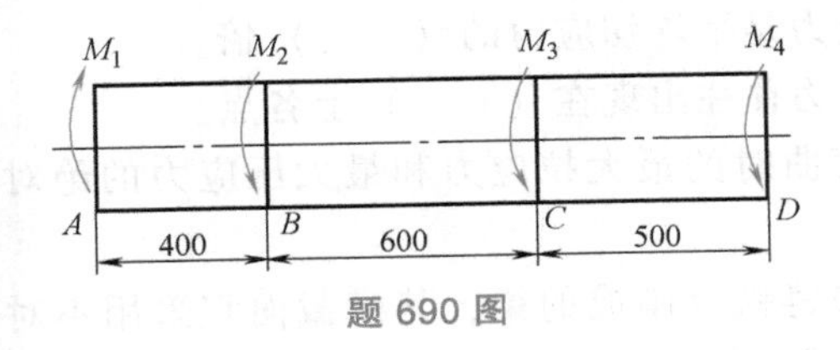

题690图

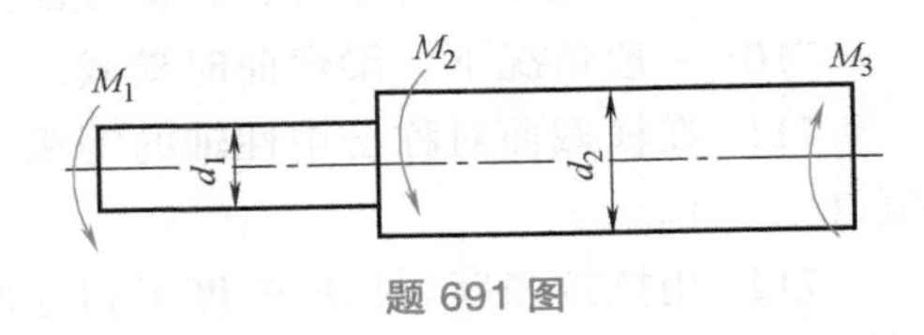

题691图

692. 某传动轴传递的力偶矩 $T=1.08\text{kN}\cdot\text{m}$，材料的许用切应力 $[\tau]=40\text{MPa}$，切变模量 $G=80\text{GPa}$，许用扭转角 $[\theta]=2°/\text{m}$。试设计实心轴的直径。

693. 空心钢轴外径 $D=100\text{mm}$，内径 $d=50\text{mm}$，若要求轴在2m内的最大扭转角不超过1.5°。问它所承受的最大扭矩是多少？并求此时轴内最大切应力。已知材料的切变模量 $G=80\text{GPa}$。

第十章　弯曲练习题

一、填空题

694. 工程中把发生（　　　　）的构件称为梁。梁可分为（　　　　）、（　　　　）、（　　　　）三种基本形式。

695. 梁发生平面弯曲时，变形后的轴线将是（　　）曲线，并位于（　　　　）内。

696. 平面弯曲梁横截面上的内力有（　　　　），且都位于（　　　　）平面内。

697. 凡使微段梁弯曲变形上凹下凸的弯矩规定为（　　），反之规定为（　　）。

698. 如题698图所示的小车，可简化为集中力对梁作用，当小车驶到距A点（　　）时，梁的弯矩值最大。

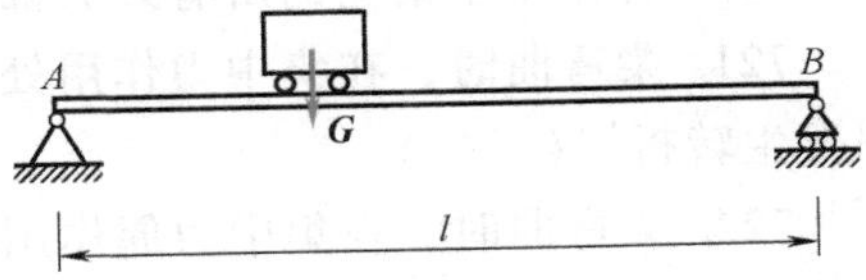

699. 梁在弯曲时的中性轴，就是梁的（　　　　）与横截面的交线。

题698图

700. 梁弯曲时的中性轴必然通过其横截面上的（　　）那一点。

701. 梁弯曲时，其横截面上的（　　）最终合成的结果为弯矩。

702. 梁的弯曲正应力大小沿横截面的（　　）按直线规律变化，而沿横截面的（　　）则均匀分布。

703. 梁弯曲时，横截面中性轴上各点的正应力等于零，而距中性轴（　　）处的各点正应力最大。

704. 梁弯曲变形后，以中性层为界，靠（　　）边的一侧纵向纤维受压应力作用，而靠（　　）边的一侧纵向纤维受拉应力作用。

705. 梁弯曲时，在作用正弯矩的梁段内，其中性层以上的各纵向纤维将发生单向（　　）变形。

706. 等截面梁内的最大正应力总是出现在最大（　　）所在的横截面上。

707. 矩形截面梁受横力弯曲时，其横截面上的切应力沿截面高度按（　　）规律分布。

708. 矩形截面梁受横力弯曲时，梁内最大切应力所在的点上，其正应力为（　　）。

709. 矩形截面梁弯曲时，其横截面上最大切应力是平均切应力的（　　）倍。

710. 一般情况下，梁弯曲时横截面上最大切应力往往出现在（　　）上各点。

711. 在横截面对称于中性轴的等截面梁内，弯曲时的最大拉应力和最大压应力的绝对值（　　）。

712. 用抗拉强度和抗压强度不相等的材料，如铸铁等制成的梁，其横截面宜采用不对称于中性轴的形状，而使中性轴偏于受（　　）纤维一侧。

713. 梁或竹杆受横力弯曲时往往出现纵向裂纹，这表明梁的纵向截面上有（　　）应力。

714. 对于横截面高宽比等于 2 的矩形截面梁，其截面竖放时和横放时的抗弯能力之比和抗剪能力之比分别为（　　）和（　　）。

715. 面积相等的圆形、矩形和工字形截面的抗弯截面系数分别为 $W_{圆}$、$W_{矩}$ 和 $W_{工}$，比较其值的大小，其结论应是 $W_{圆}$ 比 $W_{矩}$（　　），$W_{工}$ 比 $W_{矩}$（　　）。

716. 梁的截面形状是否经济合理，其衡量标准在于梁截面的（　　）系数与面积比值的大小。

717. 工程上用的鱼腹梁、阶梯轴等，其截面尺寸随弯矩大小而变，这种截面变化的梁，往往就是近似的（　　）梁。

718. 平面弯曲梁某横截面的（　　）沿垂直于（　　）轴方向的位移，称为该截面的挠度。

719. 梁的某一横截面在弯曲变形过程中，绕（　　）轴转角的正、负号规定为（　　）。

二、判断题

720. 若作用于梁上的所有外力都垂直于梁的轴线，则梁将产生平面弯曲变形。（　　）

721. 梁弯曲时，在集中力作用处剪力图发生突变，突变值等于该集中力的大小；弯矩图发生转折。（　　）

722. 梁弯曲时，在集中力偶作用处剪力图不发生变化；弯矩图发生突变，突变值等于该集中力偶矩的大小。（　　）

723. 若在平面弯曲梁的某段内无载荷作用，则弯矩图在此段内是平行于轴线的直线。（　　）

724. 若在平面弯曲梁的某段内作用均布载荷 q，则此段内弯矩图是斜直线。（　　）

725. 若在平面弯曲梁的某段内作用均布载荷 q，则此段内弯矩图是抛物线，抛物线的开口方向与目的方向相同。（　　）

726. 由梁的弯曲正应力分布规律可知，为了充分利用材料，应尽可能将梁的材料聚集于离中性轴较远处，从而提高梁的承载能力。（　　）

727. 由弯曲正应力强度条件可知，设法降低梁内的最大弯矩，并尽可能提高梁截面的抗弯截面系数，即可提高梁的承载能力。（　　）

728. 若梁的横截面上作用有负弯矩，则其中性轴上侧各点作用的是拉应力，下侧各点作用的是压应力。（　　）

729. 等截面梁弯曲时的最大拉应力和最大压应力在数值上一定是相等的。（　　）

730. 等截面梁的最大弯曲正应力不一定发生在最大弯矩的横截面上距中性轴最远的各点处。（　　）

731. 挑水时扁担在其中部折断，这是由于相应的横截面处的拉应力达到了极限值。（　　）

732. 等截面梁的最大切应力，一定位于剪力最大的横截面上。（　　）

733. T 形截面铸铁梁，其最大拉应力总发生在弯矩绝对值最大的横截面上。（　　）

734. T 形截面铸铁梁，当全长范围内作用有正弯矩时，其截面应做成倒 T 形较为合理。（　　）

735. 矩形截面梁的纯弯曲段内，其横截面上各点的切应力均等于零。（　　）

736. 矩形截面梁受横力弯曲时，梁内正应力为零的点处，其切应力一定为零。（　　）

737. 矩形截面梁弯曲时，其最大正应力和最大切应力的点不一定在同一个横截面上。（　　）

738. 矩形截面梁弯曲时，横截面上任意一点处的切应力方向均平行于横截面上剪力的方向。（　　）

739. 矩形截面梁的弯曲切应力沿截面高度变化，但不一定按二次抛物线规律变化。（　　）

740. 等截面梁的最大弯曲切应力不一定出现在剪力最大的横截面中性轴上。（　　）

741. 对于横力弯曲的梁，若其跨度和截面高度之比大于 5，则用纯弯曲建立的弯曲正应力公式计算所得的正应力，与梁的真实正应力比较，误差很小。（　　）

742. 当梁内的最大拉应力和最大压应力的绝对值相等时，该梁的抗拉强度和抗压强度必定相等。（　　）

743. 假设对脆性材料（如铸铁等）制成的 T 形截面梁进行强度校核，无论其受载情况如何，只要校核危险点的压应力即可。（　　）

744. 弯曲正应力强度条件中的许用正应力与轴向抗拉或抗压强度条件中的许用正应力是相同的。（　　）

745. 弯曲切应力强度条件中的许用切应力与扭转强度条件中的许用切应力是相同的。（　　）

746. 对比用同一材料制成的实心圆截面梁和空心圆截面梁的强度，只要二者的外径相同，则它们承受外载或自重的能力一定相同。（　　）

747. 对于木梁，其顺纹方向的抗剪能力较差，但因最大切应力发生在横截面中性轴上，故剪切破坏不会沿顺纹中性层发生。（　　）

748. 一全长范围内有均布载荷作用的简支梁，若左、右两端支座各向内移动跨度的 1/5，则可使梁的承载能力提高。（　　）

749. 无论材料是否服从胡克定律，只要变形很小，梁弯曲的挠度和转角都可用叠加法计算。（　　）

三、选择题

750. 在题 750 图所示四种情况中，截面上弯矩为正，剪力为负的是（　　）。

A. 图 a)　　B. 图 b)

C. 图 c)　　D. 图 d)

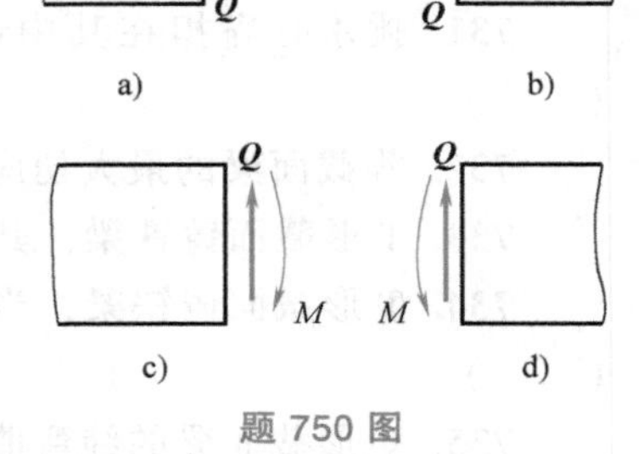

题 750 图

751. 在下列因素中，梁弯曲的内力图通常与（　）有关。
A. 载荷作用位置　B. 横截面形状
C. 横截面面积　　D. 梁的材料

752. 水平梁某截面上的剪力，在数值上等于该截面（　　）在梁轴垂线上投影的代数和。
A. 以左和以右所有外力
B. 以左和以右所有载荷
C. 以左或以右所有外力
D. 以左或以右所有载荷

753. 水平梁某截面上的弯矩在数值上等于该截面（　　）的代数和。
A. 以左和以右所有集中力偶
B. 以左或以右所有集中力偶
C. 以左和以右所有外力对该截面形心的力矩
D. 以左或以右所有外力对该截面形心的力矩

754. 对于水平梁某一指定的截面，在它（　　）的外力产生正的剪力。
A. 左侧向上或右侧向下　　B. 左侧或右侧向上
C. 左侧向下或右侧向上　　D. 左侧或右侧向下

755. 对于水平梁某一指定的截面，在它（　　）的横向外力产生正的弯矩。
A. 左侧向上或右侧向下　　B. 左侧或右侧向上
C. 左侧向下或右侧向上　　D. 左侧或右侧向下

756. 如题 756 图所示，I-I 截面上的弯矩为（　　）。
A. Fa　　B. Fb　　C. $\frac{Fbc}{a+b}$　　D. $\frac{Fab}{a+b}$

757. 题 756 图中，集中力 **F** 所在截面的弯矩为（　　）。
A. Fa　　B. Fb　　C. $\frac{Fbc}{a+b}$　　D. $\frac{Fab}{a+b}$

758. 简支梁部分区段受均布载荷作用，如题 758 图所示，以下结论中（　　）是错误的。

A. AC 段：$Q(x)=\frac{1}{4}qa$　　B. AC 段：$M(x)=\frac{1}{4}qax$

C. CB 段：$Q(x)=\frac{1}{4}qa-q(x-a)$　　D. CB 段：$M(x)=\frac{1}{4}qax-\frac{1}{2}q(x-a)x$

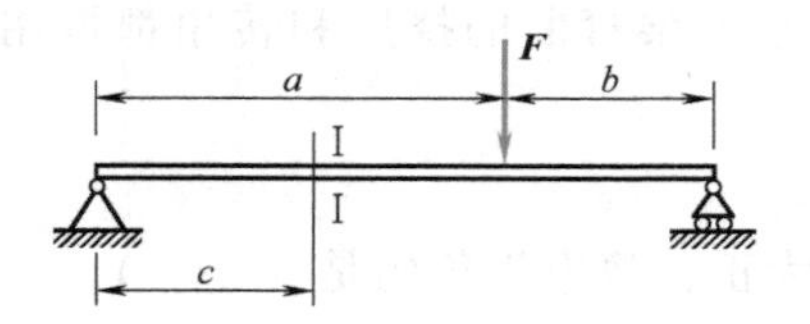

题 756 图

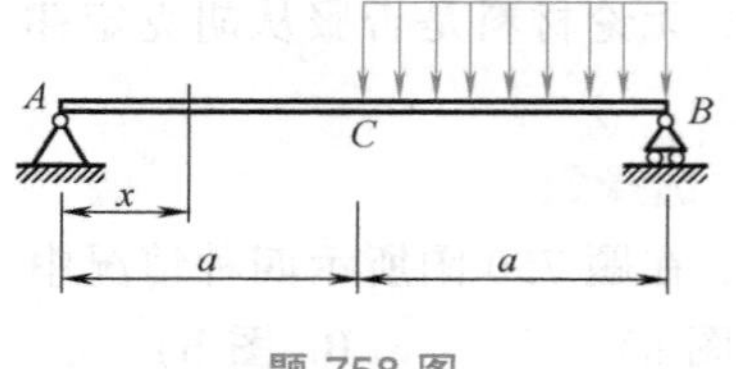

题 758 图

759. 如题759图所示，外伸梁承受均布载荷其大小为 q，其中央截面 C 的弯矩和剪力的大小分别为（　　）。

A. $M_C=\frac{1}{8}ql^2$，$Q_C=\frac{1}{2}ql$　　B. $M_C=\frac{1}{8}ql^2$，$Q_C=0$

C. $M_C=0$，$Q_C=0$　　D. $M_C=0$，$Q_C=\frac{1}{2}ql$

760. 简支梁受力如题760图所示，其中 BC 段上（　　）。

A. 剪力为零，弯矩为常数　　B. 剪力为常数，弯矩为零

C. 剪力和弯矩均为零　　D. 剪力和弯矩均为常数

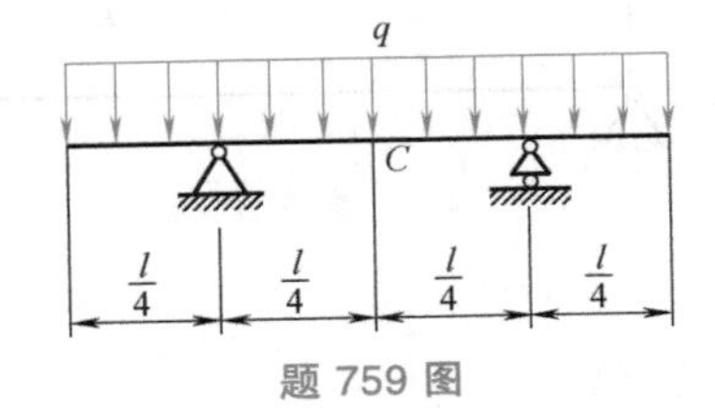

题759图

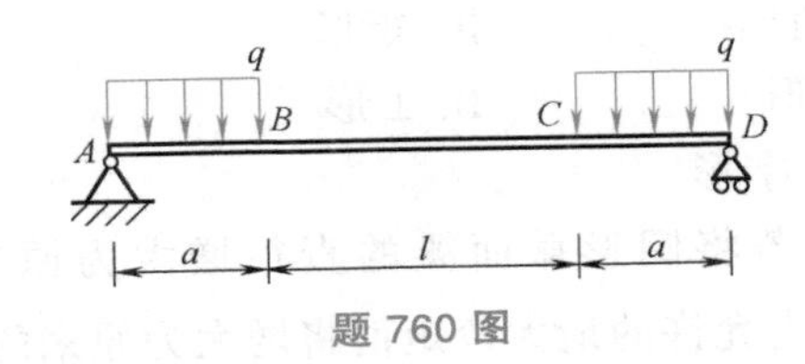

题760图

761. 梁平面弯曲时，横截面上各点正应力的大小与该点到（　　）的距离成正比。

A. 截面形心　　B. 纵向轴线　　C. 中性轴。

762. 直梁弯曲强度条件 $\sigma_{\max}=\frac{M_{\max}}{W_z}\leqslant[\sigma]$ 中，应是（　　）上的最大正应力。

A. 梁的任意截面　　B. 梁的最大截面

C. 梁的最小截面　　D. 梁的危险截面

763. 如题763图所示的矩形截面梁（　　）点的正应力最大。

A. A 点　　B. B 点　　C. C 点　　D. D 点

764. 如题764图所示梁，若截面面积相等，则（　　）所示的梁的强度高。

A. 图a)　　B. 图b)　　C. 图c)

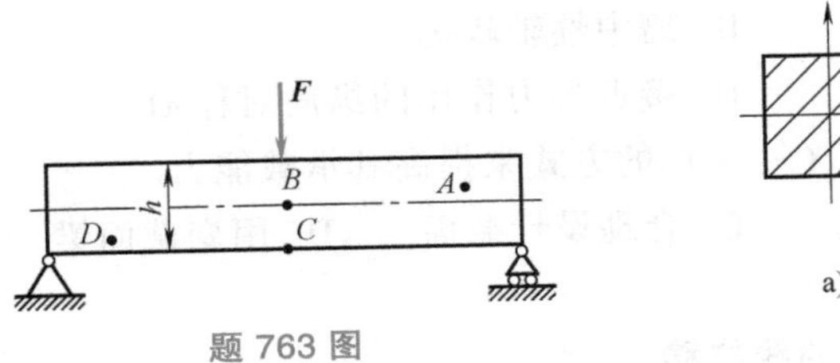

题763图

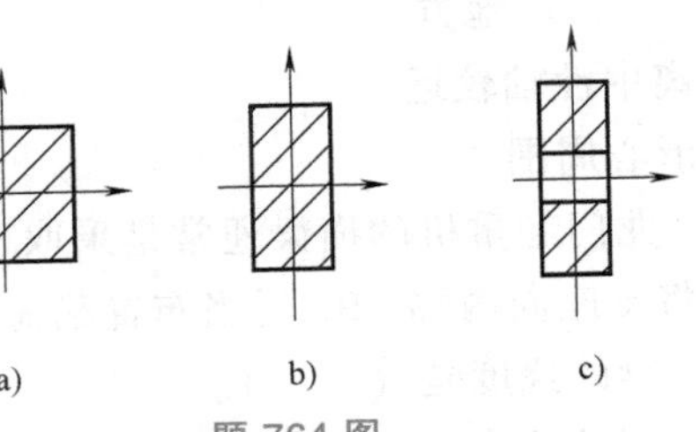

题764图

765. 如题765图所示，各梁截面的 h、b 均相等，梁的强度高的是（　　）截面。

A. 图a)　　B. 图b)　　C. 图c)

766. 为充分发挥各截面材料的作用，应采用（　　）梁。

A. 简支梁　　B. 圆形梁　　C. 等强度梁　　D. 等截面梁

E. 工字梁

767. 如题767图所示的梁中，梁的危险截面是（　　）。

A. 过 A 点截面　　B. 过 B 点截面　　C. 过 G 点截面

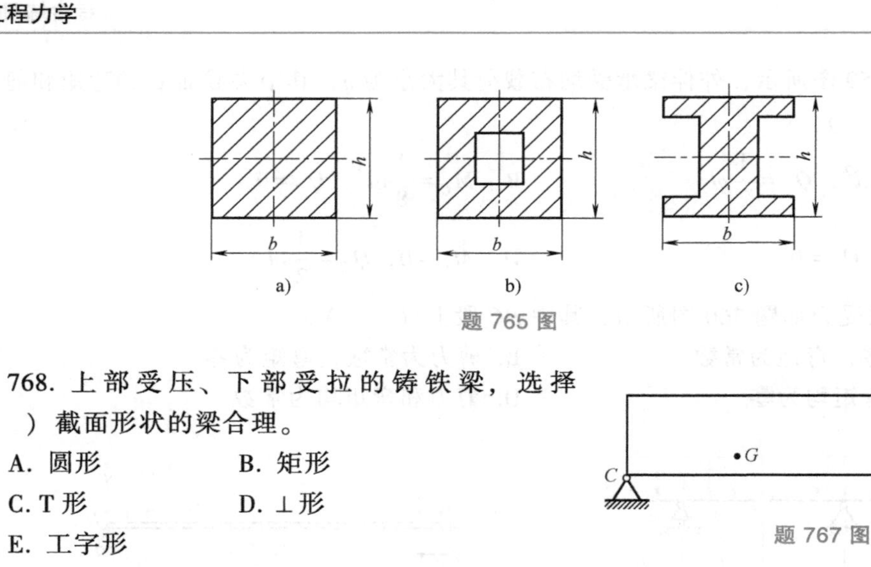

题 765 图

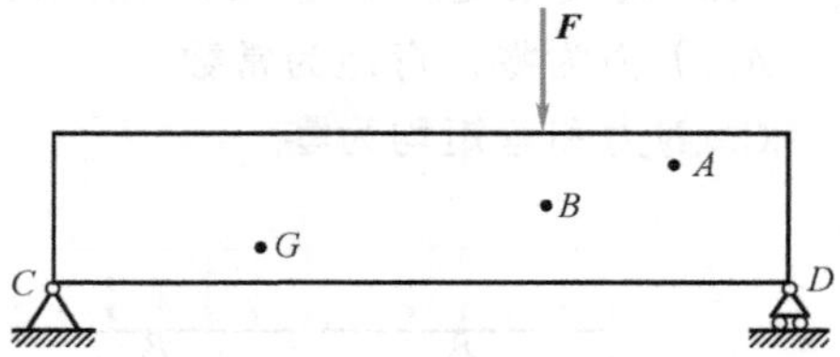

768. 上部受压、下部受拉的铸铁梁，选择（　　）截面形状的梁合理。

A. 圆形　　B. 矩形

C. T 形　　D. ⊥形

E. 工字形

题 767 图

769. 若将圆形截面梁的直径增大为原来的 2 倍，则梁内允许的最大弯矩值将增大为原来的（　　）倍。

A. 2　　B. 4　　C. 6　　D. 8

770. 一木梁发生弯曲破坏时，发现产生了纵向裂纹，因梁纵向截面并无正应力，而材料沿纵向的（　　）强度较弱，故梁沿纵向开裂。

A. 剪切　　B. 拉伸　　C. 压缩　　D. 挤压

771. 对于 T 形、工字形及圆形的等截面梁，在应用弯曲应力公式 $\tau=\dfrac{F_s S_s^*}{bI_z}$ 计算应力时，式中的常量 b 应当是（　　）宽度。

A. 所求应力点处的截面　　B. 截面的最大

C. 截面的最小　　D. 截面的平均

772. 为了充分发挥梁的抗弯作用，在选用梁的合理截面时，应尽可能使其截面的材料置于（　　）的地方。

A. 离中性轴较近　　B. 离中性轴较远

C. 形心周围　　D. 接近外力作用的纵向对称轴

773. 龙门起重机的横梁通常是采取（　　）的方式来提高其承载能力。

A. 将支座向内移　B. 适当布置载荷　C. 合理设计截面　D. 用变截面梁

774. 梁的挠度是（　　）。

A. 横截面上任一点沿梁轴垂直方向的线位移

B. 横截面形心沿梁轴垂直方向的线位移

C. 横截面形心在梁轴方向的线位移

D. 横截面形心的位移

775. 在下列关于梁转角的说法中，（　　）是错误的。

A. 转角是横截面绕中性轴转过的角位移

B. 转角是变形前后同一横截面间的夹角

C. 转角是挠曲线之切线与轴向坐标闻的夹角

D. 转角是横截面绕梁轴线转过的角度

776. 在下列关于转角、挠度正负号的概念中，（　　）是正确的。

A. 转角的正负号与坐标系有关，挠度的正负号与坐标系无关

B. 转角的正负号与坐标系无关，挠度的正负号与坐标系有关

C. 转角和挠度的正负号均与坐标系有关

D. 转角和挠度的正负号均与坐标系无关

777. 一悬臂梁及其所在坐标系如题 777 图所示，其自由端的挠度与转角（　　）。

A. $y>0$，$\theta<0$　　B. $y<0$，$\theta>0$

C. $y>0$，$\theta>0$　　D. $y<0$，$\theta<0$

778. 梁挠曲线近似微分方程 $w=\dfrac{M(x)}{EI}$ 在（　　）条件下成立。

A. 梁的变形属小变形　　B. 材料服从胡克定律

C. 挠曲线在 xOy 面内　　D. 同时满足 A、

B、C

779. 挠曲线近似微分方程 $w=\dfrac{M(x)}{EI}$ 的近似性表现在（　　）。

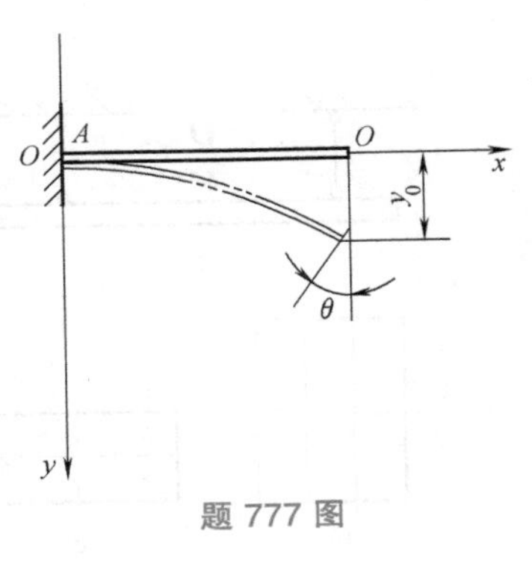

题 777 图

A. 略去了剪力对变形的影响

B. 用 w 代替了曲率 $\dfrac{1}{\rho}$

C. 同时包括 A 和 B

D. 略去了剪力对变形的影响；同时认为梁发生平面弯曲

780. 等截面直梁在弯曲变形时，在挠曲线曲率最大处（　　）一定最大。

A. 挠度　　B. 转角　　C. 剪力　　D. 弯矩

781. 如题 781 图所示，简支架（　　）对于减小梁的弯曲变形效果最明显。

A. 减小 F　　B. 减小 L　　C. 增大 E　　D. 增大 L

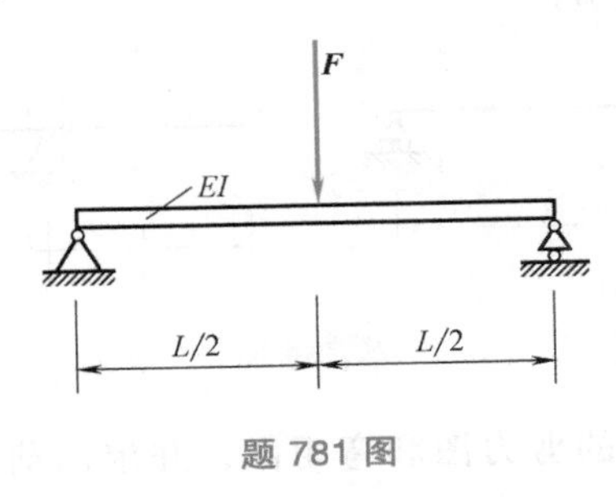

题 781 图

782. 如题 782 图所示高宽比 $b/h=2$ 的矩形截面梁，若将梁的横截面由竖放（图 b）改为平放（图 c），则梁的最大挠度（　　）。

A. 增大　　B. 减小　　C. 不变　　D. 二者不相关

783. 如题 783 图所示，已知悬臂梁受力如图 a，在图 b 中自由端挠度 $y_{B1}=\dfrac{FL^3}{3EI}$，在图 c 中自由端挠度 $y_{B2}=\dfrac{ML^2}{2EI}$；那么图 a 中 y_B =(　　)。

A. $\dfrac{FL^3}{3EI}-\dfrac{ML^2}{2EI}$　　B. $\dfrac{FL^3}{3EI}+\dfrac{ML^2}{2EI}$

C. $\dfrac{ML^2}{2EI}-\dfrac{FL^3}{3EI}$　　D. $\dfrac{1}{2}\left(\dfrac{FL^3}{3EI}+\dfrac{ML^2}{2EI}\right)$

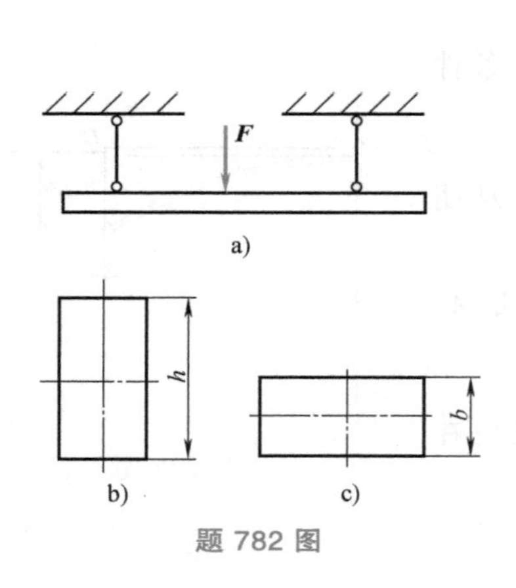

题 782 图

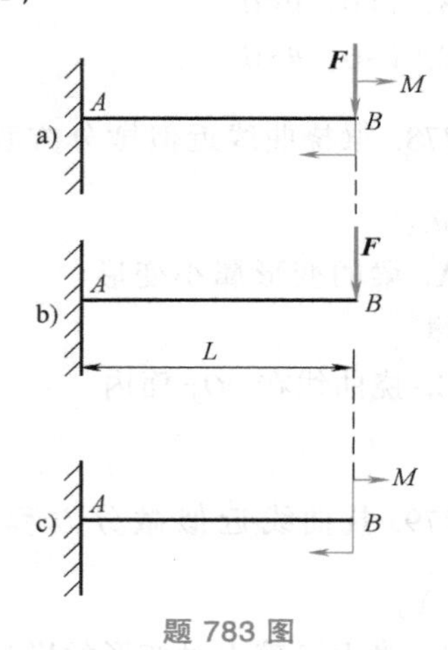

题 783 图

四、计算题

784. 试求题 784 图所示各梁指定截面上的剪力和弯矩。q、F、a 均为已知。

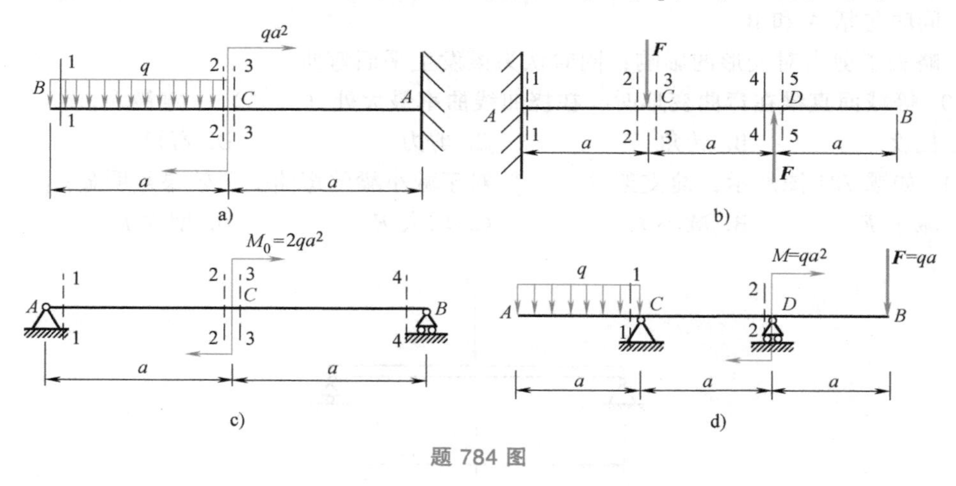

题 784 图

785. 画出题 785 所示各梁的剪力图和弯矩图，并求出剪力和弯矩的绝对值的最大值。q、F、a、l 均为已知。

786. 已知悬臂梁的剪力图，如题 786 图所示，试作出此梁的载荷图和弯矩图（梁上无集中力偶）。

787. 试判断题 787 图中的剪力图、弯矩图是否有错，并改正错误。

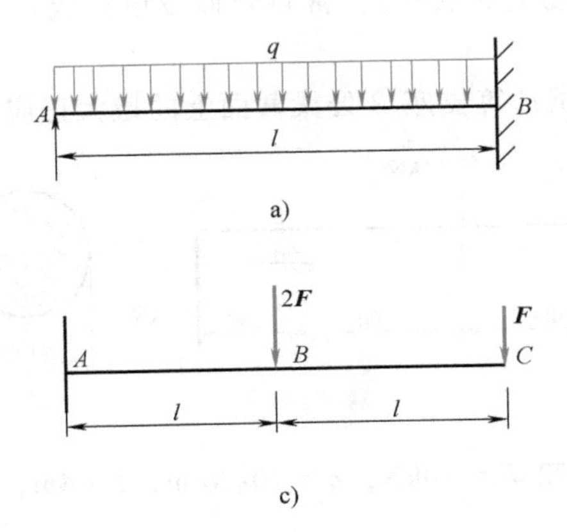

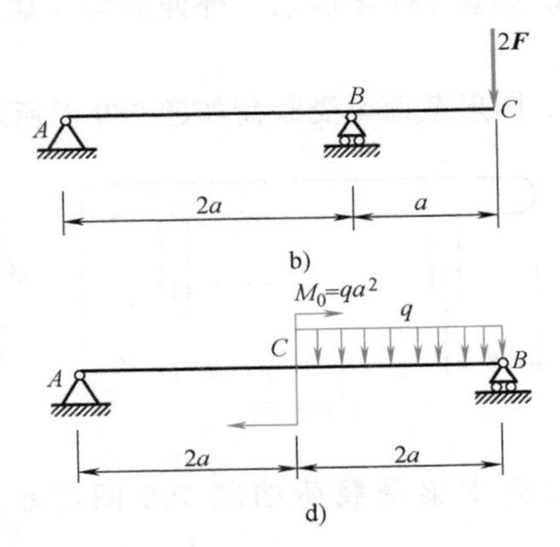

题 785 图

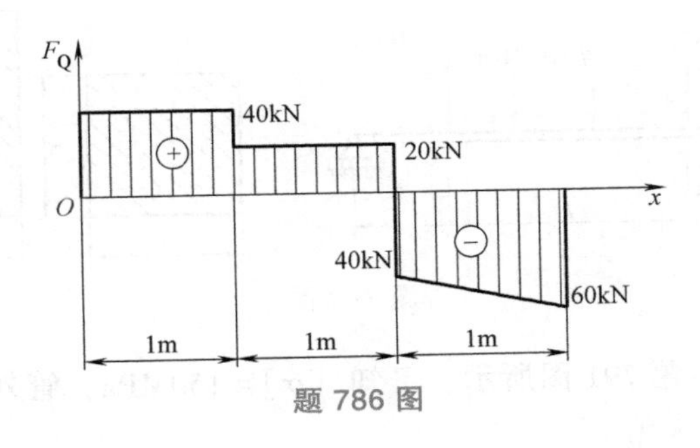

题 786 图

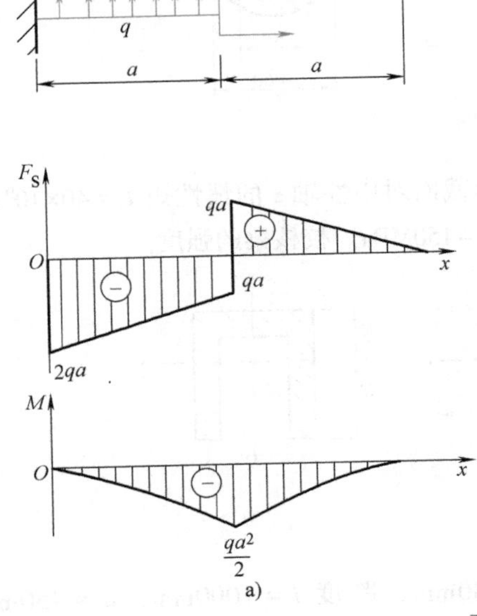

a)

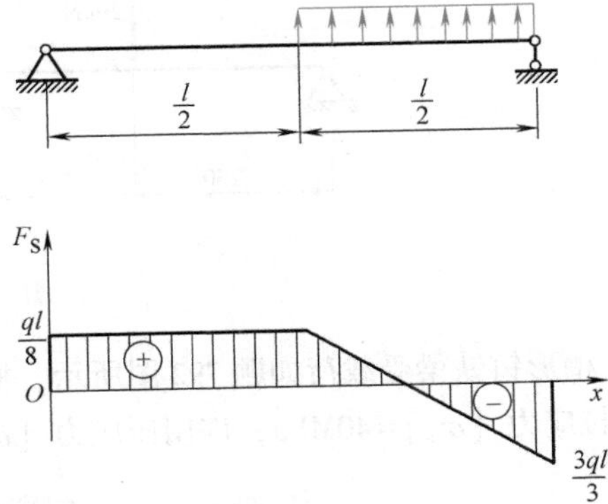

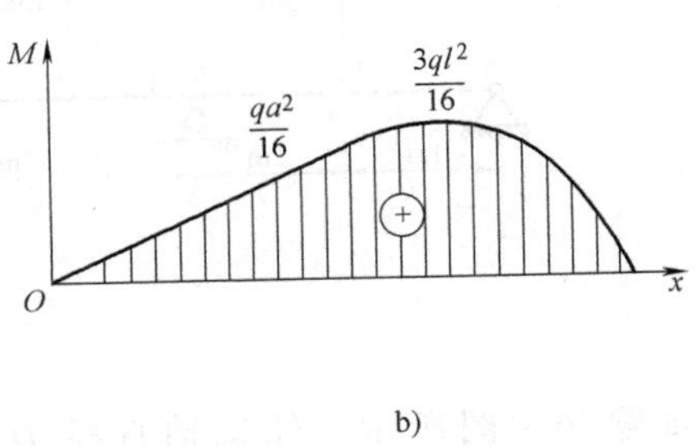

b)

题 787 图

788. 如题 788 图所示，外伸结构（如运动场上的双杠），常将外伸段设计成 $a=l/4$，为什么？

789. 圆形截面梁受载荷如题 789 图所示，试计算支座 B 处梁截面上的最大正应力。

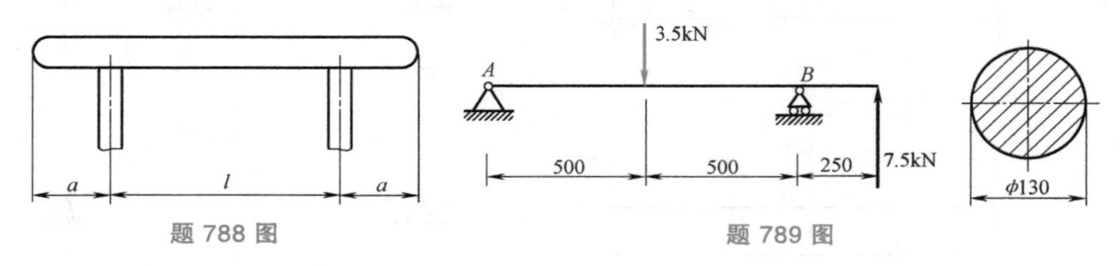

题 788 图　　　　题 789 图

790. 简支梁受载荷如题 790 图所示，已知 $F=10\text{kN}$，$q=10\text{kN/m}$，$l=4\text{m}$，$c=1\text{m}$，$[\sigma]=160\text{MPa}$。设计正方形和 $\dfrac{b}{h}=2$ 的矩形截面，并比较它们面积的大小。

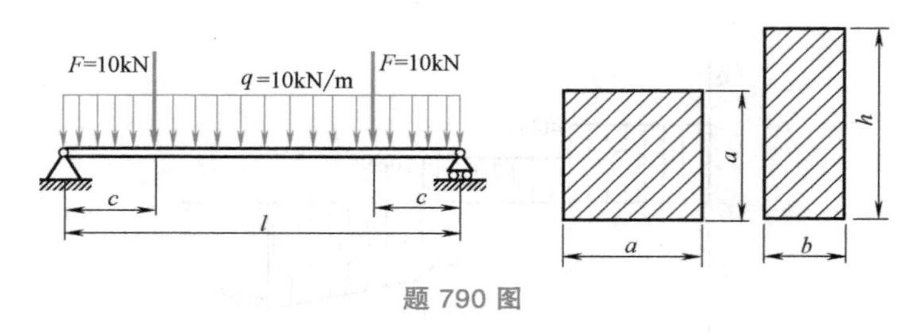

题 790 图

791. 空心管梁受载如题 791 图所示，已知 $[\sigma]=150\text{MPa}$，管外径 $D=60\text{mm}$，在保证安全的情况下，求内径的最大值。

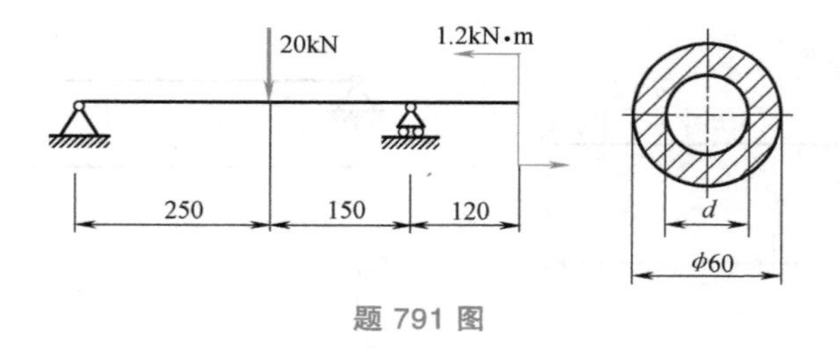

题 791 图

792. 槽形铸铁梁受载荷如题 792 图所示，槽形截面对中性轴 z 的惯性矩 $I_z=40\times10^6\text{mm}^2$，材料的许用拉应力 $[\sigma_+]=40\text{MPa}$，许用压应力 $[\sigma_-]=150\text{MPa}$。校核梁的强度。

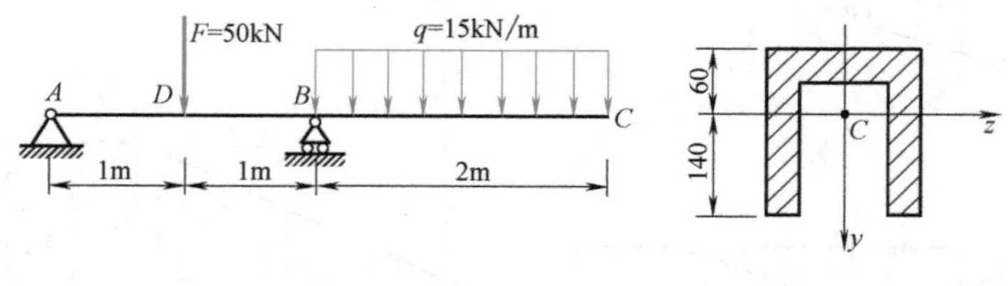

题 792 图

793. 如题 793 图所示，轧辊轴直径 $D=280\text{mm}$，跨度 $l=1000\text{mm}$，$a=450\text{mm}$，$b=100\text{mm}$，轧辊轴材料的许用弯曲正应力 $[\sigma]=100\text{MPa}$。求轧辊轴所能承受的最大轧制力。

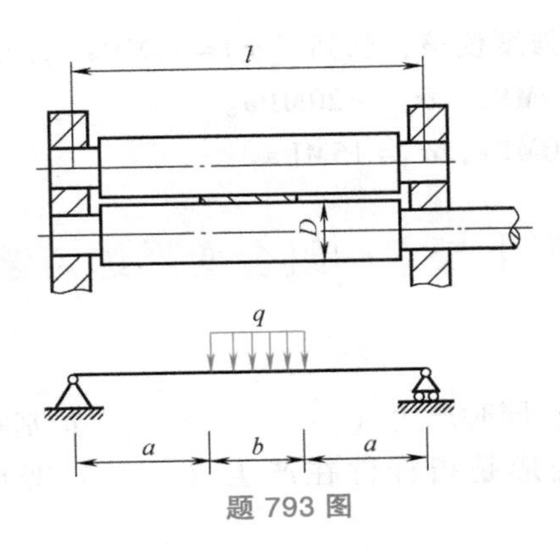

题 793 图

第十一章　应力状态与强度理论练习题

794. 单元体各面的应力如题 794 图所示（应力单位为 MPa）。计算指定截面上的正应力和切应力。

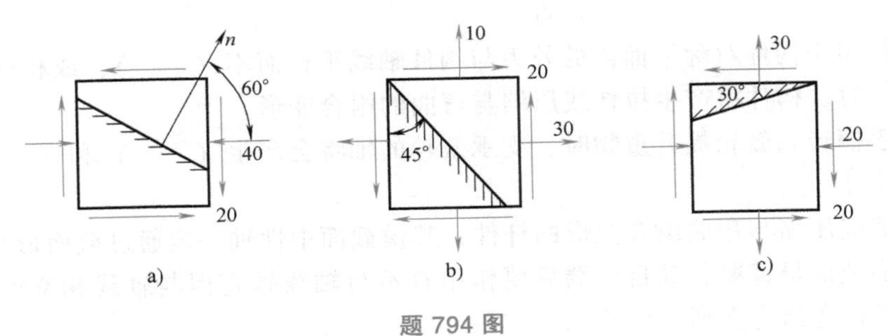

题 794 图

795. 已知应力状态如题 795 图所示（应力单位为 MPa）。试求：

（1）主应力的大小和主平面的位置。

（2）在图中绘出主单元体。

（3）最大切应力。

796. 试求如题 796 图所示，各单元体的主应力和最大切应力（应力单位为 MPa）。

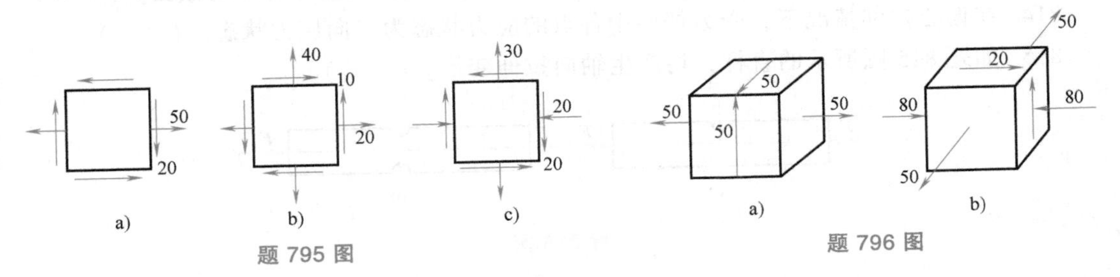

题 795 图　　题 796 图

797. 试对钢制零件进行强度校核，已知 $[\sigma]=120\text{MPa}$，危险点主应力为：

（1）$\sigma_1=140\text{MPa}$，$\sigma_2=100\text{MPa}$，$\sigma_3=40\text{MPa}$。

（2）$\sigma_1=60\text{MPa}$，$\sigma_2=0$，$\sigma_3=-50\text{MPa}$。

798. 试对铸铁零件进行强度校核，已知 $[\sigma]=30\text{MPa}$，$\mu=0.3$，危险点主应力为：

（1）$\sigma_1=29\text{MPa}$，$\sigma_2=20\text{MPa}$，$\sigma_3=-20\text{MPa}$。

（2）$\sigma_1=30\text{MPa}$，$\sigma_2=20\text{MPa}$，$\sigma_3=15\text{MPa}$。

第十二章　组合变形练习题

一、填空题

799. 构件在外力作用下，同时产生（　　　　　　）基本变形，称为组合变形。

800. 拉（压）弯组合变形是指杆件在产生（　　）变形的同时，还发生（　　）变形。

801. 弯扭组合变形是指杆在产生（　　）变形的同时，还产生（　　）变形。

802. 叠加原理必须在（　　　　　　　　），（　　　　）的前提下方能应用。

803. 直齿圆柱齿轮轴在轮齿受径向力时产生（　　）变形，在轮齿受周向力时产生（　　）变形，所以齿轮传动中其轴产生（　　）变形。

804. 对于拉弯组合变形的等截面梁，其危险截面应是（　　）最大的平面，其危险点应是（　　　　　　　　　　　　）点。

805. 当作用于构件对称平面内的外力与构件轴线平行而不（　　），或相交成某一角度而不（　　）时，构件将产生拉伸或压缩与弯曲的组合变形。

806. 用手柄转动鼓轮提升重物时，支承鼓轮的轴将会产生（　　）和（　　）变形。

二、判断题

807. 拉伸或压缩与弯曲组合变形的杆件，其横截面中性轴一定通过截面形心。（　　）

808. 圆形截面悬臂梁，其自由端只要作用有不与轴线垂直但与轴线相交的力则该梁一定产生拉（压）弯组合变形。（　　）

809. 组合变形某截面上的最大应力是该截面上各种应力的代数和。（　　）

810. 圆形截面悬臂梁，只要在与轴线垂直的平面内作用有不与轴线垂直的力，则悬臂梁一定发生弯扭组合变形。（　　）

811. 在同一截面上，同种性质、同一点的应力可以求其代数和。（　　）

812. 弯扭组合变形危险点的计算应力是弯曲正应力与扭转切应力的矢量和。（　　）

813. 拉（压）弯组合变形的危险截面是产生弯曲的最大正应力所在的截面。（　　）

814. 在偏心拉伸情况下，受力杆件中各点的应力状态为二向应力状态。（　　）

815. 如题 815 图所示的直杆，均产生轴向拉伸变形。（　　）

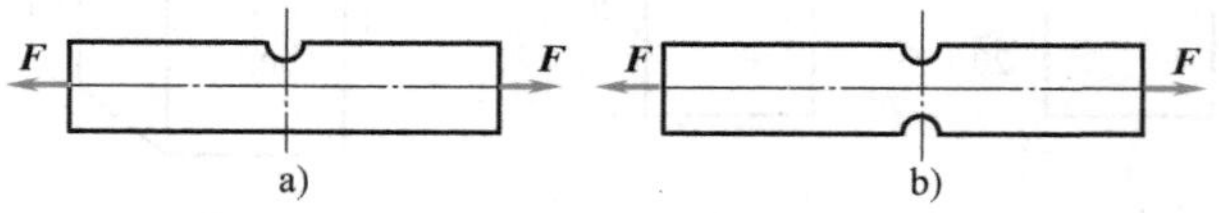

题 815 图

816. 在拉弯组合变形的杆中，横截面上可能没有中性轴。（　　）

817. 运用叠加法求组合变形构件变形的前提条件是构件必须为小变形杆件。（　　）

818. 等边角钢受轴向拉力作用时，其变形为平面弯曲。（　　）

819. 产生组合变形的构件上的点，均处于复杂应力状态。（　）

820. 对于脆性材料，受载产生压弯组合变形时，只需校核其许用压应力。（　）

821. 对于塑性材料，受载产生拉弯组合变形时，只需校核其许用拉应力。（　）

三、选择题

822. 通常计算组合变形构件应力和变形时，可采用叠加法，其前提条件是（　　）。

A. 线弹性杆件　　B. 小变形杆件

C. 线弹性、小变形杆件　　D. 线弹性、小变形直杆

823. 若一短柱的压力与轴线平行但并不与轴线重合，则产生的是（　　）变形。

A. 压缩　　B. 压缩与平面弯曲　　C. 斜弯曲　　D. 挤压

824. 直杆受轴向压缩时，杆端压力的作用线必通过（　　）。

A. 杆件横截面的形心　　B. 杆件横截面的弯曲中心

C. 杆件横截面主惯性轴　　D. 杆件横截面的中性轴

825. 带缺口的钢板受到轴向拉力的作用，若在其上再切一缺口，并使两缺口位置对称，若不考虑应力集中，则钢板这时承载能力将（　　）。

A. 提高　　B. 降低　　C. 不变

826. 如题 826 图所示，当折杆 *ABCD* 左端受力时，*AB* 段产生的是（　　）的组合变形。

A. 拉伸与扭转　　B. 扭转与弯曲　　C. 拉伸与弯曲　　D. 拉伸、扭转与弯曲

827. 题 826 中若只有 F_z 作用时，*AB* 段产生的是（　　）的组合变形。

A. 拉伸与扭转　　B. 扭转与弯曲　　C. 拉伸与弯曲　　D. 拉伸、扭转与弯曲

828. 题 826 中若只有 F_x 作用时，*AB* 段产生的是（　　）的组合变形。

A. 拉伸与扭转　　B. 扭转与弯曲　　C. 拉伸与弯曲　　D. 拉伸、扭转与弯曲

829. 如题 829 图所示，两种起重机构中，物体均匀速上升，则 *AB* 杆、*CD* 轴的变形（　　）。

A. 分别为扭转和弯曲　　B. 分别为扭转和弯扭组合

C. 分别为弯曲和弯扭组合　　D. 均为弯扭组合

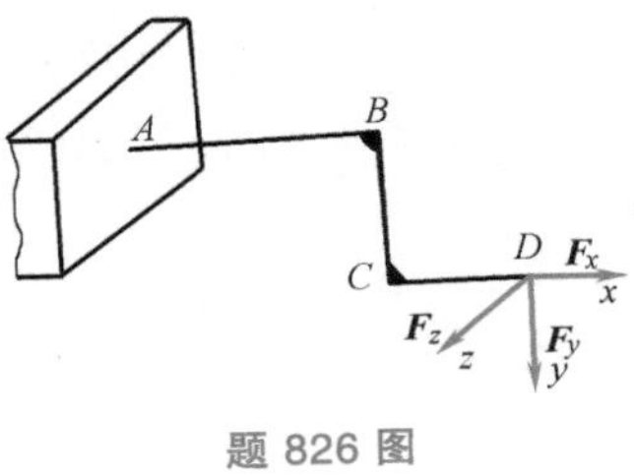

题 826 图

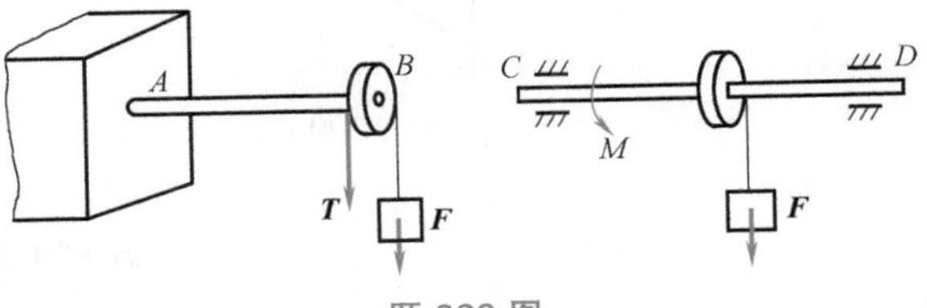

题 829 图

830. 如题 830 图所示，简支梁 *ABC* 在 *C* 处承受铅垂力 **F** 的作用，该梁的（　　）。

A. *AC* 段发生弯曲变形，*CB* 段为拉弯组合变形

B. *AC* 段为压弯组合变形，*CB* 段为弯曲变形

C. *AC* 段为压弯组合变形，*CB* 段为拉弯组合变形

D. *AC*、*CB* 段均为弯曲变形

831. 如题 831 图所示，一直杆 *AB*，*B* 端铰支，*A* 端靠于光滑的铅直墙上，在自重作用

下，该杆将发生（　　）变形。

A. 平面弯曲　　B. 斜弯曲　　C. 拉弯组合　　D. 压弯组合

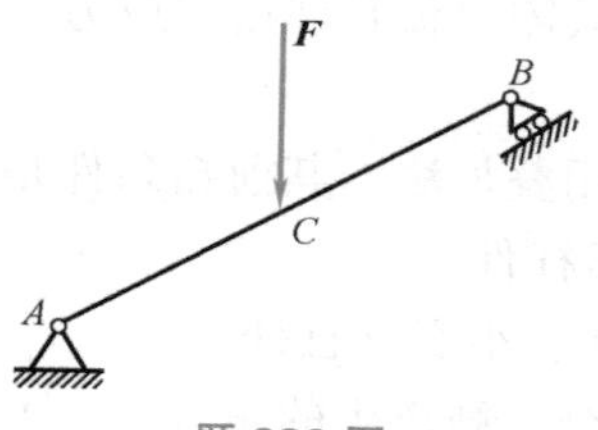

题 830 图

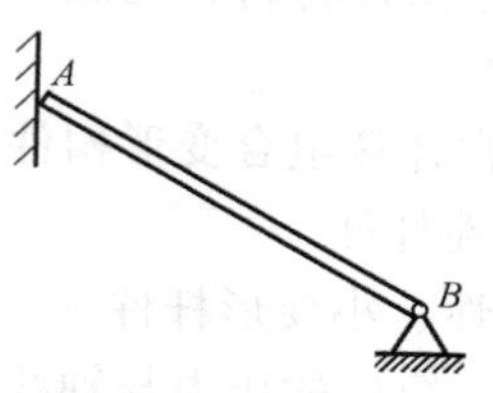

题 831 图

832. 如题 832 图所示，受拉构件危险截面的变形属于（　　）变形。

A. 单向拉伸　　B. 拉弯组合　　C. 压弯组合　　D. 斜弯曲

833. 如题 833 图所示的 *AB* 梁，其危险截面在过（　　）点的横截面上。

A. *A* 点　　B. *B* 点　　C. 中点　　D. *D* 点

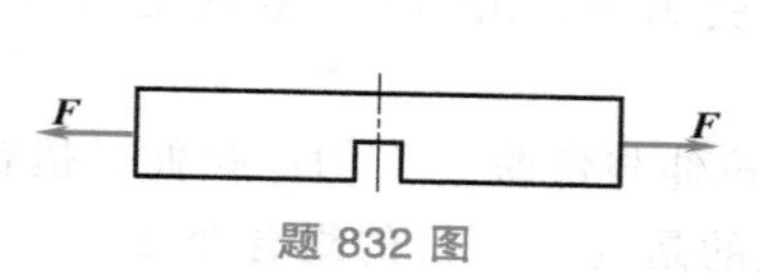

题 832 图

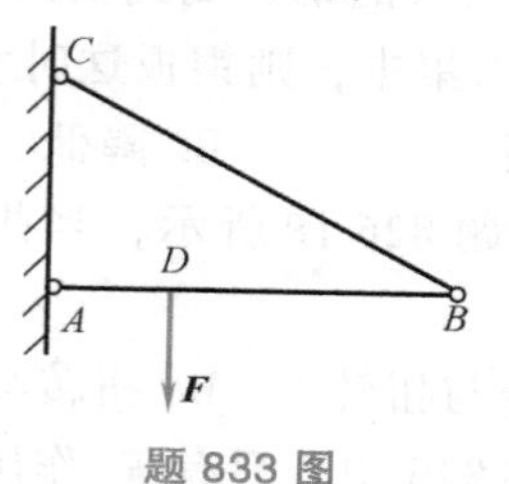

题 833 图

834. 如题 834 图所示，同样的构架所受载荷位置不同。设两种情况下 *AB* 杆的最大正应力分别为 σ_1 和 σ_2，则有（　　）。

A. $\sigma_1>\sigma_2$　　B. $\sigma_1=\sigma_2$　　C. $\sigma_1\leqslant\sigma_2$　　D. $\sigma_1<\sigma_2$

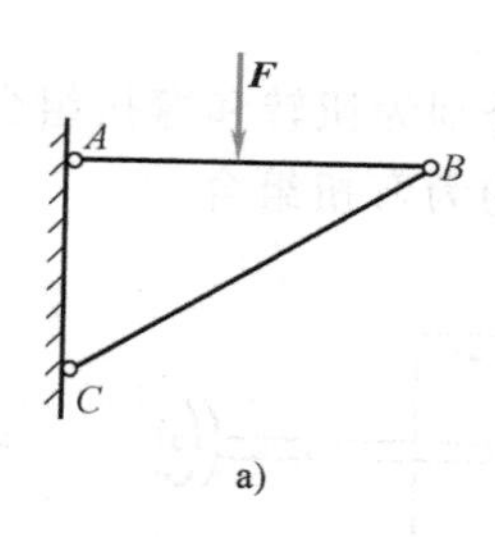

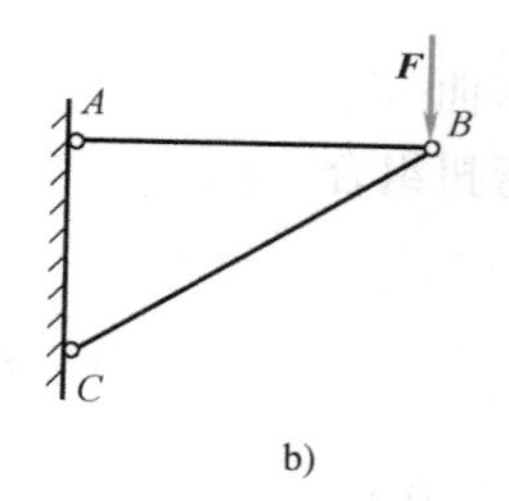

题 834 图

835. 对于产生扭转与弯曲组合变形的构件，以 $\dfrac{\sqrt{M^2+T^2}}{W}\leqslant[\sigma]$ 进行强度计算，所得结果与试验结果较为一致，则此构件可能是（　　）。

A. 铸铁圆轴　　B. 低碳钢圆轴　　C. 黄铜矩形梁　　D. 混凝土矩形梁

836. 如题 836 图所示的 1/4 圆弧曲杆，*A* 端固定，*B* 端受集中力偶 *M* 作用，曲杆的变形状态为（　　）。

A. 扭转　　B. 弯曲　　C. 弯扭组合　　D. 拉扭组合

837. 一正方形截面短粗立柱如题 837 图 a 所示，若将其底面加宽一倍，而原厚度不变题 837 图 b 所示，则该立柱的强度（　　）。

A. 提高一倍　　B. 提高不到一倍　　C. 降低　　D. 不变

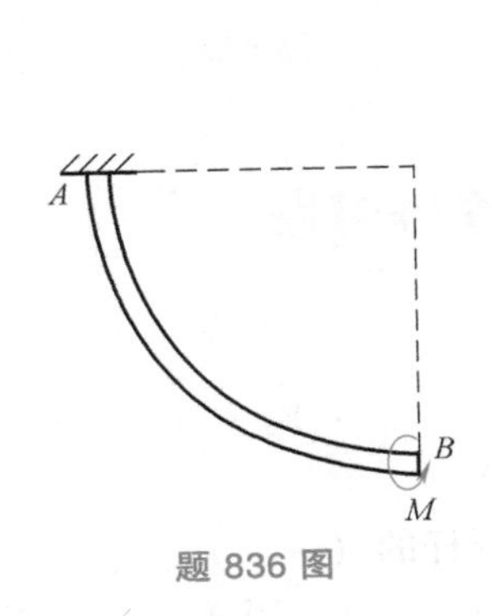

题 836 图

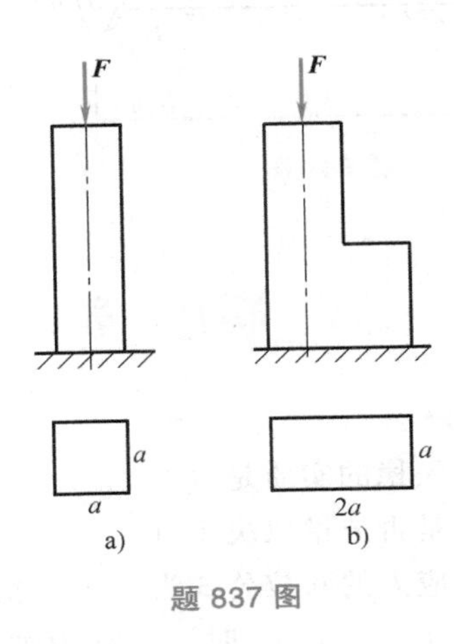

题 837 图

四、计算题

838. 有一斜梁 AB 如题 838 图所示，其横截面为正方形，边长为 100mm，若 $F=3\text{kN}$，试求最大拉应力和最大压应力。

839. 一夹具装置，如题 839 图所示，最大夹紧力 $F=5\text{kN}$，偏心距 $e=100\text{mm}$，$b=10\text{mm}$，其许用应力 $[\sigma]=80\text{MPa}$。试设计立柱截面的尺寸。

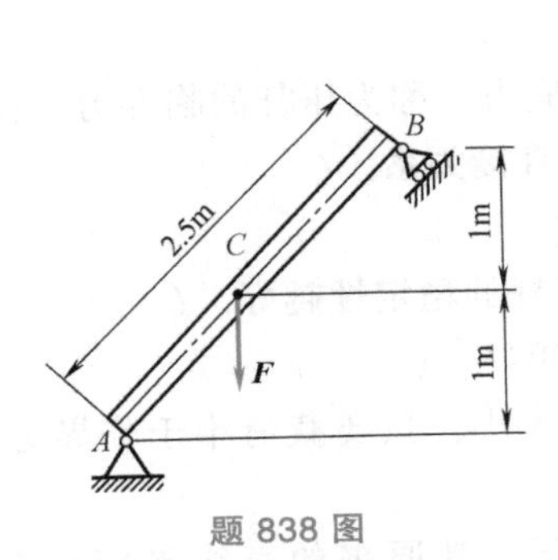

题 838 图

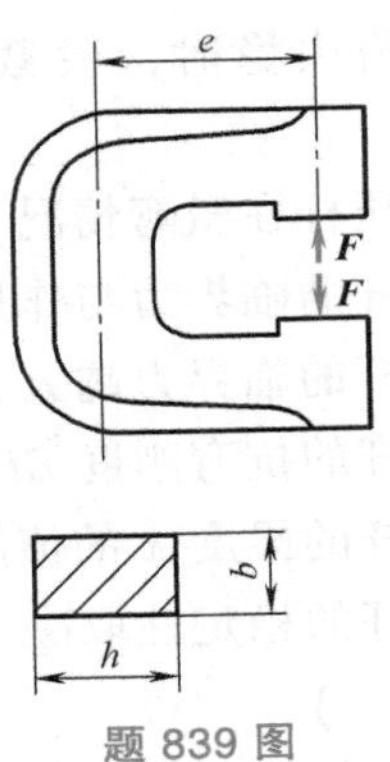

题 839 图

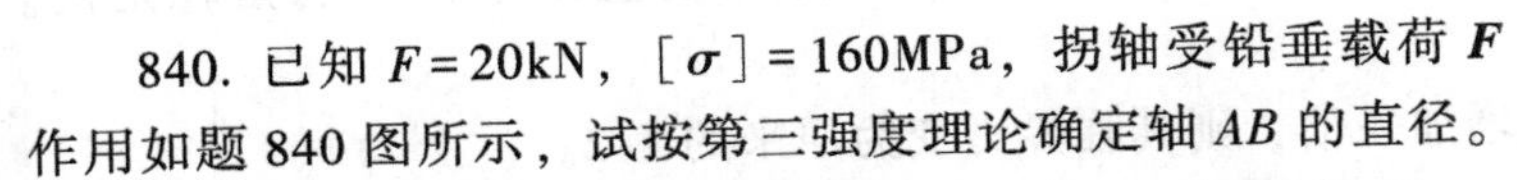

840. 已知 $F=20\text{kN}$，$[\sigma]=160\text{MPa}$，拐轴受铅垂载荷 $\boldsymbol{F}$ 作用如题 840 图所示，试按第三强度理论确定轴 AB 的直径。

841. 一传动轴如题 841 图所示，轮 A 的直径 $D_1=300\text{mm}$，其上作用铅垂力 $F_z=1\text{kN}$；轮 B 的直径 $D_2=150\text{mm}$，其上作用水平力 $F_x=2\text{kN}$，许用应力 $[\sigma]=160\text{MPa}$。试按第四强度理论设计轴的直径。

842. 一传动轴如题 842 图所示，传递的功率 $P=2\text{kW}$，转速 $n=100\text{r/min}$，带轮直径 $D=250\text{mm}$。带的拉力 $F_T=2F_t$，许用应力 $[\sigma]=80\text{MPa}$，轴的直径 $d=45\text{mm}$。试按第三强度

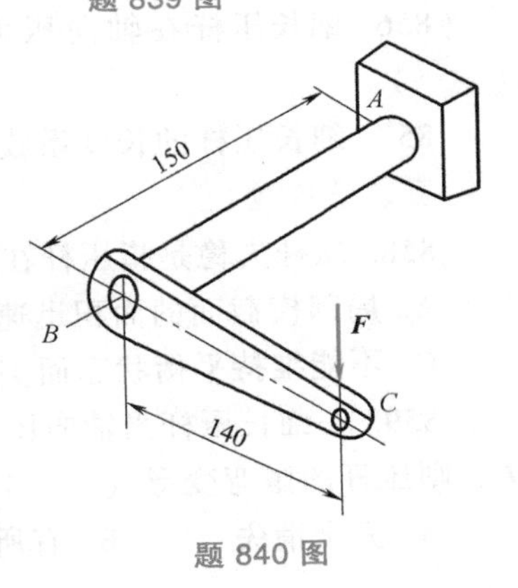

题 840 图

理论校核轴的强度。

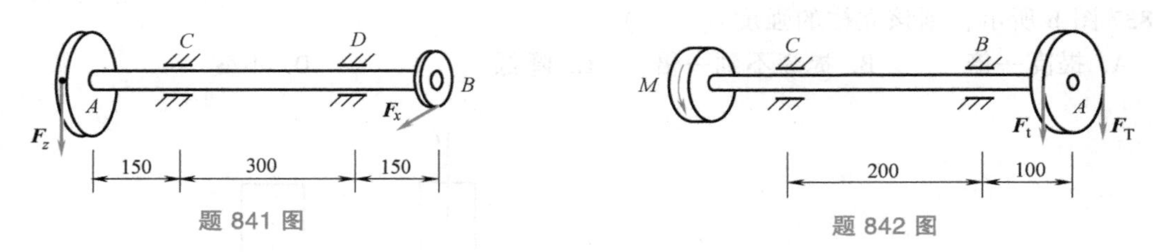

题 841 图　　　　题 842 图

第十三章　压杆的稳定性练习题

一、填空题

843. 压杆失稳的实质是（　　　　　　　　　　　　　　）。

844. 压杆是否失稳取决于（　　　　　　　　　　）。

845. 临界应力的欧拉公式为（　　），式中 λ 称为压杆的（　　）。

846. 当 λ（　　）λ_p 时，压杆为细长杆，其 σ_{cr} =（　　）；当 λ_s（　　）λ（　　）λ_p 时，压杆为中长杆，其 σ_{cr} =（　　）；λ（　　）λ_s 时，压杆为短粗杆，该杆不存在稳定性问题。

847. 若压杆一端固定，一端铰支，它的长度系数 μ =（　　）。

848. 压杆稳定的条件是：$n_g \geqslant n_w$，其中 n_w 称为（　　　　　　　　）。

二、判断题

849. 压杆失稳时，横截面上的应力不一定很高，其值往往低于材料的比例极限。（　　）

850. 使压杆在微弯情况下能够保持平衡的最小应力，称为压杆的临界力。（　　）

851. 压杆的临界力与作用力（载荷）的大小有直接关系。（　　）

852. 压杆的临界力越大，压杆越不容易失稳。（　　）

853. 压杆的抗弯刚度 EI 越大，临界力越大，压杆的稳定性越好。（　　）

854. 压杆的柔度 λ 的值越大，表明压杆稳定性越好。（　　）

855. 压杆的稳定性取决于本身所承受的载荷的大小，只要载荷小于临界力，压杆就不会失稳。（　　）

856. 细长压杆在轴向压力大于临界力的情况下，其原来的直线平衡状态是稳定的。（　　）

857. 细长压杆的长度系数增加一倍，则其临界力变为原来的1/2。（　　）

三、选择题

858. 压杆失稳是指压杆在轴向压力作用下（　　）。

A. 局部横截面的面积迅速变化　　B. 危险截面发生屈服或断裂
C. 不能维持平衡状态而突然发生运动　　D. 不能维持直线平衡状态而突然变弯

859. 一细长压杆当轴向压力 $F=F_{cr}$ 时发生失稳而处于微弯平衡状态。此时若解除压力 F，则压杆的微弯变形（　　）。

A. 完全消失　　B. 有所缓和　　C. 保持不变　　D. 继续增大

860. 圆截面细长压杆的材料和杆端约束保持不变，若将其直径缩小一半，则压杆的临界力为原压杆的（　　）。

A. 1/2　　B. 1/4　　C. 1/8　　D. 1/16

861. 细长杆承受轴向压力 F 作用，其临界压力与（　　）无关。

A. 杆的材质　　B. 杆的长度

C. 受的压力的大小　　D. 杆的横截面形状和尺寸

862. 压杆的柔度集中地反映了压杆的（　　）对临界应力的影响。

A. 长度、约束条件、截面尺寸和形状　　B. 材料、长度和约束条件

C. 材料、约束条件、截面尺寸和形状　　D. 材料、长度、截面尺寸和形状

863. 细长压杆的（　　），则其临界应力 σ_{cr} 越大。

A. 弹性模量 E 越大或柔度 λ 越小　　B. 弹性模量 E 越大或柔度 λ 越大

C. 弹性模量 E 越小或柔度 λ 越小　　D. 弹性模量 E 越小或柔度 λ 越大。

864. 压杆属于细长杆、中长杆还是短粗杆，是根据压杆的（　　）来判断的。

A. 长度　　B. 横截面面积尺寸　　C. 临界应力　　D. 柔度

865. 在材料相同的条件下，随着柔度的增大，（　　）。

A. 细长杆的临界应力减小，中长杆不减小

B. 中长杆的临界应力减小，细长杆不减小

C. 细长杆和中长杆的临界应力都减小

D. 细长杆和中长杆的临界应力都不减小

866. 判定一个压杆属于三类压杆中的哪一类时，需全面考虑压杆的（　　）。

A. 材料、约束状态、长度、截面形状和尺寸

B. 载荷、长度、截面形状和尺寸

C. 材料、长度，截面形状和尺寸

D. 载荷、长度、约束状态、截面形状和尺寸

867. 两根材料和柔度都相同的压杆，（　　）。

A. 临界应力一定相等，临界压力不一定相等

B. 临界应力不一定相等，临界压力一定相等

C. 临界应力和临界压力一定都相等

D. 临界应力和临界压力不一定都相等

868. 对于不同柔度的塑性材料压杆，其最大临界应力不超过材料的（　　）。

A. 比例极限 σ_p　　B. 弹性极限σ_e　　C. 屈服极限σ_s　　D. 强度极限σ_b

869. 一方形截面压杆，若在其上钻一横向小孔，如题 869 图所示，则该杆与原来相比（　　）。

A. 稳定性降低，强度不变

B. 稳定性不变，强度降低

C. 稳定性和强度都降低

D. 稳定性和强度都不变

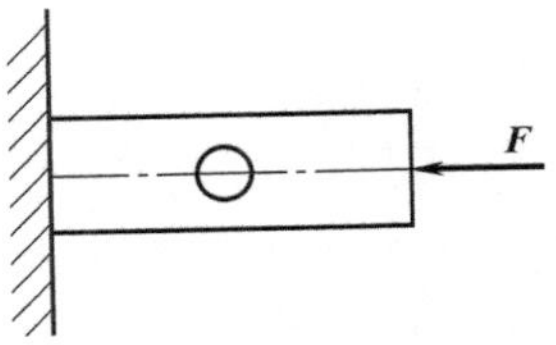

F

题 869 图

四、计算题

870. 如题 870 图所示压杆，其材料都是 Q235A 钢，直径相

同。判断哪一根的临界力最大。

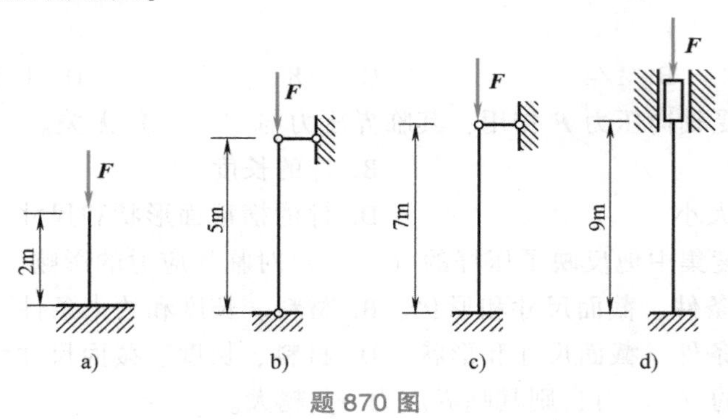

题 870 图

871. 如题 871 图所示，三根相同的压杆，$l=400\text{mm}$、$b=12\text{mm}$、$h=20\text{mm}$，材料都是 Q235A 钢，$E=206\text{GPa}$，$\sigma_p=200\text{MPa}$。试求三种支承情况下压杆的临界力。

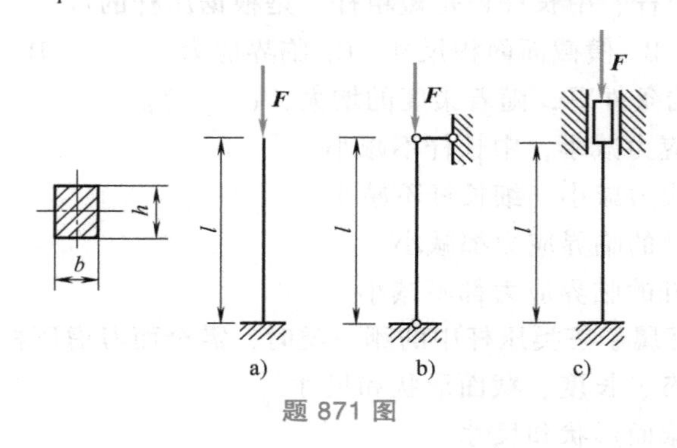

题 871 图

872. 如题 872 图所示连杆，材料是 Q235A 钢，$E=206\text{GPa}$，横截面面积 $A=4.4\times10^3\text{mm}^2$，惯性矩 $I_y=120\times10^4\text{mm}^4$，$I_z=77\times10^4\text{mm}^4$。试计算临界力。

题 872 图

873. 如题 873 图所示构架，承受载荷 $F=10\text{kN}$，杆的外径 $D=50\text{mm}$，内径 $d=40\text{mm}$，两端为球铰，材料是 Q235A 钢，$E=206\text{GPa}$，$\sigma_p=200\text{MPa}$。若规定 $n_w=3$，试问 AB 杆是否稳定？

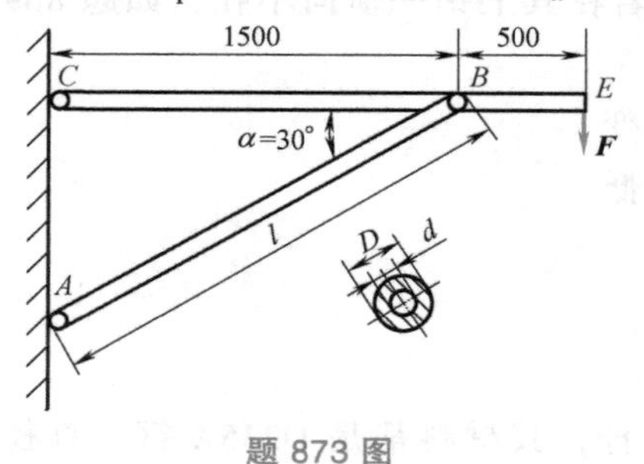

题 873 图

综合练习题参考答案

第一章　静力学基础练习题

一、填空题

1. 刚体　2. 变形　3. 平衡　4. 大小、方向、作用点　5. 运动状态、物体产生变形　6. 平衡力系　7. 两个相互作用的　8. 同一　9. 作用与反作用　10. 静止、匀速直线运动　11. 形状　12. 平衡　13. 可沿其作用线滑移到任意位置　14. 刚、变形　15. 相反　16. 二力作用点连线上　17. 公法线　18. 铰链中心、垂直支承面　19. 切线、拉　20. 法向、被约束物体　21. 约束反力　22. 约束　23. 被限制的运动或运动趋势方向相反　24. 主动力、约束反力　25. 光滑面约束、固定端约束　26. 拉　27. 法向支承　28. 力偶

二、判断题

题号	29	30	31	32	33	34	35	36	37	38
答案	√	×	√	×	√	×	×	√	×	×
题号	39	40	41	42	43	44	45	46	47	48
答案	×	×	√	×	×	×	×	√	√	×
题号	49	50	51	52	53	54	55	—	—	—
答案	×	×	√	×	√	×	×	—	—	—

三、选择题

题号	56	57	58	59	60	61	62	63	64	65
答案	A	D	B	A	BC	A	A	C	B	B
题号	66	67	68	69	70	71	72	73	—	—
答案	C	C	ABCD	D	B	A	A	C	—	—

四、作图题

74~107 略

第二章　平面汇交力系练习题

一、填空题

108. 相等　109. 相等　110. 二、二　111. 一、合力为零或不为零　112. 各分力在同一坐标轴上的投影代数和　113. 矢量和　114. $\sum F_x=0$，$\sum F_y=0$　115. $F_x=75\sqrt{2}$，$F_y=75\sqrt{2}$　116. $F_x=0$，$F_y=-200\text{N}$　117. 合力为零

二、判断题

题号	118	119	120	121	122	123	124	—	—	—
答案	√√	√	×	×	√	√	×	—	—	—

三、选择题

题号	125	126	127	128	129	130	131	132	—	—
答案	C	A	A	AB	CD	CDE	C	B	—	—

四、计算题

133. $F_R = 5000\text{N}$，与水平轴夹角 38°28′

134. $F_{AB} = 54.64\text{kN}$（拉力），$F_{BC} = 74.64\text{kN}$（压力）　135. $F_A = \frac{\sqrt{5}}{2}F$，方向沿 AC 连线向下，$F_D = \frac{1}{2}F$，方向向上

136. $F_{AB} = 5.77\text{kN}$（拉力），$F_{BC} = 11.54\text{kN}$（压力）

第三章　平面力偶系练习题

一、填空题

137. 力偶矩　138. 零　139. 转移位置　140. 各分力偶矩代数和　141. 转动状态变化　142. 大小、转向及作用面方位　143. 三要素　144. 无关　145. 零　146. 不变　147. 所有分力对同一点矩的代数和　148. 合力对某点之矩等于各分力对同一点力矩的代数和　149. 力矩大小、转向　150. 逆时针方向　151. 转动效应　152. 0　153. $Fl\sin\beta$　154. $2Fr$　155. $-Fb\cos\varphi$、$Fa\sin\varphi - Fb\cos\varphi$　156. $Fl\sin\alpha - Fh\cos\alpha$　157. $Fh\cos\beta - 2Fr\cos\beta$　158. 力偶系各分力偶矩的代数和等于零　159. $\sum M = 0$　160. 平衡

二、判断题

题号	161	162	163	164	165	166	167	168	169	170
答案	√	√	√	×	×	×	×	×	×	√
题号	171	172	173	174	175	176	177	—	—	—
答案	×	×	√	√	√	√	×	—	—	—

三、选择题

题号	178	179	180	181	182	183	184	185	186	187
答案	C	B	A	A	E	B	C	C	B	C
题号	188	189	190	191	192	193	194	195	196	197
答案	B	C	B	C	C	A	B	D	B	B

四、计算题

198. $M_A(\boldsymbol{F})=-Fb\cos\theta$，$M_B(\boldsymbol{F})=F(a\sin\theta-b\cos\theta)$ 199. $F_A=F_C=\frac{M}{2\sqrt{2}a}$

200. a)、b) $F_A=F_B=\frac{M}{l}$，c) $F_A=F_B=\frac{M}{l\cos\theta}$ 201. $M_2=\frac{r_2}{r_1}M_1$，$F_{O1}=F_{O2}=\frac{M_1}{r_1\cos\theta}$

202. $M=111.5\text{kN}\cdot\text{m}$

第四章　平面任意力系练习题

一、填空题

203. 一个平移力、一个附加力偶 204. 附加力偶、原力对该点之矩 205. 平移力产生的移动、附加力偶产生的转动 206. 平行移动到其作用线以外任一点 207. 主矢、主矩 208. 原力系中各力的矢量和、无关、原力系中各力对简化中心的力矩的代数和、有关 209. 简化中心 210. 合力 211. 平衡 212. 合力 213. $\frac{M_O}{F_O}$ 214. 合力偶、无关 215. 无关 216. $2\sqrt{2}F$、$-2Fa$、$2\sqrt{2}F$、0 217. 0、0、0、0 218. 10N、200N · mm、10N、400N · mm 219. $F_A=10\text{N}$，$M_A=-800\text{N}\cdot\text{mm}$ 220. 三 221. 平面任意、AB 连线不垂直于 x 轴 222. AB 不平行各力作用线 223. 主矢为零、主矩为零 224. A、B、C 三点不共线

二、判断题

题号	225	226	227	228	229	230	231	232	233	234
答案	×	×	×	√	×	×	√	√	√	√
题号	235	236	237	238	239	—	—	—	—	—
答案	√	√	√	×	√	—	—	—	—	—

三．选择题

题号	240	241	242	243	244	245	246	247	248	249
答案	B	C	C	A	B	C	A	D	C	D
题号	250	251	252	253	254	255	256	257	258	259
答案	D	B	C	A	B	D	D	C	C	C
题号	260	261	262	263	264	265	266	—	—	—
答案	ACD	B	CEF	AEF	C	C	B	—	—	—

四、计算题

267. $G_2=\frac{l}{a}G_1$

268. a) $F_A=\frac{1}{3}qa$（↑）、$F_B=\frac{2}{3}qa$（↑）

b) $F_A = qa$ (↓)、$F_B = 2qa$ (↑)

c) $F_A = qa$ (↑)、$F_B = 2qa$ (↑)

d) $F_A = \frac{11}{6}qa$ (↑)、$F_B = \frac{13}{6}qa$ (↑)

e) $F_A = 2qa$ (↑)、$M_A = \frac{7}{2}qa^2$ (顺)

f) $F_A = 3qa$ (↑)、$M_A = 3qa^2$ (逆)

269. a) $F_A = 90\text{kN}$、$F_B = 360\text{kN}$、$F_C = 90\text{kN}$、$F_D = 90\text{kN}$

b) $F_A = \frac{25}{3}\text{kN}$、$F_B = \frac{5}{3}\text{kN}$、$F_C = \frac{10}{3}\text{kN}$、$F_D = \frac{10}{3}\text{kN}$

c) $F_{Ax} = 5\sqrt{2}\text{kN}$、$F_{Ay} = \frac{5}{2}\sqrt{2}\text{kN}$、$M_A = 41.2\text{kN}\cdot\text{m}$、$F_{Cx}5\sqrt{2}\text{kN}$、$F_{Cy} = \frac{5}{2}\sqrt{2}\text{kN}$、$F_D = \frac{5}{2}\sqrt{2}\text{kN}$

d) $F_A = 157.5\text{kN}$、$M_A = 810\text{kN}\cdot\text{m}$、$F_C = 67.5\text{kN}$、$F_D = 22.5\text{kN}$

270. $F_A = 5\text{N}$、$M_2 = 3\text{N}\cdot\text{m}$

271. $G_{P\max} = 7.41\text{kN}$

272. $F_{Ax} = 2400\text{N}$、$F_{Ay} = 1200\text{N}$、$F_{BC} = 848.5\text{N}$

第五章 物系平衡与平面静定桁架内力练习题

一、选择题

题号	273	274	275	276	277	278	279	280	281	282
答案	A	B	B	B	A	D	B	A	B	B

二、计算题

283. a) $F_{BC} = F_{FG} = 0$，$F_{GH} = F_{AC} = -33.5\text{kN}$ (压)

$F_{AB} = F_{BE} = F_{EF} = F_{FH} = 30\text{kN}$ (拉)，$F_{CE} = F_{ED} = -11.2\text{kN}$ (压)

$F_{CD} = F_{DG} = -22.3\text{kN}$ (压)，$F_{DE} = 10\text{kN}$ (压)

b) $F_{DB} = -20\text{kN}$，$F_{EB} = 10\text{kN}$，$F_{ED} = 20\text{kN}$

$F_{AC} = F_{CD} = -17.3\text{kN}$，$F_{CE} = -20\text{kN}$，$F_{AE} = 30\text{kN}$

284. a) DE，EF，FG，BG b) BC，AC

285. a) $F_1 = -125\text{kN}$ (压)，$F_2 = 53\text{kN}$ (拉)，$F_3 = 87.5\text{kN}$ (拉)

b) $F_1 = -3.46F$，$F_2 = 2F$，$F_3 = -1.32F$

c) $F_1 = 30\text{kN}$ (拉)，$F_2 = -30\text{kN}$ (压)

d) $F_1 = F$，$F_2 = -2F$，$F_3 = 2.8F$，$F_4 = -3F$

第六章 摩擦练习题

一、填空题

286. 相对滑动、相对滑动趋势 287. 正压力乘以摩擦因数、滑动趋势方向相反 288. 正压力 289. 滑动、滚动 290. 相互阻碍 291. 滑动趋势、滑动趋势方向相反

292. 静滑动 293. 动滑动 294. 最大静滑动摩擦力 295. 无 296. 临界平衡 297. 静滑动摩擦、动滑动摩擦 298. 材料 299. 小于 300. 作用力与反作用力 301. 平衡方程 302. 自锁 303. 全反力 304. 静滑动摩擦因数 305. 摩擦角 306. 无、有 307. > 308. ≤ 309. 最大静滑动摩擦力 310. $F_{max}=f_s F_N$ 311. 临界平衡 312. 实际方向 313. G 314. 平衡状态 315. 图 b 316. 与运动趋势方向相反

二、判断题

题号	317	318	319	320	321	322	323	324	325	326
答案	√	√	×	×	×	×	√	×	√	×
题号	327	328	329	330	331	332	333	334	335	336
答案	×	√	√	√	×	×	√	×	×	×
题号	337	338	339	340	341	342	343	—	—	—
答案	√	×	×	×	√	√	×	—	—	—

三、选择题

题号	344	345	346	347	348	349	350	351	352	353
答案	B	A	B	B	A	A	B	B	B	C
题号	354	355	356	357	358	359	360	361	362	363
答案	D	C	A	B	B	B	B	A	A	A
题号	364	365	366	367	368	369	370	371	372	—
答案	A	A	C	B	D	A	D	D	E	—

四、计算题

373. 可以平衡，$F_s=88.4\text{N}$（∠30°） 374. 不能平衡，$F_d=75.1\text{N}$（∠30°） 375. 折梯 A 处滑动，不能平衡 376. $f_s=\dfrac{P_1}{P_2}\tan30°$ 377. $f_{smin}=0.289$ 378. $F_T=450\text{N}$ 379. $\theta\leqslant2.86°$

第七章 空间力系与重心练习题

一、填空题

380. $\sqrt{F_1^2+F_2^2+F_3^2}$ 381. 对顶线的长度 382. 与 xOy 平面平行的 383. 0 384. xOy 385. $F\cos\alpha\cos\varphi$、$-F\cos\alpha\sin\varphi$ 386. $-F\cos\alpha\sin\beta$、$-F\cos\alpha\cos\beta$ 387. $-2F/\sqrt{13}$、$3F/\sqrt{13}$ 388. $F/\sqrt{3}$、$F/\sqrt{3}$ 389. xOy 390. 与 yOz 平面平行的、x 391. 与 yOz 平面平行的 392. 平行于 yOz 平面、x 轴 393. 各分力对同轴的力矩的代数和 394. 共面 395. 0 396. 主矢为零，向任一点简化得主矩为零 397. 空间汇交、空间平行 398. 物体重力系的中心，

即物体重力的作用点　399. 物体的形状中心　400. 重合　401. 对称面、对称轴或对称中心　402. $-\frac{a}{6}$、$\frac{5a}{6}$　403. $\frac{7a}{8}$、$\frac{8a}{9}$　404. $-\frac{r^3}{R^2-r^2}$、0　405. 不　406. 正、负　407. 零

二、判断题

题号	408	409	410	411	412	413	414	415	416	417
答案	√	×	×	×	√	×	√	√	×	×
题号	418	419	420	421	422	423	424	425	426	427
答案	×	×	√	√	×	×	√	√	√	√
题号	428	429	430	431	—	—	—	—	—	—
答案	√	×	√	×	—	—	—	—	—	—

三、选择题

题号	432	433	434	435	436	437	438	439	440	441
答案	C	D	C	B	A	C	C	B	D	C
题号	442	443	444	445	446	—	—	—	—	—
答案	D	A	B	C	C	—	—	—	—	—

四、计算题

447. $F_{t2}=2.19\text{kN}$、$F_{Ax}=-2.01\text{kN}$、$F_{Az}=0.376\text{kN}$、$F_{Bx}=-1.17\text{kN}$、$F_{Az}=-0.152\text{kN}$

448. a）（0,-4mm）、b）（3.2mm,5mm）

第八章　拉伸与压缩练习题

一、填空题

449. 相同　450. 拉伸与弯曲、弯曲　451. 重合、轴线、伸长　452. 载荷、约束反力　453. 正、负　454. 作用线、相反、相同　455. 绝对变形、纵向线应变、正、负　456. 应力、应变、应力不超过比例极限　457. 均匀　458. 均匀　459. 零　460. 弹性模量、拉压变形、抗拉压刚度　461. 单位面积的内力、正应力、切应力　462. 圆形、矩形　463. 弹性变形、塑性变形　464. 屈服、45°　465. 弹性阶段、屈服阶段、强化阶段、缩颈阶段　466. 0.2%、屈服强度、$\sigma_{0.2}$　467. 塑性材料、脆性材料　468. 短圆柱　469. 45°、切、压　470. 塑性屈服、脆性断裂　471. 45°、滑移线　472. 弹性模量　473. a、b、c　474. 1.59×10^{-4}、6.34×10^{-4}　475. 0.17mm　476. 215GPa　477. −0.1mm、0、−0.1mm、−0.2mm　478. 大小相对、方向相反、平行、很近　479. 相对错动　480. 均匀　481. 弹性　482. 垂直　483. 投影、正投影面积　484. 小于、等于

二、判断题

题号	485	486	487	488	489	490	491	492	493	494
答案	√	√	×	×	√	×	×	√	√	√
题号	495	496	497	498	499	500	501	502	503	504
答案	×	×	×	√	√	√	×	√	×	√
题号	505	506	507	508	509	510	511	512	513	514
答案	×	√	√	×	√	×	×	×	×	×
题号	515	516	517	518	519	520	521	522	523	524
答案	√	√	√	×	×	√	√	√	×	×
题号	525	526	527	528	529	—	—	—	—	—
答案	√	√	×	×	√	—	—	—	—	—

三、选择题

题号	530	531	532	533	534	535	536	537	538	539
答案	C	D	D	C	A	B	B	A	D	A
题号	540	541	542	543	544	545	546	547	548	549
答案	A	D	C	B	A	C	B	C	C	ABD
题号	550	551	552	553	554	555	556	557	558	559
答案	A	C	A	A	D	A	D	B	D	D
题号	560	561	562	563	564	565	566	567	568	569
答案	A	A	D	A	D	C	A	C	C	C
题号	570	571	572	573	574	575	576	577	578	579
答案	B	A	D	C	A	C	D	A	C	D
题号	580	581	582	583	584	585	586	587	588	589
答案	D	C	D	B	B	D	D	B	A	B
题号	590	591	592	593	—	—	—	—	—	—
答案	B	C	B	B	—	—	—	—	—	—

四、计算题

594. 略　595. $\sigma = 203.1\text{MPa}$、$\varepsilon = 8.3\times10^{-4}$　596. $\Delta l_{AB} = 0.105\text{mm}$

597. $\sigma_{\max} = 184\text{MPa}$　598. 当 $\alpha = 45°$时，$\sigma_{\max} = 11.2\text{MPa} > [\sigma]$，强度不够；当 $\alpha = 60°$

时，$\sigma_{max}=9.16\text{MPa}<[\sigma]$，强度足够　599. $d\geqslant 25\text{mm}$　600. $G_{max}=38.6\text{kN}$　601. $[F]\leqslant 84\text{kN}$　602. $F_A=\frac{4}{3}F$、$F_B=\frac{5}{3}F$　603. $d\geqslant 12.6\text{mm}$　604. $d_{min}=34\text{mm}$、$t\leqslant\frac{F}{\pi d[\tau]}$
605. $a=20\text{mm}$、$l=200\text{mm}$

第九章　扭转练习题

一、填空题

606. 66.31N·m　607. 左侧或右侧所有、代数　608. 轴线　609. 小　610. 图 a)　611. -3kN·m、2kN·m　612. M_3　613. 垂直、相反　614. 材料　615. 正　616. 抗扭截面、扭转变形　617. 突变、突变、相同　618. 线性　619. 空心　620. 平面、平面、直线　621. 相对转角、扭转角　622. 代数　623. 不相等　624. 0.902°/m　625. 0.00188rad

二、判断题

题号	626	627	628	629	630	631	632	633	634	635
答案	×	×	√	√	×	√	√	×	×	×
题号	636	637	638	639	640	641	642	643	644	645
答案	×	×	×	×	×	√	√	√	×	√

三、选择题

题号	646	647	648	649	650	651	652	653	654	655
答案	C	C	B	A	C	C	C	D	C	B
题号	656	657	658	659	660	661	662	663	664	665
答案	A	A	C	B	B	A	A	C	A	C
题号	666	667	668	669	670	671	672	673	674	675
答案	C	B	B	C	C	B	A	B	C	D
题号	676	677	678	679	680	681	682	683	684	685
答案	C	B	D	A	D	A	C	D	A	A

四、计算题

686. 略　687. (1) $T_{max}=1273\text{N}\cdot\text{m}$　(2) $T_{max}=955\text{N}\cdot\text{m}$，有利　688. $\tau_A=32.6\text{MPa}$、$\tau_{max}=40.8\text{MPa}$、$\tau_{min}=0$　689. $\tau_{max}=135.5\text{MPa}$　690. $\tau_1=9.95\text{MPa}$、$\tau_2=3.98\text{MPa}$、$\tau_3=1.99\text{MPa}$、$\varphi=2.33\times10^{-3}\text{rad}$　691. $\tau_{1max}=49.4\text{MPa}$、$\tau_{2max}=21.3\text{MPa}$、强度足够；$\theta_{1max}=1.77°/\text{m}$、$\theta_{2max}=0.43°/\text{m}$、刚度足够　692. $d=63\text{mm}$　693. $T_{max}=9.88\text{kN}\cdot\text{m}$、$\tau_{max}=3.7\text{MPa}$

第十章　弯曲练习题

一、填空题

694. 弯曲变形、简支梁、悬臂梁、外伸梁　695. 平面、纵向对称面　696. 剪力和弯矩、纵向对称　697. 正、负　698. $\frac{l}{2}$　699. 中性层　700. 形心　701. 正应力　702. 高度、宽度　703. 最远　704. 凹、凸　705. 压缩　706. 弯矩　707. 抛物线　708. 零　709. 1.5　710. 中性轴　711. 相等　712. 拉　713. 切　714. 2、1　715. 小、大　716. 抗弯截面　717. 等强度　718. 形心、x 轴　719. 中性、逆正顺负

二、判断题

题号	720	721	722	723	724	725	726	727	728	729
答案	×	√	√	×	×	√	√	√	√	×
题号	730	731	732	733	734	735	736	737	738	739
答案	×	√	√	×	√	√	×	√	√	×
题号	740	741	742	743	744	745	746	747	748	749
答案	×	√	×	×	√	√	×	×	√	×

三、选择题

题号	750	751	752	753	754	755	756	757	758	759
答案	B	A	C	D	A	B	C	D	D	C
题号	760	761	762	763	764	765	766	767	768	769
答案	A	C	D	C	C	A	C	B	D	D
题号	770	771	772	773	774	775	776	777	778	779
答案	A	A	B	A	B	D	C	A	D	C
题号	780	781	782	783	—	—	—	—	—	—
答案	D	B	A	B	—	—	—	—	—	—

四、计算题

784. 图 a）$F_{s1}=0$、$M_1=0$；$F_{s2}=-qa$、$M_2=-\frac{1}{2}qa^2$；$F_{s3}=-qa$、$M_3=\frac{1}{2}qa^2$

图 b）$F_{s1}=0$、$M_1=Fa$；$F_{s2}=0$、$M_2=Fa$；$F_{s3}=-F$、$M_3=Fa$；$F_{s4}=-F$、$M_4=0$；$F_{s5}=0$、$M_5=0$

图 c）$F_{s1}=-qa$、$M_1=0$；$F_{s2}=-qa$、$M_2=-qa^2$；$F_{s3}=qa$、$M_3=qa^2$；$F_{s4}=-qa$、$M_4=0$

图 d）$F_{s1}=-qa$、$M_1=-\frac{1}{2}qa^2$；$F_{s2}=-\frac{3}{2}qa$、$M_2=-2qa^2$

785. 略　786. 略　787. 略　788. 略　789. $\sigma_{max}=8.7\text{MPa}$　790. $A_{正}=108.2\text{cm}^2$、$A_{矩}=85.8\text{cm}^2$　791. $d_{max}=39\text{mm}$　792. 不安全、$\sigma_{+max}=45\text{MPa}>[\sigma_+]$　793. 907kN

第十一章　应力状态与强度理论练习题

794. a）$\sigma_\alpha=-27.3\text{MPa}$、$\tau_\alpha=-27.3\text{MPa}$

b）$\sigma_\alpha=40\text{MPa}$、$\tau_\alpha=100\text{MPa}$

c）$\sigma_\alpha=34.82\text{MPa}$、$\tau_\alpha=11.6\text{MPa}$

795. a）$\sigma_1=57\text{MPa}$、$\sigma_2=0$、$\sigma_3=-7\text{MPa}$；$\alpha_0=-19.33°$及$70.67°$；$\tau_{max}=32\text{MPa}$

b）$\sigma_1=44.1\text{MPa}$、$\sigma_2=15.9\text{MPa}$、$\sigma_3=0$；$\alpha_0=-22.5°$及$67.5°$；$\tau_{max}=14.1\text{MPa}$

c）$\sigma_1=37\text{MPa}$、$\sigma_2=0$、$\sigma_3=-27\text{MPa}$；$\alpha_0=19.33°$及$-70.67°$；$\tau_{max}=32\text{MPa}$

796. a）$\sigma_1=\sigma_2=50\text{MPa}$、$\sigma_3=-50\text{MPa}$；$\tau_{max}=50\text{MPa}$

b）$\sigma_1=50\text{MPa}$、$\sigma_2=4.7\text{MPa}$、$\sigma_3=-84.7\text{MPa}$；$\tau_{max}=67.4\text{MPa}$

797. （1）$\sigma_{xd3}=100\text{MPa}<[\sigma]$，$\sigma_{xd4}=87.2\text{MPa}<[\sigma]$，安全

（2）$\sigma_{xd3}=110\text{MPa}<[\sigma]$，$\sigma_{xd4}=95.4\text{MPa}<[\sigma]$，安全

798. （1）$\sigma_{xd1}=29\text{MPa}<[\sigma]$，$\sigma_{xd2}=29\text{MPa}<[\sigma]$，安全

（2）$\sigma_{xd1}=30\text{MPa}<[\sigma]$，$\sigma_{xd2}=19.5\text{MPa}<[\sigma]$，安全

第十二章　组合变形练习题

一、填空题

799. 两种或两种以上　800. 拉（压）、弯曲　801. 弯曲、扭转　802. 材料服从胡克定律、小变形　803. 弯曲、扭转、组合　804. 弯矩、弯曲正应力和拉应力最大的　805. 重合、垂直　806. 扭转、弯曲

二、判断题

题号	807	808	809	810	811	812	813	814	815	816
答案	×	√	×	√	√	×	×	×	×	√
题号	817	818	819	820	821	—	—	—	—	—
答案	×	×	×	×	√	—	—	—	—	—

三、选择题

题号	822	823	824	825	826	827	828	829	830	831
答案	C	B	A	A	D	B	C	C	B	D
题号	832	833	834	835	836	837	—	—	—	—
答案	B	D	A	B	C	C	—	—	—	—

四、计算题

838. $\sigma_{+max}=6.75\text{MPa}$、$\sigma_{-max}=6.99\text{MP}$　839. $h=64.4\text{mm}$　840. $d\geqslant 64\text{mm}$　841. $d=27.5\text{mm}$　842. $\sigma_{xd3}=55.5\text{MPa}$，安全

第十三章　压杆的稳定性练习题

一、填空题

843. 轴线不能维持原有直线状的平衡　844. 所受压力是否达到临界值　845. $\frac{\pi^2 E}{\lambda^2}$、柔度　846. >、$\frac{\pi^2 E}{\lambda^2}$、≤、<、$a-b\lambda$、<　847. 0.7　848. 规定的稳定安全因数

二、判断题

题号	849	850	851	852	853	854	855	856	857	—
答案	√	√	×	√	√	×	√	×	×	—

三、选择题

题号	858	859	860	861	862	863	864	865	866	867
答案	D	A	D	C	A	A	D	C	A	A
题号	868	869	—	—	—	—	—	—	—	—
答案	C	B	—	—	—	—	—	—	—	—

四、计算题

870. 图 a）中的临界力最大　871. a）$F_{cr}=8.87\text{kN}$、b）$F_{cr}=35.5\text{kN}$、c）$F_{cr}=51.04\text{kN}$

872. $F_{cr}=795\text{kN}$　873. $n_g=4.42$，稳定

参考文献

[1] 奚绍中，邱秉权．工程力学教程［M］．3版．北京：高等教育出版社，2016．
[2] 唐静静，范钦珊．工程力学习题全解［M］．3版．北京：高等教育出版社，2020．
[3] 唐静静，范钦珊．工程力学［M］．3版．北京：高等教育出版社，2017．
[4] 徐淑娟，沈火明．工程力学学习指导［M］．4版．北京：高等教育出版社，2019．
[5] 张春梅，段翠芳．工程力学［M］．2版．［M］北京：机械工业出版社，2020．
[6] 刘思俊．工程力学［M］．4版．北京：机械工业出版社，2019．
[7] 王永廉，方建士．工程力学（静力学与材料力学）［M］．2版．北京：机械工业出版社，2020．
[8] 莫宵依．工程力学［M］．2版．北京：机械工业出版社，2016．
[9] 张秉荣．工程力学［M］．4版．北京：机械工业出版社，2017．
[10] 李琴．工程力学［M］．2版．北京：化学工业出版社，2015．
[11] 顾成军，姜益军，廖东斌．工程力学［M］．2版．北京：化学工业出版社，2016．
[12] 朱红雨．工程力学［M］．北京：化学工业出版社，2019．